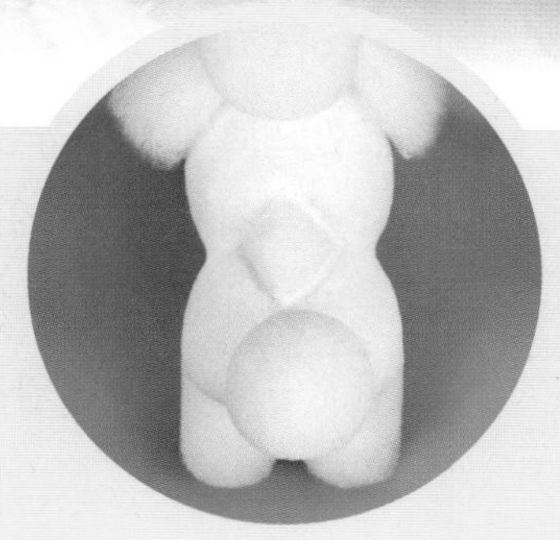

반려동물미용사

애견미용의 실무와 자격증(2,3급)

이미림 이창현 민자욱 김현주
김선주 육근창 김다미 장지혜

박영story

서문

I 반려동물미용사의 역할과 중요성

1 반려동물미용사의 중요성

반려동물 산업이 급격히 성장하면서, 반려동물미용사는 단순히 외모를 관리하는 직업을 넘어 반려동물의 건강과 복지를 책임지는 중요한 역할로 자리 잡고 있습니다. 반려동물미용사는 반려동물의 외모를 아름답게 가꾸는 것은 물론, 위생과 건강을 유지하는 데 필수적인 역할을 합니다.

첫째, 반려동물미용사는 반려동물의 위생을 관리하는 전문가입니다. 정기적인 목욕과 털 관리를 통해 반려동물이 깨끗한 상태를 유지하게 하고, 피부 질환이나 기생충 감염을 예방할 수 있습니다. 또한, 털을 다듬는 과정에서 발견되는 피부 이상이나 종양 등은 조기 발견과 치료로 이어질 수 있어 반려동물의 건강을 지키는 데 크게 기여합니다.

둘째, 미용사는 반려동물의 정서적 안정에 기여하는 중요한 역할을 합니다. 미용 과정에서의 터치와 관리가 반려동물에게 심리적 안정감을 제공하며, 이는 보호자와 반려동물 간의 유대감을 강화시키는 요소로 작용합니다. 더불어, 반려동물의 생활 환경에 맞춘 미용 스타일은 반려동물이 더 편안하고 쾌적한 삶을 영위할 수 있도록 돕습니다.

셋째, 반려동물미용사는 반려동물과 보호자 간의 소통을 돕는 중요한 매개체입니다. 반려동물의 상태와 필요를 정확히 파악하고, 이를 보호자에게 전달하여 적절한 관리와 치료가 이루어질 수 있도록 돕습니다. 또한, 반려동물의 특성에 맞춘 맞춤형 미용 서비스를 제공함으로써, 반려동물의 개성을 살리고 보호자의 만족도를 높이는 역할을 합니다.

결론적으로, 반려동물미용사는 반려동물의 건강과 행복, 그리고 보호자와의 관계를 증진시키는 중요한 역할을 수행합니다. 이들은 단순한 미용사가 아니라, 반려동물의 전반적인 복지를 책임지는 전문가로서, 반려동물 산업에서 없어서는 안 될 필수적인 존재입니다.

2 애견미용의 도전과 전문성

애견미용은 단순히 외모를 다듬는 작업을 넘어, 반려동물의 건강과 정서적 안정을 고려한 정교한 작업이 필요합니다. 이는 다음과 같은 이유로 종종 어렵고 도전적인 분야로 여겨집니다.

기술적 숙련도의 중요성

애견미용사는 다양한 도구를 능숙히 다루고, 각 도구의 특성에 맞게 섬세하게 사용하는 능력을 갖춰야 합니다. 가위, 클리퍼, 빗 등 기본 도구뿐만 아니라, 특정 견종의 털 유형에 따라 적합한 도구 선택과 사용법을 익히는 데 상당한 시간이 필요합니다. 또한, 세밀한 컷과 스타일링을 요구하는 작업이 많아 숙련된 기술이 필수적입니다.

견종별 차이에 대한 이해

각 견종은 고유한 털 유형과 특성이 있으며, 이에 따라 미용 방법도 달라야 합니다. 예를 들어, 푸들의 곱슬곱슬한 털과 시츄의 긴 털은 각각 다른 접근 방식을 필요로 합니다. 이러한 차이를 이해하고, 반려동물에 맞춘 맞춤형 미용을 제공하기 위해 견종에 대한 깊은 지식이 요구됩니다.

행동 관리 능력

미용 과정에서 반려동물은 낯선 도구나 환경으로 인해 스트레스를 받을 수 있습니다. 미용사는 반려동물의 심리 상태를 파악하고, 불안감을 줄이며 안전하고 편안한 환경을 조성해야 합니다. 이는 반려동물과의 소통 능력과 경험이 중요한 이유입니다.

위생과 안전 관리의 필요성

미용사는 반려동물의 위생 상태를 유지하는 동시에, 피부 질환이나 기생충 감염을 예방해야 합니다. 미용 중에 발생할 수 있는 작은 상처나 피부 이상을 신속하게 발견하고 적절히 대처하는 능력도 필수적입니다. 위생과 안전 관리는 반려동물의 건강을 유지하는 데 중요한 역할을 합니다.

애견미용은 단순히 털을 다듬는 작업을 넘어, 반려동물의 건강과 정서적 안정을 책임지는 중요한 과정입니다. 기술적 숙련도, 견종별 차이에 대한 이해, 반려동물의 행동 관리, 위생과 안전 관리 등 기초적인 요소들만으로도 미용사의 역할은 매우 중요하고 의미 있는 직업으로 자리 잡고 있습니다.

애견미용의 도전은 바로 이 기초를 제대로 익히는 데서 시작됩니다. 각 도구의 특성과 사용법, 견종별 미용의 기본 원리, 그리고 반려동물의 스트레스를 줄이는 관리 방법 등을 숙달하는 과정은 모든 미용사가 거쳐야 할 필수적인 첫 단계입니다. 이 과정이 탄탄할수록 미용사로서의 자신감과 실력도 함께 성장할 수 있습니다.

Ⅱ 반려동물미용 업계의 현황 및 전망

반려동물에 대한 관심과 애정이 날로 커지면서, 반려동물미용 산업은 급속한 성장을 보이고 있습니다. 한국을 포함한 많은 나라에서 반려동물은 가족의 일원으로 자리 잡았으며, 이에 따라 반려동물의 건강과 외모를 관리하는 미용 서비스에 대한 수요도 급증하고 있습니다.

반려동물미용 업계의 현황

국내 반려동물 산업은 빠르게 성장하고 있으며, 이에 따라 반려동물미용 서비스의 수요도 증가하고 있습니다. 2022년 기준 국내 반려동물 시장 규모는 약 8조 원으로 추산되며, 2027년까지 연평균 14.5% 성장하여 15조 원에 이를 것으로 전망됩니다. 반려동물 양육 가구 수는 2012년 364만 가구에서 2022년 602만 가구로 증가하였으며, 이는 전체 가구의 약 29.7%를 차지합니다. 이러한 증가 추세는 반려동물미용 산업의 성장에 긍정적인 영향을 미치고 있습니다.

반려동물미용 서비스는 단순한 털 관리에서 벗어나 피부 관리, 전문적인 털 스타일링, 위생 관리 등 다양한 분야로 발전하고 있습니다. 소비자들은 반려동물의 복지를 고려한 전문적인 관리 서비스를 선호하며, 이에 따라 체계적인 교육을 받은 전문 미용사의 수요가 꾸준히 증가하고 있습니다.

또한, 반려동물의 스트레스를 최소화하는 미용 방법론의 개발과 적용에도 큰 관심이 기울여지고 있습니다. 이는 반려동물의 복지 향상과 보호자들의 만족도를 높이는 데 기여하고 있습니다.

이러한 산업 동향을 고려할 때, 반려동물미용사는 단순한 미용 기술을 넘어 반려동물의 건강과 복지를 책임지는 중요한 역할을 수행하고 있습니다. 따라서 전문성과 책임감을 갖춘 미용사의 양성이 더욱 중요해지고 있습니다.

반려동물미용 업계의 전망

앞으로 반려동물미용 업계는 더욱 확대되고, 그 중요성도 커질 것으로 전망됩니다. 이러한 긍정적인 변화는 반려동물 산업과 관련된 여러 요인들에 기인합니다.

첫째, 반려동물 수의 증가와 고급화된 서비스의 수요

반려동물을 가족의 일원으로 여기는 인식이 확산되면서, 반려동물의 건강과 외모를 돌보는 데 더 많은 시간과 비용을 투자하는 소비자가 늘고 있습니다. 이에 따라, 반려동물미용 서비스는 단순한 관리 수준에서 벗어나 더욱 다양화되고 고급화될 것입니다. 예를 들어, 특정 견종에 맞는 맞춤형 스타일링, 미용 후 스파 서비스 등 고급화된 옵션이 소비자들 사이에서 높은 인기를 끌고 있습니다.

둘째, 기술 발전과 디지털화

반려동물미용 분야에서도 기술 발전이 빠르게 이루어지고 있습니다. AI를 활용한 피부 상태 분석이나 3D 프린팅을 이용한 맞춤형 미용 도구 개발 등 첨단 기술은 미용사의 업무를 보조하며 서비스의 질을 한층 높이고 있습니다.

특히, 반려동물미용과 관련한 모바일 애플리케이션의 도입이 주목받고 있습니다. 이러한 앱은 미용 서비스 예약, 반려동물의 관리 기록, 스타일링 제안 등의 기능을 제공하며 보호자와 미용사 간의 소통을 더욱 원활하게 만듭니다. 예를 들어, 사용자가 반려동물의 털 상태나 원하는 스타일을 앱에 업로드하면, 미용사가 이를 기반으로 적합한 스타일링과 관리 계획을 제안하는 시스템이 점점 확대되고 있습니다. 이러한 앱은 고객 편의성을 높이는 동시에 미용사의 업무 효율성을 향상시키고 있습니다.

셋째, 글로벌 시장의 확대

반려동물미용 서비스에 대한 수요는 국내뿐만 아니라 글로벌 시장에서도 증가하고 있습니다. 특히, 한국의 반려동물미용 기술은 K-뷰티의 성공에 힘입어 세계적으로 주목받고 있으며, 국제 시장 진출 가능성이 점점 커지고 있습니다. 이러한 흐름 속에서 해외

미용사들이 한국의 선진 미용 기술을 배우기 위해 방문하거나, 국내 미용사들이 해외 세미나에 초청되는 사례가 늘어나고 있습니다. 예를 들어, 한국애견연맹은 국제 애견미용 세미나를 개최하여 해외 전문가들을 초청하고, 국내 미용사들의 기술 향상을 도모하고 있습니다. 이러한 국제 교류는 한국 반려동물미용 산업의 위상을 높이고, 글로벌 시장에서의 경쟁력을 강화하는 데 기여하고 있습니다.

넷째, 지속 가능한 미용 서비스에 대한 관심 증가

반려동물미용 업계에는 환경 보호와 동물 복지에 대한 사회적 관심이 높아짐에 따라 친환경 제품 사용과 동물 친화적인 미용 방법에 대한 요구가 증가하고 있습니다. 예를 들어, 펫푸드 산업에서는 곤충 단백질이나 식물성 원료를 사용한 친환경 제품들이 인기를 끌고 있으며, 플라스틱 사용을 줄인 친환경 포장재나 재활용할 수 있는 장난감과 용품도 주목받고 있습니다. 이러한 지속 가능한 제품들은 환경 보호와 반려동물의 건강에 긍정적인 영향을 미치며, 소비자들에게도 큰 호응을 얻고 있습니다.

결론적으로, 반려동물미용 업계는 반려동물에 대한 사회적 관심과 더불어 지속적인 성장과 발전을 이어갈 것입니다. 기술 혁신과 디지털화를 통해 고객과 미용사 모두의 편의성과 효율성을 높이고, 친환경적이고 동물 복지 중심인 서비스를 제공함으로써, 반려동물과 보호자 모두에게 없어서는 안 될 중요한 역할을 하게 될 것입니다.

 이 책의 목표와 구조

이 책의 목표는 반려동물미용에 입문하는 초보자들이 기초부터 탄탄히 다질 수 있도록 돕는 데 있습니다. 특히, 반려동물미용 자격증 2급과 3급 취득을 목표로 하는 독자들을 위해 필수적인 이론과 실습 내용을 체계적으로 제공하여, 자격증 준비와 실무에서 자신감을 키울 수 있도록 지원합니다.

다음과 같은 내용을 중심으로 구성되어 있습니다.

기초 이론과 실습 기술

반려동물미용에 처음 도전하는 초보자도 쉽게 이해할 수 있도록, 기본 개념부터 시작하여 단계별로 학습할 수 있도록 돕습니다. 반려동물의 해부학적 이해, 피부와 털의 구조와 특성, 위생 관리의 중요성 등 미용의 필수 기초를 상세히 설명하여, 초보자들이 기초부터 탄탄히 쌓아 나갈 수 있도록 구성했습니다.

자격증 준비를 위한 필수 내용

반려동물미용 자격증 2급과 3급 시험에서 요구되는 이론과 실기 내용을 충실히 다룹니다.

이론 파트에서는 미용 도구 사용법, 견종별 털의 특성과 관리 방법, 일반 미용 방법 등 시험에 반드시 나오는 주요 주제를 담았습니다.

실기 파트는 램클립 커트와 응용미용 스타일링 과정 등을 상세히 안내하여, 실기 준비에 실질적인 도움을 제공합니다.

실무 역량 강화

실무에서 바로 적용할 수 있는 미용 기술과 반려동물 행동 관리, 위생 및 안전 관리 방법을 다룹니다.

미용 중 반려동물의 스트레스를 줄이는 방법과 안전한 미용 환경 조성법을 설명하며, 미용사로서의 실무 자신감을 높일 수 있도록 구성하였습니다.

또한, 고객과의 의사소통 방법과 반려동물 보호자와 신뢰를 쌓는 방법도 포함하여, 실무 능력을 한 단계 더 발전시킬 수 있도록 구성하였습니다.

기초 과정을 탄탄히 다진 구성

이 책은 기초 과정에 충실한 구성으로, 초보 미용사들이 부담 없이 시작할 수 있도록 만들었습니다. 도구의 기본 사용법, 견종별 기초 미용법, 기본 스타일링 방법, 위생과 안전 관리 등 기초적인 요소를 깊이 있게 다루며, 이를 통해 독자들이 자신감을 가지고 실습과 자격증 준비를 이어갈 수 있도록 돕습니다.

이 책은 단순히 기술을 배우는 것에 그치지 않습니다.

반려동물의 건강과 복지를 책임지는 미용사로 성장할 수 있도록, 이론과 실습을 균형 있게 제공하여 반려동물과 보호자 모두가 만족할 수 있는 서비스를 제공할 수 있도록 돕습니다.

이 책이 여러분의 첫걸음을 탄탄히 다지고, 반려동물미용사로서 자신감 있게 성장할 수 있는 든든한 길잡이가 되길 바랍니다. 이제 이 책과 함께, 반려동물미용의 세계로 한 걸음 더 나아가 보세요!

목차

반려동물미용사

애견미용의 실무와 자격증(2,3급)

CHAPTER 01

애견미용의 기초

I. 애견미용의 기본 개념

II. 견체의 기초

III. 개의 보정

CHAPTER

01 애견미용의 기초

I 애견미용의 기본 개념

1 그루밍의 개념

1) 야생의 삶에 의한 본능적 그루밍

코트의 그루밍은 추운 계절에는 솜털과 같은 부드럽고 촘촘한 털로 체온을 유지하면서, 굵고 윤기 있는 겉털은 눈이나 비로부터 털이 젖지 않도록 보호해 준다. 이렇게 체온 상실을 방지하는 역할을 한다.

또한 날씨가 더워지면 불필요한 얇은 솜털은 자연스럽게 빠지고, 굵은 겉털은 외부 날씨와 해충으로부터 보호할 만큼만 남기게 된다. 이를 통해 반려동물은 가벼운 몸 상태를 유지하며 정상적인 활동을 할 수 있다. 이 과정에서 스스로 털을 정리하고 깨끗하게 관리하는 행동이 본능적 그루밍의 시작이다.

2) 인간과 개의 친숙함에 따른 그루밍의 발전

고대부터 개는 인간과 친숙하게 지내왔으며, 이는 다양한 문헌을 통해 확인할 수 있다. 개는 인간의 사냥을 돕거나, 목양견으로 자산을 지키는 경비견으로 활동하며, 가정의 반려견으로 자리 잡았다. 인간과 생활하는 개의 위생 관리는 사람과 동물의 건강 모두와 직결되었으며, 점차 미용의 기능과 예술적 요소가 강조되기 시작했다.

19세기 귀족 사회에서는 개들의 불필요한 털을 손질하는 것이 유행하였고, 특히 프랑스의 루이 15세와 16세 시기에 푸들 미용이 발전하며 번창했다. 당시 푸들은 가장 인기 있는 견종으로, 그루밍은 주로 푸들에 이루어졌다.

▌그루밍의 역사

3 한국 애견미용의 발전사

1) 1980~1990년대: 그루밍의 시작

① 1986년: 서울 아시안게임과 1988년 서울올림픽을 계기로 반려동물 문화가 국내에 본격적으로 도입되었다. 당시 개는 주로 경비 목적이 강했으나, 이 시기부터 애견 사료와 용품이 상용화되고, '애견문화'라는 개념이 등장했다.

② 1988년: 애견미용이 본격적으로 주목받기 시작했다. 푸들, 몰티즈 등 소형견의 인기가 증가하며, 품종별 미용 스타일링이 활성화되었다.

2) 1990~2000년대 초반: 미용 산업의 확장

① 1991년: 애견미용 자격 검정제가 도입되면서, 미용사가 체계적으로 양성되기 시작했다.

② 2002년: 한국에서 월드컵을 개최하면서 되면서 한국의 애견문화에 대하여 세계의

주목을 받게 되었다, 당시 한국의 식육에 대하여 암묵적으로 묵인하던 상황이 월드컵 개최국으로서 비난이 있었던 것도 사실이다. 하여 정부 정책으로 반려동물 산업을 적극 종용하여 도그쇼와 번식 장려를 하였다. 많은 국민들이 선진국 수준의 반려동물을 사랑하는 것을 보여주기 위해 각종 방송에 학원과 반려인들이 나왔으며 많은 미용사가 배출되어, 애견미용학원도 덩달아 호황을 맞았다. 소형견의 인기에 따라 푸들 컷, 포메라니안 컷, 몰티즈 컷 등 품종별 미용 스타일이 발전했다.

③ 2004년: 반려동물이 가족의 일원으로서 받아들이기 시작하면서 동물학대에 대한 관심도 또한 매우 높아지게 되었다. 이제는 실견으로 초보자가 미용하는 것이 문제가 되는 시기가 될 것이다라는 많은 미용 전문가들의 예견으로 당시부터 사각위그(연습용 가발)가 만들어지기 시작하여 지금의 전신, 얼굴, 여러 형태의 위그가 발전되어 왔다.

3) 2010년대: 전문화와 체계화

① 2015년: NCS(국가직무능력표준)에 애견미용이 포함되며, 애견미용이 정식 교육 과정으로 자리 잡았다. 이는 국가적 기준에 따라 전문성과 체계성을 갖춘 미용사 양성을 촉진했다.

이로써 반려동물미용사 자격증을 취득하는 데 있어 자격검정을 위한 규정에 맞는 일정한 지금의 위그(가발)가 표준으로 사용되었다.

② 2018년 이후: SNS와 유튜브를 통해 미용 전문가들이 지식을 공유하며, 미용 기술이 대중화되었다. 보호자들은 집에서 간단한 미용을 시도하며, 전문 미용 서비스와 병행하는 트렌드가 생겨났다.

4) 2020년대: 세계로 나아가는 한국의 미용

① 2020년: 반려견스타일리스트 국가공인 민간 자격증이 인증되면서, 한국의 그루밍은 세계적으로 인정받는 수준에 도달했다.

② 2021년 이후: 한국의 애견미용 시장 규모는 1조 원을 돌파하며, 아시아 클립 등 한국 고유의 미용 스타일이 해외에서 주목받고 있다. 현재 한국의 미용사들은 세계 대회에 참가해 뛰어난 기술력을 인정받고 있으며, 한국만의 창의적이고 섬세한 스타일이 글로벌 시장에서 호평을 받고 있다.

4 그루밍의 역할

① 건강 관리

그루밍은 털과 피부를 청결히 유지하며, 외부 기생충(벼룩, 진드기)이나 피부 질환을 조기에 발견할 기회를 제공한다. 또한 귀 청소나 발톱 다듬기 등을 통해 감염과 손상을 예방한다.

② 미적 기능

견종의 특성을 살린 스타일링을 통해 반려동물의 외형을 아름답게 다듬는다. 이는 보호자의 만족감을 높이며, 반려동물의 개성을 돋보이게 한다.

③ 심리적 안정

규칙적인 그루밍은 반려동물에게 안정감을 주고, 스트레스를 완화하는 데 도움을 준다. 특히 긍정적인 경험을 통해 반려동물이 그루밍 과정을 즐기도록 유도할 수 있다.

④ 사회화와 유대감 강화

그루밍은 반려동물과 보호자 간의 상호작용을 통해 신뢰와 유대감을 형성한다. 더불어 다른 사람이나 동물과의 접촉을 배우며 사회성을 키울 기회가 된다.

⑤ 복지와 삶의 질 향상

단순히 외형을 꾸미는 데 그치지 않고, 반려동물의 건강과 행복을 증진시키는 종합적인 관리로서의 역할을 수행한다.

5 그루밍 기술의 다양화

① 첨단 도구와 기술의 도입

최신 무선 클리퍼, 친환경 샴푸, 레이저 장비 등 첨단 도구가 도입되며 미용의 정밀도가 높아졌다. 이는 미용 과정에서 반려동물의 불편함을 줄이고, 더욱 안전하고 효율적인 작업을 가능하게 한다.

② 견종별 맞춤형 스타일링

각 견종의 특성과 털의 상태를 고려한 맞춤형 스타일링이 가능해졌다. 이를 통해 반려동물의 자연스러운 아름다움을 극대화하고, 견종 표준을 준수하는 미용이 보편화되었다.

③ 환경과 복지를 고려한 변화

친환경 제품과 스트레스 완화 기술을 활용하여 반려동물의 복지를 우선시하는 미용이 확산되고 있다. 긍정 강화 기법과 반려동물 친화적인 접근은 동물의 스트레스를 최소화하고 미용 경험을 향상시킨다.

④ 대중화와 접근성 증가

SNS, 유튜브 등을 통해 미용 기술이 대중화되며, 보호자들도 간단한 미용을 시도할 수 있게 되었다. 이러한 흐름은 미용 서비스에 대한 이해를 높이고, 전문 미용사와의 협력을 더욱 강화하고 있다.

⑤ 글로벌 경쟁력 강화

한국의 독창적 스타일링과 기술력이 세계적으로 주목받으며, 국제 대회에서의 수상이 증가하고 있다. 이는 한국의 미용 기술이 단순한 모방을 넘어 창의성과 전문성을 인정받고 있음을 보여준다.

Ⅱ 견체의 기초

1 견종 표준

1) 견종 표준이란 무엇인가

좋은 개의 기준은 견종 표준에 의해 정의된다. 이는 각 견종의 고유한 특질과 기준을 나타내며, 미용 스타일의 지침을 제공한다. 예를 들어, 푸들의 경우 특정 클립 스타일이 견종 표준에 명시되어 있어 이를 기반으로 미용 시 털 길이와 형태를 조정한다. 이러한 표준은 견종의 고유한 특질을 유지하면서도 아름다움을 강조하는 데 활용된다.

견종 표준은 원산지의 기후와 토양 그리고 활동 목적에 의한 털 길이, 색상, 골격 구조, 체형의 비율과 균형 등을 포함한다. 이를 통해 해당 견종의 이상적인 외모와 기능을 규정한다.

국제적 기준은 FCI(Fédération Cynologique Internationale), AKC(American Kennel Club), KC(Kennel Club)와 같은 기관에서 제공하며, 각 견종의 기능과 목적에 따라 세분화되었다. 연합단체 FCI는 10개그룹으로 분류하고 미국과 영국 & 호주(ANKC)는 7개 그룹으로 기능과 목적에 따라 세부적으로 제시한다.

① FCI

1그룹:목양견, 2그룹:사역견, 3그룹:테리어, 4그룹:닥스훈트, 5그룹:스피츠, 6그룹:후각하운드, 7그룹:포인팅, 8그룹:스포팅, 9그룹:토이, 10그룹:시각하운드

② AKC

허딩그룹, 테리어그룹, 스포팅그룹, 논스포팅그룹, 하운드그룹, 토이그룹, 워킹그룹

③ KC

건독그룹, 하운드그룹, 패스톨올그룹, 테리어그룹, 토이그룹, 유틸리티그룹, 워킹그룹

2 좋은 개의 기준

① **균형과 비율**: 체형의 비율(balance)이 적절하며, 신체 각 부분이 조화롭게 연결되어야 한다.

② **골격의 두께와 비율**: 견종마다 알맞은 두께와 튼튼한 골격, 올바른 각도는 개의 움직임과 건강 상태에 중요한 역할을 한다.

③ **걸음걸이(gait)**: 부드럽고 자연스러운 움직임을 보여야 하며, 이는 골격과 근육의 상태를 반영한다.

2 골격계의 이해

1 골격계의 기본 구조

반려견의 골격계는 두개골, 척추, 사지골격으로 구성(balance)되며, 각각 체형과 움직임에 중요한 영향을 미친다. 두개골은 얼굴 구조를 형성하며, 턱의 강도와 크기는 음식 섭취뿐만 아니라 이빨을 이용하여 작업하는 견종에게 있어 강한 턱은 매우 중요하다. 척추는 개의 몸통을 지탱하며, 유연성과 안정성으로 다양한 지형에 적용되어 움직여야 하는 상황에 유연성과 탁월한 탄성을 유지해야 한다. 사지골격은 걷기, 뛰기, 점프 등 다양한 움직임을 가능하게 한다.

1) 골격 명칭

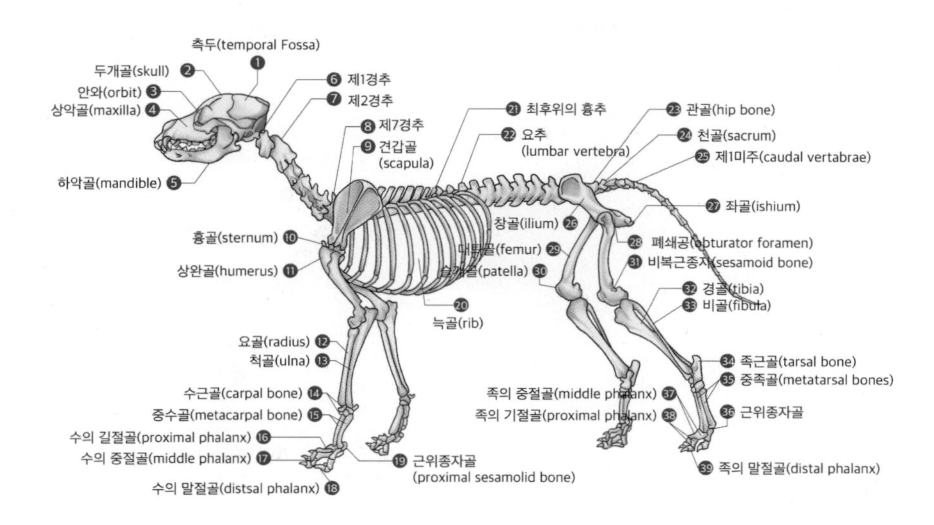

2) 골격의 영역별 명칭

① 전구(front assembly): 균형 유지와 앞다리 움직임의 기초 제공

- 주요 부위: 머리뼈(두개골), 목뼈(경추 7개), 어깨뼈(견갑골), 앞다리뼈(요골, 노골)

② 중구(middle assembly): 몸통 지탱 및 장기 보호

- 주요 부위: 등뼈(흉추 13개), 갈비뼈(흉곽), 허리뼈(요추 7개)

③ 후구(hind assembly): 뒷다리 힘과 활동의 원동력 제공

- 주요 부위: 엉치뼈(천골), 꼬리뼈(미추골 20~23개), 넓적다리뼈(대퇴골), 무릎뼈(슬개골)

2 견체 구성

견체는 반려견의 외형과 기능적 특징을 이해하는 데 핵심적인 요소다. 견체 구조는 품종별 특성을 반영한 미용 스타일 설계와 건강 상태 평가에 중요한 기준이 된다. 균형 잡힌 스타일링을 위해 견체에 대한 이해는 반드시 필요하다.

▌견체 명칭도

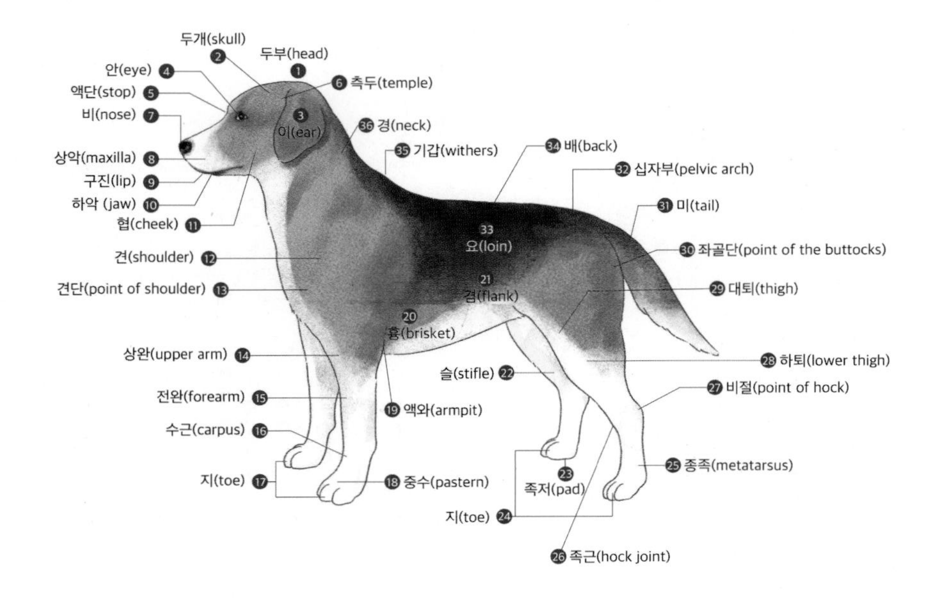

1) 체장과 체고

① **체장**(body length): 어깨점(견단, Point of shoulder)에서 엉덩이 끝단(좌골단, Point of buttock) 끝까지의 수평 길이를 측정한다.

② **체고**(height at withers): 지면(floor)에서 기갑(withers)까지의 수직 거리를 측정한다.

③ **체고 측정 방법**: 체고는 평평한 지면(floor)에서 견갑골의 가장 높은 기갑(withers)까지를 측정한다. 정확한 측정을 위해 반려동물이 편안하게 서 있어야 하며, 척추가 평평하게 유지되어야 한다. 체고는 항상 견갑골의 가장 높은 지점에서 지면까지의 거리를 가리키지만, 체장은 견종에 따라 측정 부위가 조금씩 다를 수 있다.

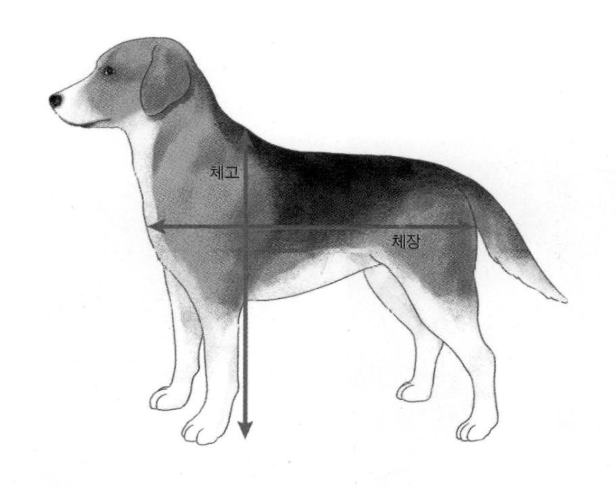

2) 체형의 분류

① 하이온 타입(high-on-type): 체고가 체장보다 길며, 길고 날씬한 체형을 가진 견종(예: 그레이하운드)

② 드워프 타입(dwarf-type): 체장이 체고보다 긴 견종(예: 꼬똥 두 툴레아, 비숑 프리제)

③ **스퀘어 타입**(square-type): 체장과 체고의 비율이 1:1로 균형 잡힌 견종(예: 푸들, 와이어 폭스테리어).

3 개의 구성

1 체형과 미용 스타일의 연관성

반려동물의 체형은 미용 스타일링에 큰 영향을 미친다. 긴 다리와 우아한 목선을 가진 견종은 이를 더욱 돋보이게 하는 스타일이 적합하며, 반대로 특정 체형의 단점을 보완하는 스타일이 필요할 수 있다. 예를 들어, 다리가 짧고 체형이 넓은 견종은 몸을 길고 날씬하게 보이도록 미용할 수 있다. 이러한 맞춤형 스타일링은 반려견의 개성을 살리고 균형감을 향상시킨다.

2 건강 상태 파악

반려동물의 체형 분석은 단순히 외모뿐만 아니라 건강 상태를 평가하는 데 중요한 역할을 한다. 비만, 관절 문제, 척추 이상 등 체형에서 나타날 수 있는 문제를 발견하고 관리 방법을 제안할 수 있다. 이러한 체형 분석은 미용 과정 중 반려동물의 불편함을 줄이고, 궁극적으로 더 나은 건강 상태를 유지하는 데 기여한다.

3 밸런스와 구조의 중요성

1) 보행 동작(gait)

반려견의 보행은 골격과 근육의 상태를 반영하며, 균형 잡힌 보행은 건강한 골격 구조를 나타낸다. 앞다리와 뒷다리의 움직임이 자연스럽고 대칭적이어야 한다.

① 싱글 트래킹(single tracking)

반려견이 걷거나 뛸 때 네 발이 하나의 선을 따라 움직이는 형태는 에너지 효율적이며 균형 잡힌 움직임을 보여준다. 이러한 움직임은 일반적으로 체형이 두껍지 않고, 오랜 시간 동안 많은 걸음을 걸을 수 있는 견종에서 관찰된다. 대표적인 예로는 시베리안 허스키와 셸티와 같은 견종이 있다.

② 더블 트래킹(double tracking)

반려견의 다리가 두 개의 평행한 선을 따라 움직이는 형태는 안정적이고 견고한 걸음걸이를 보여준다. 이러한 움직임은 체격이 튼튼한 견종에서 흔히 나타나며, 뒷다리와 앞다리가 같은 각도로 움직여 체중을 효과적으로 분산시킨다. 대표적으로 미니어처 슈나우저와 같은 견종에서 이러한 걸음걸이가 관찰된다.

③ 앵귤레이션(angulation)

앞다리(견갑골)가 평평한 바닥을 기준으로 약 45°각도일 경우 앞으로 충분히 뻗을 수 있고 안쪽으로 여유 있게 들어올 수 있다, 엉덩이뼈가 30°로 잘 누워있으면서 뒷다리(대퇴골과 경골). 각이 충분히(120~130°) 깊어야 뒤로 충분히 차주고 안으로 여유를 가지고 들어와서 앞다리와 교차하지 않고 움직일 수 있다. 이상적인 앵귤레이션은 유연한 움직임과 강력한 추진력을 제공한다. 각도가 너무 작거나 크면 보행의 언발란스(undalanced)로 인해 효율이 저하되고 피로가 증가할 수 있다.

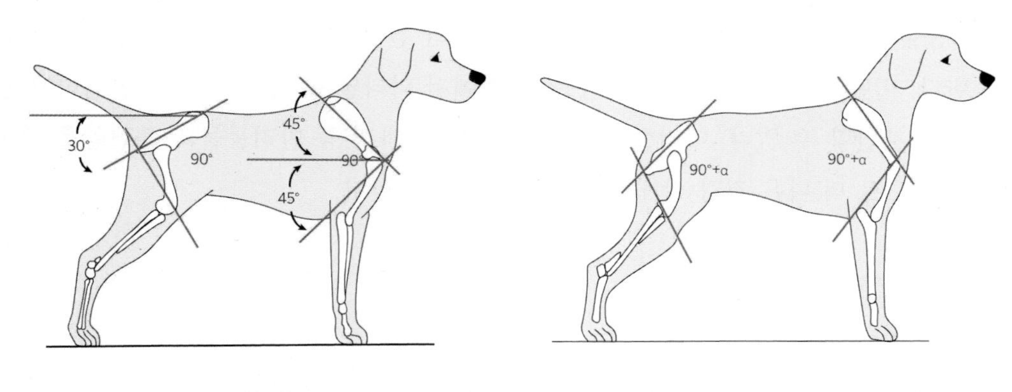

바른 앵귤레이션

바르지 않은 앵귤레이션

④ 견갑각도(shoulder angulation)

견갑골(45°)과 상완골(45°)이 이루는 각도이다. 합계 90°의 적절한 각도는 충격 흡수를 돕고 부드러운 보행을 가능하게 한다. 각도가 너무 직선적(upright)이거나 좁으면(small) 보행에 제한이 생길 수 있다.

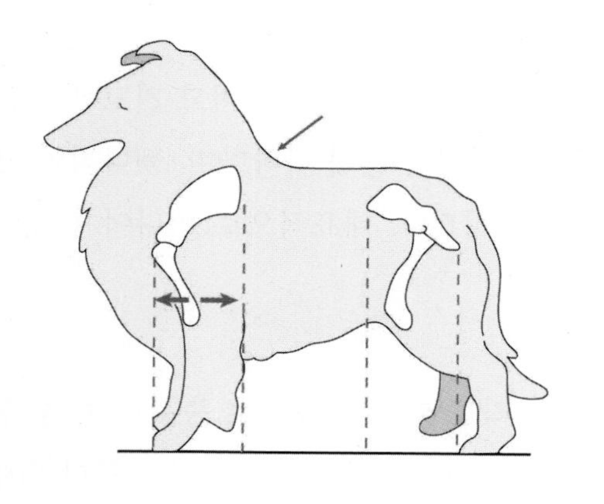

좋은 각도를 가진 개

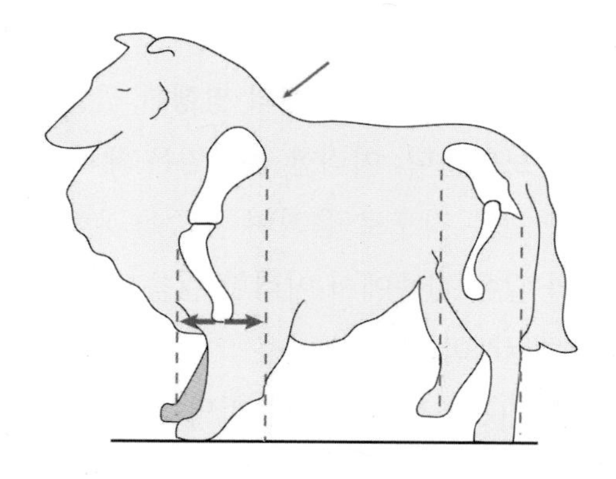

좋지 않은 각도를 가진 개

- 좋은 각도를 가진 개: 전흉에서 견갑골 직후로 지나간 폭이 넓다.
- 좋지 않은 각도를 가진 개: 견갑골이 지나치게 위로 향해 있다.

2) 치아

① 치아의 역할: 치아는 반려견의 주요 기능 중 하나로, 다양한 역할을 수행한다. 이 역할에는 다음과 같은 것이 포함된다.

- 공격과 방어: 위협으로부터 자신을 보호하거나 자신의 영역을 지키는 데 치아가 사용된다.
- 운반: 물체나 사냥감을 집어서 이동할 때 사용된다.
- 음식 섭취: 음식을 자르고 찢으며, 분쇄하여 소화를 돕는다.
- 그루밍: 자신의 털을 다듬거나 외부 기생충을 제거하는 데 치아를 활용한다.
- 놀이: 장난감이나 다른 물체를 물고 당기면서 사회적 활동에 참여한다.
- 의사소통: 다른 개들과의 신호 전달, 감정 표현 등에 사용되기도 한다.

② 치아 구조

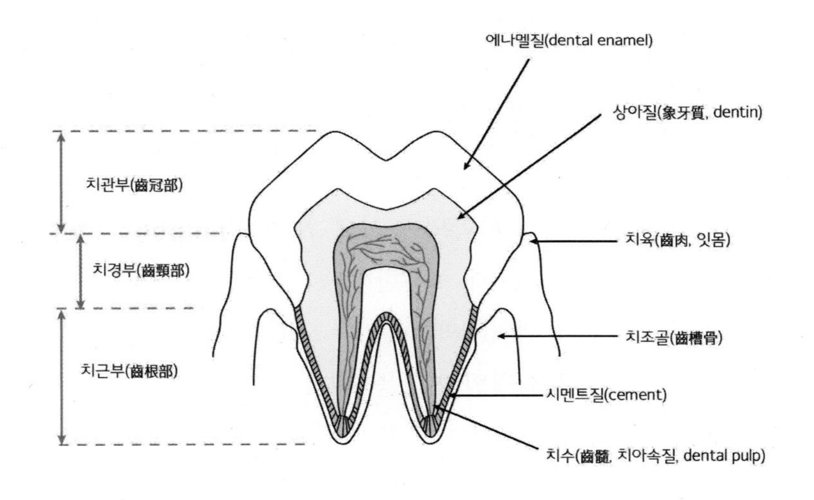

- **치관부**(crown): 치아의 가장 위쪽 부분으로, 음식물을 자르거나 분쇄하는 역할을 한다. 에나멜질로 덮여 있어 외부 손상으로부터 보호받는다.
- **치경부**(neck): 치아와 잇몸이 연결되는 부분으로, 치아의 안정성과 건강을 유지한다.
- **치근부**(root): 치아의 뿌리로, 턱뼈에 깊게 박혀 있어 치아를 고정시키고 강한 힘을 견딜 수 있게 한다.
- **에나멜질**(enamel): 치아의 외부를 덮고 있는 가장 단단한 층으로, 마모와 충격에 강하다.

- **상아질**(dentin): 에나멜질 아래 위치하며, 치아의 주요 구조를 형성한다.
- **시멘트질**(cementum): 치근부를 덮고 있는 얇은 층으로, 치아를 턱뼈에 고정시키는 역할을 한다.
- **치수**(pulp): 치아 내부의 연조직으로, 신경과 혈관이 포함되어 있다.

③ 영구치의 배열과 명칭

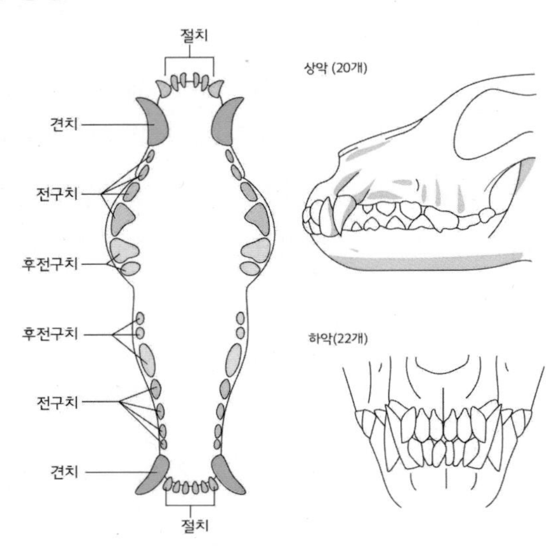

- **절치**(incisors): 앞니로, 상악과 하악의 중심에 위치(상악 6개, 하악 6개). 음식물을 자르거나 분리, 물체를 잡거나 핥는 데 사용한다.
- **견치**(canines): 절치 양옆에 위치(상악 2개, 하악 2개). 사냥감을 물고 이동, 강력한 물림과 찢기, 방어와 공격 시 핵심적인 역할을 한다.
- **전구치**(premolars): 견치 뒤쪽부터 대구치 앞쪽에 위치(상악 8개, 하악 8개). 고체 음식물을 분쇄, 음식을 찢고 자르는 역할을 한다.
- **후구치**(molars): 가장 뒤쪽에 위치(상악 4개, 하악 6개). 강한 압력으로 음식을 분쇄하므로, 고형 사료와 뼈 분쇄에 적합하다.
- **열육치**(carnassial teeth): 전구치와 후구치 사이에 위치(상악 2개, 하악 2개). 고기를 찢고 분리, 육식을 위해 설계된 강력한 절단 치아다.

④ 치아의 상태

- **완전치**(full dentition): 유치 28개, 영구치 42개가 정상적으로 배열되고 튼튼한 상태를 완전치라 한다.

- **결치**(missing teeth): 정상 치종에서 치아의 수가 모자라는 상태를 말한다.
- **과잉치**(supernumerary teeth): 정상적인 개수보다 치아가 더 많은 상태를 말하며, 발생 원인으로는 치아 분열, 유치의 유전, 돌연변이 등이 있다.

⑤ 교합의 종류

- **시저스 교합**(scissors bite): 상악 절치가 하악 절치를 약간 덮는 이상적인 교합 형태

- **레벨 교합**(level bite): 상악과 하악 절치가 일직선으로 맞물리는 형태

- **언더쇼트**(under short): 하악 절치가 상악 절치보다 앞으로 튀어나온 상태

- **오버쇼트**(over short): 상악 절치가 하악 절치보다 훨씬 앞으로 나온 상태

4 척추

척추는 반려견의 전반적인 유연성과 안정성을 결정하는 핵심 요소이다. 견종별로 이상적인 척추 구조는 각기 다른 특성을 보일 수 있으나, 일반적으로 지나치게 직선적이거나 반대로 과도한 곡선을 보이는 척추 구조는 개체의 정상적인 활동과 건강한 생활에 부정적인 영향을 미칠 수 있어 이상적이지 않다. 등선의 형태는 각 견종의 특성, 즉 기능과 환경에 따라 이상적인 모양이 달라질 수 있다.

1) 등과 허리의 종류

① **로치백**(roach back): 기갑(withers)에서 허리 방향으로 이어지며 로인(waist)부터 휠백(wheel back)을 그리며 테일셋(tail set)으로 이어진다(예: 베들링턴 테리어, 그레이하운드).

② 스웨이백(sway back): 기갑(withers)에서 허리까지 아래로 라운드로 이어지며 허리는 높게 아치를 그리며 테일셋(tail set)까지 이어진다. 꼬리는 낮게 위치한다(예: 댄디 디몬드 테리어).

③ 슬로핑백(sloping back): 기갑(withers)에서 직선적으로 경사진 형태로, 테일셋(tail set)까지 연결된다(예: 아메리카 코커 스패니얼).

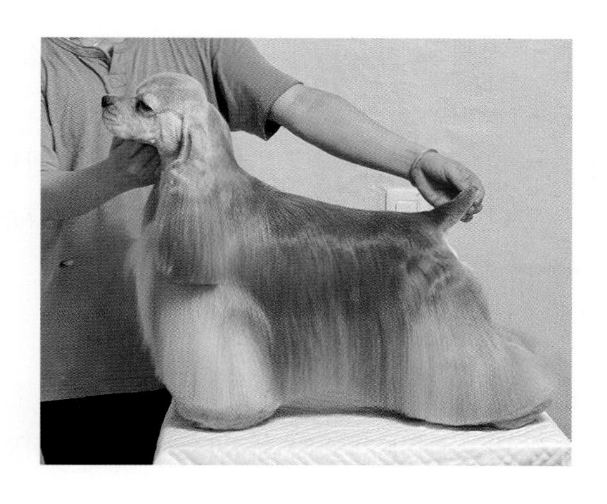

④ **레벨백**(level back): 기갑(withers)에서 테일셋(tail set)까지 수평인 등선을 말한다(예: 골든 리트리버).

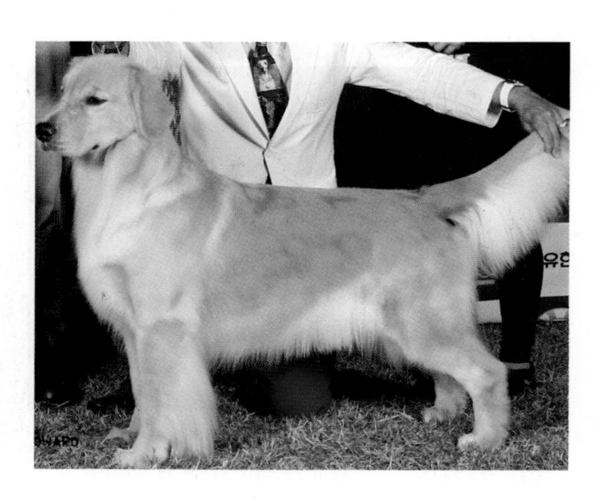

2) 척추와 미용 스타일의 연관성

척추의 형태는 반려견의 전체적인 실루엣과 외형적 모습을 결정짓는 중요한 요소이다. 이상적인 척추 구조를 가진 반려견은 자연스럽고 균형 잡힌 외모를 보이며, 이러한 장점을 더욱 돋보이게 하는 다양한 미용 스타일링이 가능하다. 반면 비정상적인 척추 형태를 지닌 반려견의 경우, 구조적 단점을 최소화하고 전체적인 균형미를 높이기 위한 맞춤형 미용 방식을 적용하는 것이 필요하다.

5 흉부

반려견의 흉부 깊이와 너비는 해당 견종의 체력 수준과 전반적인 호흡 능력을 결정짓는 중요한 요소이다. 특히 균형 잡힌 흉부 구조를 가진 반려견은 심장과 폐의 기능이 원활하게 이루어져 건강한 심폐 기능을 나타낸다.

1) 바람직한 흉부

견종별로 흉부의 깊이와 너비는 차이가 있으나, 일반적으로 바람직한 흉부는 팔꿈치(엘보)까지의 적절한 깊이와 균형 잡힌 구조를 갖춘 상태를 의미한다. 다만 닥스훈트와 같은 땅속 작업견의 경우, 그들의 고유한 작업 특성으로 인해 흉심의 깊이가 팔꿈치 아래까지 내려가 있어 매우 크고 깊은 흉부 구조를 보인다. 깊고 탄탄한 흉부는 폐와 심장을 효과적으로 보호하며, 해당 견종의 활동성과 체력을 충분히 지탱할 수 있게 한다. 또한 적절한 흉부 구조는 허리와 자연스럽게 이어져 반려견의 전반적인 움직임과 신체 안정성을 효과적으로 지원한다.

2) 좋지 않은 흉부

① **너무 얕은 흉부**: 흉부가 얕으면 폐와 심장을 충분히 보호하지 못하며, 체력 저하와 호흡 문제를 유발할 수 있다.

② **너무 넓거나 좁은 흉부**: 흉부가 지나치게 넓으면 움직임이 둔해질 수 있고, 좁으면 안정성과 균형이 저하된다.

6 턱업(tuck-up)

턱업은 흉부와 복부 사이의 라인으로, 반려견의 체형 균형에 중요한 역할을 한다.

① **이상적인 턱업**: 복부가 부드럽게 들어가면서 흉부와 연결되어 개의 유연성과 체력을 돋보이게 한다.

② **너무 낮은 턱업**: 복부가 너무 처지면 비만이나 건강 문제를 나타낼 수 있다.

③ **너무 높은 턱업**: 과도한 턱업은 지나치게 마른 체형을 나타내며, 활동성과 체력에 부정적인 영향을 줄 수 있다.

7 다리

올바른 자세는 반려견의 체형과 움직임에 있어 매우 중요하다. 앞다리와 뒷다리가 적절히 조화를 이루어야 균형 잡힌 체형을 유지할 수 있으며, 이는 자연스러운 움직임으로 이어진다. 발의 위치는 직선상에 놓여야 하며, 앞발과 뒷발 간의 간격이 균형 있게 유지되어야 한다. 또한, 엉덩이와 척추의 연결 부위가 부드럽고 자연스럽게 이어질 때, 반려견은 전체적인 균형감을 갖추게 된다. 이러한 자세는 움직임의 효율성을 높이고, 관절과 근육의 부담을 최소화하는 데 도움을 준다.

1) 앞다리의 역할과 자세

앞다리는 반려견의 체중을 지탱하는 주요 역할을 하며, 전체 체중의 약 60%를 지지한다. 이상적인 앞다리는 직선으로 곧게 뻗어 있으며, 어깨와 팔꿈치의 각도가 적절히 조화되어 있어야 한다. 또한, 팔꿈치가 몸에 밀착된 상태에서 움직임이 부드럽고 자연스러워야 한다.

2) 앞다리의 이상적인 구조와 자세

① 이상적인 앞다리

견갑골과 상완골의 각도가 약 90~110°로 조화를 이루며, 이는 유연한 움직임과 충격 흡수에 도움을 준다. 견갑골은 길고 경사진 형태로, 체중 분산과 안정성을 높인다. 앞다리는 직선으로 곧게 뻗어 있어야 하며, 팔꿈치가 몸에 밀착되어 자연스러운 보행을 지원해야 한다.

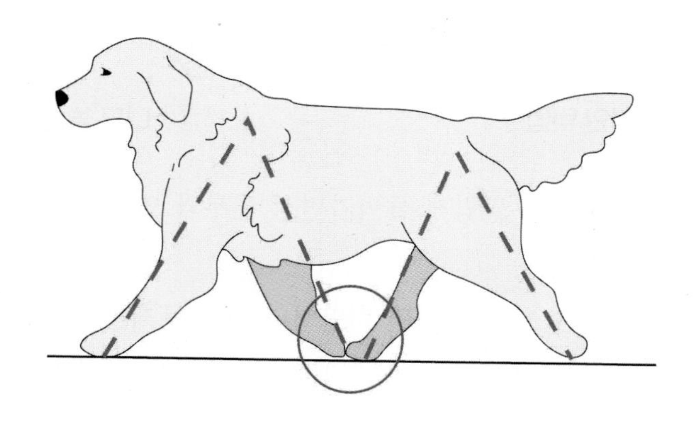

② 앞다리 형태

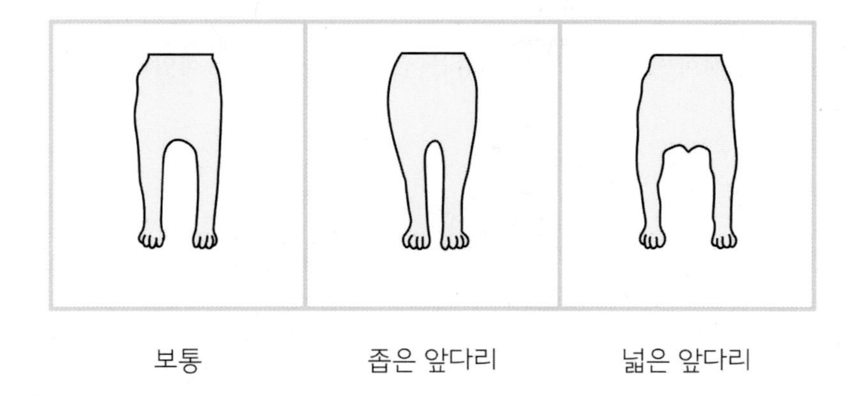

보통 좁은 앞다리 넓은 앞다리

- **보통 앞다리:** 발과 발목이 일직선을 이루며, 앞다리가 자연스럽게 곧게 뻗어 안정적이다.
- **좁은 앞다리:** 그레이하운드와 같은 견종에서 볼 수 있으며, 빠르고 유연한 움직임을 돕는다.
- **특수한 형태:** 불독의 앞다리는 짧고 강한 모양으로, 체중을 안정적으로 지지한다. 웰시코기와 같은 견종은 완곡한 다리 형태를 가지고 있어 독특한 걸음걸이를 보인다.

③ 좋은 걸음걸이

그림처럼 올견체와 골격의 각도 구성(발란스, balance)이 정상적인 다리를 가진 견은 몸

아래에 다리를 올바르게 위치시켜 지지력을 제공하고 넓은 엉덩이와 강한 근육, 그리고 힘들이지 않고 효율적인 길고 낮은 옆걸음걸이를 가지고 있다. 발의 위치는 직선상에 놓여 있어 균형을 유지하며, 발 크기와 모양은 견종 표준에 따라 적합해야 한다.

④ 좋지 않은 걸음걸이

어깨와 엉덩이가 매우 많이 열린 각도를 가진 견은 몸의 양쪽 끝으로 다리를 멀리 뻗은 채로 서 있어 몸을 올바르게 지지하지 못한다. 이러한 구조를 가진 견은 불필요한 들어 올림과 찍어 차는 걸음걸이를 보인다. 보폭이 매우 크게 보일 수 있으나, 실제로는 단조로운 체공과 디딤으로 인해 겉보기에만 활발해 보일 수 있다. 따라서 이러한 견의 경우 충분한 운동과 관리가 필요하다.

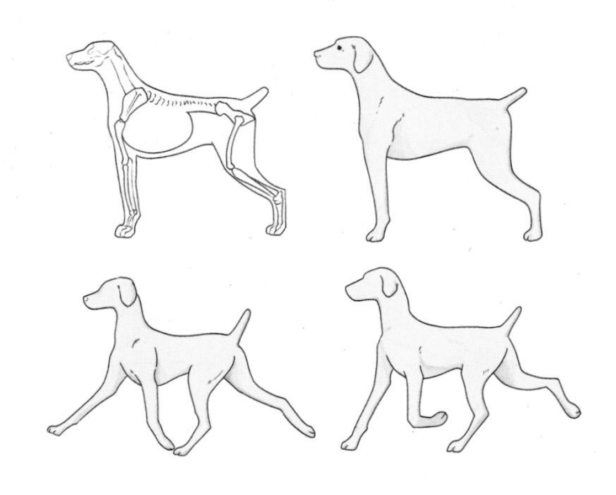

3) 이상적인 패스턴(pastern)

경사진 패스턴(sloping Pastern)은 충격 흡수와 유연성을 제공하여 이상적인 형태로 간주된다. 지나치게 직선적인 패스턴(straight Pastern)은 충격 흡수 능력을 감소시키고 관절에 무리를 줄 수 있다.

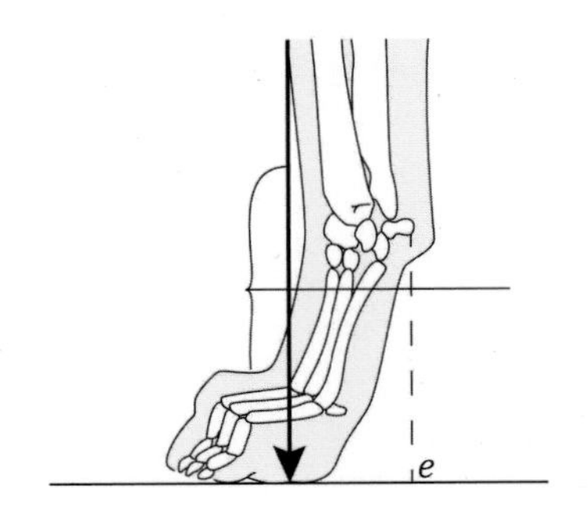

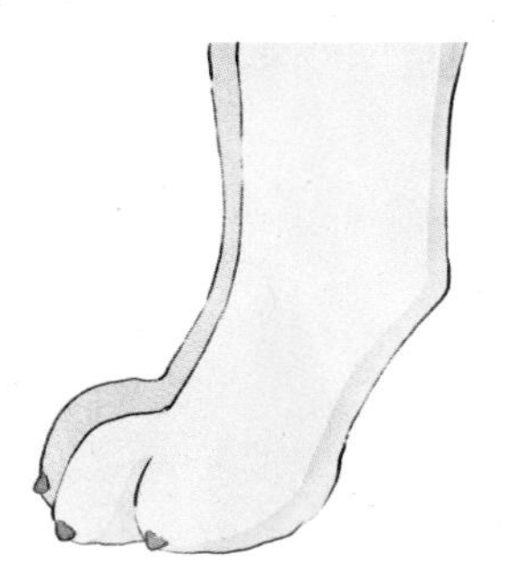

4) 뒷다리와 엉덩이의 역할

뒷다리는 추진력을 제공하며 걷기, 뛰기, 점프 등의 동작을 지원하고, 엉덩이는 이러한 움직임을 조율하며 균형 잡힌 자세를 유지하는 데 중요한 역할을 한다.

5) 뒷다리의 이상적인 구조와 자세

① 이상적인 뒷다리

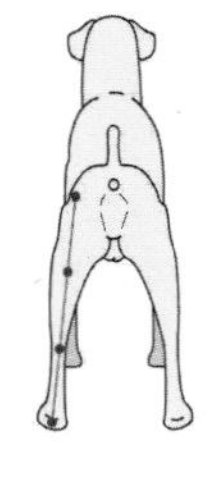

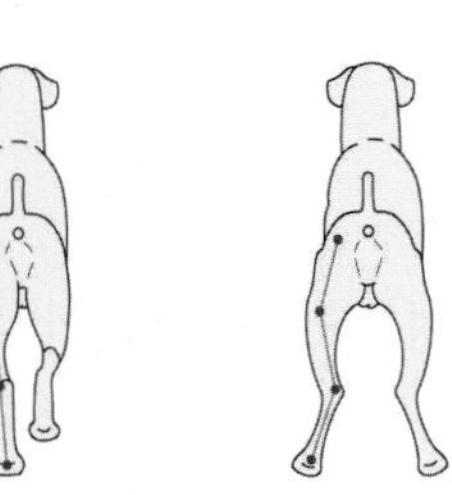

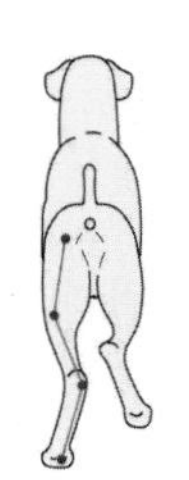

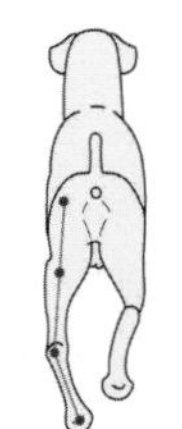

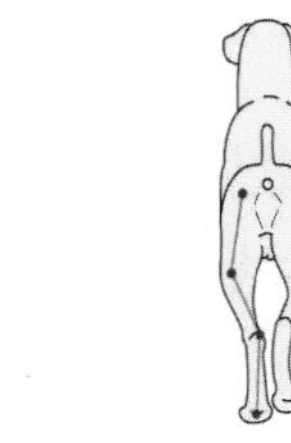

정상 ×자형 O자형

- 정상 다리: 이상적인 뒷다리는 견체의 추진력을 담당하며 안정적인 움직임을 제공한다. 골반에서 발끝까지 직선으로 이어지는 형태를 가지며, 뼈와 근육이 균형 있게 발달한 모양을 말한다. 골반과 대퇴골, 경골은 적절한 각도를 이루어 충격을 흡수하고 효율적인 움직임을 가능하게 한다. 이러한 형태는 뒷다리의 힘 전달이 원활하고 관절에 불필요한 부담을 주지 않아 건강한 체형을 유지할 수 있다.

- X자형 다리: 다리가 안쪽으로 과도하게 휘어진 형태로, 움직임의 비효율성을 초래할 수 있다.
- O자형 다리: 다리가 바깥쪽으로 휘어진 형태로, 균형이 불안정하며 관절에 무리가 갈 수 있다.

② 좌골

좌골의 각도는 척추를 기준으로 약 30°가 되어야 하며, 이는 추진력과 안정성을 높인다.

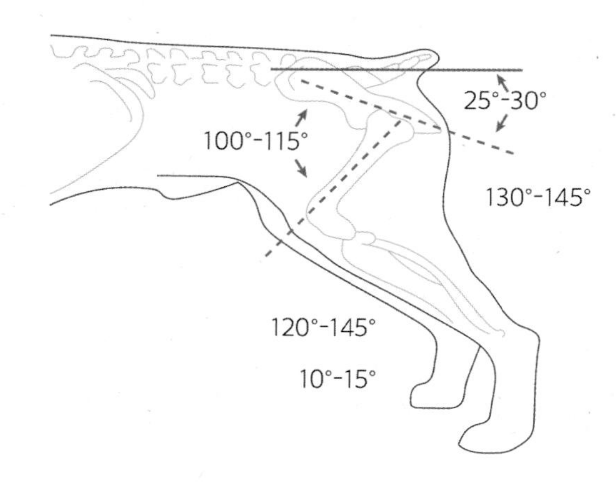

6) 비절의 종류

① 이상적인 비절: 발목과 무릎의 각도가 자연스럽게 조화를 이루어 균형 잡힌 움직임을 제공한다.

② 좋지 않은 비절

- 역비절(straight hock): 비절이 반대로 굽은 형태로, 정상적인 움직임에 제약을 준다 (견종에 따라 옳은 경우도 있다).
- 겸상비절(sickle hock): 발목이 과도하게 안쪽으로 굽어 있는 상태로, 추진력 감소와 관절 손상을 유발할 수 있다.

8 머리의 이해

머리는 반려견의 외모와 건강을 결정짓는 중요한 부위로, 각 견종의 특성을 잘 나타낸다. 이 부위는 음식 섭취, 호흡, 냄새 탐지 등 생리적 기능을 수행한다. 음식 섭취와 관련해서는 턱과 치아가 음식을 물고 찢으며 소화가 가능하도록 돕고, 호흡은 비강과 구강을 통해 원활히 이루어진다. 또한, 후각은 비강 내 후각 수용체를 통해 뛰어난 냄새 탐지 능력을 발휘하며, 견종의 고유한 특징과 인상을 강조한다.

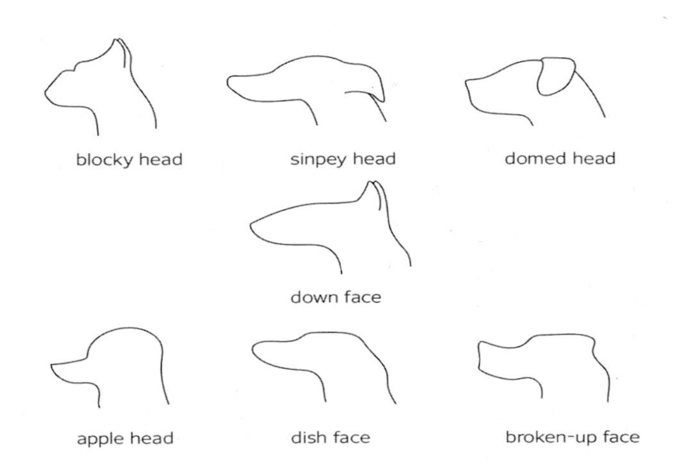

1) 견종별 머리의 다양한 모양

① 코커 스패니얼(cocker spaniel)

두상 유형: 둥글고 부드러운 형태(domed head). 둥글고 부드러운 머리 형태를 가지고 있으며, 길게 늘어진 귀가 특징이다.

② 복서(boxer)

두상 유형: 짧고 넓은 각진 형태(blocky head). 짧고 넓으며 근육질의 단단한 두상을 가지고 있다.

③ 치와와(chihuahua)

두상 유형: 사과 모양의 머리(apple head). 작고 둥근 사과 모양의 머리를 가지며, 귀와 얼굴이 작고 귀엽다.

④ 보르조이(borzoi)

두상 유형: 길고 우아한 형태(snipey head). 길고 곡선을 그리듯 세련된 우아한 두상 형태가 특징이다.

⑤ 에어데일 테리어(airedale terrier)

두상 유형: 직선적이고 균형 잡힌 형태. 직선적이고 잘 균형 잡힌 두상을 가지고 있다.

⑥ 포인터(pointer)

두상 유형: 길고 강렬한 인상을 주는 두상(dish face). 얼굴이 약간 오목하며, 날렵하고 강렬한 인상을 주는 두상이 특징이다.

⑦ 저먼 셰퍼드 독(german shepherd dog)

두상 유형: 견고하며 약간 곡선을 가진 형태(down face). 견고한 두상을 가지며, 약간 곡선적인 머리가 균형 잡힌 인상을 준다.

⑧ 바셋 하운드(basset hound)

두상 유형: 낮고 늘어진 형태(broken-up face). 길고 낮은 형태의 머리를 가지며, 늘어진 귀가 특징이다.

2) 두부의 유형별 분류

① 단두형(brachycephalic): 코가 짧고 얼굴이 넓은 형태

- 대표 견종: 복서, 불독, 퍼그
- 미용 시 주의사항: 주름 부위는 정기적으로 관리하여 염증과 감염을 예방해야 한다.

호흡 문제가 있는 경우, 미용 중에도 스트레스를 최소화해야 한다. 얼굴 주변의 털은 깔끔하게 정리하여 시야 확보와 청결을 유지한다.

② 중두형(mesocephalic): 얼굴과 코의 길이가 적절히 균형 잡힌 형태

- 대표 견종: 저먼 셰퍼드, 코커 스패니얼, 포인터

③ 장두형(dolichocephalic): 얼굴이 길고 코가 뾰족한 형태

- 대표 견종: 보르조이, 콜리, 살루키

3) 두부와 미용의 연관성

두부의 모양에 따라 미용 스타일이 달라질 수 있다. 단두형 견종은 얼굴의 주름과 귀 주변을 깨끗하게 다듬어 깔끔한 인상을 줄 수 있다. 장두형 견종은 길고 우아한 라인을 강조하는 스타일이 적합하다. 예를 들어, 귀와 목선의 털을 부드럽게 정리하여 곡선을

돋보이게 하며, 얼굴 주변의 털은 균형감 있게 다듬어 세련된 이미지를 강조한다. 귀, 눈 주변의 털 관리가 두부 미용의 핵심 요소 중 하나이다.

Ⅲ 개의 보정

1 개의 보정과 방법

트리밍 시 보정은 반려견의 안전과 미용사의 작업 효율성을 높이기 위해 반려견의 움직임을 제어하거나 안정적인 자세를 유지하도록 돕는 과정을 말한다. 이는 반려견이 미용 과정 중에 과도한 스트레스를 받지 않도록 하고, 미용사가 안정적이고 정밀하게 작업할 수 있도록 지원하는 역할을 한다.

1) 보정의 목적 및 필요성

① **안전성 확보**: 보정은 반려견이 예상치 못한 움직임으로 인해 미용 도구로 다치는 사고를 방지한다. 또한, 미용사가 작업 중 넘어지거나 부상을 당하는 위험도 줄여준다.

② **작업 효율성 향상**: 반려견이 안정된 자세를 유지하면 미용사가 작업을 빠르고 정확하게 수행할 수 있다. 이는 작업 시간이 단축되고 반려견이 느끼는 불편함도 줄어드는 결과를 가져온다.

③ **반려견의 심리적 안정감 제공**: 적절한 보정은 반려견이 낯선 환경에서 느끼는 두려움이나 불안을 줄여준다. 보정은 단순한 물리적 제어가 아니라 반려견이 안정감을 느끼도록 돕는 심리적 지지 과정이다.

2) 보정이 미용사와 반려견에게 미치는 영향

트리밍 시 보정은 단순히 반려견을 고정하는 것을 넘어, 반려견과 미용사 모두의 안전과 심리적 안정을 고려하는 필수적인 과정이다.

1) 미용사에게 미치는 긍정적 영향

① 작업 중 반려견의 움직임으로 인한 스트레스 감소

② 작업 효율성과 정밀도 향상

③ 작업 환경의 안전성 강화

2) 반려견에게 미치는 긍정적 영향

① 미용 과정 중 느끼는 불안감 감소

② 부상 위험 최소화

③ 긍정적인 미용 경험 형성으로 인해 이후 미용 시 협조적인 태도 증가

2 보정에 필요한 장비 및 도구

1 기본 장비

① **리드줄**: 반려견의 움직임을 제어하고 안정적인 위치를 유지하는 데 사용한다. 리드줄은 반려견의 크기와 성격에 맞는 길이와 강도로 선택해야 한다.

② **목줄**: 반려견의 목 주변을 부드럽게 감싸 고정시키며, 지나치게 조이지 않도록 주의해야 한다.

③ **하네스**: 몸 전체를 고정할 수 있는 장치로, 민감한 부위에 압박을 주지 않고 반려견을 안정적으로 지지한다. 특히 목줄이 불편하거나 민감한 반려견에게 유용하다.

2 보조 도구

① **미용 테이블**: 반려견의 높이를 조정하여 미용사가 편리하게 작업할 수 있도록 돕는 필수 도구다. 미끄럼 방지 패드가 있는 테이블을 선택해 안전성을 높인다.

② **암줄**: 반려견의 목을 부드럽게 고정하여 과도한 움직임을 방지한다. 사용 시 반려견의 목에 압박이 가지 않도록 적절한 길이로 조절해야 한다.

③ **테이블 암**: 반려견의 자세를 유지하고 움직임을 최소화하도록 돕는 보조 도구다. 테이블 암은 반려견의 크기와 체형에 맞게 조절 가능해야 한다.

3 도구 사용 시 주의사항

보정에 필요한 장비와 도구는 단순한 작업 보조를 넘어 반려견과 미용사의 안전과 편의를 모두 보장하는 필수 요소다. 적절한 사용과 관리는 성공적인 트리밍을 위한 중요한 밑바탕이 된다.

1) 도구 선택과 관리

반려견의 크기, 성격, 건강 상태에 맞는 도구를 선택해야 한다. 도구는 정기적으로 점검하고 깨끗하게 관리하여 위생을 유지해야 한다.

2) 압박 조절

보정 도구가 반려견의 신체에 과도한 압박을 가하지 않도록 주의해야 한다. 압박이 과도하면 반려견이 통증을 느끼거나 긴장할 수 있다.

3) 반려견의 반응 관찰

보정 도구를 사용할 때 반려견의 신체 언어와 스트레스 신호를 지속적으로 관찰해야 한다. 필요 시 도구를 조정하거나 사용을 중단한다.

4) 안전성 확보

도구 사용 중 반려견이 움직이거나 도구에서 벗어나지 않도록 주의를 기울인다. 반려견이 갑작스럽게 놀라거나 반항할 경우 작업을 중단하고 진정시키는 과정을 거친다(주의: 과다호흡, 무호흡 또는 기도막힘, 심장마비 등).

3 보정의 유형과 방법

1 테이블에 세우는 법

테이블 경험이 없는 반려견은 대체로 무게 중심이 팔꿈치(엘보)와 엉덩이(힙)에 쏠리는 경향이 있다. 이러한 경우, 반려견의 앞발과 뒷발에 균형 있게 힘이 실리도록 돕는 것이 중요하다. 무게 중심이 균형을 이루면 반려견은 안정적으로 서 있을 수 있다. 반려견의 무게 중심을 올바르게 잡아주는 것은 테이블 위에서 안정적인 자세를 유지하기 위해 중요하다. 다음은 반려견의 무게 중심을 조정하는 방법이다.

보정 TIP

① 반려견을 테이블에 올릴 때, 그루머는 테이블에서 약 10~15cm 정도 떨어져 자세를 잡는 것이 효과적이다.

② 그루머가 테이블에 너무 가까이 서게 되면 반려견이 그루머 쪽으로 기대게 되어 올바른 자세로 보정하기 어려워진다.

③ 반려견의 체중이 앞발과 뒷발에 고르게 분산되도록 천천히 자세를 조정하며 보정한다.

1) 왼쪽으로 몸을 기울이는 아이

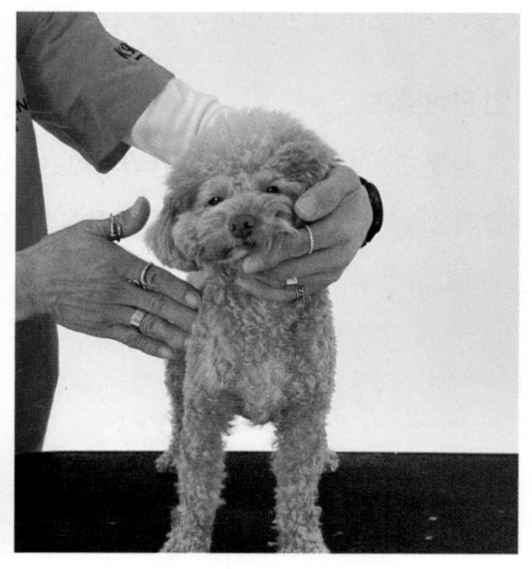

반려견의 목을 한 손으로 받쳐주고, 반려견이 기대는 방향(예: 왼쪽)으로 천천히 몸을 밀어준다. 이렇게 하면 반려견이 무게 중심을 반대 방향(예: 오른쪽)으로 자연스럽게 옮기게 된다. 이때 힘을 과도하게 주지 않고, 지긋이 밀어주는 것이 중요하다.

반려견이 기울어진 방향으로 털을 가볍게 잡아당겼다 놓는 방법도 같은 효과를 낼 수 있다. 털을 당길 때는 부드럽게 진행하여 반려견이 불편함을 느끼지 않도록 한다.

2) 오른쪽으로 몸을 기울이는 아이

반려견의 목을 한 손으로 받쳐주고 몸의 중심축에 고정시켜준다. 그리고 기울어진 같은 오른쪽 방향으로 밀어줌으로 해서 반려견이 오히려 왼쪽으로 무게 중심을 옮기도록 빼려는 쪽으로 지긋이 밀어주었다가 천천히 손을 치워준다.

또는 기울어지는 쪽으로 털을 잡아당겼다 같은 결과를 보여준다.

3) 앞으로 엎드리려는 아이

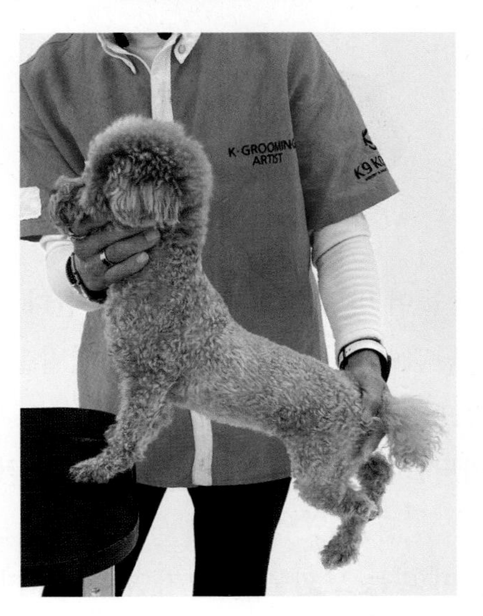

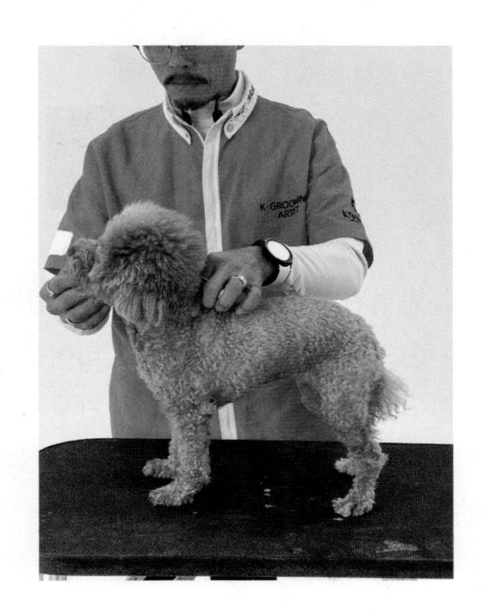

먼저, 반려견의 턱을 한 손으로 부드럽게 받쳐 들어 올려 바닥을 보지 못하도록 한다.

다른 손으로는 반려견의 엉덩이를 잡고, 테이블 뒤쪽 난간이나 허공에 앞발을 살짝 대어 준 뒤, 다시 테이블에 앞발을 가볍게 올려준다.

이 과정에서 반려견의 어깨를 가볍게 눌러 바닥을 보지 않도록 유지하면서 발끝에 힘을 주도록 유도한다.

또한, 반려견의 몸 전체를 뒤로 천천히 지긋이 당기는 느낌으로 자세를 조정하며, 강하게 잡아당기지 않고 부드럽게 진행한다.

이 방법은 반려견이 올바른 자세를 유지하며 테이블 위에서 안정감을 느끼는 데 도움이 된다.

4) 사지는 뒤로, 몸은 앞으로 가는 아이

먼저, 반려견의 턱을 한 손으로 부드럽게 받쳐 들어 바닥을 보지 못하도록 한다.

다른 손으로는 엉덩이를 잡고, 테이블 앞쪽 난간이나 허공에 반려견의 앞발을 살짝 대어 준 뒤, 다시 테이블에 앞발을 가볍게 올려준다.

이 과정에서 반려견의 어깨를 가볍게 눌러 바닥을 보지 않도록 유지하면서 발끝에 힘을 실을 수 있도록 유도한다.

마지막으로, 반려견의 몸 전체를 앞으로 지긋이 미는 느낌을 주어 자연스럽게 자세를 조정한다.

이 과정은 부드럽게 진행하며, 반려견이 불편함을 느끼지 않도록 해야 한다.

5) 뒤로 주저앉거나 기울어지는 아이

먼저, 반려견의 턱을 한 손으로 부드럽게 받쳐 들어 바닥을 보지 못하도록 한다.

다른 손으로는 엉덩이를 잡고, 테이블 뒤쪽 난간이나 허공에 뒷발을 살짝 대어 준 뒤, 다시 테이블에 뒷발을 가볍게 올려준다.

이 과정에서 십자부를 가볍게 눌러 바닥을 보지 않도록 유지하면서 발끝에 힘을 실을 수 있도록 유도한다.

마지막으로, 반려견의 몸 전체를 뒤로 지긋이 미는 느낌을 주어 올바른 무게 중심을 찾을 수 있도록 돕는다.

이 과정은 부드럽게 진행하여 반려견이 불편함을 느끼지 않도록 주의해야 한다.

6) S자로 몸을 트는 아이

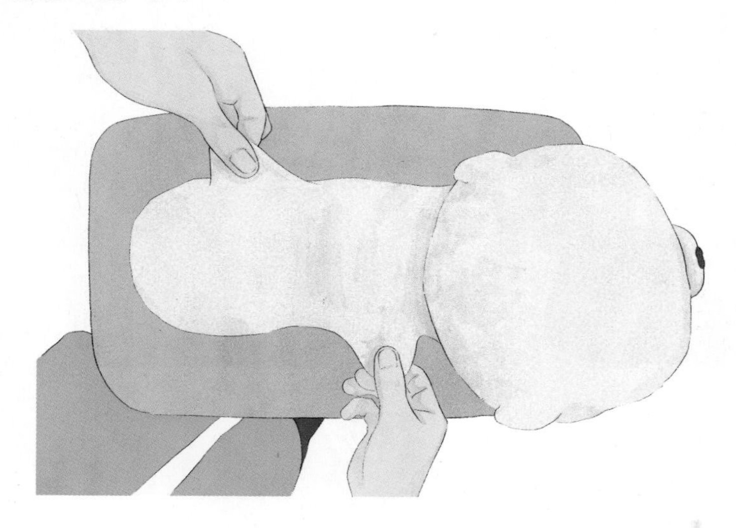

반려견의 몸이 틀어진 경우, 기울어진 방향에 따라 보정을 진행할 수 있다.

먼저, 반려견의 기울어진 쪽의 털을 부드럽게 잡고, 지긋이 잡아당겼다가 놓는 방법을 활용한다.

이 과정을 천천히 반복하면 반려견의 몸이 조금씩 일자로 서도록 유도할 수 있다.

반복적인 보정을 통해 반려견이 자연스럽게 올바른 자세를 유지하도록 돕는 것이 중요하며, 반려견이 불편함을 느끼지 않도록 세심하게 진행한다.

2 미용 작업 시 보정 방법

각 보정 방법은 반려견의 성향과 상태를 고려해 신중하게 적용해야 한다. 테이블 미용 경험이 있는 반려견과 그렇지 않은 반려견의 자세 보정에 대해 알아보자. 반려견도 그루머도 힘들지 않고 빠르고 세심하게 진행해야 한다.

1) 앞다리 올리기(발 작업 시)

반려견의 앞다리를 한 손으로 지지하고, 다른 손으로 몸을 안정시켜 작업한다. 관절에 무리가 가지 않도록 유의한다.

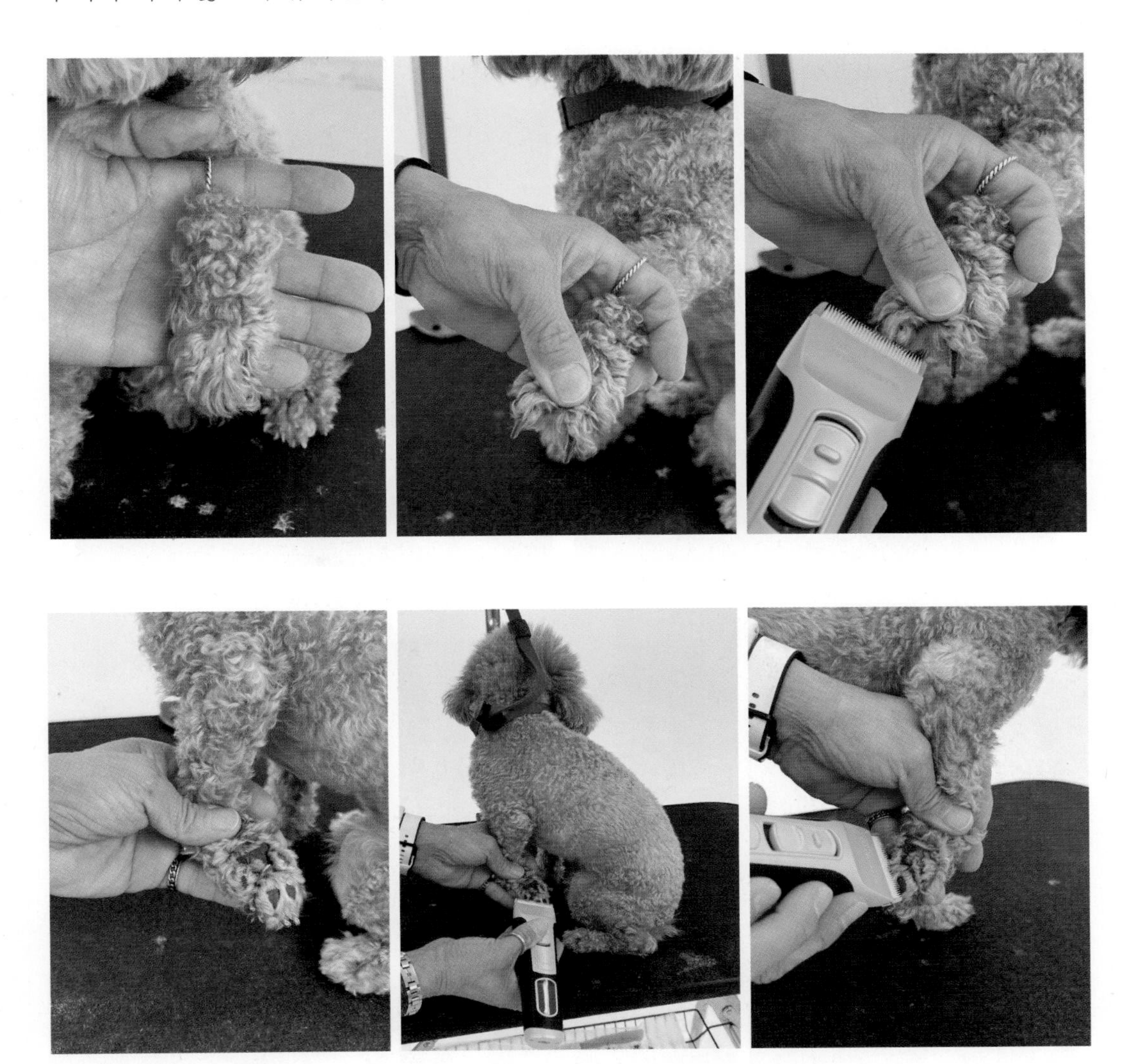

2) 뒷다리 올리기(발 작업 시)

뒷다리를 가볍게 들어 올린 후 작업 부위를 노출시키고, 다리를 지지한 상태에서 작업한다.

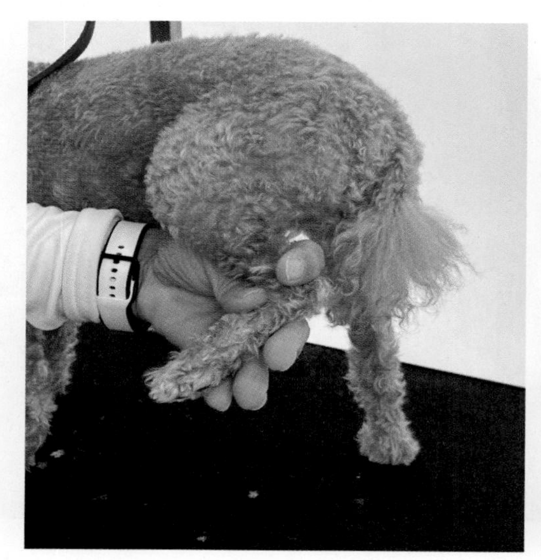

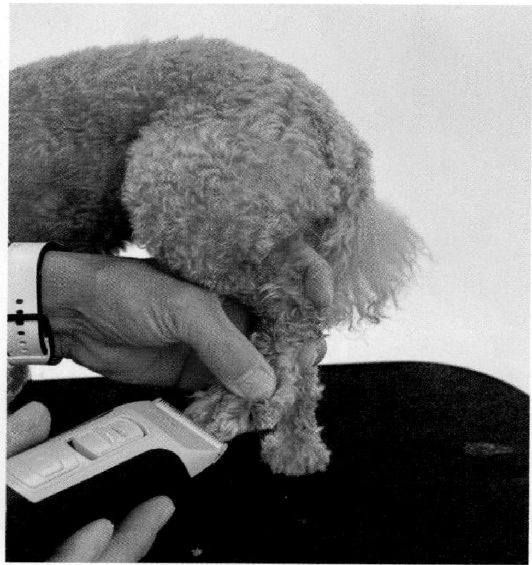

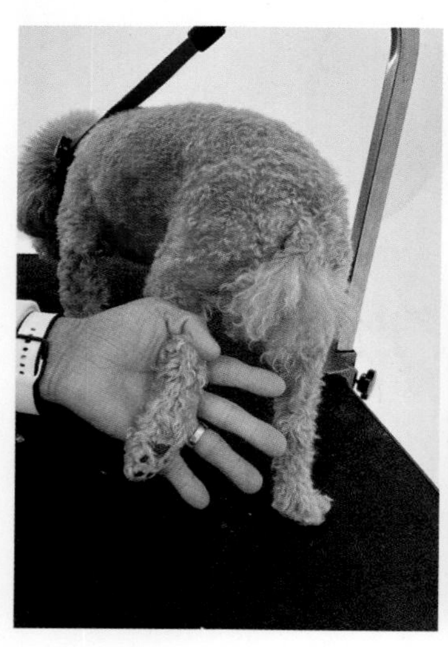

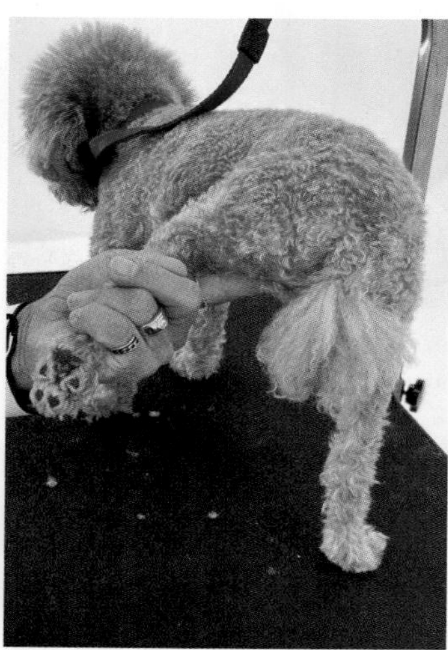

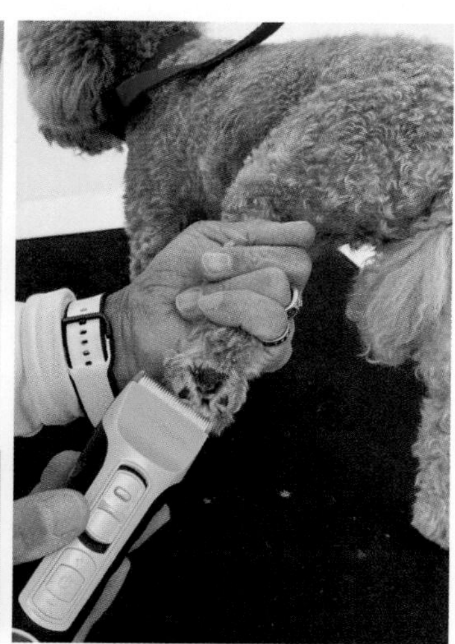

3) 항문

반려견의 꼬리를 새끼, 약지, 중지로 잡고 살짝 들어 올려 검지와 엄지로, 항문 주위를 부드럽게 고정하여 안전하게 작업한다.

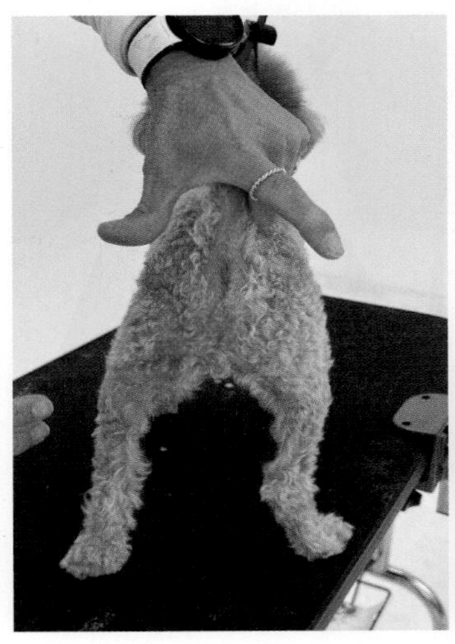
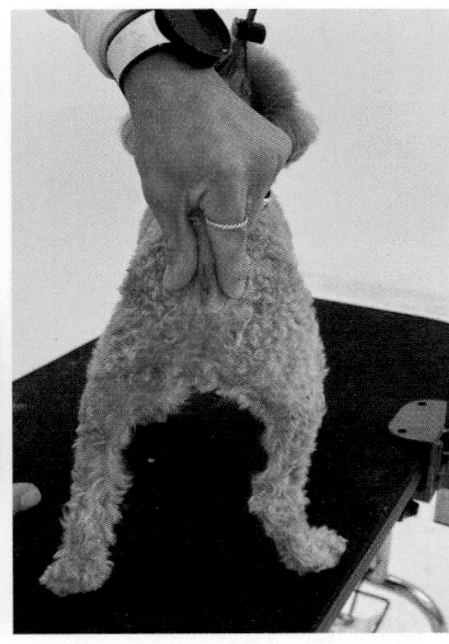
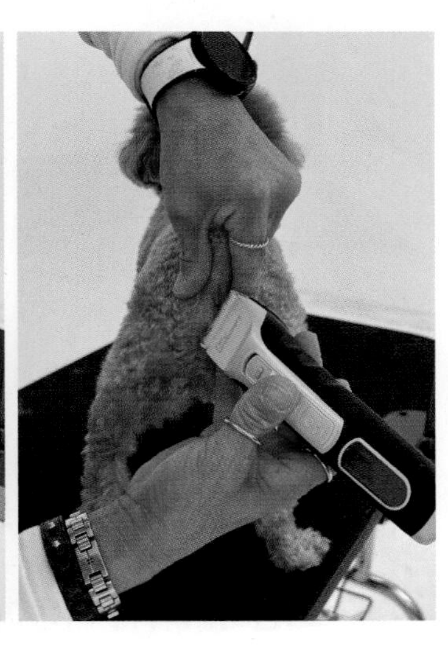

4) 배

반려견의 클리핑 작업은 상황에 따라 다양한 방법으로 진행할 수 있다.

먼저, 반려견의 몸을 옆으로 눕히거나 뒤집어 배 부분을 노출시킨 후 작업을 진행하는 방법이 있다. 이 경우, 반려견이 안정감을 느끼도록 부드럽게 자세를 조정하며 작업에 적합한 위치를 잡는다.

보편적인 방법으로는, 한 손으로 반려견의 앞발을 함께 잡아주고 그루머의 팔꿈치로 반려견의 배를 받쳐 작업하는 방식이 있다. 이 방법은 반려견을 안정적으로 고정시키면서 클리핑 작업을 쉽게 할 수 있도록 돕는다.

또한, 반려견이 무겁거나 무게 중심이 아래로 내려가 작업이 어려운 경우, 테이블의 "암"을 활용할 수 있다. 그루머의 팔을 암에 걸쳐 체중을 분산시킴으로써 무리하지 않고 클리핑 작업을 수행할 수 있다.

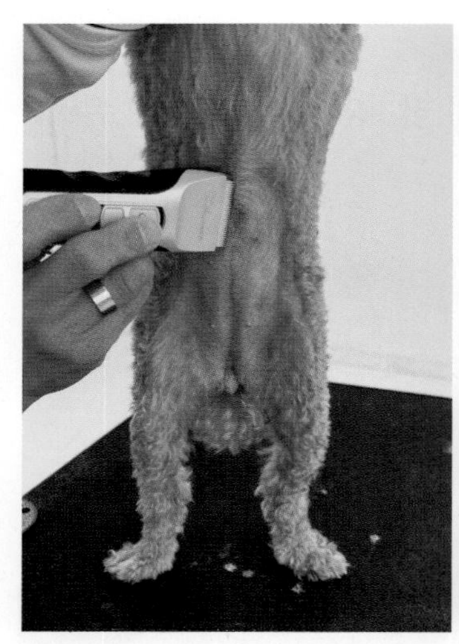 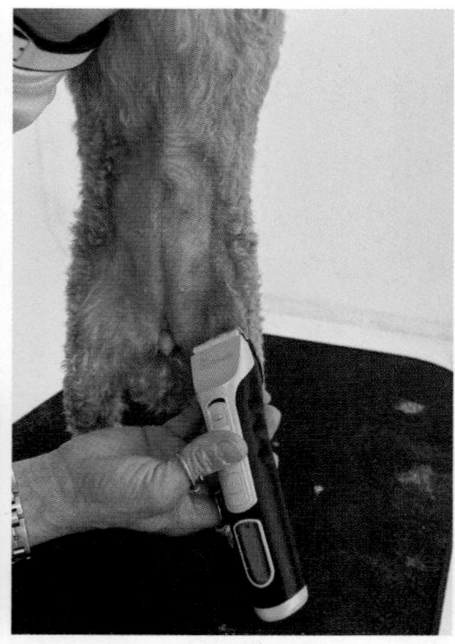 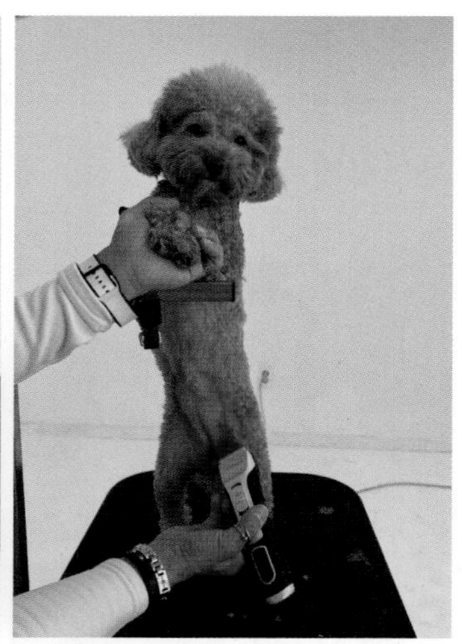

4 반려견의 성향별 보정 전략

1) 소심하거나 두려움이 많은 반려견

① 급하게 하려 하지 말고 천천히 시간을 두고 접근하고 부드러운 목소리로 안심시킨다.

② 밝은 조명과 조용한 환경을 조성해 스트레스를 줄인다. 적당한 시간을 두고 반려견을 무시하는 방법도 있다. 반려견으로 하여금 그루머에 대한 호기심과 적대적이지 않다는 것을 인지하도록 하는 것도 하나의 방법일 수 있다.

③ 긍정 강화 기법을 활용하여 칭찬과 간식으로 협조를 유도한다.

④ 갑작스러운 움직임이나 소리를 피하며, 반려견이 안정감을 느낄 수 있는 자세를 유지하도록 돕는다.

2) 활발하거나 과잉 행동이 있는 반려견

① 작업 전 충분한 산책이나 놀이를 통해 에너지를 발산시킨다.

② 보정용 도구(목줄, 하네스)를 활용해 움직임을 최소화한다.

③ 짧은 작업 섹션과 휴식을 병행하여 반려견의 집중력을 유지한다.

④ 안정적인 자세를 유지하도록 반복적인 연습과 훈련을 진행한다.

3 공격성이 있거나 예민한 반려견

① 반려견의 신체 언어를 주의 깊게 관찰하고, 공격성의 원인을 파악한다. 부드럽고 조심스럽게 작업하며, 필요시 입마개를 활용한다.

② 낯선 사람과의 작업이 어려운 경우 보호자와 함께 진행하거나 익숙한 환경에서 작업한다.

③ 긍정적인 경험을 통해 미용에 대한 두려움을 줄이고 협조적인 태도를 형성한다.

4 노령견이나 건강 상태가 민감한 반려견의 경우

① 그루머 허벅지에 올려놓고 부드럽게 작업하거나 바닥에 논슬립 매트나 패드를 깔아놓고 관절에 무리가 가거나 흥분하지 않도록 안전을 확보하여 작업을 한다.

② 작업 시간을 단축하고, 자주 휴식을 취하게 한다.

③ 건강 상태를 고려하여 적절한 도구와 방법을 사용한다.

④ 반려견의 컨디션에 따라 작업 강도를 조절하며, 편안함을 우선으로 한다.

반려견의 성향에 따른 보정 전략은 각 개체의 특성과 상태를 충분히 고려해야 하며, 반려견이 편안하게 작업에 임할 수 있도록 환경과 방법을 조정하는 것이 중요하다.

5 보정 중에 발생할 수 있는 문제 상황과 대처 방법

1 반려견의 저항

반려견이 과도하게 움직이거나 보정에 저항할 경우, 강제로 제어하려 하지 말고 잠시 작업을 중단한다. 반려견이 진정할 시간을 주고, 간식이나 칭찬을 통해 긍정적인 태도를 유도한다(주의: 극도로 흥분한 반려견에게는 간식을 주는 것은 매우 신중하게 선택하여야 한다).

2 스트레스 신호

반려견이 하품, 떨림, 꼬리 내림, 과도한 침 흘림과 같은 스트레스 신호를 보일 경우 즉시 작업을 중단한다. 반려견을 진정시키고, 조용한 환경에서 안정을 취하도록 돕는다.

3 갑작스러운 움직임

작업 중 반려견이 갑작스럽게 움직일 경우, 미용 도구를 내려놓고 안전한 상태를 확인한다. 보정 도구를 재조정하거나 작업 환경을 변경해 반려견이 편안함을 느끼게 한다.

4 부상 발생

작업 중 반려견이 경미한 부상을 입었을 경우, 즉시 부위를 확인하고 필요시 응급처치를 한다. 심각한 부상 발생 시 작업을 중단하고 보호자에게 알린 뒤, 동물병원을 방문하도록 안내한다.

5 긴급 상황

반려견이 도구에 걸리거나 탈출하려 할 경우, 빠르게 제어하지 말고 부드럽게 상황을 안정시킨다. 도구 사용 방식을 점검하고, 상황이 재발하지 않도록 작업 방식을 조정한다. 보정 중에 발생할 수 있는 문제 상황은 반려견의 상태와 환경을 꾸준히 관찰하고 유연하게 대처함으로써 최소화할 수 있다. 작업 중에는 항상 안전과 반려견의 심리적 안정을 최우선으로 고려해야 한다.

CHAPTER

02

애견미용 기자재

I. 미용 도구

II. 미용 소모품

III. 미용 장비

IV. 안전한 도구 사용을 위한 팁

CHAPTER

02 애견미용 기자재

I 미용 도구

애견미용은 다양한 도구를 사용하여 반려동물의 털과 피부를 관리하고, 미적 요구를 충족시키는 작업이다. 각 도구는 특정한 목적을 위해 설계되었으며, 도구를 올바르게 사용하고 관리하는 것이 미용사의 중요한 역할이다. 여기서는 애견미용에 필수적인 기본 도구들을 소개한다.

1 가위(scissors)

가위는 애견미용에서 가장 기본적이면서도 중요한 도구로, 다양한 형태와 크기로 나뉜다. 각 가위는 특정 용도와 작업 방식에 적합하도록 설계되었으며, 올바른 사용법과 유지 관리가 필수적이다.

1 가위의 종류

1) 블런트 가위(일자 가위)

① **용도**: 털을 직선으로 자르거나 다듬는 데 사용된다. 주로 몸통, 다리 등 넓은 부위를 정리할 때 적합하다.

② **특징**: 가장 기본적인 가위로 다양한 길이와 크기가 있다. 날 끝이 뭉툭한 제품도 있어 안전성을 높일 수 있다.

③ **사용 방법**: 털의 결을 따라 직선으로 자르면 매끄럽고 자연스러운 결과를 얻을 수 있다. 큰 부위를 작업할 때 긴 가위를, 세밀한 부위를 작업할 때는 짧은 가위를 사용한다.

④ **주의사항**: 가위의 날이 반려견 피부에 닿지 않도록 주의해야 한다. 손에 맞는 크기와 무게의 가위를 선택하여 작업 피로를 줄인다.

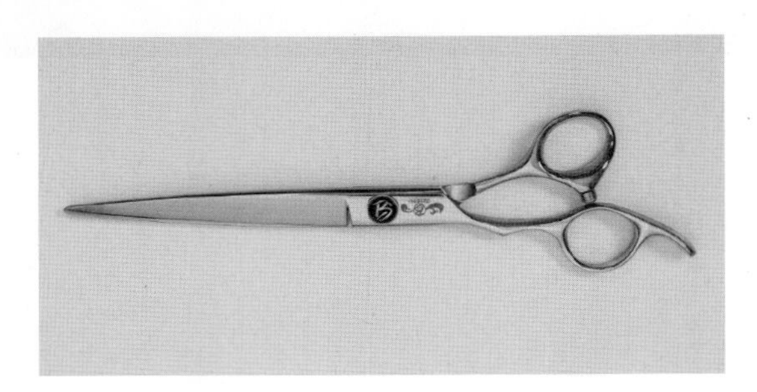

2) 커브 가위(곡선 가위)

① **용도**: 곡선이 필요한 부위를 다듬는 데 사용된다. 얼굴, 귀, 꼬리, 발 등 둥근 라인이 필요한 부위에 적합하다.

② **특징**: 날이 곡선형으로 설계되어 자연스러운 라인을 쉽게 연출할 수 있다. 다양한 곡률(곡선의 정도)로 제공된다.

③ **사용 방법**: 곡선을 따라 천천히 자르며, 가위를 너무 깊게 넣지 않는다. 부드러운 커팅을 위해 손목을 고정하고 손가락만 움직이는 것이 중요하다.

④ **주의사항**: 곡선의 방향을 잘못 설정하면 부자연스러운 결과를 초래할 수 있으므로 주의한다. 처음 사용하는 경우, 연습용으로 간단한 작업부터 시작한다.

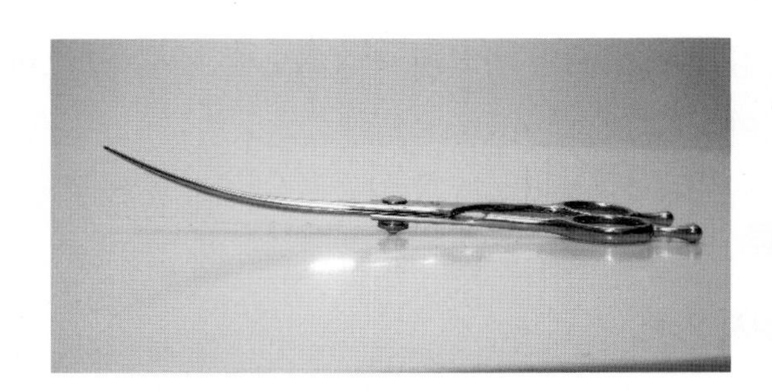

3) 시닝 가위(숱 가위)

① **용도**: 털의 양을 줄이거나 자연스러운(블렌딩, blending) 층을 만들 때 사용된다. 특히 모량이 많아 차분하게 붙이거나, 컬(curl)진 겉털이 있는 부위에 적합하다.

② **특징**: 날에 틈이 있어 털이 부분적으로 잘리며, 전체적으로 부드럽고 자연스러운

질감을 연출한다. 틈의 간격에 따라 커트 강도가 다르다(좁을수록 잘린 털의 양이 많음).

③ **사용 방법**: 필요한 부위에 가위를 여러 번 겹쳐 사용하면 부드러운 층을 만들 수 있다. 초보자는 털을 너무 많이 자르지 않도록 한 번에 적은 양만 작업한다.

④ **주의사항**: 과도하게 사용하면 털이 듬성듬성해질 수 있으니, 작업 범위를 신중히 설정한다. 반려견의 민감한 부위에서는 사용을 피하거나 조심스럽게 다룬다.

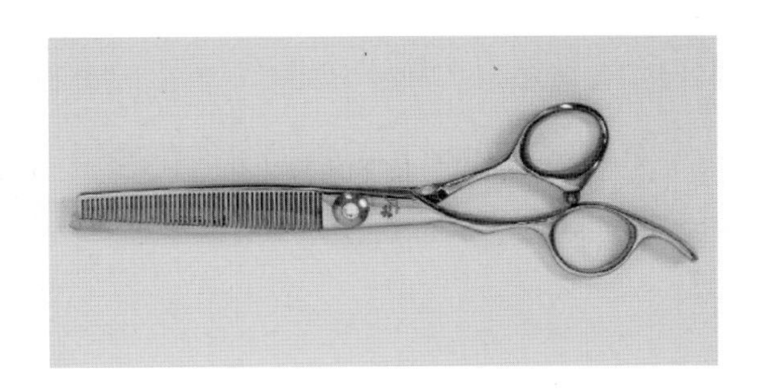

2 가위 명칭

가위는 반려견 미용에서 가장 기본적이면서도 중요한 도구로, 각 부분의 명칭과 기능을 정확히 이해하는 것이 필수적이다. 가위는 크게 가위끝, 정날, 동날, 엄지환, 약지환, 소지걸이 등으로 구성되며, 가위의 명칭과 구조를 이해하면 더 효율적이고 안전하게 미용 작업을 수행할 수 있다.

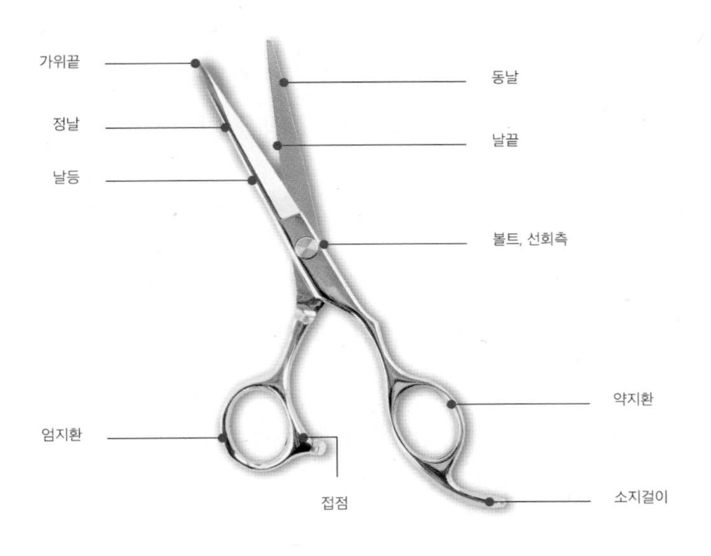

3 가위 잡는 방법

구분	위치	역할 및 주의사항
엄지손가락	가위의 엄지환에 손가락 끝만 넣음	가위를 움직이는 주 손가락. 손가락 전체를 밀어 넣지 않음
약지손가락	가위의 약지환에 약지 첫 번째 마디까지 넣음	안정적으로 가위를 고정함
검지와 중지	가위 손잡이 위에 올려 균형을 유지함	가위의 방향 조정 및 안정감을 주는 역할
새끼손가락(소지)	가위의 소지걸이(손가락 받침대)에 올림	가위 균형을 잡고 미세한 조정을 돕는 역할

1) 사용 방법

가위는 엄지손가락과 약지손가락을 각각 엄지환과 약지환에 넣고, 검지와 중지는 손잡이에 올려 균형을 유지한다. 소지는 소지걸이에 올려 가위의 안정성과 정밀도를 높인다. 정날은 고정하여 안정적으로 지지하고, 동날은 엄지손가락으로 부드럽게 움직이며 원하는 방향으로 커트한다.

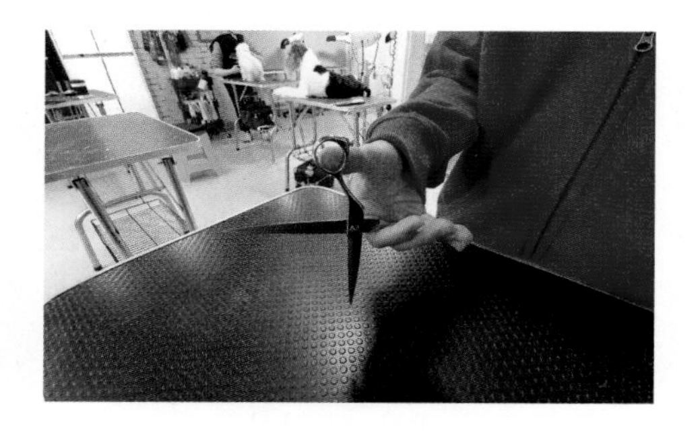

2) 가위 잡는 방법의 중요성

① **정확한 커트**: 올바른 가위 잡는 방법은 정교한 커트를 가능하게 한다.

② **작업 피로 감소**: 손목과 손가락의 과도한 긴장을 방지하여 장시간 작업에도 피로를 줄인다.

③ **부드러운 작동**: 손가락 끝만 움직이며 가위를 작동시키면 자연스럽고 부드러운 커트가 가능하다.

④ **안전성 향상**: 반려동물의 피부와 가까운 작업에서 손의 떨림을 줄이고, 안전한 커트를 보장한다.

⑤ **사용 팁**: 손목을 고정하고, 엄지손가락만 움직여 가위를 작동시킨다. 손가락을 가위 고리에 너무 깊게 넣지 않아야 부드럽게 작동할 수 있다.

2 클리퍼(clipper)

클리퍼는 전기 모터를 이용해 반려동물의 털을 효율적으로 다듬는 도구로, 넓은 부위의 털을 빠르게 정리하거나 세밀한 부위를 정교하게 다듬는 데 필수적이다. 다양한 종류와 부속품이 있어 작업의 목적과 부위에 따라 선택과 사용법이 달라진다.

1 클리퍼의 종류

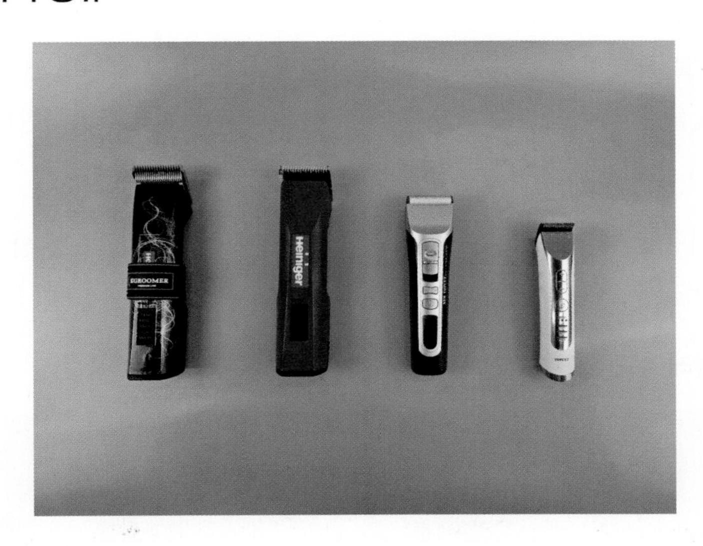

1) 전문가용 클리퍼

반려동물의 몸통과 다리 같은 넓은 부위의 털을 균일하게 자르며, 강력한 모터와 내구성으로 두꺼운 털이나 엉킨 털을 깔끔하게 정리할 수 있고, 소음과 진동이 적은 제품은 예민한 반려동물에게 적합하다.

① 사용 방법

털의 결을 따라 천천히 밀어야 피부 자극을 최소화하고 고른 커트가 가능하다. 사용 전 클리퍼 날에 오일을 바르면 부드러운 작동과 날의 수명을 연장할 수 있다. 넓은 부위는 날의 넓은 면을 사용하고, 세부 부위는 좁은 날을 선택한다.

② 주의사항

클리퍼가 과열되지 않도록 사용 중간에 자주 점검하고, 과열 시 충분히 식힌다. 반려견의 피부를 당기지 않도록 조심하며, 민감한 부위에서는 천천히 작업한다.

2) 소형 클리퍼

얼굴, 귀, 발바닥, 꼬리 등 세밀한 부위의 털을 정리하기에 적합하며, 크기가 작고 가벼워 조작이 용이하고, 소음과 진동이 적어 민감한 부위 작업에도 안정적으로 사용할 수 있다.

① 사용 방법

가벼운 터치로 세밀한 부위를 정리하며, 클리퍼를 너무 깊게 밀어 넣지 않는다. 반려동물의 피부와 클리퍼 날 사이의 각도를 적절히 유지하여 상처를 방지한다.

② 주의사항

작은 날을 사용할 때 과도한 압력을 가하지 않도록 주의한다. 소형 클리퍼는 큰 부위의 작업에는 적합하지 않으므로, 목적에 맞게 사용한다.

3) 클리퍼 블레이드(클리퍼 날)

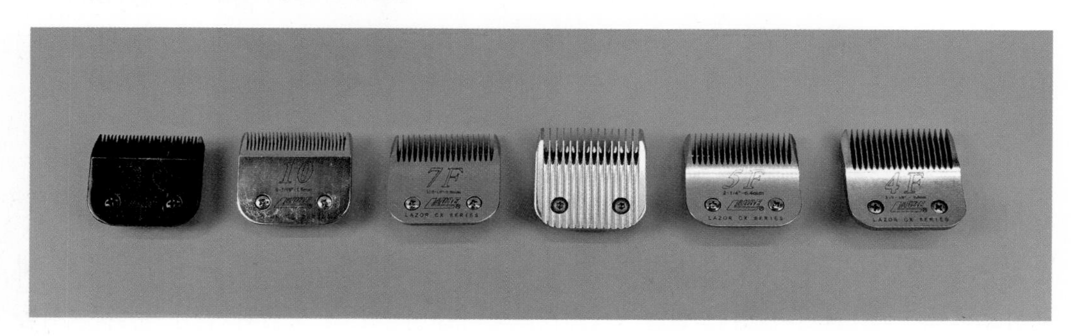

① 용도

털의 길이를 조절하며, 다양한 작업에 적합한 날로 교체할 수 있다. 번호가 낮을수록 긴 털을 남기고, 번호가 높을수록 짧게 자른다.

털의 길이를 조절할 수 있는 교체 가능한 날로, 번호에 따라 자르는 길이가 달라지며, 회사마다 번호별 길이가 다를 수 있다. 스테인리스 스틸이나 세라믹 재질로 제작되어 내구성과 절삭력이 우수하며, 다양한 작업에 다용도로 활용할 수 있다.

	킴라베	모우저	버터컷	오스타
10	1.5	2	1.6	1.5
8.5	2.8	3	2.8	2.8
7F	3.2	5	3	3.2
5F	6.4	7	6	6.3
4F	9.6	9	9	9.5
3F	13	-	13	13

② 사용 방법

클리퍼 블레이드를 교체할 때는 안전하게 고정된 상태에서 작업한다. 사용 전후 블레이드를 세척하고 오일을 발라 마모를 방지한다.

③ 주의사항

너무 날카로운 블레이드를 사용할 경우 피부에 상처를 입힐 수 있으므로 주의해야 한다. 반려견의 털 상태에 맞는 블레이드를 선택한다. 회사마다 번호별 길이가 다를 수 있으므로 사용 전에 확인이 필요하다.

4) 클리퍼 가이드(클리퍼 콤)

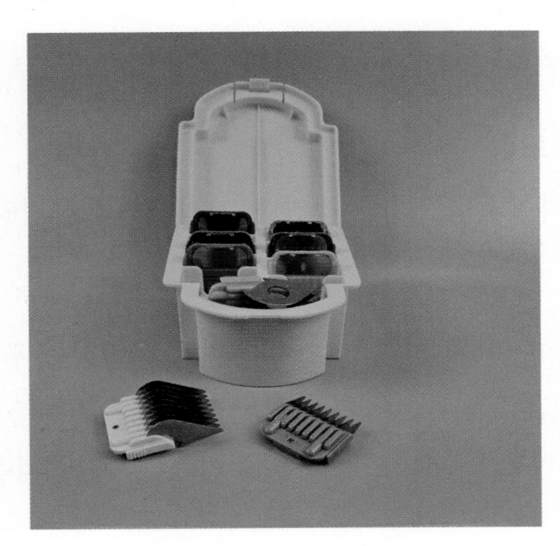

클리퍼 블레이드 위에 부착해 털을 일정한 길이로 정리하며, 다양한 길이의 가이드로 털 길이를 세밀히 조절해 초보자도 균일한 커트를 쉽게 할 수 있도록 돕는다.

① 사용 방법

클리퍼 가이드는 클리퍼 블레이드에 확실히 고정한 후 사용해야 한다. 작업 중 가이드가 벗겨지지 않도록 주기적으로 점검한다.

② 주의사항

긴 털을 자를 때는 가이드를 여러 단계로 바꿔 사용하며, 한 번에 많은 털을 제거하지 않는다.

2 클리퍼 사용 시 주의사항

1) 털 상태 확인

작업 전 반려견의 털을 빗질하여 엉킨 털을 풀고, 클리퍼가 부드럽게 작동하도록 준비한다.

2) 클리퍼 유지 관리

클리퍼 날은 사용 후 세척하고 건조한 상태로 보관한다. 날의 예리함이 떨어지면 교체하거나 연마하여 작업 효율을 유지한다.

3) 적절한 속도와 각도 유지

반려견의 피부에 닿지 않도록 각도를 유지하며, 적절한 속도로 작업한다.

4) 안전한 작업 환경 조성

반려견이 안정된 상태에서 작업을 시작하며, 갑작스러운 움직임을 방지한다.

5) 사용 팁

① 예열과 점검: 클리퍼를 사용하기 전 간단히 작동해 이상 유무를 확인한다.

② 작업 순서 계획: 넓은 부위부터 시작하여 세밀한 부위로 이동하면 효율적이다.

③ 교육과 연습: 다양한 날과 가이드를 사용해 연습하며 자신감을 키운다.

3 빗과 브러시(comb and brush)

빗과 브러시는 반려동물의 털을 정돈하고 엉킴을 풀며, 깨끗한 털 관리를 돕는 필수 도구다. 각 제품은 사용 목적에 따라 다양한 형태와 기능을 제공하며, 반려동물의 털 유형과 상태에 맞게 선택하는 것이 중요하다.

1 핀 브러시(pin brush)

긴 핀이 달린 브러시로 장모종 반려동물의 엉킨 털을 풀고 오염물을 제거하며, 핀 끝이 고무나 플라스틱으로 마감되어 피부 자극을 최소화하고 부드러운 빗질로 윤기를 살리며 혈액순환을 돕는다.

① 사용 방법

털이 엉킨 부분은 먼저 손으로 느슨하게 풀어준 후 브러시를 사용한다. 털의 결을 따라 부드럽게 빗질하며, 억지로 당기지 않는다. 빗질 전 털이 완전히 건조된 상태인지 확인한다.

② 주의사항

엉킨 털을 강제로 풀 경우 반려동물에게 통증을 유발할 수 있으므로 조심스럽게 작업한다. 핀이 휘어지거나 손상된 브러시는 교체한다.

2 슬리커 브러시(slicker brush)

촘촘한 금속 핀이 장착된 브러시로 엉킨 털을 풀고 죽은 털과 속털을 제거하며, 드라이 과정에서 털을 곧게 펴고 부드러운 텍스처를 연출하도록 핀 끝이 살짝 구부러져 있어 엉킴을 효과적으로 정리한다.

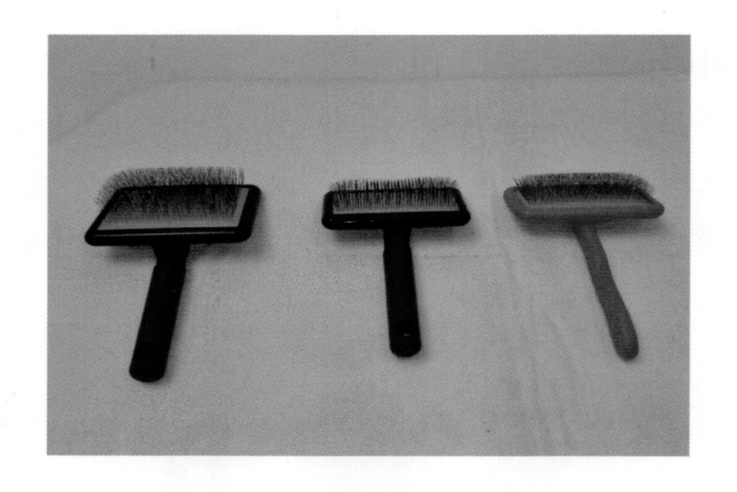

① 사용 방법

핀 끝이 피부에 닿지 않도록 주의하며, 털의 겉면부터 천천히 작업한다. 털이 엉킨 부위를 여러 번 부드럽게 빗질하여 풀어준다. 드라이 과정 중 털의 결을 유지하며 빗질하면 볼륨과 윤기를 살릴 수 있다.

② 주의사항

피부에 핀이 직접적으로 닿으면 자극을 줄 수 있으므로 조심해야 한다. 너무 강하게 누르지 말고 가벼운 손길로 작업한다.

3 콤(comb)

고정된 간격의 핀으로 구성된 콤은 슬리커 브러시 작업 후 잔여 털을 제거하고 모류를 정돈하거나 트리밍 시 털을 세우는 데 적합하며, 넓은 간격과 좁은 간격의 핀이 함께 있어 털 길이를 정돈하거나 스타일링을 마무리하는 데 유용하다.

반려동물의 털 상태에 따라 넓은 간격은 엉킨 털 제거에, 좁은 간격은 세밀한 정리에 사용된다.

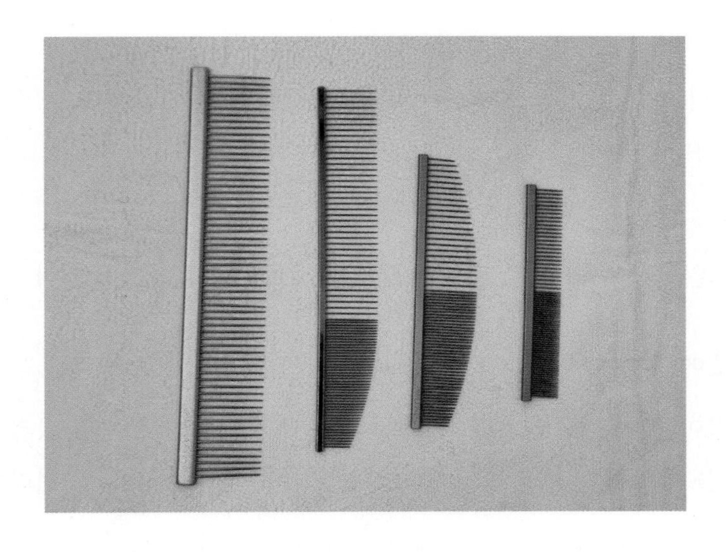

① 사용 방법

슬리커 브러시 후 남은 엉킨 털을 정리하거나 마무리 작업으로 사용한다. 털의 끝부터 시작해 점차 뿌리 쪽으로 작업한다.

② 주의사항

뾰족한 핀이 피부에 직접 닿지 않도록 주의한다. 코팅이 벗겨진 콤은 털 손상을 유발할 수 있으므로 교체한다.

4 오발빗(5-toothed comb)

넓은 간격의 5개 핀으로 구성된 콤은 반려동물의 볼륨을 살리거나 털을 부풀리는 데 사용되며, 털을 섬세하게 구분하고 구조를 망가뜨리지 않아 자연스러운 스타일링에 적합하다.

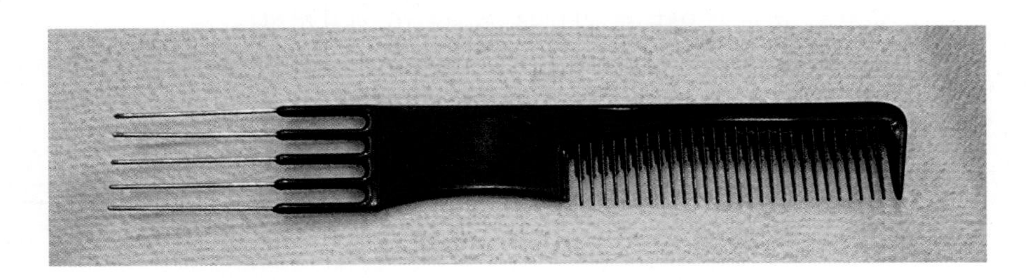

① 사용 방법

털의 뿌리부터 톱니를 가볍게 넣어 부풀리듯 작업한다. 얼굴이나 귀 주변의 볼륨 스타일링에 유용하다.

② 주의사항

피부에 닿지 않도록 주의하며, 한 부위를 반복적으로 빗질하지 않는다.

5 꼬리빗(pointed comb)

얇고 긴 손잡이 끝이 뾰족한 콤은 반려동물의 털을 가르거나 래핑 작업을 돕고, 스타일링의 디테일을 살리며 섬세한 작업에 적합한 가벼운 무게로 사용이 편리하다.

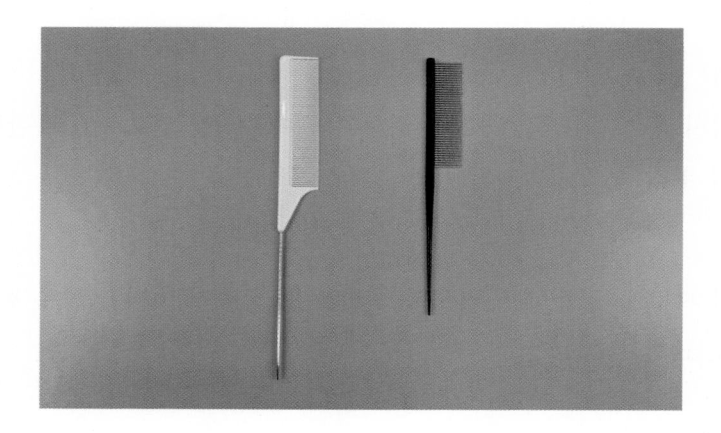

① 사용 방법

가르마를 정확히 나누거나, 털을 섬세하게 정돈할 때 사용한다. 디테일한 스타일링 작업에서 브러시와 함께 사용하면 효과적이다.

② 주의사항

뾰족한 끝이 피부를 찌르지 않도록 각도를 조절하며 사용한다.

6 축모(수모) 브러시(fur brush)

축모(수모)로 제작된 브러시는 거친 털을 정돈하여 코트를 차분하게 가라앉히고 윤기를 더하는 데 효과적이다. 특히 테리어의 와이어코트가 뜨지 않도록 차분하게 정리하며, 요크셔테리어와 같은 굵고 스틸블루 컬러의 코트에도 적합하다. 또한, 파우더 샴푸 작업 시에도 활용할 수 있는 다용도 브러시다.

① 사용 방법

거친 털을 부드럽게 정돈하며 코트에 윤기를 부여한다. 와이어코트를 차분하게 가라앉히고, 윤기가 필요한 굵은 코트에 사용한다. 파우더 샴푸 작업 시 코트에 고르게 분포시키는 데 활용한다.

② 주의사항

피부에 직접적으로 강하게 대지 않도록 부드럽게 사용한다. 털의 결 방향에 따라 움직이며 과도한 힘을 가하지 않는다.

7 디매팅 브러시(dematting brush)

엉킨 털을 풀어주는 데 특화된 브러시로, 날카로운 칼날 모양의 핀이 엉킨 털을 부드럽게 잘라내거나 풀어준다. 피부를 직접적으로 자극하지 않도록 설계되어 반려동물의 편안함을 유지하며, 긴 털이나 매듭진 부분이 있는 반려동물에게 특히 유용하다.

① 사용 방법

엉킨 부분을 확인한 후 디매팅 브러시를 털의 결 방향으로 천천히 사용한다. 피부에 핀이 닿지 않도록 조심하며, 매듭이 있는 부분을 부드럽게 풀어준다. 브러싱 후 일반 빗으로 털을 정돈한다.

② 주의사항

강하게 당기거나 억지로 엉킨 부분을 풀지 않는다. 날이 무뎌지거나 손상된 브러시는 교체하여 사용한다.

8 데쉐딩 툴(deshedding tool)

빠지는 털(언더코트)을 효과적으로 제거하는 도구로, 털갈이 시기에 반려동물의 털을 관리하는 데 적합하다. 겉털에 손상을 주지 않으면서 속털만 제거하며, 털 빠짐을 줄이고 피부 건강을 유지하는 데 도움을 준다.

① 사용 방법

반려동물의 털이 완전히 건조된 상태에서 사용한다. 털의 결을 따라 부드럽게 빗질하며, 같은 부위를 반복해서 당기지 않는다. 털갈이 시기에 집중적으로 사용하면 효과적이다.

② 주의사항

피부에 직접적인 압력을 가하지 않도록 주의한다. 사용 후 털과 잔여물을 제거하여 청결하게 유지한다. 날이 무뎌졌거나 손상된 경우 교체한다.

9 빗과 브러시 사용 시 주의사항

1) 올바른 도구 선택

반려동물의 털 길이와 상태에 맞는 도구를 선택한다. 한 가지 도구로 모든 작업을 진행하려 하지 말고, 용도에 따라 적합한 도구를 병행한다.

2) 털 관리 준비

빗질 전 털을 빗거나 엉킨 부분을 손으로 느슨하게 풀어준다. 목욕 후 완전히 건조된 상태에서 사용하면 빗질이 더 쉽다.

3) 사용 후 관리

사용 후 빗과 브러시를 깨끗이 세척하고 털이 남아 있지 않도록 유지한다. 손상된 핀이나 톱니는 반려동물의 털과 피부를 손상시킬 수 있으므로 즉시 교체한다.

4) 사용 팁

① **반려동물 적응 훈련**: 빗질 도구에 대한 긍정적인 경험을 제공하여 반려동물이 스트레스를 받지 않도록 한다.

② **정기적인 빗질 습관**: 털 상태를 유지하고 엉킴을 방지하기 위해 주기적으로 빗질한다.

③ **혼합 사용**: 빗과 브러시를 함께 사용하여 작업 효율성을 높인다.

4 스트리핑 도구(stripping tools)

스트리핑 도구는 특정 견종의 털을 정리하거나, 죽은 털(데드 코트)을 제거하여 털의 건강과 외관을 개선하는 데 사용된다. 주로 와이어헤어(wire-haired) 견종이나 이중모(double-coated) 견종의 털 관리에 활용되며, 숙련된 기술이 요구된다. 스트리핑 도구는 목적과 작업 부위에 따라 다양한 종류로 나뉜다.

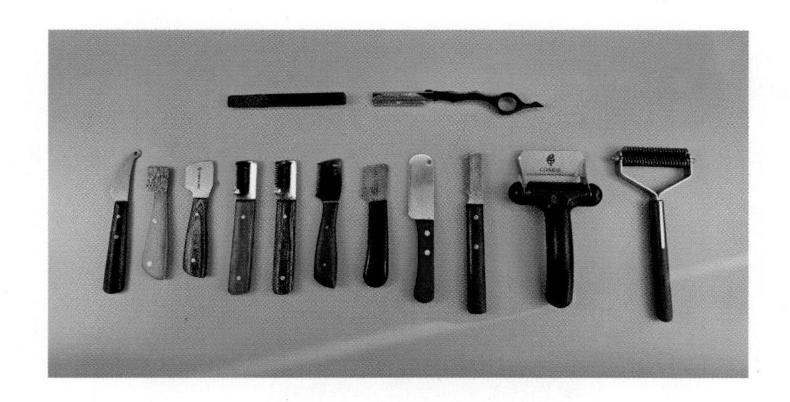

1 코스 나이프(coarse knife)

코스 나이프는 스트리핑 작업의 기본 도구로, 칼날 부분에 작은 톱니가 있어 털을 뽑아내는 데 사용된다.

① **용도**: 와이어 헤어 견종의 거친 털을 정리하고, 자연스러운 모양을 유지하는 데 사용된다. 데드 코트 제거 및 새로운 털의 성장을 촉진한다.

② **특징**: 톱니가 굵고 드문드문 배열되어 있어 넓은 부위 작업에 적합하다. 초보자도 쉽게 사용할 수 있는 구조로 설계되었다.

2 파인 나이프(fine knife)

파인 나이프는 코스 나이프와 유사하지만, 날이 더 섬세하고 촘촘하게 설계되어 있다.

① **용도**: 얼굴, 귀, 발바닥 등 세밀한 부위의 정리 및 부드러운 질감의 털 정돈 및 디테일 작업에 사용한다.

② **특징**: 정교한 작업이 가능하여 숙련된 미용사가 자주 사용하는 도구다.

3 핑거 스트리퍼(finger stripper)

핑거 스트리퍼는 손가락에 착용하는 스트리핑 도구로, 작은 톱니가 달려 있다.

① **용도**: 소형견이나 민감한 부위(귀, 눈 주변)의 데드 코트를 제거할 때 사용한다. 반려견의 피부에 자극을 최소화하며, 편리하고 빠른 작업이 가능하다.

② **특징**: 초보자도 안전하게 사용할 수 있는 디자인으로, 손가락 힘을 조절하여 자연스러운 털 제거가 가능하다.

4 스트리핑 스톤(stripping stone)

스트리핑 스톤은 돌처럼 생긴 도구로, 털을 뽑아내는 대신 걸려 나온 털을 부드럽게 제거한다.

① **용도**: 민감한 피부를 가진 반려견이나, 강한 스트리핑이 부담스러운 경우에 사용된다. 털의 길이를 다듬거나 가볍게 정돈할 때 적합하다.

② **특징**: 손쉽게 사용할 수 있으며, 반려견에게 스트레스를 최소화한다.

5 코트킹(coat king)

① 용도: 속털 제거와 털의 부피를 줄이는 데 적합하며, 특히 털이 많은 견종에 유용하다.

② 특징: 날이 달린 빗 형태로, 속털을 효과적으로 제거하면서 겉털의 윤기를 유지한다. 다양한 날 간격으로 제공되어 털의 밀도에 따라 선택 가능하다.

6 드레서 나이프(knife dresser)

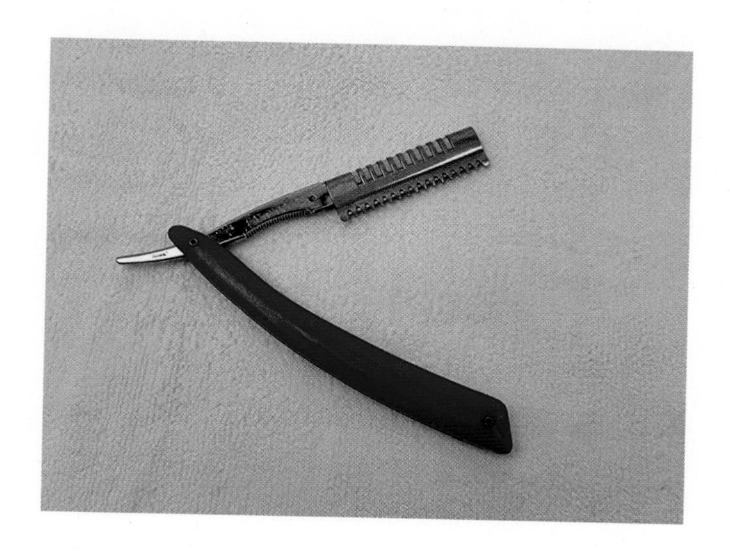

① 용도: 코트의 마무리 작업에 사용되며, 모든 스트리핑이 끝난 후 잔털을 제거하거나 표면을 매끄럽게 정리하는 데 적합하다.

② 특징: 작고 섬세한 디자인으로 정밀한 작업에 적합하며, 표면 정리에 용이하다. 특히 스트리핑 작업 후 남은 털을 정리하여 코트의 완성도를 높인다.

7 스트리핑 도구 사용 시 주의사항

① 작업 전 준비: 반려견의 털 상태와 건강을 확인한 후 스트리핑 도구를 사용해야 한다.

② 적절한 도구 선택: 부위와 털 상태에 따라 적합한 스트리핑 도구를 사용한다.

③ 숙련도 필요: 스트리핑은 털의 구조와 특성을 이해하고 진행해야 하므로, 사전 연습이 중요하다.

④ 피부 자극 최소화: 도구를 사용할 때 과도한 힘을 가하지 않도록 주의해야 한다.

5 발톱 관리 도구(nail care tools)

발톱 관리 도구는 반려동물의 발톱을 정리하고 건강을 유지하기 위해 필수적이다. 발톱 관리가 제대로 이루어지지 않으면 발톱이 길어져 걸음걸이에 영향을 주거나 상처를 유발할 수 있다.

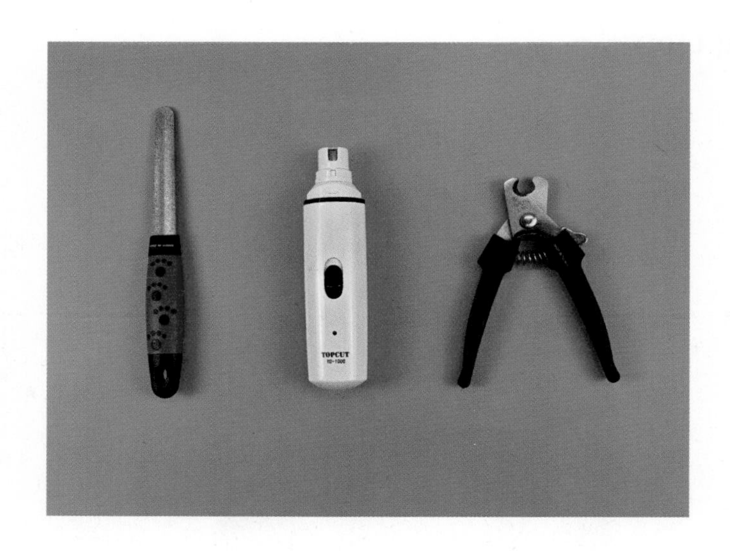

1 발톱깎이(nail clipper)

① **용도**: 발톱을 적절한 길이로 자르고, 지나치게 자라난 발톱을 안전하게 관리한다. 두껍고 단단한 발톱부터 얇고 부드러운 발톱까지 작업 가능하다.

② **특징**: 집게형, 기요틴형, 니퍼형으로 나뉘며 각각 장점이 다르다.

③ **종류**

- **집게형**: 초보자에게 적합하며, 작고 부드러운 발톱에 적합하다.
- **기요틴형**: 날을 교체할 수 있어 관리가 용이하며, 중간 크기의 발톱에 적합하다.
- **니퍼형**: 강력한 절삭력을 제공하며, 큰 견종의 두꺼운 발톱에 적합하다. 손잡이가 미끄럼 방지 처리된 제품은 안전성과 편리성을 높인다.

④ **사용 방법**: 발톱 끝부분을 조금씩 자르며, 한 번에 많은 양을 자르지 않는다. 발톱의 핑크색 혈관 부위(퀵)를 피하도록 조심스럽게 자른다. 작업 전에 발톱깎이의 날이 예리한지 확인한다.

⑤ **주의사항**: 퀵을 잘못 자르면 출혈이 발생할 수 있으므로 세심한 주의가 필요하다. 둔한 날을 사용하면 발톱이 찢어질 수 있으니 정기적으로 날을 점검한다.

참고 **퀵(Quick)이란?**

퀵은 반려동물 발톱 내부에 있는 혈관과 신경이 모여 있는 부분이다. 발톱의 핑크색 또는 어두운 색으로 보이는 부분이며 발톱의 살아 있는 조직이기 때문에 잘못 잘라내면 출혈과 통증을 유발할 수 있다.

2 발톱 파일(nail file)

① **용도**: 발톱을 다듬고 날카로운 가장자리를 부드럽게 정리한다. 발톱깎이로 자른 후 추가적인 정리에 적합하다.

② **특징**: 금속재질, 샌드페이퍼 스타일, 전동형 등 다양한 형태가 있다. 손잡이가 있는 파일은 사용이 더 편리하며, 크기에 따라 작은 부위 작업에도 적합하다.

③ **사용 방법**: 발톱의 끝에서 중앙 방향으로 부드럽게 파일링한다. 작업 시 파일의 각도를 일정하게 유지하며, 힘을 과도하게 가하지 않는다. 둥근 형태로 다듬으면 발톱이 갈라지는 것을 방지할 수 있다.

④ **주의사항**: 지나치게 길게 파일링하지 않고 적당한 마감으로 끝낸다. 발톱이 약한 반려동물의 경우 부드러운 파일을 사용한다.

3 전동 발톱 연마기(electric nail grinder)

① **용도**: 발톱을 빠르고 안전하게 다듬으며, 특히 두꺼운 발톱을 가진 대형견에게 적합하다. 날카로운 가장자리를 부드럽게 정리하고, 발톱의 길이를 섬세하게 조절한다.

② **특징**: 다양한 속도 조절 기능을 갖추고 있어 털 상태에 따라 작업 강도를 조절할 수 있다. 저소음 제품은 소리에 민감한 반려동물에게 적합하다. 제거된 발톱 가루를 최소화하기 위한 보호 덮개가 있는 제품도 있다.

③ **사용 방법**: 연마기를 낮은 속도로 설정하고 발톱의 가장자리부터 작업한다. 발톱이 너무 뜨거워지지 않도록 중간에 멈추고 확인한다. 작업 중 반려동물이 안정적인 자세를 유지할 수 있도록 손으로 고정한다.

④ **주의사항**: 연마기 소리에 반려동물이 놀라지 않도록 천천히 적응시킨다. 발톱의 혈관 부위에 너무 가까이 작업하지 않는다.

4 발톱 관리 보조 도구

1) 지혈제(styptic powder)

지혈제는 반려동물의 발톱 관리 중 퀵(quick)을 잘못 자르거나 상처가 생겼을 때 출혈을 멈추기 위해 사용하는 응급처치 도구다. 빠른 지혈 효과를 제공하며, 상처 관리에 필수적인 역할을 한다.

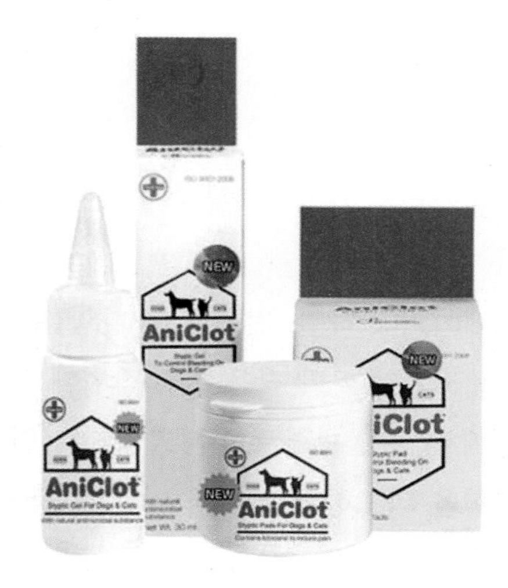

① **용도**: 발톱 관리 중 출혈이 발생했을 때 빠르게 지혈한다.

② **특징**: 지혈제는 대부분 휴대하기 쉽고 간단하게 사용할 수 있는 형태로 제공된다. 살균 및 상처 진정 효과를 포함한 제품도 있어, 출혈 후 상처 관리를 돕는다. 지혈제는 젤 타입과 파우더 타입 두 가지 형태로 제공된다.

③ **사용 방법**

- **지혈제 준비**: 젤 타입은 손가락이나 면봉에 적당량을 덜어 사용하며, 파우더 타입은 직접 출혈 부위에 덮는다.
- **젤 타입**: 출혈 부위에 도포하고, 부드럽게 눌러 흡수되도록 한다.
- **파우더 타입**: 출혈 부위에 뿌린 후 약간의 압력을 가해 고정한다.
- **지혈 상태 확인**: 지혈이 완료되었는지 확인한 후, 남은 지혈제를 깨끗이 닦아낸다. 지혈 후 상처를 부드럽게 닦아 말린다.
- **반려동물 안정시키기**: 출혈로 인해 반려동물이 놀라지 않도록 부드럽게 안정시킨다.

④ 사용 팁

- **작업 전 준비**: 발톱 관리 전에 지혈제를 미리 준비하여 응급 상황에 대비한다.
- **소량 사용**: 출혈 부위에 필요한 양만 사용하여 남용을 방지한다.

2) 지혈제의 종류

지혈제는 젤 타입 액상형과 파우더형으로 제공되며, 각각의 특성과 사용 용도가 약간 다르다.

구분	젤 타입 지혈제	파우더 타입 지혈제
사용 용도	소량의 출혈, 민감한 부위에 적합	심한 출혈, 넓은 부위에 적합
사용 방법	면봉이나 손으로 부드럽게 도포	출혈 부위에 뿌리고 압력 가하기
사용 편의성	흘러내리지 않아 정확히 도포 가능	빠르게 넓은 부위에 적용 가능
살균/진정 효과	대부분 제품에 포함	보통 살균 기능 없음
보관 및 휴대성	튜브 형태로 깔끔하고 휴대가 용이함	가루 형태로 장기 보관 가능

① 주의사항

- **적절한 양 사용**: 필요 이상으로 많이 사용하지 않도록 주의하며, 출혈 부위에 적당히 도포한다.
- **오염 방지**: 지혈제를 사용할 때 손이나 도구를 깨끗이 소독한 후 사용한다.
- **반려동물 보호**: 지혈제를 바른 후 반려동물이 상처를 핥지 않도록 주의한다. 출혈이 멈춘 후에도 상처가 지속적으로 붉거나 부어오르면 동물병원에 방문한다.
- **지혈제 보관**: 지혈제는 습기와 직사광선을 피해 보관하고, 유효기간을 확인한다.
- **응급 상황 대처**: 지혈제로 출혈이 멈추지 않거나 큰 부위에서 출혈이 계속될 경우 즉시 동물병원을 방문한다.

② 사용 팁

- **발톱 관리 준비물로 필수**: 발톱 관리 시 지혈제를 항상 준비해 두면 응급 상황에 빠르게 대처할 수 있다.
- **정기 점검**: 사용 후 지혈제 용기를 닦아 보관하며, 내용물이 변질되지 않았는지 확인한다.

6 그 밖의 도구(other tools)

1 겸자

겸자는 귀털 제거, 염색 작업, 세밀한 털 관리 등 반려동물 미용에 사용되며, 다양한 형태와 크기로 작업 목적에 맞게 선택할 수 있다.

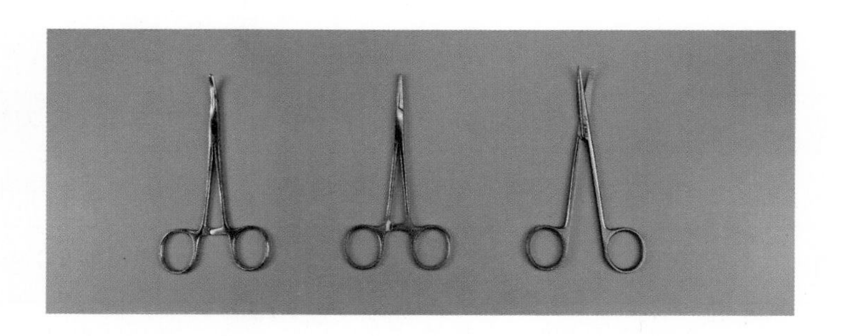

① **직선 겸자**(straight hemostat): 귀털 제거, 작은 물체 집기, 세밀한 작업에 적합하며, 직선형 디자인으로 좁은 부위에 쉽게 접근 가능해 초보자도 사용하기 쉬운 도구다.

② **곡선 겸자**(curved hemostat): 곡선 부위의 털 제거와 정밀 작업에 적합하며, 끝이 곡선이다.

③ **선 귀털 제거용 가위**(ear hair removing scissors): 귀 안쪽 털을 깔끔하게 다듬고 제거하며, 끝이 둥글거나 보호 캡이 있는 가위형 디자인으로 피부 손상을 방지한다.

2 밴딩가위

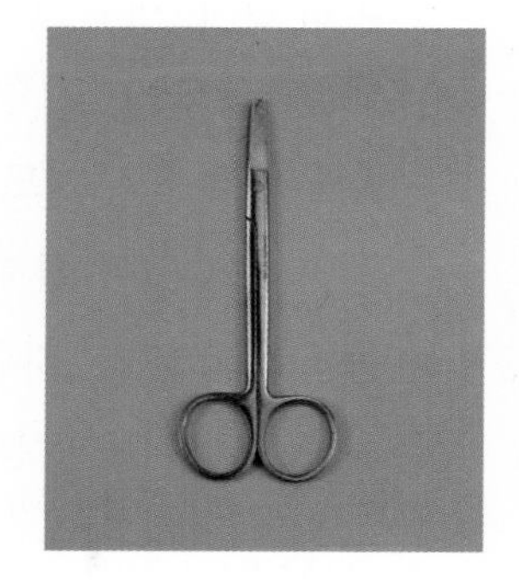

고무밴드와 래핑지를 안전하게 제거하며, 둥근 끝과 보호 구조로 털과 피부 손상을 방지하고 정밀 작업에 적합한 휴대성 높은 가위다.

3 견체

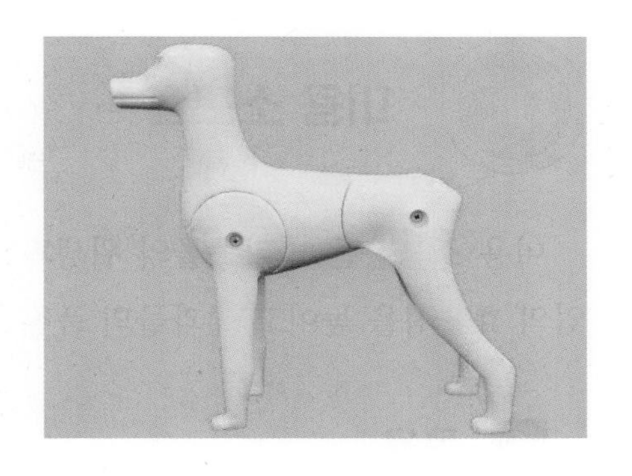

반려동물 미용 연습과 교육을 위해 제작된 모형으로, 위그 털을 부착해 안정적인 환경에서 다양한 스타일링 기술을 연습할 수 있다.

4 물림방지 도구

미용 작업 중 반려동물이 물거나 과도하게 움직이는 것을 방지하여 안전한 작업 환경을 조성하고 반려동물과 미용사를 보호한다.

① **입마개**: 반려동물이 물거나 움직이는 것을 방지하기 위해 사용되며, 입 크기와 형태에 맞게 착용하고 숨쉬기가 가능하도록 설계되었다.

② **엘리자베스 카라**: 반려동물이 털을 핥거나 물지 못하도록 목 주변을 감싸며, 편안하게 움직일 수 있도록 적절히 고정한다.

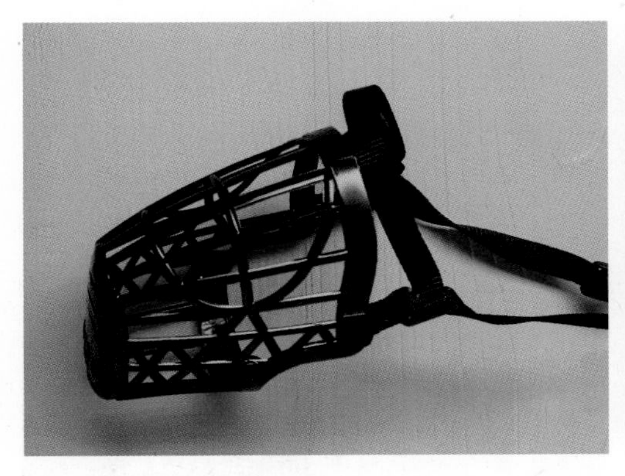

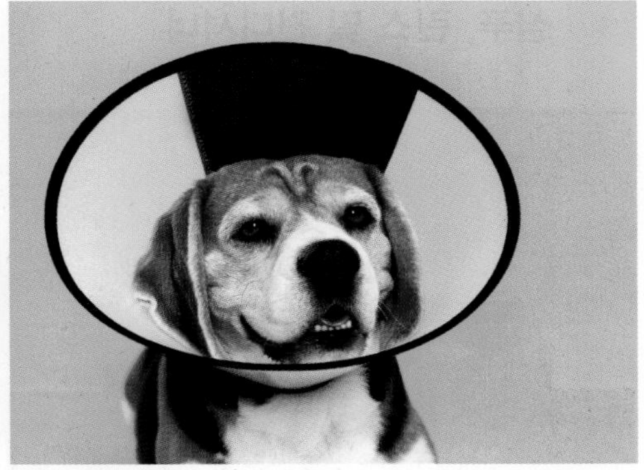

Ⅱ 미용 소모품

미용 소모품은 반려동물의 위생과 털 관리, 스타일링 작업을 돕기 위해 사용되며, 작업의 효율성을 높이고 결과물의 품질을 개선하는 데 중요한 역할을 한다.

1 목욕

목욕에 사용되는 소모품은 반려동물의 청결과 건강을 유지하고 털을 효과적으로 관리하기 위해 필수적이다. 샴푸는 피부와 털을 깨끗이 세정하며, 린스와 컨디셔너는 부드러움과 윤기를 더하고 엉킴을 방지한다. 브러싱 스프레이는 목욕 후 털을 정돈하고 정전기를 방지하며, 엉킨 털을 부드럽게 풀어준다. 이러한 소모품은 반려동물의 피부 상태와 털 유형에 맞게 선택하여 사용하며, 사용 후에는 철저히 헹궈 잔여물이 남지 않도록 해야 한다.

1 샴푸, 린스 및 컨디셔너

1) 샴푸

샴푸는 반려견의 털과 피부를 청결하게 유지하기 위한 가장 기본적인 관리 과정이다. 피부 상태와 털 유형에 따라 일반 샴푸, 기능성 샴푸, 워터리스 샴푸 등 다양한 제품이 사용된다.

① 종류

- 일반 샴푸: 기본적인 세정 효과를 제공하며, 대부분의 견종에 적합하다.
- 기능성 샴푸

팁 클렌징 샴푸	과도한 피지와 각질을 제거하여 털과 피부를 깨끗하게 유지한다.
화이트닝 샴푸	흰 털의 색을 선명하고 깨끗하게 표현한다.
볼륨 샴푸	털을 풍성하게 만들어 얇고 가벼운 털을 보완한다.
워터리스 샴푸	물 없이 사용할 수 있어 간편하며, 즉각적인 청결 유지에 적합하다.

② 목적

- 1차 샴푸: 털과 피부의 클렌징 작업으로, 오염물과 피지를 80~90% 제거하는 데 목적이 있다.
- 2차 샴푸: 남아 있는 오염물을 제거하는 동시에, 피부와 털에 수분을 공급하고 보습과 윤기를 더하는 기능을 한다.

③ 사용 방법

샴푸는 물과 섞어 충분히 거품을 낸 뒤, 털의 뿌리까지 마사지하며 세척한다. 워터리스 샴푸는 털이 젖지 않은 상태에서 발라 사용한 뒤 닦아낸다. 1차 샴푸 후 깨끗이 헹군 뒤, 2차 샴푸를 반복하여 세정과 기능성을 강화한다.

2) 린스 및 컨디셔너

린스와 컨디셔너는 샴푸 후 털과 피부를 부드럽게 유지하며, 반려견의 피부와 털의 pH 밸런스를 조절하는 데 중요한 역할을 한다. 반려견의 피부는 사람과 달리 중성에서 약간 알칼리성(6.5~7.5)이며, 샴푸 과정에서 알칼리성으로 변한 피부와 털을 중화시켜 건강한 상태로 되돌려야 한다.

린스는 단순히 털을 부드럽게 만드는 것뿐만 아니라, 반려견의 피부와 털을 건강하게 유지하는 데 필수적인 역할을 한다. 사람의 피부는 산성(4.5~5.5)인 반면, 반려견의 피부는 중성에서 약간 알칼리성에 가까워, 샴푸 후 반드시 린스를 통해 pH를 안정화해야 한다. 올바른 린스 사용은 반려견의 피부와 털 건강을 유지하고, 미용 과정의 완성도를 높이는 중요한 과정이다.

① 주요 목적

- 털을 부드럽고 윤기 있게 유지하며, 엉킴과 손상을 방지한다.
- 샴푸로 인해 변화된 피부와 털의 pH를 반려견 고유의 중성 수준으로 조절한다.
- 피부와 털의 큐티클을 정돈하여 매끄럽고 건강한 상태를 유지한다.
- 보습 성분을 공급하여 털과 피부의 수분 손실을 방지하고 보호막을 형성한다.
- 정전기를 방지하고 털의 부스스함을 줄이는 데 도움을 준다.

② 사용 방법

- 샴푸 후 적당량의 린스나 컨디셔너를 털에 바르고 골고루 퍼지도록 마사지한다.
- 1~2분간 흡수되도록 둔 뒤, 미지근한 물로 꼼꼼히 헹군다.
- 피부와 털의 상태에 따라 필요한 만큼 사용을 조절한다.

③ 주의사항

- 린스가 눈에 들어가지 않도록 주의한다.
- 피부 상태와 털의 유형에 적합한 제품을 사용한다.
- 제품 잔여물이 남지 않도록 깨끗이 헹구어 피부 자극을 방지한다.

2 브러싱 스프레이

털 관리 중 정전기를 줄이고 털 엉킴을 부드럽게 풀어주는 제품으로, 디탱글러(detangler)의 기능을 포함하고 있다.

브러싱 스프레이는 디탱글러의 기능을 포함한 다목적 제품으로, 반려견의 털 관리를 간편하고 효과적으로 도와준다. 긴 털을 가진 반려견이나 털이 자주 엉키는 반려견의 필수 관리 아이템으로 활용할 수 있다.

① **특징**: 스프레이 형태로 간편하게 사용할 수 있다. 브러싱 전 뿌리면 털이 부드러워지고 관리가 쉬워진다. 정전기를 줄이고 털을 정돈하여 브러싱 과정에서 발생하는 손상을 최소화한다. 디탱글러로서 엉킨 털을 부드럽게 풀어주는 역할도 한다.

② **디탱글러의 역할**: 털의 큐티클을 정리하여 엉킴을 쉽게 풀 수 있도록 돕는다. 수분과 영양을 공급해 털을 부드럽고 윤기 있게 유지한다. 특히 긴 털이나 엉킴이 잦은 반려견에게 적합하다.

2 귀 관리 소모품

귀와 눈 관리 도구는 반려동물의 위생과 건강을 유지하는 데 필수적인 역할을 한다. 귀와 눈은 민감한 부위이기 때문에, 적절한 도구와 올바른 사용법을 통해 깨끗하게 관리해야 한다.

1 이어클리너(ear cleaner)

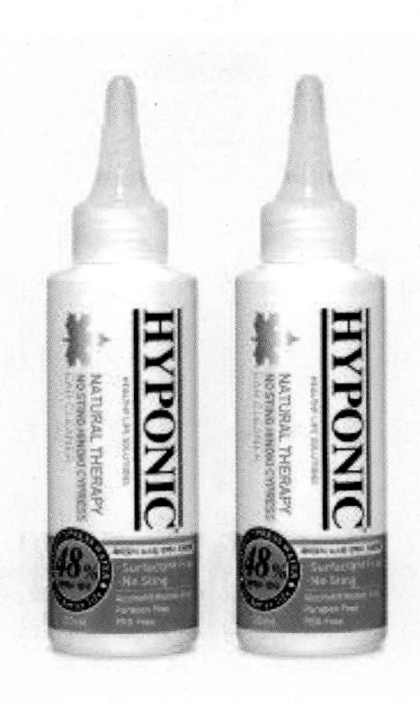

① **용도**: 귀지와 오염물질을 제거하고 귀의 청결을 유지하며 감염을 예방한다.

② **특징**: 액체 형태로 귀 안쪽에 도포 후 부드럽게 마사지하여 사용한다. 항균 성분이 포함된 제품은 감염 예방 효과가 있다.

③ **사용 방법**: 이어클리너를 적당량 귀 안에 떨어뜨리고, 귀 바깥쪽을 가볍게 마사지하여 오염물이 부드럽게 풀어지도록 한다. 깨끗한 면봉이나 탈지면으로 귀지를 부드럽게 닦아낸다.

④ **주의사항**: 도구를 너무 깊이 삽입하지 않도록 주의한다. 염증이 있는 귀에는 사용 전에 수의사와 상담한다.

2 이어파우더(ear powder)

① **용도**: 귀털 제거를 용이하게 하고 귀를 건조하고 위생적으로 유지한다.

② **특징**: 파우더 형태로, 귀의 땀과 수분을 흡수해 냄새를 줄이고 감염을 예방한다.

③ **사용 방법**: 귀 안쪽에 소량의 파우더를 뿌리고, 귀털을 잡아 부드럽게 뽑아낸다.

④ **주의사항**: 귀털 제거 시 반려동물이 놀라지 않도록 천천히 작업한다. 과도한 파우더 사용은 귀 안쪽에 축적될 수 있으므로 적당량만 사용한다.

3 기타 소모품

1 소독제

소독제는 미용 도구와 작업 공간의 위생을 유지하며, 세균과 오염을 제거하는 데 사용된다. 알코올 기반 또는 비알코올 제품으로 제공되며, 뛰어난 살균 효과를 발휘해 작업 환경을 청결하게 관리할 수 있다.

2 윤활제

윤활제는 클리퍼와 가위 같은 도구의 부드러운 작동을 돕고 마모를 방지하는 역할을 한다. 특히, 클리퍼 블레이드와 기계식 도구의 작동을 최적화하여 장비의 수명을 연장하고 효율적인 작업을 지원한다.

3 냉각제

냉각제는 작업 중 과열된 도구를 빠르게 식혀 안전하게 사용할 수 있도록 돕는다. 즉각적인 냉각 효과를 제공해 과열로 인한 장비 손상을 예방하며, 기기의 수명을 연장하는 데 중요한 역할을 한다.

4 래핑지

래핑지는 털을 보호하거나 분리하여 스타일링 작업을 돕는 도구다. 털을 가볍게 빗질한 후 원하는 부위를 래핑지로 감싸 작업을 진행하며, 고정이 필요한 경우 고무밴드와 함께 사용한다. 이는 털의 손상을 방지하면서도 깔끔한 스타일링을 가능하게 한다.

5 고무밴드

고무밴드는 털을 묶거나 고정하여 스타일링 작업을 돕는 데 사용된다. 래핑 작업이나 디자인 연출에 필수적이며, 털을 원하는 모양으로 묶고 고정하여 작업을 효율적으로 진행할 수 있다. 그러나 너무 세게 묶지 않도록 주의해야 하며, 사용 후 털을 풀어 잔여물이 남지 않도록 꼼꼼히 확인해야 한다.

6 위그 털

위그 털은 스타일링 연습이나 디자인 작업에 사용되는 인조 털이다. 견체 모형이나 연습용으로 활용되어 다양한 스타일을 실험하거나 기술을 연마하는 데 적합하다. 위그 털을 활용하면 실수로 반려견의 털을 손상시키는 위험 없이 창의적인 스타일링을 시도할 수 있다.

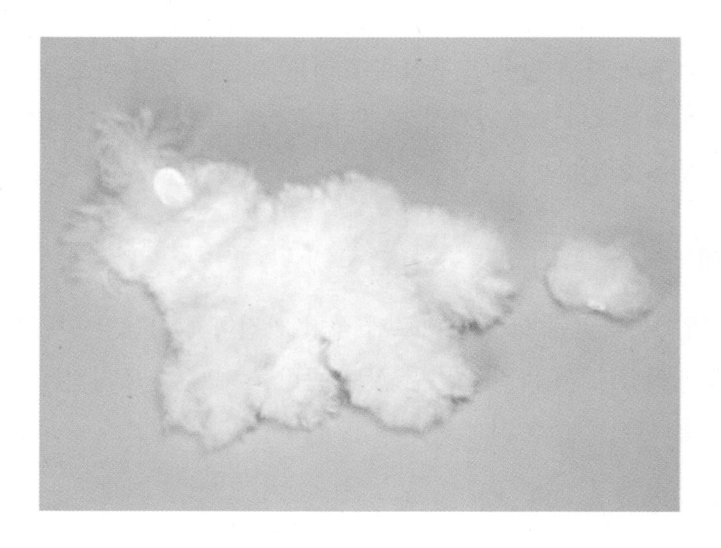

Ⅲ 미용 장비

1 미용 테이블

미용 테이블은 반려동물의 미용 작업을 안정적이고 효율적으로 수행하기 위해 사용되는 장비로, 작업 환경과 필요에 따라 다양한 종류가 제공된다.

1) 접이식 미용 테이블

가볍고 접이식 구조로 이동과 보관이 편리하며, 고정 암을 장착해 안정적으로 사용할 수 있다.

2) 수동 미용 테이블

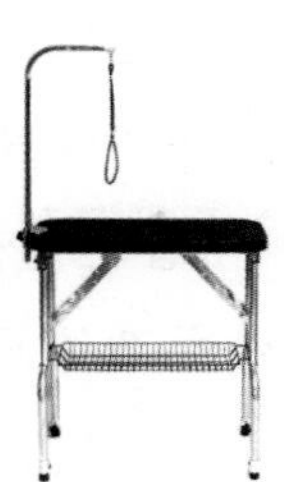

고정된 높이와 견고한 구조로 기본적인 미용 작업에 적합하나, 높이 조절은 불가능하다.

3) 전동식 미용 테이블

버튼을 이용해 조용하고 부드럽게 높이를 조절할 수 있어 효율성과 편의성이 뛰어나 전문가용으로 적합하다.

2 드라이어(dryer)

드라이어는 목욕 후 반려동물의 털을 빠르게 건조시키고 스타일링을 완성하는 데 필수적인 도구다. 드라이어는 작업 목적과 반려견의 털 상태에 따라 다양한 종류와 기능으로 나뉜다.

1) 블로우 드라이어(blow dryer)

블로우 드라이어는 강력한 바람과 고온으로 털을 빠르게 말리는 데 사용된다.

① **용도**: 드라이어는 목욕 후 젖은 털을 빠르게 건조시키는 데 사용되며, 동시에 엉킨 털을 부드럽게 풀어주는 역할을 한다. 또한, 털의 웨이브를 정리하거나 볼륨을 살리는 데 유용하여 반려견의 털을 건강하고 아름답게 유지하는 데 도움을 준다.

② **특징**: 드라이어는 바람 세기와 온도를 조절할 수 있어 다양한 털 상태와 유형에 적합하다. 이러한 조절 기능은 반려견의 피부와 털에 맞춘 섬세한 건조 작업을 가능하게 하며, 털 손상을 최소화하고 효율적인 관리와 스타일링을 돕는다. 고출력 모델은 장모종이나 두꺼운 털을 가진 반려견에게 특히 효과적이다. 소음이 적은 제품을 사용하면 반려견의 스트레스를 줄일 수 있다.

③ **사용 팁**: 드라이 중에는 피부에 직접적인 열이 닿지 않도록 적정 거리를 유지해야 한다. 털 방향에 따라 드라이를 하면 매끄럽고 윤기 있는 결과를 얻을 수 있다.

2 스탠드 드라이어(stand dryer)

스탠드 드라이어는 고정된 위치에서 바람을 송출하여 양손을 자유롭게 사용할 수 있는 드라이어다.

① **용도**: 드라이어는 작업 중 손을 자유롭게 사용할 수 있어 빗질과 드라이를 동시에 진행할 수 있도록 돕는다. 특히 큰 체구의 반려견을 건조하거나 세밀한 스타일링 작업을 수행할 때 유용하여 작업의 효율성과 정밀성을 높인다.

② **특징**: 드라이어는 높이와 각도 조절이 가능해 다양한 작업 환경에 적합하며, 반려견의 크기와 털 상태에 따라 유연하게 사용할 수 있다. 스탠드형 구조로 드라이어를 고정할 수 있어 작업 중 미끄러짐을 방지하며, 장시간 사용에도 안정적인 작동을 유지해 효율적인 작업을 돕는다.

③ **사용 팁**: 드라이 방향을 얼굴 쪽으로 두지 않도록 조정하여 반려견이 불안해하지 않도록 한다. 다리, 꼬리 등 세부 부위를 말릴 때 드라이어의 각도를 세밀히 조정하면 편리하다.

3 드라이룸(dry room)

드라이룸은 반려견이 직접 들어가 털을 건조할 수 있는 전용 건조 공간으로, 특히 장모종이나 대형견에게 적합하다.

① **용도**: 드라이룸은 반려견이 편안하게 털을 말릴 수 있도록 설계된 공간으로, 젖은 털을 전체적으로 균일하고 효과적으로 건조할 수 있게 돕는다. 이는 반려견의 스트레스를 최소화하며, 안전하고 편안한 환경에서 털 관리가 이루어지도록 한다.

② **특징**: 드라이룸은 실내 온도와 습도를 조절하여 안전하게 건조할 수 있도록 설계된 공간이다. 소음이 적어 반려견에게 편안한 환경을 제공하며, 쉽게 출입할 수 있는 구조로 되어 있어 사용이 용이하다. 특히 알레르기나 피부 질환이 있는 반려견의 피부 자극을 최소화하여 건강한 건조 과정을 지원한다.

③ **사용 팁**: 드라이룸 사용 전 반려견의 털을 빗질하여 엉킴을 최소화한다. 드라이룸

안에서 반려견이 불안해하지 않도록, 처음에는 짧은 시간 동안 사용하며 적응하도록 돕는다. 온도를 과도하게 높이지 않도록 설정하여 안전하게 사용한다.

④ 드라이어 사용 시 주의사항

- **적정 온도 유지**: 드라이어의 온도를 피부에 자극을 주지 않는 수준으로 설정한다.
- **작업 순서**: 목, 몸통, 다리, 꼬리 순으로 건조하며 얼굴은 나중에 작업한다.
- **거의 마른 상태에서 스타일링**: 완전히 마른 후 스타일링보다는 약간 습기가 있을 때 빗질하면 자연스럽고 매끄럽게 마무리할 수 있다.
- **드라이 후 청소**: 드라이 중 떨어진 털을 바로 청소하여 작업 공간을 청결히 유지한다.

3 목욕장비

1) 목욕조

반려동물의 목욕을 위한 기본 장비로, 기본형부터 하이드로바스까지 다양한 크기와 기능을 제공한다.

2 스파기기

반려동물의 피부 건강과 근육 이완을 돕는 마사지와 기포 발생 기능을 갖춘 장비다.

3 온수기

일정한 물 온도를 유지하여 반려동물에게 편안하고 안전한 목욕 환경을 제공한다.

4 소독기기

미용 도구와 장비를 세균과 오염으로부터 보호하는 위생 관리 필수 장비다.

IV 안전한 도구 사용을 위한 팁

1 적절한 도구 선택

반려동물의 크기, 털 상태, 피부 타입에 맞는 도구를 선택한다. 초보자는 사용이 간단하고 안전 설계가 된 도구를 우선적으로 사용한다.

2 도구 점검 및 유지 관리

사용 전 도구가 깨끗하고, 날이 무뎌지지 않았는지 점검한다. 작업 후에는 도구를 세척하고 소독하여 위생적으로 관리한다.

3 사용 중 주의사항

날카로운 도구는 피부에 너무 가깝게 대지 않아야 하며, 적당한 힘으로 사용한다. 전동 장비를 사용할 경우 소음과 진동이 적은 설정으로 시작하여 반려동물이 적응할 시간을 준다.

4 반려동물 안정시키기

작업 중 반려동물이 편안함을 느낄 수 있도록 안정적인 자세를 유지하고 부드럽게 대한다. 필요시 입마개나 고정 장치를 사용하되, 반려동물이 불편함을 느끼지 않도록 주의한다.

5 작업 환경 관리

미끄럼 방지 매트를 사용하여 반려동물이 안정적으로 설 수 있는 환경을 제공한다. 작업 공간이 밝고 안전한지 확인하고, 날카로운 도구를 반려동물의 접근 범위에서 제거한다.

6 도구 사용법 숙지

각 도구의 올바른 사용법과 안전한 작동 방법을 숙지한 후 작업을 진행한다. 가위와 클리퍼는 손목과 손가락의 움직임을 부드럽게 하여 무리 없이 사용한다.

7 적절한 휴식 제공

작업이 길어질 경우 반려동물에게 휴식을 주어 스트레스를 줄이고 편안하게 해 준다.

8 응급 상황 대비

만약의 상황에 대비해 지혈제, 소독제 등 응급처치 도구를 준비해둔다. 반려동물에게 부상이 발생하면 즉시 작업을 중단하고 수의사의 조언을 구한다.

CHAPTER 03

반려동물 건강과 위생 관리

CHAPTER

03 반려동물 건강과 위생 관리

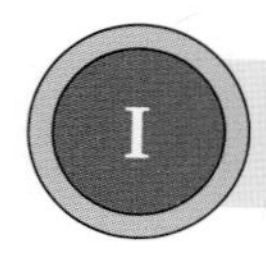

반려동물 위생 관리 방법

1 반려동물의 기본적인 위생 관리

우리가 알고 있는 기본적인 위생 관리는 발바닥, 배, 항문, 생식기 주변 정리와 귀 관리, 발톱 관리, 치아 관리 등이 위생 관리에 포함된다.

▌반려견 위생미용

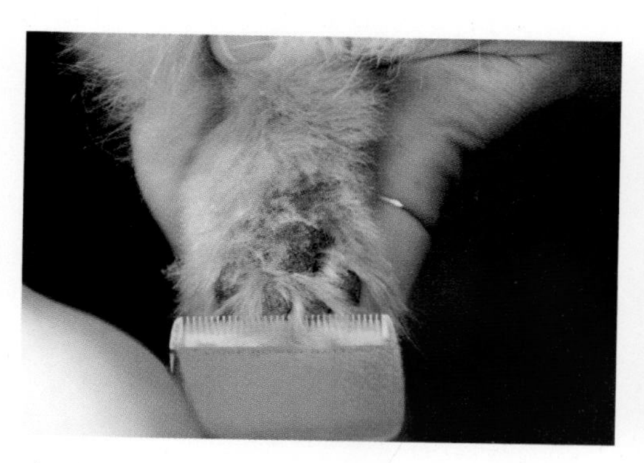

미끄러지지 않게 발바닥을 밀어주거나 가위로 잘라준다.

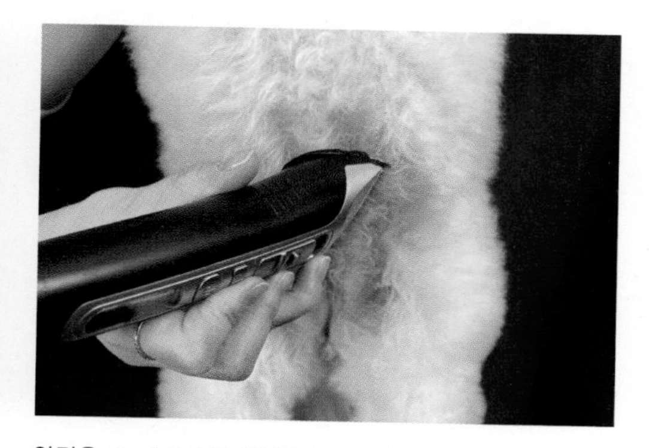

암컷은 ∩, 수컷∧의 형태로 배 =부위를 밀어준다.

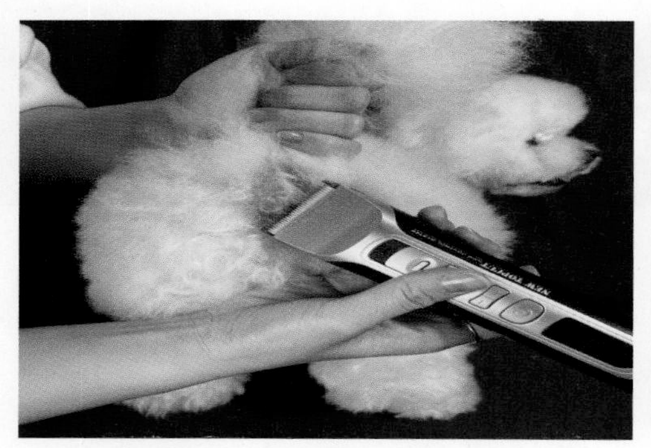

항문은 ◇ 형태로 밀어준다. 주름이 많아 상처가 날 수 있으므로, 너무 짧은 날로 밀지 않도록 주의한다.

암컷 생식기는 다리를 살짝 접어서 들어 올린 후 생식기 주변을 밀어준다.

1 귀 관리

반려견의 귀 관리는 건강 유지와 감염 예방에 매우 중요하다. 정기적인 청결 관리는 귀 건강을 효과적으로 보호할 수 있다.

1) 귀 상태 확인

① 정기적인 관찰: 반려견의 귀를 주기적으로 확인한다. 귀 내부가 깨끗하고 냄새가 나지 않는지 확인한다.

② 증상 체크: 붉은 기운, 부기, 진물, 악취, 과도한 긁기 등의 증상이 나타나면 귀 감염이나 기타 문제가 있을 수 있다.

2) 귀 청소 준비

① 필요한 도구 준비

- 겸자 또는 귓털 제거 가위
- 반려견 전용 귀 세정제
- 부드러운 면봉 또는 거즈, 약솜
- 깨끗한 수건

② 안전 주의사항

- 물이나 사람용 세정제를 사용하지 않는다.
- 너무 세게 또는 너무 깊이 귀 안쪽을 청소하지 않는다.

3) 귀 청소 방법

① 겸자나 귓털 제거 가위를 사용해 귓속 털을 제거

② 귀 세정제 사용

- 귀에 세정제를 적당량 떨어뜨린다.
- 부드럽게 귀를 마사지해 세정제가 고루 퍼지도록 한다.

③ 이물질 제거

- 마사지 후 반려견이 머리를 흔들도록 유도해 이물질이 자연스럽게 나오게 한다.
- 이물질이 나오면 거즈나 약솜으로 닦아내고 안쪽은 면봉으로 부드럽게 닦아준다.

④ 청소 후 건조

- 귀 주변을 깨끗이 닦고 습기가 남지 않도록 말려준다.

TIP 목욕 전에 귓속 털을 제거 후 귀 세정제를 귀 안에 넣고 마사지 후 목욕 후 드라이하면서 닦아내면 깨끗하게 닦아낼 수 있고 건조가 빠르게 이루어질 수 있다.

4) 귀 청소 과정

① 귀털 제거 가위로 귀털을 제거하는 과정

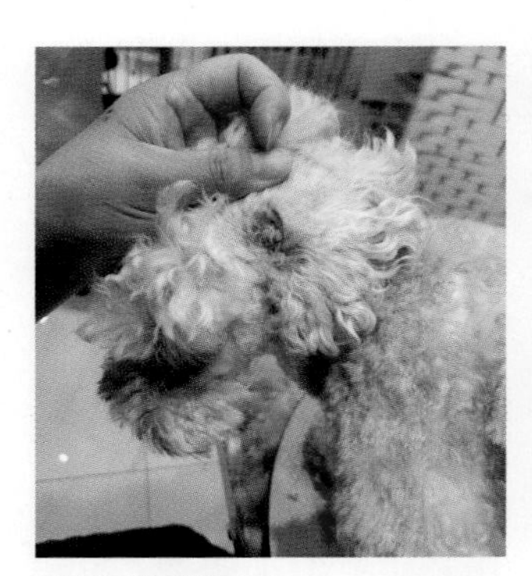

귓속을 확인한다.

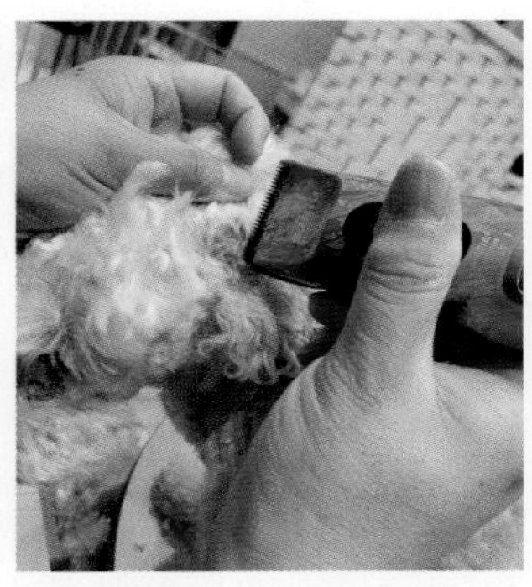

주변 털을 미니 클리퍼로 살짝 띄워서 제거한다.

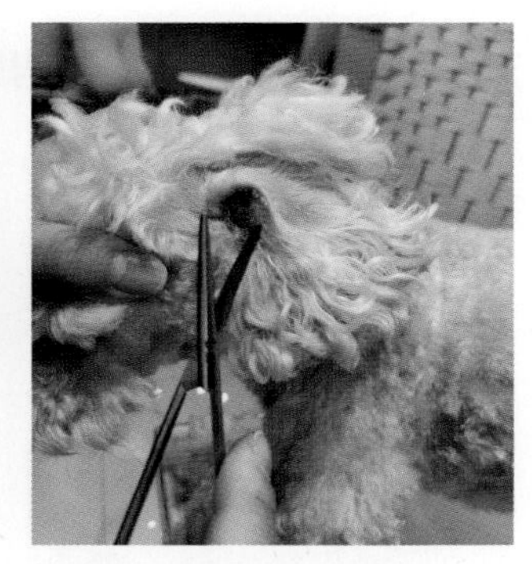

귀털 제거 가위를 준비한다.

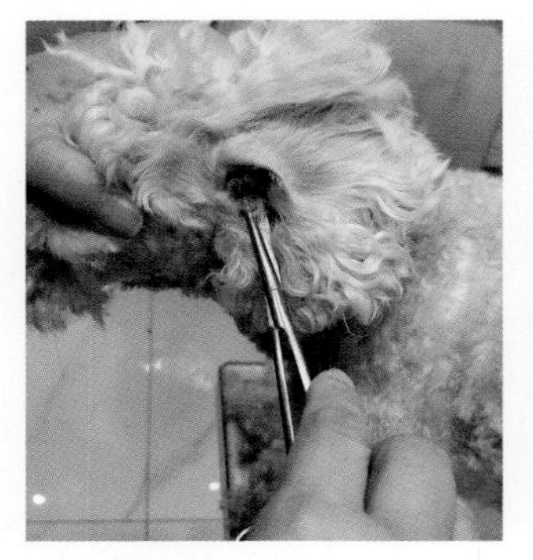

귀 앞쪽 털을 잘라준다.

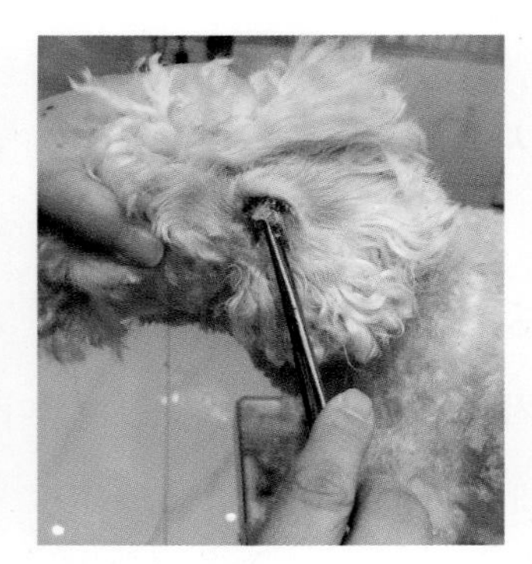

주변 털도 제거한다.

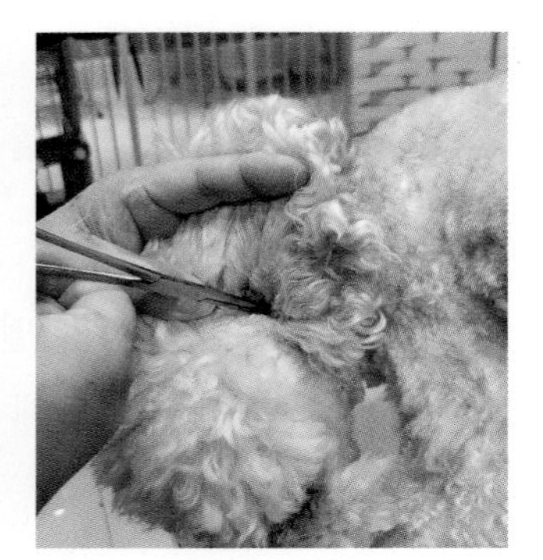

안쪽 깊숙이 박힌 털은 겸자로 뽑아낸다.

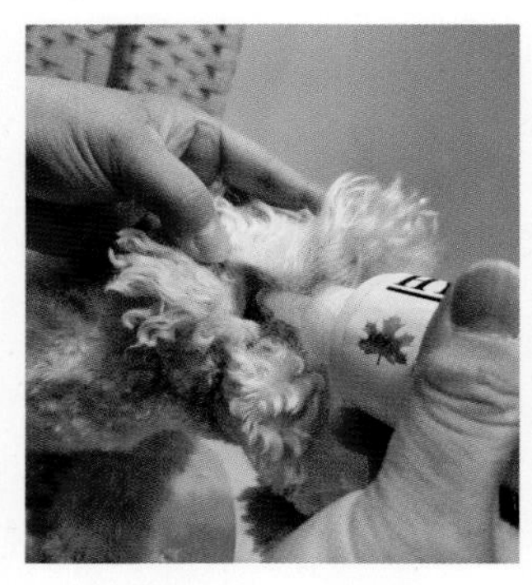

귀 세정제를 귀 안에 넣어 준다.

귀밑을 마사지한다.

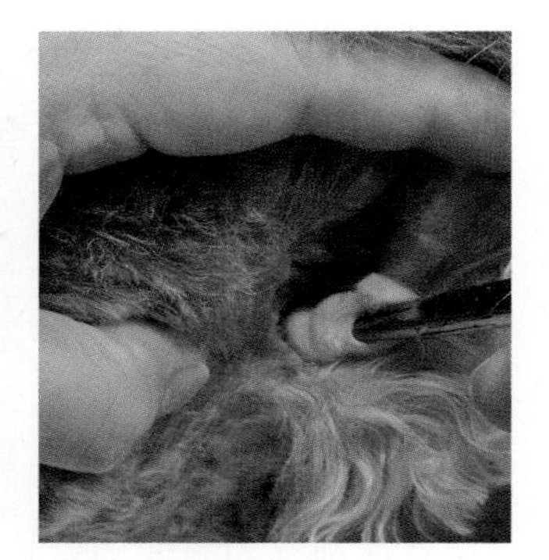

면봉이나 솜으로 귀지를 닦아낸다.

② 겸자로 귀털 제거하는 방법

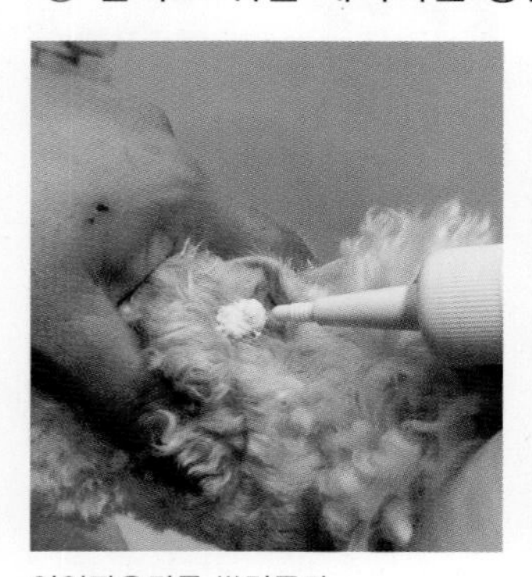

이어파우더를 뿌려준다.

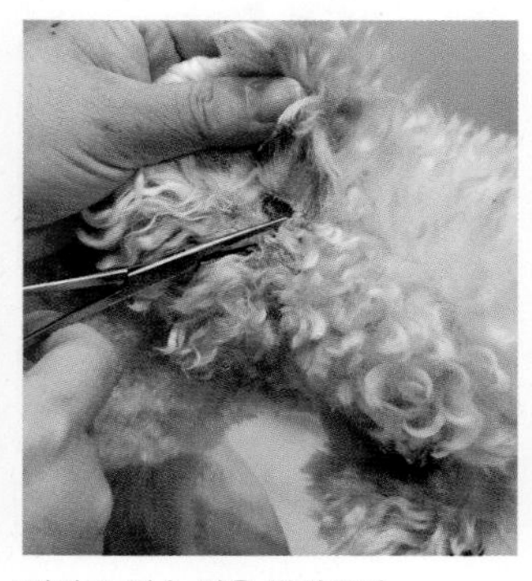

겸자로 귓속 털을 뽑아준다.

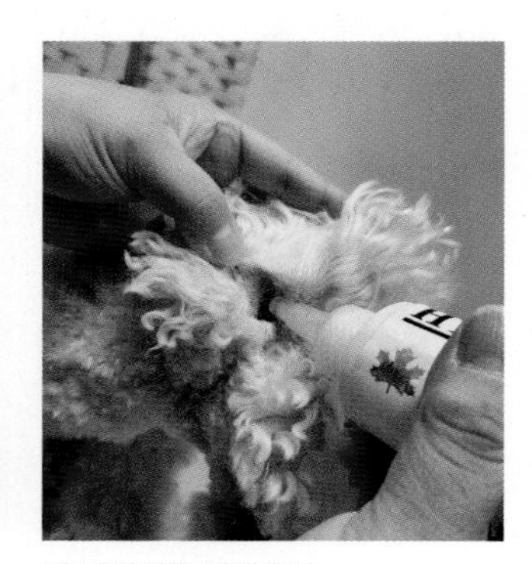

귀 세정제를 넣어준다.

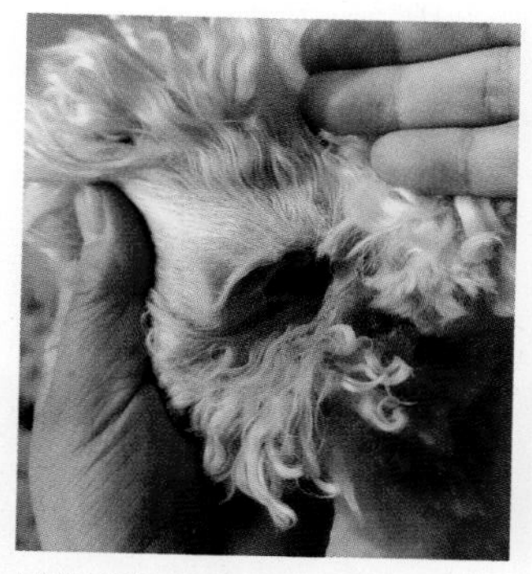

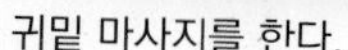

귀밑 마사지를 한다.

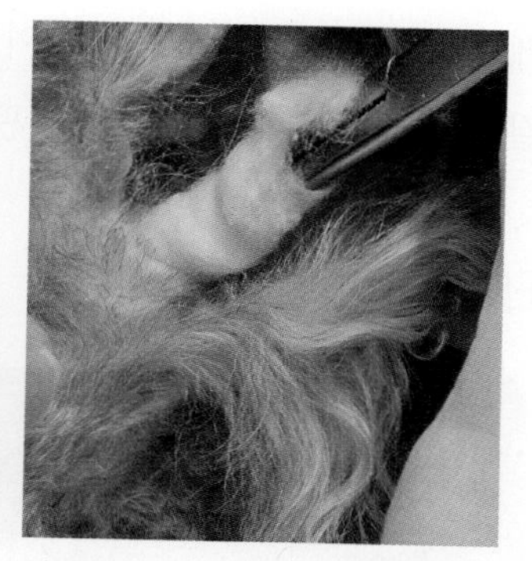

면봉이나 솜으로 귀지를 닦아낸다.

5) 귀 관리 시 주의할 점

① 빈도: 귀 관리 빈도는 반려견의 품종과 귀 모양에 따라 다르다. 일반적으로 2주에 한 번이 적당하지만, 귀가 축 늘어진 품종(예: 코커 스패니얼, 바셋 하운드)은 더 자주 관리해야 한다.

② 귀털 다듬기: 귀 안쪽에 털이 많으면 통풍이 잘되지 않아 감염 가능성이 높아질 수 있다. 감염 가능성이 있는 경우 전문 수의사의 상담이 필요하다.

③ 과도한 청소 금지: 너무 자주 청소하면 귀에 필요한 자연 보호막이 손상될 수 있다.

6) 수의사의 상담이 필요한 경우

① 귀에서 악취가 나거나, 지속적으로 긁거나 고개를 흔드는 경우

② 귀지가 갈색, 노란색 또는 녹색으로 보이는 경우

③ 귀에서 피가 나거나 심하게 붓는 경우

2 발톱 관리

반려견의 발톱 관리는 건강과 생활의 질을 유지하는 데 매우 중요하다. 발톱이 지나치게 길면 보행에 불편을 주고 관절 문제를 유발할 수 있으므로, 정기적인 관리를 통해 반려견의 편안한 생활을 도와야 한다.

1) 발톱 관리의 중요성

① 보행 개선: 발톱이 길면 발이 제대로 바닥에 닿지 않아 보행 자세가 비정상적으로 변할 수 있다.

② **부상 예방**: 긴 발톱은 쉽게 부러지거나 찢어질 위험이 있다.

③ **관절 보호**: 발톱이 너무 길면 몸의 균형이 흐트러져 관절에 부담을 줄 수 있다.

▌발톱 관리가 안 되었을 때 나타난 발의 모양

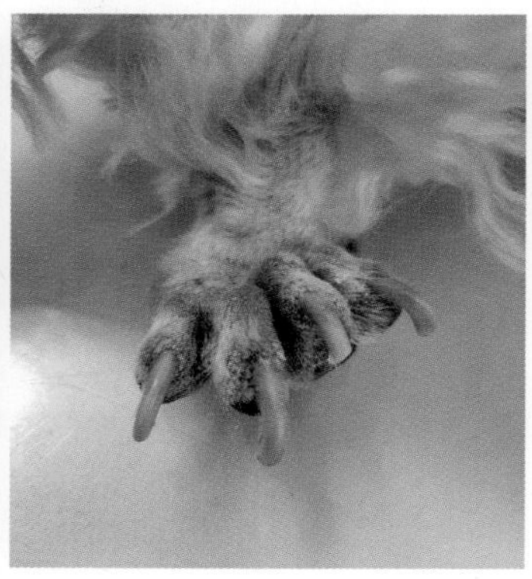

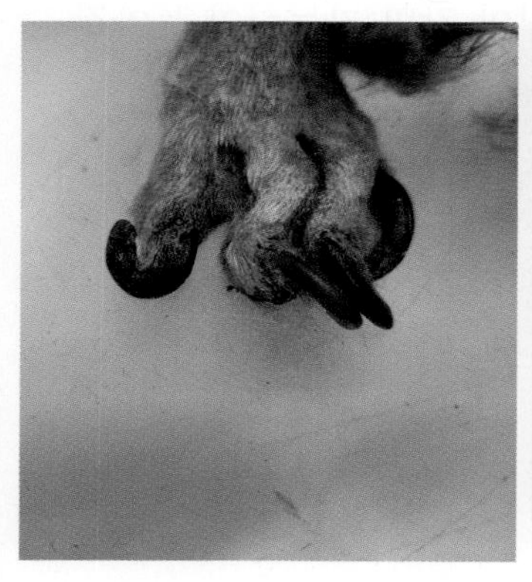
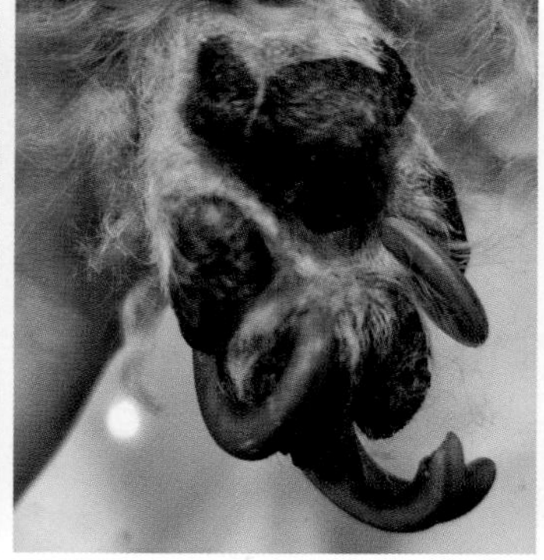
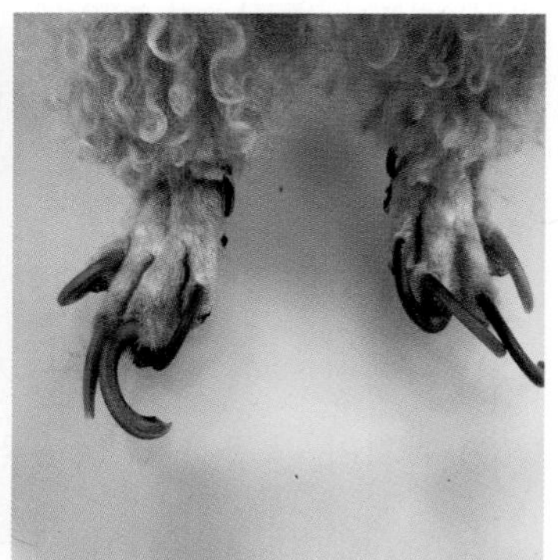

2) 발톱 관리 준비

① 반려견 전용 발톱깎이(가위형, 기요틴형, 전동형 등)

② 발톱용 네일 줄 또는 전동 발톱갈이 기계

③ 지혈제(출혈 방지용 응고 파우더)

④ 간식(발톱 손질 후 보상용)

3) 발톱 다듬는 방법

① 발톱 확인

- 적정 길이: 발톱 끝이 바닥에 닿지 않도록 다듬어야 한다. 일반적으로 발을 평평하게 놓았을 때 바닥에서 발톱이 살짝 떨어져 있어야 한다.
- 핏줄 위치 파악: 발톱 내부의 혈관(속질)을 확인한다. 핏줄을 잘못 자르면 출혈이 발생하니 주의해야 한다. 핏줄이 보이지 않는 경우, 소량씩 천천히 다듬는 것이 안전하다.

② 발톱 깎기

반려견이 편안하게 느끼는 자세를 취하게 한다. 소형견은 무릎 위나 테이블 위에 앉히며 대형견은 바닥에 눕히거나 앉혀 안정시킨다. 발톱은 한 번에 너무 많이 자르지 말고, 조금씩 깎아낸다. 대형견의 경우 혈관까지 자르게 되면 염증이 일어날 수 있다. 미용 후 안고 가는 것보다 걷게 하여 가기 때문에 혈관에 이물질이 박힐 위험이 있다. 발톱 끝이 매끄럽지 않다면 발톱 줄로 다듬는다.

③ 출혈 시 대처

실수로 핏줄을 잘라 출혈이 생기면 응고 파우더(지혈제)를 사용하여 지혈한다. 지혈이 되지 않거나 출혈이 심한 경우에는 즉시 수의사와 상담한다.

4) 발톱 손질 빈도

일반적으로 3~4주에 한 번이 적당하다. 발톱이 바닥에 닿는 소리가 나거나, 발톱이 휘는 경우 바로 다듬어야 한다.

5) 발톱 관리 시 유의사항

① 긍정적 경험 제공: 처음에는 간식이나 칭찬을 통해 반려견이 발톱 다듬기에 긍정적인 기억을 가질 수 있도록 한다.

② 전문가 도움받기: 발톱 관리에 익숙하지 않다면 처음에는 애견미용사나 수의사의 도움을 받는 것도 좋다.

③ 무리하지 않기: 반려견이 스트레스를 받거나 발톱 손질을 거부하면 시간을 두고 천천히 시도해 본다.

▌발톱 자르는 방법

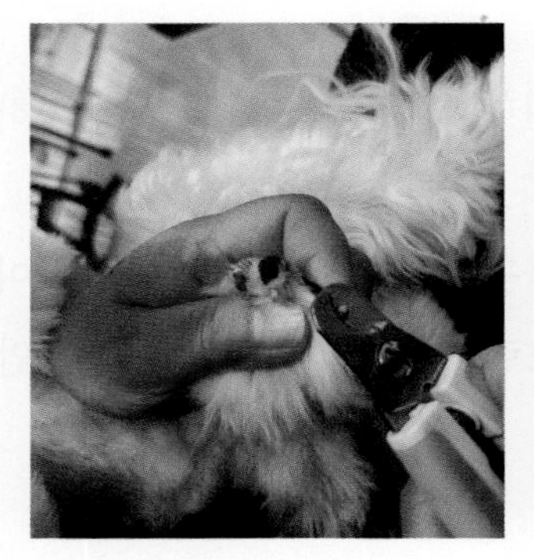
무릎에 앉혀놓고 잘라주기

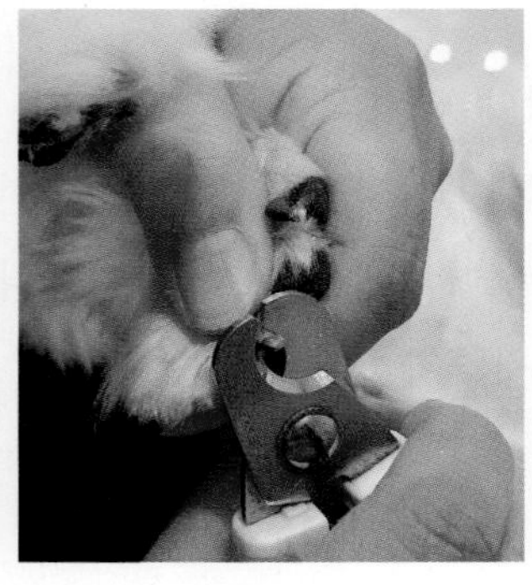
눕혀 놓고 잘라주기

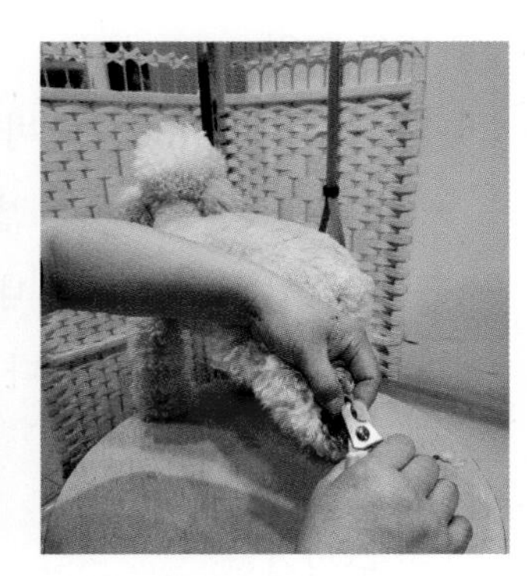
뒷발을 살짝 들어올려 잘라주기

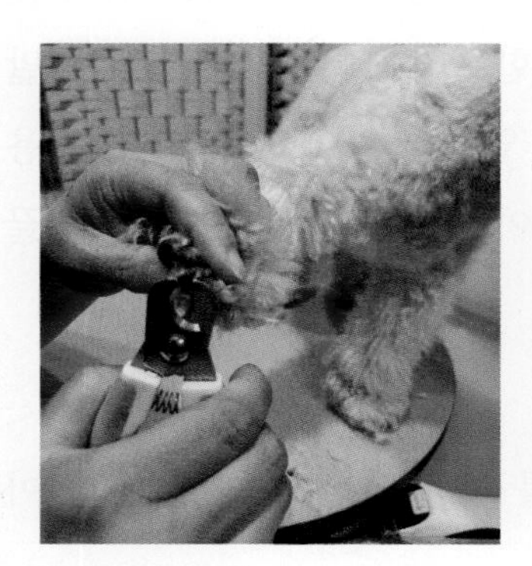
앞발톱 잘라주기

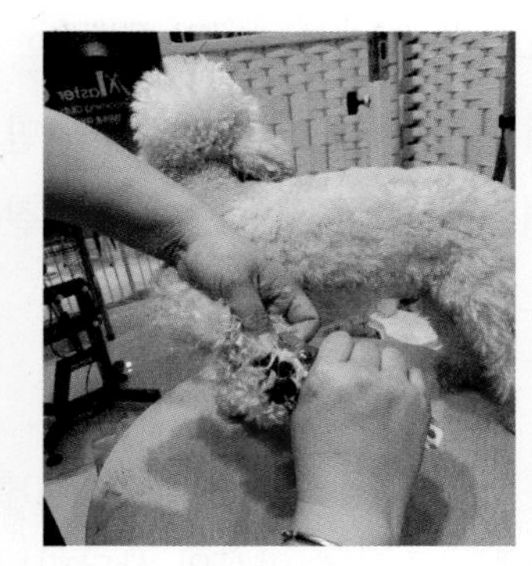
앞발 뒤로 해서 잘라주기

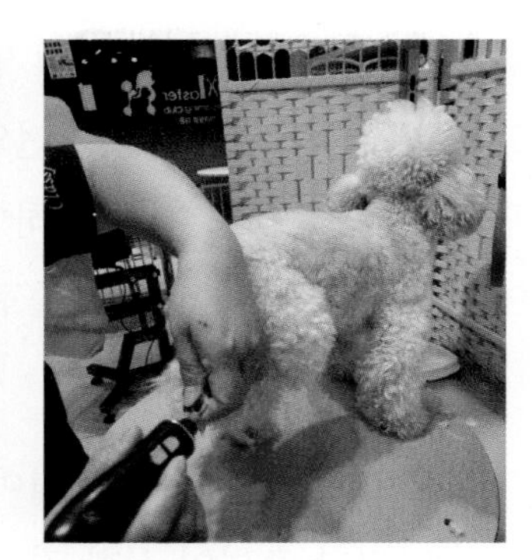
전동발톱갈이로 발톱 갈아주기

3 치아 관리

반려견의 치아 관리는 구강 건강뿐만 아니라 전반적인 건강을 유지하는 데 필수적이다. 치아 문제를 방치하면 치주 질환, 구취, 통증, 심지어 심장병 같은 심각한 건강 문제로 이어질 수 있다.

1) 반려견 치아 관리의 중요성

① **구취 예방**: 치아와 잇몸에 축적된 플라크와 치석은 구취를 유발한다.

② **치주 질환 예방**: 치석이 제거되지 않으면 잇몸 염증(치은염), 치주염, 그리고 치아 상실로 이어질 수 있다.

③ **전신 건강 유지**: 구강 감염이 심장, 간, 신장 등 다른 장기로 확산될 가능성이 있다.

2) 정기적인 칫솔질을 위한 준비물

① 반려견 전용 치약(사람용 치약은 유해 성분이 있어 사용 금지)

② 반려견 전용 칫솔(손가락 칫솔이나 긴 손잡이 칫솔)

3) 칫솔질 방법

처음에는 치약을 손가락에 묻혀 반려견이 맛과 냄새에 익숙해지도록 한다. 익숙해지면 손가락 칫솔이나 일반 칫솔로 천천히 진행한다.

4) 칫솔질 순서

부드럽게 입을 열고, 치아 바깥쪽을 위아래로 닦는다. 특히 플라크가 잘 쌓이는 어금니 부분을 신경 써서 닦아준다.

5) 치아 관리 빈도

하루 한 번, 최소 주 3회 이상 칫솔질하는 것이 이상적이다.

6) 치아 관리 보조 방법

① 치아 관리 간식: 플라크 제거를 돕는 반려견 전용 치아 관리 간식이나 껌을 제공한다. 단, 과도한 섭취는 비만을 유발할 수 있으므로 권장량을 지켜야 한다.

② 치아 관리 장난감: 플라크와 치석 제거를 돕는 치아 관리용 장난감을 사용하며 천연 고무 소재나 안전한 치아 관리 장난감을 선택한다.

③ 치아 스프레이 또는 구강 청결제: 칫솔질이 어렵다면 반려견 전용 치아 스프레이나 물에 희석하는 구강청결제를 사용할 수 있다.

7) 정기적인 수의사 검진

치아 관리는 집에서 꾸준히 하되, 최소 1년에 한 번 수의사를 방문해 구강 검진을 받는 것이 중요하다. 심한 치석이나 치주 질환이 있는 경우, 전문적인 치아 스케일링이 필요할 수 있다.

8) 치아 관리 시 주의사항

① **사람 음식 주의**: 단 음식이나 질긴 음식은 치아에 치석이 쌓이는 주범이 될 수 있다.

② **정기적 관찰**: 구취, 잇몸 출혈, 치아 변색, 심한 침 흘림이 있으면 즉시 수의사와 상담해야 한다.

③ **스트레스 줄이기**: 칫솔질을 싫어하는 반려견에게는 점진적으로 적응시키고, 긍정적인 보상을 제공한다.

▌칫솔질하는 방법

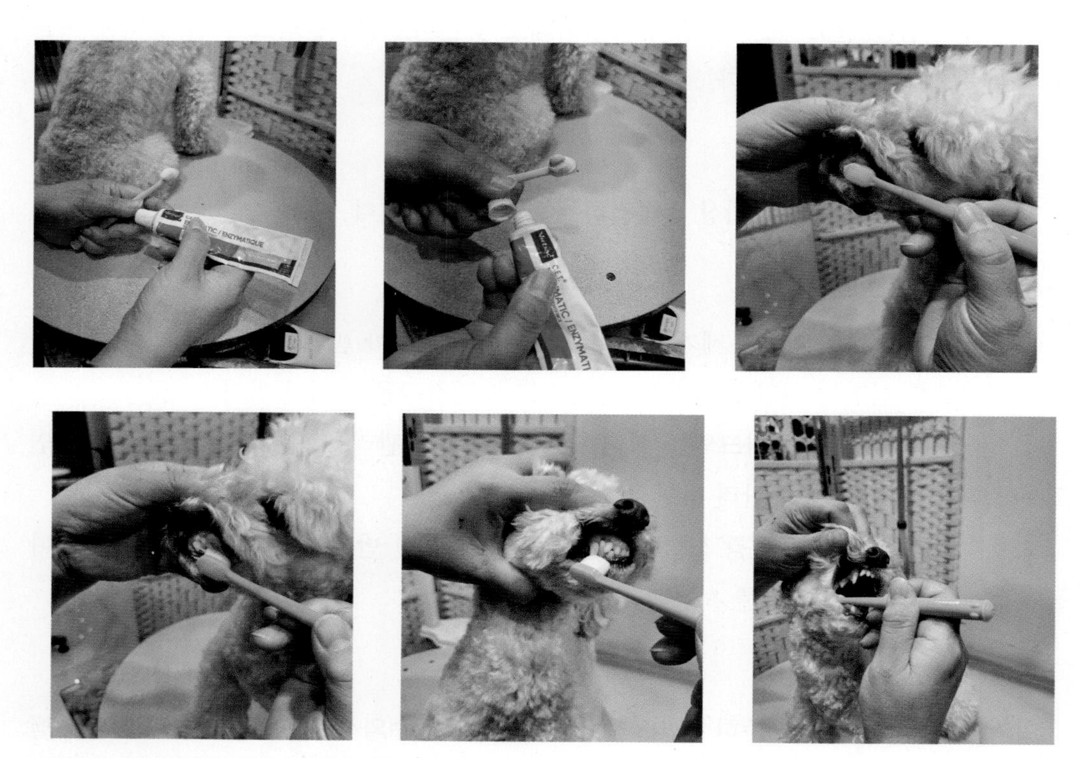

그림과 같이 칫솔질을 하면 수월하게 닦아줄 수 있다.

Ⅱ 미용 중 발생할 수 있는 건강 문제와 대처법

1 피부 손상

1) 문제

깎는 도구(클리퍼, 가위 등)가 피부를 긁거나 베는 경우, 미용 도중 발생하는 과도한 마찰로 피부 발진이나 자극이 생길 수 있다. 날이 짧을수록 피부에 자극을 유발하기 때문에 조심히 다뤄야 한다.

2) 대처법

① 예방: 잘 관리된 미용 도구를 사용하고 날카로운 도구는 조심스럽게 다뤄야 한다.

② 대처: 작은 상처는 소독 후 항생제 연고를 발라준다. 상처가 심할 경우 즉시 동물병원에 방문해서 수의사의 진료를 받는다.

2 스트레스와 불안

1) 문제

낯선 환경, 소음, 미용 과정에서의 억제로 인해 스트레스를 받을 수 있다. 불안으로 인해 과도한 몸부림, 헐떡임, 심할 경우 구토나 설사를 할 수 있다.

2) 대처법

① 예방: 미용 전에는 충분히 산책을 시켜 반려견의 에너지를 소진시킨다. 진정제를 사용할 수 있지만, 반드시 수의사와 상담 후 결정한다. 미용사 본인이 스스로 결정하지 않는다.

② 대처: 미용을 중단하고 반려견이 안정될 때까지 쉬게 한다. 장기적으로는 긍정적 강화 훈련을 통해 미용 환경에 익숙해지도록 한다.

3 알레르기 반응

1 문제

샴푸, 린스, 미용 제품이 피부에 자극을 주거나 알레르기를 유발되기도 한다. 두드러기, 붉은 반점, 가려움증이 나타날 수 있다.

2 대처법

① **예방:** 저자극성 제품이나 반려견의 피부 타입에 적합한 제품을 사용한다.

② **대처:** 즉시 미용 제품 사용을 중단하고 반려견의 피부를 깨끗이 헹군다. 심할 경우 동물병원에서 수의사의 진료를 받는다.

4 발톱 자르기 문제

1 문제

너무 깊이 자르면 출혈이 발생할 수 있다.

2 대처법

① **예방:** 혈관이 보이는 밝은 조명 아래에서 조심히 작업한다. 적합한 크기의 발톱깎이를 사용한다.

② **대처:** 출혈 시 응고 파우더(지혈제)를 사용한다. 지혈이 되지 않으면 동물병원에 방문해서 수의사의 진료를 받는다.

5 눈, 귀 손상

1 문제

얼굴 부위 미용 중 가위나 클리퍼가 눈이나 귀에 손상을 줄 수 있다. 귀에 물이 들어가 염증이 생길 가능성이 있다.

2) 대처법

① 예방: 얼굴 미용 시 반려견을 안정시키고 천천히 작업한다. 귀를 덮는 솜을 사용하여 물이 들어가는 것을 방지한다. 강아지가 머리를 흔들며 물을 털어낼 수 있지만, 귓속 염증이 심하거나 고막이 손상된 경우에는 물이 들어가지 않도록 특별히 주의해야 한다.

② 대처: 눈에 손상이 있으면 즉시 병원을 방문한다. 귀 염증이 의심되면 즉시 동물병원에서 치료를 받는다.

6 과열 및 탈수

1) 문제

드라이어 과열로 화상을 입거나 탈수 증상이 발생할 수 있다.

2) 대처법

① 예방: 드라이어는 중간 온도로 사용하며 반려견과 적당한 거리를 유지하며 드라이한다. 미용 중간에 물을 제공하여 탈수를 방지한다.

② 대처: 피부가 뜨거워지거나 화상이 의심되면 차가운 물로 식히고 병원에 방문해서 수의사의 진료를 받는다. 탈수 증상(잇몸 건조, 무기력)이 보이면 즉시 물을 제공하고 심할 경우 병원에 가서 수의사의 진료를 받는다. 미용은 반려견의 건강과 위생을 유지하는 데 중요한 과정이다. 미용사는 적절한 기술과 세심한 주의를 기울이는 것이 필수적이며, 문제가 발생할 경우 보호자에게 솔직하게 알린다.

C H A P T E R

04

스파 및 입욕 관리

CHAPTER

04 스파 및 입욕 관리

I 브러싱

반려견의 브러싱은 털 관리는 물론 피부 건강과 유대감을 증진하는 데 중요한 과정이다. 브러싱은 단순히 미용 이상의 효과를 제공하며, 반려견의 건강과 행복을 위한 중요한 활동이다. 올바른 도구와 방법을 사용해 반려견과의 교감을 통해 즐거운 시간을 보내는 것도 중요하다.

1 브러싱 도구 선택

반려견의 털 유형에 따라 적합한 브러시를 선택해야 한다.

① **짧은 털**: 고무 브러시 또는 단모용 브러시

② **중간 털**: 핀 브러시, 슬리커 브러시

③ **긴 털**: 슬리커 브러시, 디매팅 브러시(엉킨 털 제거용)

④ **이중모**(언더코트): 언더코트 브러시, 데쉐딩 툴

2 브러싱의 장점

① 털 엉킴을 방지한다.

② 죽은 털 제거로 털갈이를 감소시킨다.

③ 피부의 자연 기름 분포를 도와 건강한 털을 유지한다.

④ 혈액순환 촉진 및 피부 건강 개선에 도움을 준다.

⑤ 피부 질환이나 기생충을 조기에 발견할 수 있다.

⑥ 보호자와 친밀감을 형성할 수 있다.

3 브러싱 방법

① **준비 단계:** 브러싱 전에 반려견의 몸을 천천히 쓰다듬으며 릴렉스 시킨다. 미끄럼 방지를 위해 고정된 장소에서 브러싱(예: 테이블 위에 수건을 깔기).

② **브러싱 단계:**

- **전체적인 빗질:** 털의 결 방향으로 부드럽게 빗질한다. 짧은 털은 고무 브러시로 마사지하듯 빗고, 긴 털은 꼼꼼히 빗는다.
- **엉킨 털 처리:** 엉킨 부분은 디매팅 브러시로 천천히 풀어준다. 강제로 잡아당기지 말고 털을 잡고 끝에서부터 풀어나간다.
- **예민한 부위 관리:** 얼굴, 귀, 꼬리 등 민감한 부위는 조심스럽게 작업한다. 귀 안쪽은 브러시 대신 면봉이나 부드러운 천으로 닦는다.
- **털 빠짐 관리:** 털갈이 시즌에는 데쉐딩 툴을 사용해 죽은 털을 제거한다. 하루 5~10분씩 정기적으로 빗질하면 효과적이다.

4 브러싱 주의사항

① **강한 힘 금지:** 과도한 힘을 주면 피부에 상처를 낼 수 있다.

② **피부 관찰:** 브러싱 도중 피부에 발진, 기생충, 상처가 없는지 확인한다.

③ **빈도 조절:** 털 유형에 따라 브러싱 빈도를 정한다.

- **짧은 털:** 주 1~2회.
- **긴 털/이중모:** 하루 1회 또는 이틀에 한 번.

④ **긍정적인 강화:** 브러싱 후 간식이나 칭찬으로 긍정적 경험을 만들어준다.

5 특별 상황별 대처

① **털이 엉킨 상태가 심각한 경우:** 집에서 해결이 어렵다면 전문 미용사의 도움을 받고 전문 미용사는 털 상태에 따라 자세하게 보호자에게 설명 후 미용 방법을 제시한다.

② **피부 질환 발견 시:** 즉시 수의사에게 진단을 받는다.

반려견 목욕

반려견 목욕은 털과 피부를 깨끗하고 건강하게 유지하는 데 중요하다. 목욕은 반려견의 건강과 위생을 유지하는 데 필수적인 과정이다. 반려견이 천천히 적응할 수 있도록 올바른 방법으로 목욕을 진행하는 것이 중요하다.

1 목욕 준비하기

① **필요한 준비물**: 반려견 전용 샴푸와 린스, 따뜻 물, 미끄럼 방지 매트, 부드러운 수건과 드라이어, 빗(목욕 전후 털 관리를 위해), 간식(긍정적인 강화 제공)

② **목욕 환경 준비**: 목욕 장소는 욕조, 싱크대, 혹은 반려견 크기에 맞는 안전한 장소를 선택한다. 물 온도는 37~39°C로 반려견 체온에 맞게 설정한다.

2 목욕 전 준비 단계

① **털 브러싱 하기**: 목욕 전에 털을 빗어 엉킨 부분을 풀어준다. 엉킨 털을 풀지 않으면 물에 젖어 더 심하게 뭉칠 수 있기 때문에 꼭 엉킨 털을 풀어준다.

② **귀 보호**: 귀에 물이 들어가지 않도록 솜으로 살짝 막아준다(너무 깊이 넣지 않기).

3 목욕 과정

1) 몸 적시기

엉덩이 부분부터 시작해 천천히 몸 전체를 적신다. 이때 항문낭 액을 짜준다. 항문낭을 짤 때는 꼬리 밑동을 살짝 들어 올려 4시와 8시 방향에 위치한 항문낭 주머니를 확인한 후, 부드럽게 짜준다. 항문낭은 끈적한 타르 형태로 되어 있으므로 샴푸 과정에서 반드시 깨끗이 닦아내야 한다. 얼굴은 나중에 씻고 제일 먼저 헹궈낸다.

2) 반려견 전용 샴푸를 사용하기

사람용 샴푸는 반려견의 피부 pH와 맞지 않으므로 사용을 금한다. 털을 따라 마사지하듯 샴푸를 골고루 펴 바른다. 희석통에 샴푸액을 권장 희석 비율에 맞게 섞어 사용하면 편리하며, 거품 타월이나 목욕 솜에 샴푸액을 묻혀 마사지하듯 부드럽게 문질러 준다. 민감한 부위(얼굴, 눈 주위)는 손으로 부드럽게 닦아준다(눈 주변을 정리 후 목욕을 하면 냄새가 줄어든다).

3) 깨끗이 헹구기

물로 샴푸를 완전히 헹궈준다. 잔여물이 남으면 피부 질환을 유발할 수 있으니 꼼꼼히 헹군다. 눈 주변도 맑은 물로 잘 헹궈낸다. 눈에 샴푸액이 남지 않도록 주의한다.

4) 린스하기

긴 털이나 건조한 피부의 반려견은 린스를 추가로 사용한다. 린스 후에도 충분히 헹구는 것이 중요하다.

4 목욕 후 관리

① **물기 제거**: 수건으로 몸 전체를 꼼꼼히 닦아 물기를 제거한다. 털이 긴 반려견은 수건으로 꾹꾹 눌러 물기를 흡수시킨다.

② **드라이하기**: 드라이어는 낮은 온도로 사용하며, 털의 결을 따라 말린다. 뜨거운 바람은 화상을 유발할 수 있으므로 주의한다.

③ **털 빗기**: 드라이할 때 브러싱하면서 말려주며 자연스럽게 정돈한다.

5 주의사항

① **목욕 빈도**: 일반적으로 2~3주에 한 번이 적당하지만, 피부 상태와 환경에 따라 조정한다.

② **샴푸 선택**: 피부 트러블이 있는 경우, 수의사 추천 제품을 사용한다.

③ **긍정적 강화**: 목욕 후 간식이나 칭찬으로 긍정적인 경험을 만들어준다.

④ **건강 체크**: 목욕 중 피부 상태, 기생충 유무, 상처 등을 확인한다.

6 특별 상황별 대처법

① **반려견이 목욕을 싫어할 때:** 천천히 적응시키고, 작은 공간에서 간단히 물놀이처럼 시작한다.

② **피부 질환이 있는 경우:** 수의사와 상담 후 약용 샴푸를 사용한다.

7 드라이하기

1 수건으로 물기 제거

목욕 후 수건으로 먼저 물기를 최대한 제거한다. 털을 잡아당기지 말고 꾹꾹 눌러가며 물기를 흡수한다. 털이 긴 경우, 꼬이거나 엉키지 않도록 조심히 다룬다.

2 드라이어 사용

① **드라이어 온도 설정:** 낮은 온도 또는 미지근한 바람으로 시작한다. 드라이어를 피부 가까이에 대지 말고 약 20~30cm 거리를 유지하면서 말린다.

② **드라이 방향:** 털의 결 방향으로 드라이한다. 결 반대로 바람을 쐬면 털이 엉킬 수 있으니 주의한다. 커트 견종의 경우는 털 반대방향으로 털을 세워가며 드라이해 준다.

③ **부위별 말리기:** 등, 배, 다리 순서로 말리되, 얼굴은 마지막에 손수건이나 약한 바람으로 말린다. 얼굴은 반려견이 편안하도록 천천히 접근해야 한다.

④ **털 빗기 병행:** 드라이 도중 슬리커 브러시나 핀 브러시로 털을 빗어 자연스럽게 정돈한다. 엉킨 부분은 드라이 후 디매팅 브러시를 사용해 풀어준다.

8 특별한 부위 관리

① **발바닥:** 털이 젖은 상태로 방치되면 습진이 생길 수 있으니 꼼꼼히 말린다.

② **귀 안쪽:** 물이 들어가지 않았는지 확인 후, 물기가 남았다면 부드럽게 닦아준다.

③ **꼬리와 배 부분:** 털이 두껍고 잘 마르지 않는 부위로, 충분히 건조시켜야 한다.

④ **얼굴:** 눈 주위를 조심하면서 페이스 전용 브러시나 콤으로 말려준다.

9 주의사항

① **뜨거운 바람 금지**: 높은 온도의 바람은 화상이나 피부 건조를 유발할 수 있다.

② **소음 적응**: 반려견이 드라이어 소음을 무서워한다면 간식을 제공하며 긍정적인 경험을 만들어준다.

③ **드라이 시간**: 너무 오래 드라이하지 않도록 적당한 시간 내에 끝내도록 한다. 부드럽고 빠르게 말린다.

④ **완전 건조 필수**: 털이 젖은 상태로 남으면 세균 번식과 냄새의 원인이 된다.

10 드라이 빈도와 관리 팁

반려견을 드라이하는 과정은 단순히 털을 말리는 것 이상으로, 건강한 털 관리와 피부 보호에 큰 역할을 한다. 천천히 부드럽게 진행해 반려견이 스트레스를 받지 않도록 주의한다.

① **일상적인 드라이**: 목욕 후 또는 비에 젖었을 때 진행한다.

② **털갈이 시즌**: 죽은 털 제거를 위해 드라이와 빗질을 병행한다.

③ **습한 날씨**: 드라이 과정을 더욱 철저히 진행해 피부 질환을 예방한다.

TIP

전문 미용사의 미용이나 목욕 시 간식 보상을 할 경우 반드시 보호자에게 알레르기 유·무 여부와 간식의 허용 여부를 물어본다. 보호자에게 반려견이 먹는 간식을 요청해도 좋다.

11 목욕과 드라이 방법

① 브러싱 후 안전하게 강아지를 욕조에 넣는다.

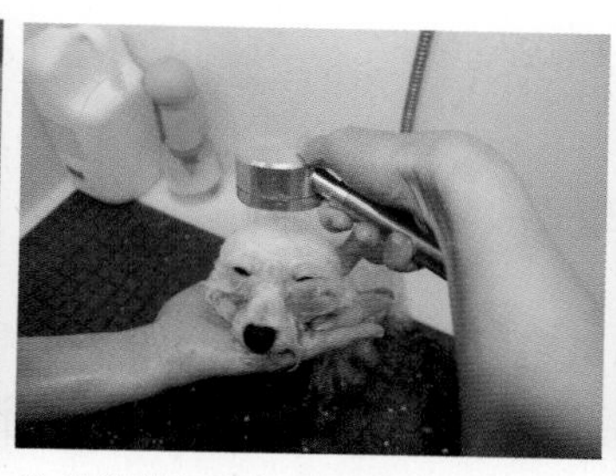

② 샤워기로 몸의 털을 충분히 적신다.

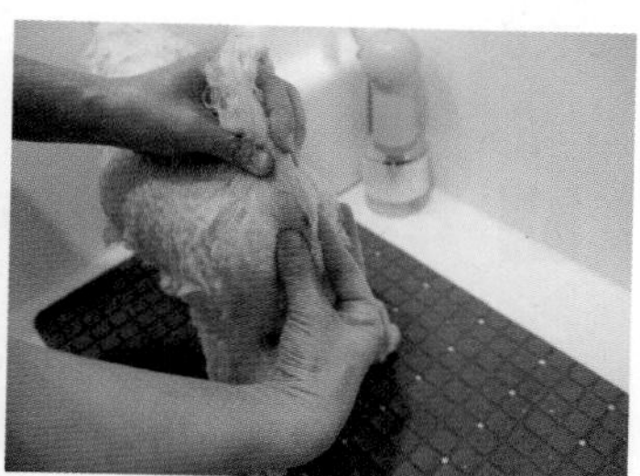

③ 항문낭을 짜준다. 4시, 8시 방향으로 꼬리를 바짝 들어올려야 잘 배출된다.

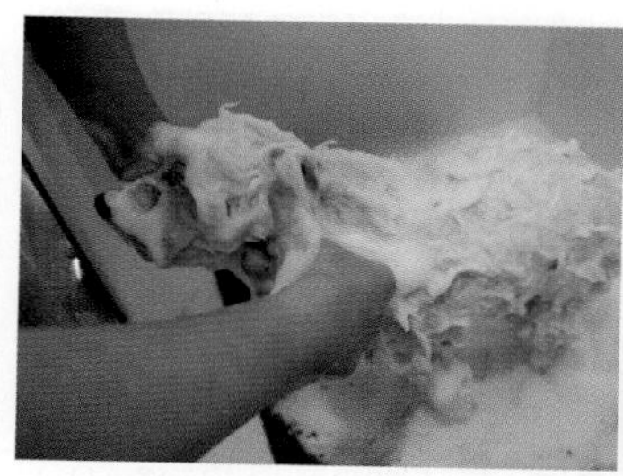

④ 충분히 거품을 내서 마사지하듯 샴푸한다.

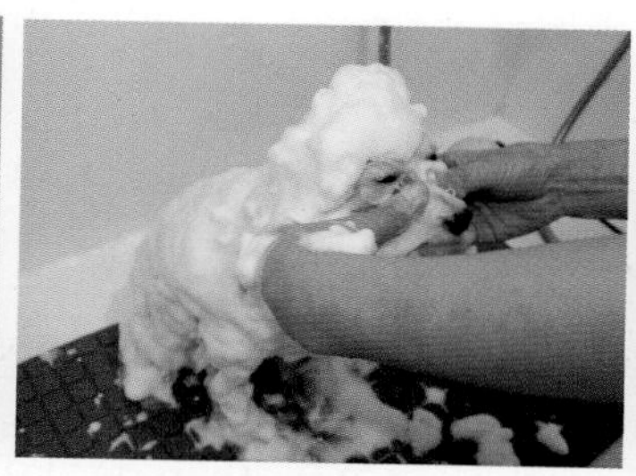

⑤ 마지막에 얼굴을 샴푸한다.

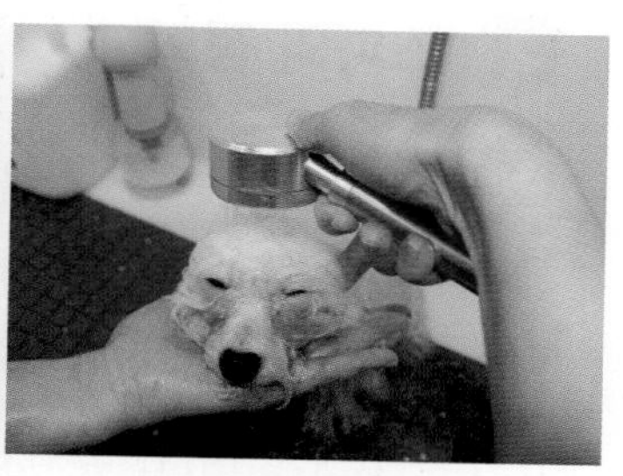

⑥ 얼굴부터 몸까지 깨끗이 헹궈낸다.

⑦ 타월로 충분히 수분을 털어낸다.

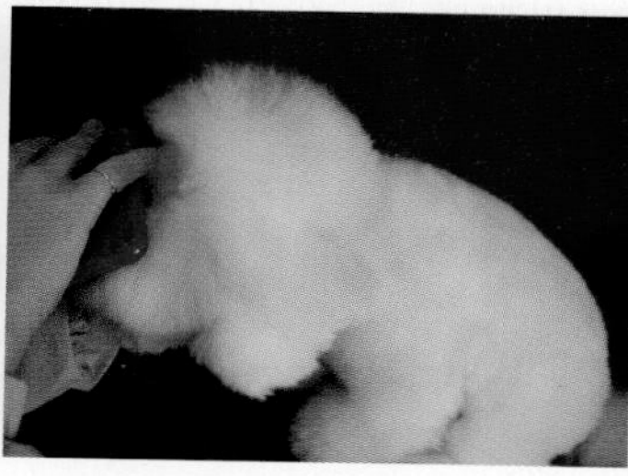

⑧ 강아지를 안전하게 보정 후 드라이해준다.

⑨ 꼼꼼히 안쪽까지 드라이해준다.

Ⅲ 스파(spa)

1 스파의 어원과 유래

스파(spa)라는 용어는 본래 라틴어 Salus per Aqua에서 유래한 것으로, 이는 "물을 통한 건강" 또는 "물에 의한 건강"을 의미한다. 이 용어는 피부 질환 치유에 효과가 있는 광천수가 풍부한 벨기에의 작은 마을 '스파우(SPAU)'에서 비롯된 것으로 알려져 있다.

2 스파의 정의

스파는 물을 이용해 건강을 증진하고 휴식을 제공하는 서비스와 시설을 의미한다. 물뿐만 아니라 마사지, 아로마테라피, 피부 관리 등 다양한 프로그램이 포함될 수 있다.

대부분의 애견미용실에서는 다양한 형태의 입욕 서비스를 포함한 스파 프로그램을 제공하고 있다. 이러한 스파는 단순한 목욕을 넘어, 반려동물의 피부와 털 건강을 증진시키고 스트레스를 완화하는 데 도움을 준다.

3 특징

① 고급스러운 시설에서 제공되는 체계적이고 전문적인 서비스이다.

② 건강관리, 스트레스 완화, 미용 등을 위한 종합적인 접근 방법이다.

③ 온천수(자연에서 나오는 미네랄 워터)를 사용하는 경우도 있지만 일반 물을 사용하는 경우도 많다.

④ 다양한 테라피와 트리트먼트가 제공된다(예: 리조트 스파, 데이 스파, 메디컬 스파 등).

Ⅳ 입욕(bath)

1 입욕의 정의

입욕은 단순히 몸을 따뜻한 물에 담가 피로를 풀거나 몸을 깨끗이 하는 행위를 말한다. 이는 견의 위생이나 휴식을 위한 목적이 크다.

2 입욕의 특징

① 일반적으로 집에서 하거나 공공 목욕탕(대중탕)에서 즐긴다.
② 특별한 추가 서비스나 테라피는 포함되지 않는다.
③ 물 온도와 시간을 조절하며 간단히 휴식을 취한다.

3 스파와 입욕의 차이점

스파는 입욕보다 더 전문적이고 다각적인 건강 및 미용 관리 활동을 포함하며, 입욕은 일상적으로 즐길 수 있는 간단한 행위이다. 하지만 온천탕이나 대중탕처럼 특별한 물을 사용하는 경우, 스파와 입욕이 겹치는 경험을 제공한다.

스파와 입욕의 차이점 요약

구분	스파	입욕
목적	건강관리, 미용, 휴식	청결, 간단한 휴식
장소	전문시설(리조트, 스파센터 등)	집이나 대중 목욕탕
서비스	마사지, 트리트먼트, 테라피 포함	서비스 없음(단순히 목욕)
사용하는 물	온천수 또는 일반 물	일반 물

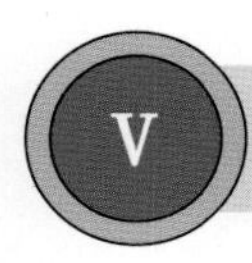

스파 관리의 효과

반려견의 스파는 단순한 입욕을 넘어, 피부와 털 건강에 긍정적인 영향을 미치는 다양한 효과를 제공한다.

1 피부 건강 개선 효과

① **피부 보습과 진정:** 스파에 사용하는 천연 미네랄 워터, 아로마 오일, 혹은 약용 성분은 강아지 피부를 촉촉하게 유지하고, 민감한 피부를 진정시키는 데 도움을 준다. 특히, 건조하거나 가려움증이 있는 피부를 완화하는 효과가 있다.

② **피부 질환 예방:** 온천수나 특수 성분을 활용한 스파는 세균과 진드기 같은 피부 문제를 예방하는 데 도움을 줄 수 있다. 항균 효과가 있는 성분이 피부의 염증을 줄이고 감염 위험성을 낮춘다.

③ **각질 제거:** 따뜻한 물과 스파용 입욕제는 피부의 죽은 세포를 부드럽게 제거해 피부 재생을 촉진한다.

2 털 건강 개선 효과

① **윤기와 부드러움의 증가:** 스파 트리트먼트에 포함된 고영양 성분은 털에 영양을 공급하여 부드럽고 윤기 나는 털로 가꿔준다.

② **털 엉킴 방지:** 스파 후 털이 부드러워져 엉킴이 줄어들고 빗질이 쉬워진다.

③ **털 빠짐 완화:** 혈액순환을 촉진하는 따뜻한 스파는 털의 성장을 돕고, 과도한 털 빠짐을 줄이는 데 기여한다.

3 심리적 효과로 인한 간접적 건강 개선

스파는 반려견에게 스트레스를 완화하고 심리적 안정감을 줌으로써 전반적인 건강에 긍정적인 영향을 미친다. 스트레스가 줄어들면 면역 체계가 강화되고 피부 트러블도 감소할 가능성이 높아진다. 반려견 스파는 피부와 털 건강뿐 아니라 전반적인 웰빙을 지원하는 데 효과적인 방법으로, 특히 피부 질환이 있거나 털 관리가 중요한 견종에게 추천된다.

▌스파와 입욕 방법

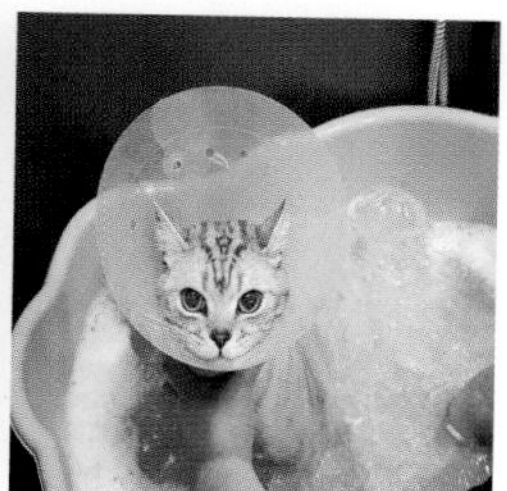

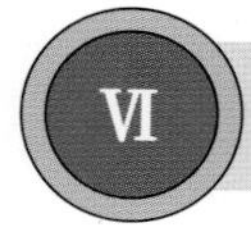

Ⅵ 펫 마사지 기본법

반려견 펫 마사지는 사람의 마사지와 비슷한 방식으로, 반려견의 몸에 부드럽게 압력을 가해 근육을 이완시키고 혈액순환을 촉진하며, 전반적인 건강과 정서적 안정감을 높이는 데 도움을 주는 행위이다.

1 펫 마사지의 정의 및 원리

① **정의**: 반려견의 근육, 관절, 피부 등에 부드러운 손길을 통해 특정 테크닉으로 이완과 자극을 제공하는 기술이다.

② **원리**: 손을 이용한 압력과 움직임이 신체의 혈액순환을 촉진하고, 림프계를 자극하며, 근육의 뭉침과 경직을 완화한다.

2 펫 마사지의 주요 효과

1) 신체적 건강 개선

① 혈액순환 촉진: 노폐물 배출을 원활하게 해주며 산소와 영양소가 조직에 더 잘 전달되도록 도와준다. 면역력을 높여준다.

② 근육 이완: 과도한 운동이나 부상으로 인한 근육 뭉침을 완화한다. 부종을 완화 시켜준다.

③ 통증 완화: 관절염이나 근육통 같은 만성 질환의 통증을 줄이는 데 도움을 준다.

2) 정신적 안정

① 스트레스와 불안을 줄이고 반려견이 더 편안하고 안정적인 상태를 유지하도록 돕는다.

② 보호자와의 유대감을 강화하며 심리적 안정감을 제공한다.

3) 기력 회복

노령견이나 병후 회복기에 있는 반려견에게 마사지가 활력을 더하고 몸의 기능 회복을 촉진한다.

4) 소화와 림프 순환 촉진

부드러운 배 마사지는 소화를 도와주고, 림프 순환을 자극하여 독소 배출에 기여한다.

3 펫 마사지의 주요 기법

① 스웨디시 테크닉: 부드럽게 몸 전체를 쓰다듬어 근육을 이완시킨다.

② 원형 마사지: 손가락 끝으로 원을 그리며 압력을 가해 근육을 자극한다.

③ 압박 마사지: 특정 부위에 가벼운 압력을 가해 혈액순환을 촉진한다.

④ 스트레칭: 관절과 팔다리를 부드럽게 움직여 유연성을 높인다.

4 펫 마사지를 시행할 때 주의사항

① 강아지의 반응을 관찰: 불편하거나 아파 보이는 경우 즉시 중단해야 한다.

② 적절한 압력: 사람보다 더 연약한 근육과 조직을 가지고 있으므로 과도한 압력을 피한다.

③ 건강 상태 확인: 부상, 피부 질환, 심각한 통증이 있는 경우 수의사와 상담 후 진행해야 한다.

④ 조용하고 편안한 환경 조성: 강아지가 안정감을 느낄 수 있도록 조용한 장소에서 진행한다.

5 마사지 시행 전 준비 사항

1 시행자의 준비

① 마사지를 하기 전, 불편함을 줄 수 있는 장신구를 미리 제거하고 손톱을 짧게 정돈한다.

② 마사지를 시행하는 데 방해가 되지 않도록 편안한 복장을 한다.

③ 시행자 손이 차가우면 거부감을 일으킬 수 있으므로 미리 손을 따뜻하게 한다.

2 마사지 시행 중 주의사항

① 반려견의 반응을 주의 깊게 관찰한다. 반려견의 상태를 관찰하며 기분이 좋은지 불쾌감을 느끼는지 수시로 살펴본다. 불편해하는 부위가 있다면 꼼꼼히 확인하고 기록해 둔다.

② 가벼운 터치로 시작하며 손의 힘을 빼고 최소한의 압력으로 피부 표층을 쓸어주듯이 마사지를 시행한다.

③ 마사지를 하는 동안 한 손은 반드시 반려견의 신체에 닿아 있도록 하여 손이 완전히 떨어지지 않게 한다.

④ 마사지 시간은 반려견의 크기에 따라 달라지지만, 어느 한 부위에 너무 많은 시간을 쓰지 않도록 하며, 필요하다면 휴식 시간을 갖도록 한다.

6 펫 마사지 금지사항

펫 마사지는 반려견의 건강과 웰빙을 증진시킬 수 있는 유용한 방법이지만, 특정 상태에서는 증상을 악화시킬 우려가 있으므로 주의해야 한다.

아래는 펫 마사지가 금기되는 주요 사례이다.

① **체온이 39.5℃ 이상일 때**: 고열 상태에서는 증상이 악화될 수 있으므로 마사지를 시행하지 않는다.

② **장염 또는 설사 증상이 있을 때**: 반려견이 싫어하지 않는다면 복부를 가볍게 마사지할 수 있지만, 강한 자극은 피해야 한다.

③ **임신 중인 경우**: 안정기를 확인한 후 복부만 가볍게 마사지한다. 강한 자극은 금물.

④ **척추사이 원반(추간판) 헤르니아가 있는 경우**: 척추 상태를 악화시킬 수 있으므로 마사지를 금지한다.

⑤ **급성 외상 및 내출혈 상태**: 급성기 근육 파열, 내출혈과 같은 상태에서는 마사지를 삼가야 한다.

⑥ **출혈 또는 치료 중인 상처 부위**: 출혈 중이거나 상처가 있는 부위에 마사지를 하지 않는다.

⑦ **염좌 등 부상의 급성기**: 급성 염좌와 같은 부상에는 부위 자극을 피해야 한다.

⑧ **홍역 등 신경 질환**: 신경 질환으로 인해 상태가 민감해질 수 있으므로 금지한다.

⑨ **관절 부위에 강한 마사지**: 관절 주위는 약하게만 다루며, 강한 마사지는 피해야 한다.

⑩ **류머티즘성 관절염이나 관절염으로 통증을 표현할 때**: 통증이 있는 경우 마사지는 증상을 악화시킬 가능성이 있다.

⑪ **정맥염 등 염증 부위**: 염증 부위에는 자극을 피해야 한다.

⑫ **림프종 등 혈류 촉진이 위험한 상태**: 혈류 촉진이 증상을 악화시킬 가능성이 있는 경우에는 금지된다.

⑬ **진균 감염으로 인한 피부병**: 진균성 피부병이 있는 경우 마사지는 감염 확산을 초래할 수 있다.

⑭ **감염증, 폐렴, 바이러스성 감염증의 급성기**: 전염병이 진행 중인 급성기에는 마사지를 시행하지 않는다.

7 펫 림프 마사지 순서(기초 테크닉)

펫 림프 마사지는 반려견의 림프계를 자극하여 체내 독소 배출을 돕고 혈액순환과 면역력을 강화하는 데 유용하다. 여기서 제공하는 림프 마사지는 일반적으로 안전하게 시행할 수 있는 림프 마사지 순서이다.

1 준비 단계

① 안정된 환경 조성: 조용하고 스트레스 없는 환경에서 시작한다.
② 반려견의 편안한 자세: 앉거나 눕는 등 편안한 자세를 취하도록 유도한다.
③ 따뜻한 손: 손을 비벼서 따뜻하게 한 후 마사지를 시작하면 반려견이 더 편안해진다.

2 마사지 시작

1) 머리와 목 마사지

① 귀 뒤와 목 아래 림프절 부위를 부드럽게 쓰다듬는다.
② 손가락 끝을 이용해 원을 그리며 가볍게 압력을 준다.
③ 이 부위는 반려견이 민감할 수 있으니 천천히 진행한다.

2) 가슴과 겨드랑이 마사지

① 앞다리와 몸통이 연결되는 겨드랑이 부분을 손으로 부드럽게 눌러준다.
② 천천히 쓰다듬으며 림프절을 자극한다.

3) 복부 마사지

① 배 부위를 손바닥으로 부드럽게 문지른다.
② 특히 갈비뼈 아래와 복부 중심을 천천히 원을 그리듯 움직이며 림프 순환을 돕는다.

4) 다리 마사지

① 앞다리와 뒷다리의 안쪽을 따라 천천히 아래에서 위로 쓰다듬는다.
② 겨드랑이와 사타구니 부위에 위치한 주요 림프절을 가볍게 자극한다.

5) 등과 꼬리 주변 마사지

① 척추를 따라 부드럽게 쓰다듬되, 척추뼈에는 직접 압력을 가하지 않는다.

② 꼬리 근처의 림프순환을 촉진하기 위해 꼬리 근처를 손바닥으로 부드럽게 움직인다.

3 마무리 단계

마사지를 마친 후, 반려견에게 간식을 주거나 칭찬하여 긍정적인 경험으로 기억하도록 한다. 물을 충분히 제공하여 림프 마사지 후 체내 독소가 원활히 배출되도록 돕는다.

① 주의사항

- **반려견의 반응 관찰**: 마사지 중 불편해하거나 통증을 표현하면 즉시 중단한다.
- **적절한 압력 유지**: 림프 마사지는 부드럽고 가벼운 압력을 사용해야 한다.
- **금기사항 확인**: 감염, 염증, 림프종 등 림프계 문제가 있을 경우 수의사와 상의 후 진행한다.

반려견 림프 흐름

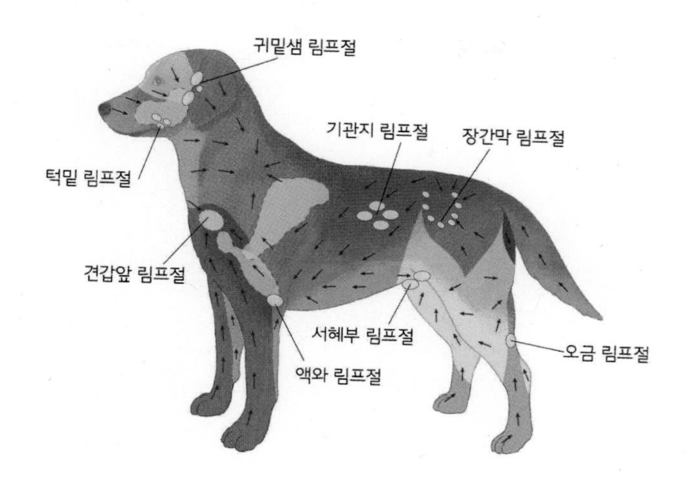

림프절 위치

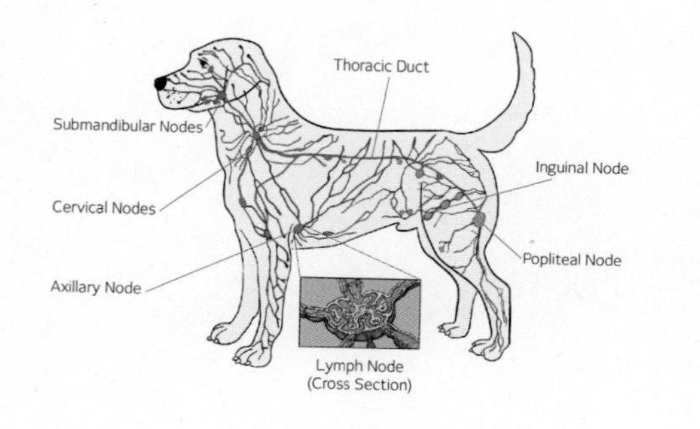

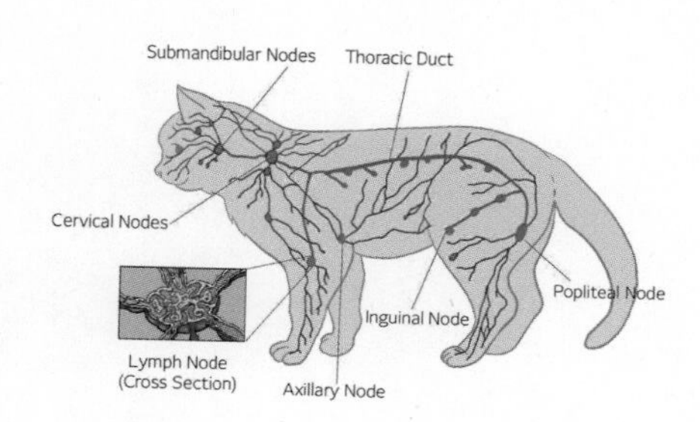

CHAPTER
05

반려동물의 피부와 건강 문제

Ⅰ. 반려동물의 피부와 털의 특징

Ⅱ. 반려동물의 피부 질환 및 관리법

Ⅲ. 미용 중에 발생할 수 있는 피부 손상 및 대처법

CHAPTER

05 반려동물의 피부와 건강 문제

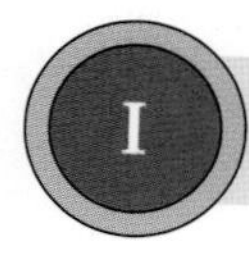

I 반려동물의 피부와 털의 특징

1 반려동물의 피부

1 피부의 역할

1) 보호 역할

반려동물의 피부는 몸 표면을 감싸고 신체 장기를 보호하는 기능을 한다. 기생충, 미생물, 독성물질 등의 외부 환경에 대한 물리적, 화학적 공격을 방어하기 위한 보호 장벽을 제공한다.

2) 항상성 유지

생존에 필수적인 여러 물질들과 물의 손실을 방지함으로써 체온 유지, 수분 조절 및 내부 평형을 유지하는 역할을 한다.

3) 감각 수용

온도, 압력, 통증 등의 외부 자극을 느낄 수 있는 감각수용체가 포함되어 있다.

4) 분비

피부기름샘에서 피부기름, 땀샘에서 땀, 특수 분비샘에서 페로몬(pheromone)과 같은 분비물을 분비한다. 개와 고양이의 경우 땀샘이 발바닥과 코에서만 발달되어 있기 때문에 땀을 흘리지 않고 혀를 내밀어 헐떡이며 체온을 낮춘다. 또한 항문주위샘(circumanal gland)에서 페로몬을 분비하며 의사소통의 역할을 하기도 한다.

5) 저장

피하조직에서는 지방을 저장하여 체온 유지나 에너지원으로 사용한다.

6) 체온조절

피부 혈관을 조절하거나 지방 축적 등을 통하여 체내 열 손실을 최소화한다.

2 피부의 구조

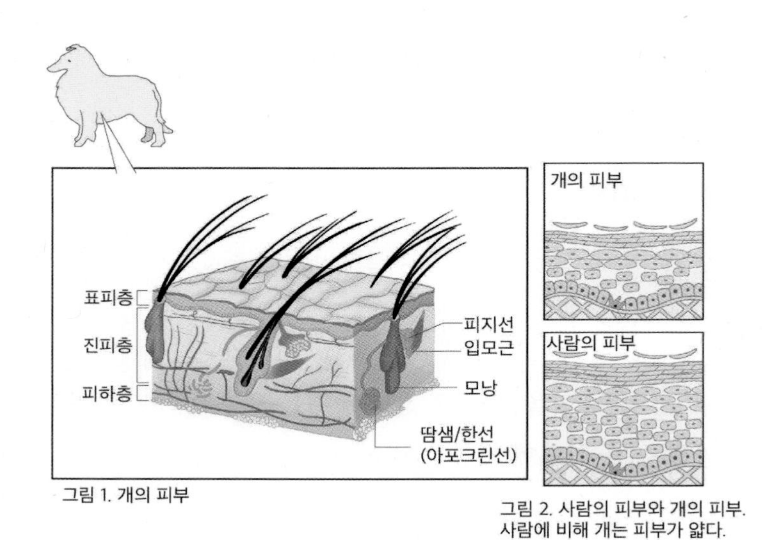

그림 1. 개의 피부

그림 2. 사람의 피부와 개의 피부. 사람에 비해 개는 피부가 얇다.

1) 표피층(epidermis)

표피층은 피부의 가장 바깥층을 말하며, 외부 물질인 세균, 병원체, 알러젠 등으로부터 피부를 보호한다. 개는 털이 있기 때문에 사람에 비해 표피층이 얇다.

개 표피는 케라티노사이트, 멜라닌 세포 및 랑게르한스 세포를 포함한 여러 유형의 세포로 구성이 되어 있으며 표피층의 가장 윗부분을 각질층이라고 한다.

2) 진피층(dermis)

표피의 아래쪽에 위치한 치밀한 결합조직으로 혈관과 신경, 모낭, 신경종말 및 샘 등이 포함되어 있다. 땀과 피지를 생성하는 땀샘과 피부기름샘이 있어, 체온 조절 역할을 하며 촉감, 통증, 가려움, 온도 등 신경 반응을 감지하기도 하고, 단백질 콜라겐을 생성한다.

3) 피하층(hypodermis)

피부의 가장 깊은 층으로 지방세포로 구성되어 있으며 신체를 보호하고 부상을 방지하는 쿠션을 제공한다.

4) 피부기름샘(피지선, sebaceous gland)

진피에 있으며 모낭과 연결되어 있어 지질, 콜레스테롤 및 기타 화합물로 구성된 물질을 분비한다. 모낭에서 분비되는 피부기름(피지)은 피부나 털에 윤활유 역할을 하며 피부 보습, 광택 또는 방수를 유지하는 역할을 한다. 사람에 비해 피부기름샘 밀도가 높으며 과잉 활동 또는 기능 장애로 인해 과도한 유분이나 건조를 유발하여 피부질환을 일으킨다.

5) 땀샘(한선, sweat gland)

땀샘의 종류에는 아포크린샘(apocrine gland)과 에크린샘(eccrine gland)이 있다.

아포크린샘은 몸 전체에 분포해 있으면서 피부와 털을 보호하는 유분성 노폐물(기름)을 생성하는데, 이 기름이 미생물의 분비물을 분해하는 과정을 거치면서 특유의 체취가 난다.

에크린샘은 땀을 분비하는데 주로 개의 발볼록살 부위에 조금 존재한다. 그래서 개는 몸에서 땀이 나지 않고 발바닥 부위에서 땀을 흘려 체온을 조절하고 있다. 땅을 걸어 다니고, 땀도 나는 개들의 발은 발바닥 패드, 발가락 사이에서 세균이 번식하기 쉽다.

6) 모낭(hair follicle)

털주머니라고도 하며 털의 성장을 담당한다. 피부기름샘(피지선)이 연결되어 있어 털의 광택과 방수를 유지하는 데 도움을 주는 피지가 분비된다. 중심에 있는 털 주변으로 3~15개의 털이 모두 한 모낭에서 자라기도 한다.

7) 항문낭

항문 주변에는 고유의 냄새를 풍기는 액체를 생산·분비하는 항문낭이라는 특수한 구조가 있다. 항문낭을 정기적으로 짜주지 않으면 냄새가 나기도 하고 염증이 생기기도 한다.

8) 발볼록살

대부분의 포유류들은 발바닥에 발볼록살을 가지고 있다. 발볼록살 안쪽은 지방, 혈관과 치밀결합조직(dense connective tissue)으로부터 형성된 두꺼운 진피조직으로 구성되어 있고, 색소가 침착되어 케라틴화된 털이 없는 표피조직이다. 발볼록살은 위치에 따라 앞발목볼록살(carpal pad), 앞발허리볼록살(앞발바닥볼록살, metacarpal pad), 뒷발허리볼록살(뒷발바닥볼록살, metatarsal pad), 앞/뒷발가락볼록살(digital pads)로 분류된다.

3 피부의 특징

1) 산성도(pH)

피부의 산성도는 약 6.5~8.0(평균 7.5)로 약알칼리성 또는 중성이다. 사람의 경우 약 4.5~6.0으로 약산성을 띄기 때문에 사람의 샴푸나 비누를 사용해서는 안 되며 사람에 비하여 세균이나 피부 질환에 잘 저항하지 못한다.

> **참고**
>
> 구강의 산성도는 피부의 산성도와는 차이가 있다. 사람 입 안의 산성도가 6.5인 반면 개의 산성도는 7.5이기 때문에 개에게는 탄수화물을 먹이로 하는 뮤탄스균에 의한 충치가 잘 발생하지 않는다.

2) 피부 세포층

사람의 10~20겹 세포층에 비해 동물은 3~5겹으로 훨씬 더 약하고 얇아 기생충, 세균 등에 잘 저항하지 못하거나 특정 환경에서 면역 체계가 과도하게 반응하여 알레르기가 유발되는 등 피부 질환이 자주 발생한다. 또한 피부병이 생기고 나면 각종 자극에 더욱 취약해져 재발하는 경우가 많다.

3) 땀샘

사람이 땀을 통해 체온 조절 작용을 하는 것과 달리 개의 경우 체온조절을 위한 땀샘인 에크린샘이 발바닥 부분에만 존재하기 때문에 주로 혀를 내밀어 헐떡이며 체온을 낮춘다. 혓바닥을 빼고 숨을 쉬면서 체온 조절을 하는 과정에서 다량의 침을 분비하는데, 침이 증발하는 과정 중 발생하는 기화열을 이용해 몸 안의 열을 외부로 발산하여 몸 전체의 체온을 낮춘다.

참고 단두종 호흡기 증후군

퍼그나 불독, 시츄 같이 코가 짧은 단두종은 호흡 기관이 다른 강아지들보다 호흡을 통한 체온조절 능력이 떨어지기 때문에 미용 중 또는 미용 후 드라이를 하는 과정에서 특히 주의를 기울여야 한다.

2 반려동물의 털

1 털의 역할

1) 보호

가시나 거친 물체와의 접촉으로부터 피부를 보호하는 완충 역할을 해 주며 외부 기생충이 피부에 직접 접촉하는 것을 방지하여 기생충의 감염 위험을 줄여주는 등 약한 반려동물의 피부를 1차적으로 방어해 주는 역할을 한다.

2) 단열

자외선 등 외부 요소의 절연이나 단열 역할을 하기 때문에 코, 귀끝, 배, 서혜부 부위 등과 같이 털이 적거나 얇은 부위에서는 태양광에 의한 손상에 취약하다.

3) 감각 인식

개는 비브리새(vibrissae)라고 불리는 수염, 눈썹 등과 같은 촉각털을 가지고 있으며 몸의 감각을 인식하는 역할을 한다. 촉각털은 뿌리가 깊고 혈액과 신경이 잘 공급되어 촉각, 진동 및 공기흐름에 매우 민감하며 감각 지각과 공간 인식에 중요한 역할을 한다.

2 털의 구조

털은 진피 내의 모낭에 위치하며 큰 일차털(Primaty hair)과 여러 개의 작은 이차털(Secondary hair)로 구분되며 일차털주머니 주위에는 평활근인 털세움근이 있어 이 근육이 수축하면 털주머니를 잡아당겨 털이 서게 되는 반면 이차털주머니에는 털세움근이 없다. 일차털과 이차털은 모두 각각의 모낭을 가지고 있지만 경우에 따라서는 일차털주머니에 여러 개의 이차털주머니가 복합털주머니를 이루어 일차털과 이차털이 하나의 털구멍으로부터 나오기도 한다.

3 털의 특징

모낭에서 분비되는 각질화된 물질이 계속 위로 밀려 올라오는 것이 털이며, 경질 케라틴(hard keratin)으로 구성된다. 개는 한 모낭에서 여러 개의 털이 나올 수 있으며 털의 밀도, 길이, 질감, 색상은 품종과 개체에 따라 크게 다르다. 일부 품종에 따라서는 단열을 위한 부드러운 속털과 비바람 등 외부 자극으로부터 보호하기 위한 거친 외부털로 구성된 이중털을 가지고 있다.

사람은 털이 지속적으로 성장하는 반면 개의 털은 성장과 죽음을 반복해 유전적으로 정해진 털의 길이가 되면 자동으로 빠지는 주기적인 성장을 한다. 단모종은 털이 조금밖에 자라지 않는 게 아니라 성장 주기가 짧아 조금만 자라고 빠지는 것이다.

털은 개의 품종마다 달라서 곧은 털(직모), 거칠고 뻣뻣한 억센 직모, 곱슬곱슬한 긴 털, 크게 구불거리는 털, 짧은 털 등 다양한 모양이 있고, 색상도 흰색, 검정, 붉은색을 바탕으로 다양한 변형이 있다.

4 털의 분류

1) 보호털(guard hair)

동물의 피부 표면을 덮고 있는 두껍고, 길고 굵으며 뻣뻣한 털로 대부분의 몸을 덮고 있는 털이다. 보호털의 가장 중요한 기능은 방수 작용이다. 장기간 물에 빠져 있거나 털이 젖은 상태에 있어도 물이나 습기가 잘 빠져나가게 해서 피부에 직접 물이 닿지 않게 하여 물과 추위로부터 피부를 보호하는 역할을 한다.

2) 솜털(wool hair, down hairs)

보호털 안쪽의 부드럽고 미세한 털로 피부 대부분의 안쪽 층을 덮고 있으며 보호털에 비하여 얇고 부드럽고 짧으며 숱이 많다. 겨울에는 체온을 따듯하게 유지하기 위해 솜털의 수가 더 증가하고 두꺼워지며 여름에는 얇아진다. 개가 자라는 환경에 따라 솜털의 길이와 두께도 각각 달라진다.

3) 촉각털(tactile hair, vibrissae)

대부분 머리부위에 집중되어 다른 감각기관과 상호 연계되는 특수한 털로, 외부환경에 대한 감각정보를 받아들이는 기능을 한다. 보호털보다 두껍고 길다. 몸에서 제일 두껍고 뿌리가 긴 털로, 혈액과 신경이 잘 공급되는데 주로 수염(whisker), 눈썹, 귀털 등이 포함된다. 피부밑의 깊은 곳에서부터 자라 나오며 많은 신경섬유 말단이 분포해 있어 촉각, 압력, 진동, 온도, 통증, 공기 흐름 등과 같은 물리적 자극을 잘 느끼며 민감하게 반응한다. 개는 윗입술, 아랫입술, 턱밑, 하악사이, 눈위, 권골, 볼 등에 위치해 있으며 고양이는 앞발목 뒤쪽에도 위치한다. 야행성(nocturnal) 동물이나 굴을 파는 포유류(burrowing mammal)에 특히 잘 발달되어 있어 외부 환경과 신체 내부 상태에 대한 피드백을 제공하며 얼굴의 입술 위쪽과 눈 아래에서 관찰된다.

▌개와 고양이의 촉각털

5) 털갈이

개는 거의 일 년에 한두 번씩 털갈이를 하며 약 4~6개월간 털이 자라는데 종에 따라 겉 털과 속 털의 이중모의 구조로 되어 있어 털갈이를 할 때는 외관상 지저분해 보인다. 털이 빠지는 요인으로 개의 건강 상태도 중요하지만 일조량과도 관계가 있기 때문에 산책을 통해 털이나 피부 건강을 개선시킬 수 있다.

단, 털갈이에 의한 탈모와 질병에 의한 탈모를 구분해야 한다. 털갈이에 의한 탈모는 몸 전체적으로 털이 빠지는데, 주로 가볍고 부드러운 솜털이 빠져나온다. 질병에 의한 탈모는 주로 부분적으로 털이 빠지고, 가려움증을 느끼는 경우가 많으므로 털이 빠진 부위가 헐거나 붉게 변하고 염증이 있으면 병적인 탈모이다.

Ⅱ 반려동물의 피부 질환 및 관리법

기생충이나 세균, 곰팡이 등에 의한 증상, 그리고 긁어서 생기는 외상, 오랜 질환으로 인한 피부의 착색, 비후, 태선화가 동반되면 대부분의 피부 질환이 비슷해 보이기도 하므로 진료를 통한 감별진단 과정이 필수적이다.

1 외부기생충 감염

1) 원인

1) 개선충(sarcoptes scabiei)

개선충은 흔히 개선충증(scabies)을 유발하는데, 피부 속에 굴을 파고 침, 배설물을 분비하며 알을 낳아 증식하기 때문에 극심한 가려움증을 유발한다. 보통 지저분한 곳이나 집단 사육하는 환경에서 여러 마리의 개들이 같이 지내면서 전염되는 경우가 많다. 또한 사람에게도 감염이 가능하다.

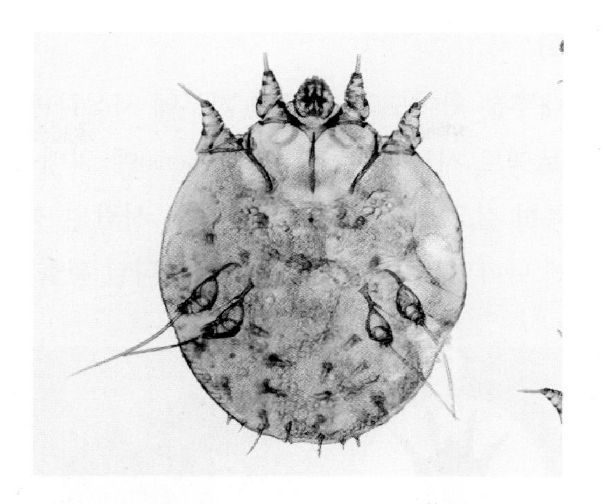

2) 모낭충(demodex)

모낭충은 건강한 개의 모낭(hair follicle)에서도 서식하는 약 0.3mm 크기의 기생충으로 건강한 상태에서는 모낭충의 수가 일정하게 유지되기 때문에 큰 문제가 일어나지 않는다. 개의 피부 면역력이 약해지면 번식하며 어미로부터 새끼에게 유전될 수 있고 선천적으로 면역계통에 문제가 있거나 당뇨병, 암, 쿠싱증후군, 갑상샘저하증 등 면역력을 떨어뜨리는 만성질환을 원인으로 모낭충의 숫자가 폭발적으로 늘어나면 염증성질환이 나타난다.

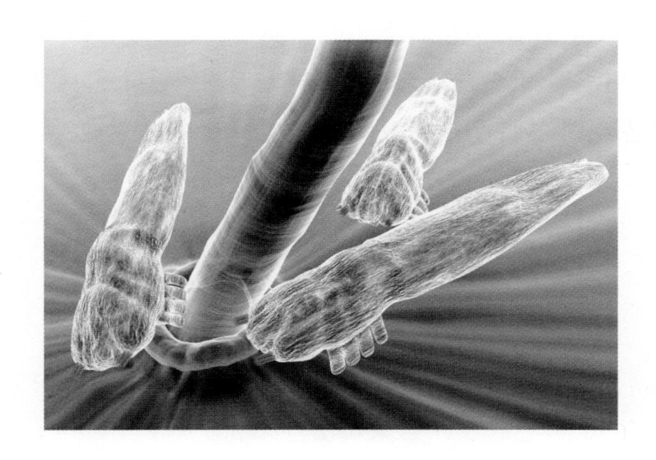

3) 귀 진드기(ear mite)

귀 진드기 감염증은 대부분 외이도와 귀 주변 피부에 서식하며 반려동물의 귀지와 각질을 먹는 기생충인 오토덱트 시노티스(otodectes cynotis)에 의해 발생한다. 개와 고양이에게 전염성이 있으며 특히 길고양이가 주 감염층이다. 사람의 경우 드물게 발진이 나타날 수는 있지만 동물에게 나타나는 증상이 사람에게 나타날 확률은 거의 없다.

4) 벼룩(flea)

개벼룩(ctenocephalides canis)과 고양이벼룩(ctenocephalides felis)은 반려동물에 감염되는 가장 흔한 벼룩 종이며 이 벼룩들은 실제로 개와 고양이를 우선적으로 공격하며 인간을 포함한 다른 종에도 감염될 수 있지만 흔하지는 않다.

산책 후 평소와 다르게 반려견이 많이 긁거나, 가려워한다면 벼룩 감염이 의심된다. 털 사이사이에 검은 것이 묻어 있다면 벼룩의 배설물일 수 있다.

5) 참진드기(tick)

개의 참진드기류에 의한 감염증은 대부분 참진드기목(Ixodida)에 의한 감염을 말하며 흔히 참진드기 또는 큰진드기라고도 부른다. 참진드기목(Ixodida) 진드기는 자연에 있는 나무와 풀 등에 붙어사는 작은 거미류로 30cm 정도로 이동할 수 있기 때문에 야외활동이 많아지는 시기에 감염이 증가한다.

최근 한반도 전역에서 중증열성혈소판감소증후군(SFTS)을 일으키는 참진드기가 발견된다. 산책 중인 반려동물의 열과 이산화탄소를 감지하는 진드기가 개의 몸에 기어올라가 피부에 주둥이를 꽂아 피를 빨아먹는다. 참진드기가 개의 피를 빨아먹게 되면 진드기의 몸이 부풀어 올라 눈으로 쉽게 확인할 수 있는 상태가 되며 진드기가 개의 몸에 오래 붙어 있을수록 진드기 매개성 질병에 감염될 확률이 높아진다.

2 증상

1) 개선충(sarcoptes scabiei)

집단 사육 환경에서 전염될 수 있으며 극심한 소양감이 주요 증세로 이개족 반사(pinnal pedal reflex)를 들 수 있다. 매우 심한 가려움을 유발해 신경질적으로 긁어대기도 하는데 특히 귀끝을 손으로 가만히 누르면 뒷다리를 부르르 떠는 것을 이개족 반사(pinnal pedal reflex)라고 한다.

각질, 탈모, 발적, 가피 형성, 피부가 헐고 염증이 발생한다.

2) 모낭충(demodex)

갓 태어난 강아지는 어미의 젖을 빨다가 모낭충에 전염되며 강아지의 모낭충은 사람에게 옮지 않는다. 모낭충은 개들의 모낭과 피지선에서 피지, 노폐물 등을 먹으며 서식하며 한 달 정도 살다가 죽음을 맞이한다. 개의 피부 밖으로 나온다면 2시간 이내로 죽는다.

탈모, 피부가 빨개지거나 색소침착으로 거무튀튀한 보라색으로 변한다. 피부에 종기, 비듬이나 노란 부스럼딱지, 태선화(피부가 코끼리 가죽처럼 두꺼워지고 거친 잔주름이 생기는 변화), 짓무름, 궤양이 주로 얼굴, 다리, 발에서 생기는 것을 관찰할 수 있다.

3) 귀 진드기(ear mite)

피부가 자극을 받아 귀, 머리 및 목 주변을 긁는 증상이 나타난다. 한쪽 귀를 자주 긁거나 머리를 흔들면서 귀 근처에 상처가 있는 경우가 있다. 가려움증으로 인해 다리를 달달 떠는 이개족 반사(pinnal pedal reflex)가 나타날 수 있으며 검은 귀지가 보이고 쿰쿰한 불쾌한 냄새가 나며 목이나 얼굴에 탈모가 나타날 수 있고 귀쪽 혈관이 터져 이개혈종이 나타날 수 있다.

> **참고 이개혈종**
>
> 외부의 지속적인 압박과 마찰로 인해 이개(귓바퀴) 내 연골과 연골막 사이에 혈액이 차 부풀어 오르는 증상

4) 벼룩(flea)

심한 가려움증을 유발하며 불안한 행동, 지속적인 긁힘, 피부 물림 및 발진, 탈모, 눈에 보이는 벼룩, 털에 있는 벼룩 배설물의 관찰 등의 증상을 보인다.

등과 엉덩이 부분, 복부와 사타구니 부위 등에 주로 감염된다.

5) 참진드기(tick)

진드기에 감염되면 물린 부위가 부어오르고 몸을 긁고 털이 많이 빠진다. 구토나 설사 증세가 나타나기도 하고 심한 경우 호흡곤란과 전신마비도 올 수 있다.

보호자는 중증열성혈소판감소증(severe fever with thrombocytopenia syndrome, SFTS)과 같은 치명적인 질병에 감염될 수 있으며 그 외에도 라임병, 뇌염과 같은 진드기 매개성 질병에 감염될 수 있어 개의 산책 시 특히 주의해야 한다.

① **라임병**: 다리를 절며 무기력해지고 고열과 소화장애가 나타난다.

② **아나플라즈마증**: 고열과 식욕부진, 무기력 증상이 나타난다.

③ **바베시아증**: 적혈구를 파괴하며 빈혈을 유발한다.

▌진드기에 물린 모습

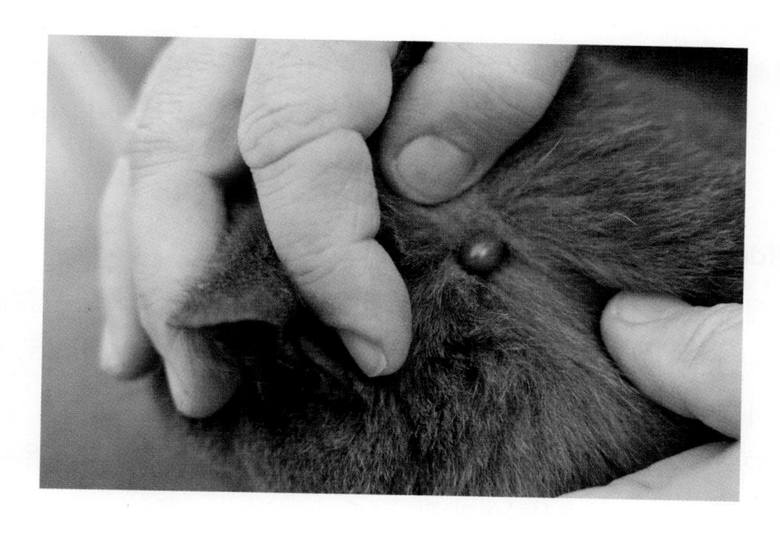

3 치료 및 관리

가장 효과적인 관리 방법은 예방약으로 예방하는 것으로, 외부기생충 구제약은 먹는 약, 바르는 약, 목에 고정시키는 약, 약욕 샴푸 등 종류가 다양하다.

외부기생충 구제약이 기생충에게 영향을 주기까지 적어도 수 시간에서 수일이 필요하므로 치료 시 구제약을 사용한다고 해서 즉각적으로 효과가 나타나는 것이 아니다. 따라서 기생충이 완전히 제거될 때까지 관리가 필요하며 내부와 외부기생충 모두에 한달 정도의 유효한 구제력을 나타내는 외부기생충 구제제를 사용하여 정기적으로 기생충을 관리한다.

외부기생충 구제제들의 가장 큰 차이는 주성분과 적용 방법이다. 피프로닐이 주성분인 피부에 바르는 형태의 구제제, 아폭솔라너가 주성분인 먹이는 형태의 구제제 등 모두 1개월간 약효가 지속되며 넥스가드 스펙트라 제품의 경우 심장사상충을 포함한 내부기생충 구제가 함께 된다. 매달 외부기생충 예방을 진행하는 게 어려운 경우 3~6개월간 지속되는 목걸이 형태의 구제제를 적용할 수 있으며 주치의와 상담을 통해 반려견의 생활환경에 적합한 기생충 예방 진행을 추천한다.

1) 개선충(sarcoptes scabiei)

진단을 위해서 피부소파술(skin scraping)로 얻어진 시료를 현미경으로 관찰한다. 실내에서 생활하는 동물들의 개선충 감염은 주로 아토피에 의한 피부면역 저하로 발생하는 예가 많다.

2) 모낭충(demodex)

진단을 위해서 피부소파술(skin scraping)로 얻어진 시료를 현미경으로 관찰한다.

① **국소적 모낭충 감염증**: 3~6개월령 강아지에게 모낭충증이 국소적으로 나타났다면 보통 면역력이 좋아지면서 자연스럽게 회복된다.

② **전신적 모낭충 감염증**: 성견에게 전신적으로 모낭충증이 생겼다면 면역력을 떨어뜨리는 만성질환을 치료 또는 개선하여야 한다.

3) 귀 진드기(ear mite)

다른 동물과 접촉이 많은 동물에게서 주로 관찰되며 눈으로 봤을 때는 작은 점 크기이지만 검이경이나 외이도 내 귀지를 현미경으로 관찰하면 귀 진드기를 진단할 수 있다.

4) 벼룩(flea)

벼룩 감염의 약 95%는 개 자체가 아닌 환경에 있으므로 개를 치료하는 것 외에도 해당 부위를 철저히 청소하는 것이 중요하다. 벼룩 개체수를 통제하기 위해서는 정기적으로 환경을 청소하여 벼룩의 알, 애벌레, 번데기를 포함하여 개의 환경에 있는 벼룩을 죽여야 한다. 심각한 경우에는 전문적인 해충 방제가 필요할 수도 있다.

5) 참진드기(tick)

진드기가 있는 부위의 피부를 팽팽하게 잡아당기며 진드기가 있는 부위와 주변을 소독하며 핀셋으로 진드기를 잡고 떼어내는 것이 가장 좋은 구제 방법이다.

맨손으로 진드기를 만지는 것은 피하며 족집게나 핀셋을 이용하여 최대한 동물의 피부에 가깝게 진드기를 잡고 한 방향으로 천천히 잡아당겨 떼어낸다. 이때 진드기를 비틀거나 갑작스레 큰 힘을 가해 떼어내지 않도록 주의한다. 진드기를 떼어낸 부위에는 소독이 필요하며 혹시라도 발견하지 못한 진드기의 구제를 위하여 외부기생충약을 도포해준다.

▌진드기 떼는 방법

잘못된 예시

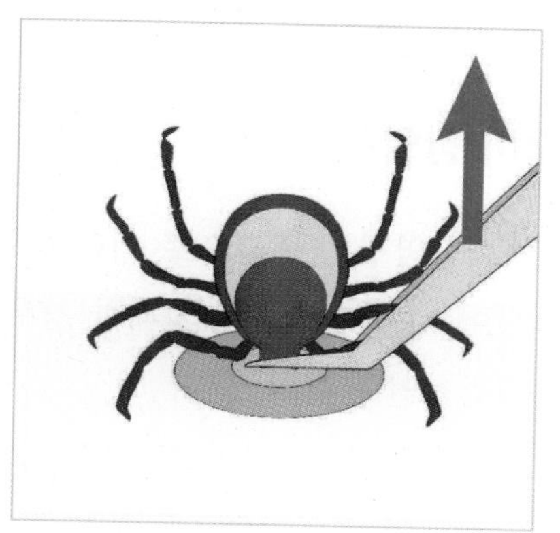

올바른 예시

2 세균성 감염증

1) 원인

포도상구균(staphylococcus)이 피부에 상주하고 있다가 면역력이 떨어진 경우 과증식하거나 피부에 상처가 생긴 경우 등을 이유로 생기는 질병이다. 특정 음식, 식물, 벌레 등에 대한 알레르기 반응으로 피부를 긁거나 물게 되어 이차적으로 세균이 감염되기도 하며 스트레스, 영양 불균형, 질병 등으로 인해 면역력이 약해진 경우에도 발병할 수 있다. 진드기, 곰팡이로 인한 피부염에서 이차적으로 세균이 감염되는 경우가 많다.

2) 증상

주로 턱이나 생식기 사이에 농포의 형태로 발생하는 화농성피부염(pyoderma)이 전신에 감염되기도 한다. 지속적으로 가려움을 느끼거나 피부 탈락, 딱지, 탈모가 동반된다.

감염 초기에는 피부발진과 붉은 반점을 나타내며, 감염이 심해지면 악취와 고름이 생길 수 있다.

3) 치료 및 관리

강아지가 자주 젖은 상태로 있거나, 습한 환경에 노출될 경우 세균 감염의 위험이 커지므로 환경을 쾌적하게 유지해 주는 것이 중요하다. 피부를 긁어서 샘플 채취 후 현미경으로 세균의 종류를 확인하거나 세균 배양검사를 한다. 세균에 의한 감염이기 때문에 세균의 종류에 맞는 항생제를 투여하거나 연고, 스프레이 등의 외용약품도 사용한다.

3 곰팡이 감염증

곰팡이는 기회감염성 병원균으로 여러 종류의 곰팡이에 의해 발생한다. 숙주의 선천면역에 의한 방어 체계가 방어에 실패한 경우 침입하여 감염증을 일으키기 때문에 동물의 면역력과 직접적인 관련이 있다.

1 원인

1) 피부사상균 감염증(dermatophytosis)

피부사상균 감염증(dermatophytosis)을 일으키는 곰팡이는 microsporum, epidermophyton, trichophyton 등이 있다. 백선 또는 링웜(ringworm)이라고도 불리는 피부사상균(dermatophyte)에 의한 감염증으로 개와 고양이에게 흔히 나타난다. 각질을 좋아하는 상재균으로, 주로 덥고 습한 환경에서 잘 번식하며 사람에게도 감염될 수 있는 인수공통 감염병이다.

2) 말라세지아 감염증(malassezia)

원래 피부나 귀에 존재하는 곰팡이가 고온다습한 환경, 환기불량 등으로 인해 과증식된 경우 발생한다. 온도 상승과 습도 증가 외에도 면역력 저하, 피지의 양을 변화시킬 수 있는 호르몬 변화 등으로 피부와 모낭에서 말라세지아의 과증식을 초래한 경우에도 발병한다.

2 증상

1) 피부사상균 감염증(dermatophytosis)

피부사상균은 생존을 위해 각질이 필요하기 때문에, 표피(epidermis), 모낭, 발톱과 같이 각질이 많은 부위에 병변이 발생하기 쉽다. 탈모증에 의해 탈락된 털은 주변 털로 곰팡이를 전파하는 역할을 해 원형의 탈모를 유발하여 경계가 뚜렷하고 국소적인 원형의 탈모를 일으키기 때문에 링웜(ringworm)이라고도 불린다.

대표적 증상으로 원형의 탈모, 붉은색 또는 회색의 비듬과 다양한 색소 침착 등의 증상을 보이며, 심한 경우에는 피부에 염증과 진물이 생길 수도 있다. 소양감이 있는 경우도 있고 없는 경우도 있지만 대부분 2차 감염이 발생한 경우 소양감을 동반한다.

▌동물과 사람에게 각각 발병한 피부사상균 감염증(dermatophytosis)

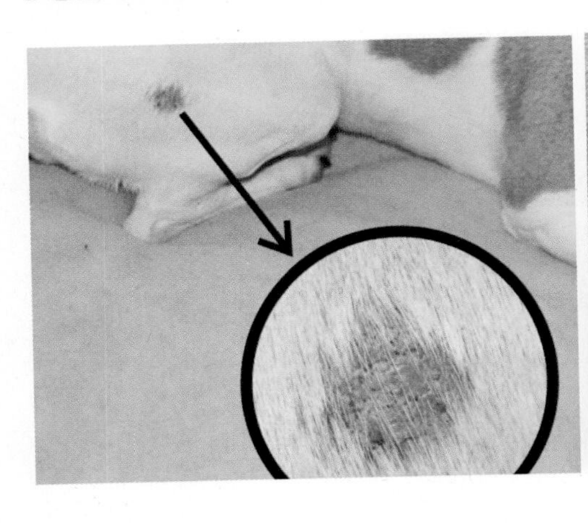

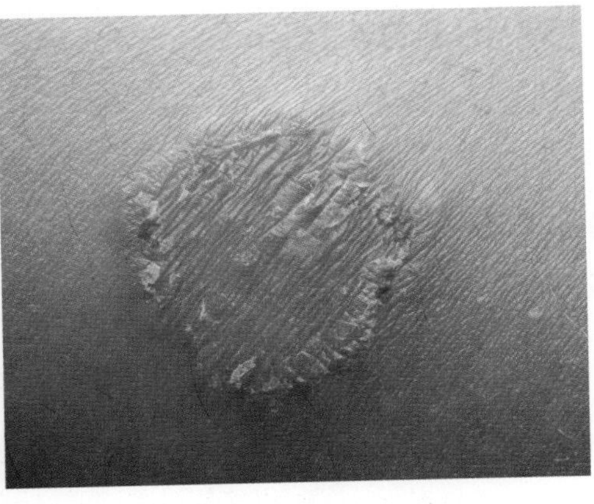

2) 말라세지아 감염증(malassezia)

귀 또는 피부 전신에 감염되는데 호발 부위는 귀, 안구 주변, 입술, 콧등, 지간부, 복측 경부, 겨드랑이, 가슴부위인 액와부, 내측 대퇴부, 항문 주위 등이다.

말라세지아가 외이도에 감염된 경우 초콜릿색이나 갈색의 염증성 귀지 생성, 귀 발적, 부종, 가려움증 등의 임상 증상을 유발한다('6 외이도염'에서 다시 다룬다). 발가락, 겨드랑이 부위에 과증식 된 경우 해당 부위가 붓거나 냄새가 난다. 전신적인 피부질환은 지방성 표면을 갖는 미만성 홍반, 피부에 노란색이나 옅은 회색의 가루 부스러기를 보이는 인설, 가피 형성, 악취, 곰팡이 냄새 등을 볼 수 있으며 만성적인 경우는 과색소 침착과 코끼리 가죽처럼 두꺼워지는 태선화 증상을 나타낸다.

3 진단

1) 피부사상균 감염증(dermatophytosis)

자외선램프를 비추면 밝은 녹색빛을 띠는 형광색으로 곰팡이를 확인할 수 있는 우드램프(wood's lamp) 검사가 있다. 그외 피부사상균 진단 배지(DTM) 검사, 유전자증폭(PCR) 검사, 피부 확대경 검사, 모근검사 등으로 확인 가능하다.

2) 말라세지아 감염증(malassezia)

말라세지아 피부염의 진단은 주로 임상 검사와 귀 분비물이나 피부에서 효모균을 현미경으로 관찰하는 방법이다.

4 치료 및 관리

1) 환경관리

강아지의 면역력이 약하거나 피부 속이 덥고, 습하다면 발병할 확률이 높아지므로 환경관리가 중요하다. 다른 감염된 동물이나 사람에게서 전염되기도 하므로 미용 도구나 발톱깎이, 케이지 감염 시 치료에 1~3달 정도 소요될 수도 있으며 소독 등 환경 관리에 특히 주의를 기울여야 한다. 평상시 주기적으로 목욕시켜 청결을 유지해 주며 목욕 후 털을 충분히 건조시켜 피부사상균이 번식하지 못하게 한다. 또한 환기를 통해 신선한 공기를 쐬게 해주며 햇빛 아래서 일광욕을 시켜주는 것도 치료와 예방에 효과적이다.

2) 국소요법치료

병병부위 색모 및 약욕을 4~6주 동안 주 2회 정도 실시해야 한다.

3) 전신요법

상태에 따라 먹거나 연고 형태의 약인 항진균제를 사용한다. 피부사상균은 18개월 동안 생존이 가능하기 때문에 재발 가능성에 따라 치료 예후는 달라질 수 있다.

4 알레르기

1 원인

70% 이상이 생후 6개월부터 3세 사이에 최초로 발병하며 유전적으로 걸리기 쉬운 견종이 있다.

① **내부원인**: 외부 물질과 체내의 항체 및 면역세포 사이에 일어나는 비정상적 면역반응, 선천적으로 피부 장벽 기능이 낮은 유전적 요인이 있다.

② **외부원인**: 집먼지 진드기, 꽃가루 등 환경 속 물질, 사료나 간식에 포함된 육류 및 어류로 인한 단백질, 벼룩 침에 포함된 물질, 사람 음식, 의약품 등이 원인이다.

2 증상

피부 발적, 피부 소양증, 설사, 기침 등의 증상이 나타난다. 얼굴이나 다리 안쪽의 피부가 겹치는 부위, 배 등에 심하게 가려움증이 있고 자주 핥거나 물기 때문에 피부가 상처 입어 짓물러지며, 만성화되면 피부가 두꺼워지면서 거뭇해진다. 외이염이나 결막염, 비염을 동반하는 경우도 많으며, 일단 치료해도 자주 재발한다. 골든 리트리버, 시바견 등에 호발된다.

3 치료 및 관리

항원 회피 요법, 약물요법, 수술요법 등의 치료 방법이 있는데 주로 소양증을 감소시키는 부신피질 호르몬 등의 약물 처치를 한다. 원인이 되는 요소를 제거해 주며 처방용 샴푸 사용과 더불어 피부가 너무 건조해지지 않도록 보습효과가 있는 제품을 사용한다.

5 아토피

1 원인

① **내부원인**: 체내 과잉된 면역물질, 선천적으로 피부 장벽 기능이 낮은 유전적 요인이 있다.

② **외부원인**: 사료나 간식에 들어있는 색소나 방부제 등 화학첨가물, 꽃가루, 미세먼지, 곰팡이, 집먼지 진드기, 고온다습한 환경(장마, 여름철)이 원인이다.

③ **복합원인**: 내외부 요인이 복합적으로 작용하기도 한다.

2 증상

보통 개의 경우 6개월~3세 사이에 발생한다.

1) 가려움증

주로 눈과 입 주변, 겨드랑이, 다리, 배, 항문 등에 가려움증이 나타나는 특징이 있다. 피부를 발톱으로 벅벅 긁거나 깨물기도 하며 심하게는 피가 날 정도로 긁기도 하는데, 이 경우 발톱으로 긁거나 이빨로 깨물어서 생긴 상처가 세균에 감염되어 염증이 더 심해지기도 한다.

2) 털 변색

가려운 부위를 계속 문지르고 핥아서 피부나 털이 변색되기도 한다.

3) 털 빠짐(탈모)

간지러움으로 환부를 긁으면 그 부분의 털이 빠지거나 손상되어 탈모가 동반될 수 있다.

4) 홍반

가려움증으로 피부를 긁으면 피부세포에서 염증을 일으키는 물질이나 가려움증의 신경에 작용하는 물질이 방출돼 피부염이 생긴다. 피부가 붉어지는 것은 염증이 생긴 부위의 혈관이 넓어져 혈류가 왕성해지기 때문이다.

5) 비듬

각질이 동반될 수 있으며 비듬의 양이 늘어난다.

6) 냄새

피부 장벽 기능이 떨어져 세균과 곰팡이 감염이 발생하기 쉽다. 감염성 중이염이나 피부염에 걸리면 독특한 냄새가 발생한다.

3 치료 및 관리

주로 항히스타민제나 스테로이드를 사용하여 치료한다.

항히스타민제는 히스타민성 가려움증에 효과적이나, 가려운 증상만을 완화시키기 때문에 근본적인 치료는 아니다.

스테로이드 제제는 면역억제제로 면역세포 억제를 통해 효과적으로 가려움증에 작용하며 염증을 완화시켜 주지만 면역세포가 억제되기 때문에 10일 이상 장기간 사용 시 쿠싱증후군, 복부팽만, 고혈압, 당뇨, 위장장애 등의 부작용이 일어날 수 있다.

그 외에도 면역세포나 물질을 조절해 주는 다양한 약물이 사용되고 있다.

너무 잦은 목욕은 피부 건조를 유발하므로 주 1회 정도 실시해야 하며 보습력, 피지 제거 능력이 높은 약산성 샴푸를 사용하거나 수의사의 처방 하에 국소마취제 성분, 스테로이드, 항히스타민제, 항진균제 성분 등을 함유한 약용 샴푸를 사용한다. 감염성 질환이 아니기 때문에 전염될 염려는 없으며 호전과 재발을 반복하는 만성 피부질환으로 한 번 발병 시 완치가 어렵다.

6 외이도염

1 원인

1) 외이도 구조로 인한 환기 불량

개에게 흔히 나타나는 피부병으로 외이염 발생 장소인 '외이도'는 귓바퀴에서부터 고막까지를 말한다. 사람의 경우 외이도는 일자 형태로 바로 고막이 가까이 위치해 있는 반면 개의 외이도는 길이가 깊고 'ㄴ'자로 수직 외이도와 수평 외이도 두 부분으로 되어 있다. 고막은 수평 외이도의 끝에 있어 통풍이 어려우며 이물질 및 물이 들어간 경우 빼기 힘든 구조이며 염증을 유발하기도 한다. 특히 귀에 털이 길고 많거나 귀가 길게 늘어져 있는 견종은 외이도염에 걸릴 확률이 높다.

▌개 외이도 구조

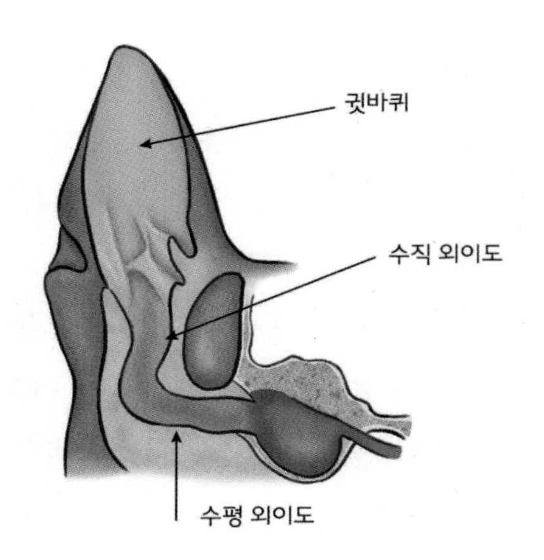

2) 감염

가장 흔한 원인으로는 말라세지아(malassezia), 귀 진드기, 세균에 의한 감염이며 그 외에도 아토피, 식이, 이물질, 자극 등 다양한 원인이 있다. 2차 감염 시 만성화가 되어 귀 피부가 두꺼워지며 치료가 어려워져 아주 심각한 경우 귀를 절제해야 한다.

곰팡이의 경우 항생제만으로는 치료가 안 되고 치료기간도 길기 때문에 귓병이 계속 재발하는 경우 곰팡이의 감염 여부를 반드시 확인해야 한다.

2 증상

귀 발적과 외이도 내 분비물이 많이 생긴다. 대부분 가려움 때문에 뒷발로 귀를 긁거나 귀를 땅에 비벼댄다. 가려움이 더욱 심해지거나 통증이 생기면 자주 머리를 흔들거나 고개를 기울인 채로 있다. 항상 귀지가 쌓인 상태이고 외이도에서 악취가 난다. 악화되면 중이염, 내이염으로 진행되고, 안면마비 등의 신경증상을 일으키기도 한다.

특히 말라세지아(malassezia) 감염에 의한 외이도염의 경우 초콜릿색의 검고 끈적한 분비물, 홍반 및 발적이 나타나며 지간부와 발톱의 염증을 동반하는 경우가 많다.

3 치료 및 관리

원인에 따라 다르지만 2차 세균 감염 우려가 있어 말라세지아(malassezia)와 같은 곰팡이, 기생충 치료 외에도 항생제를 병행 치료해야 하는 경우가 많다.

원인을 확인하기 위해 반드시 동물병원에 내원하여 도말검사를 통하여 감별진단 해야 하며 전신적인 피부감염이 동반되었다면 약욕이 필요할 수 있다.

7 지간염

1 원인

발을 혀로 빠는 모습이 사탕을 먹는 모습과 유사하다고 하여 '발사탕'이라는 별명이 붙은 질병으로, 발가락사이와 발바닥 부위에 발생하는 염증성 질환이다. 가려움에 의해 빨게 되고, 털이 있고 발가락 사이가 좁기 때문에 더 습한 환경이 유지되어 증세는 점점 심해지게 된다. 원인은 알레르기, 세균, 진드기, 곰팡이 등 다양하다.

2 증상

붉은 발적, 소양감, 염증이 심한 경우 통증이 동반되어 발 부위를 만지지 못하게 피하는 경우도 있다.

3 치료 및 관리

세균, 곰팡이 등 원인에 따라 항생제, 항진균제, 스테로이드 성분의 내복약이나 연고류로 치료하며 넥카라를 해서 스스로 핥지 못하게 하는 것도 도움이 된다. 또한 발부위 털을 짧게 미는 것이 치료에 도움이 될 수 있다. 만성으로 진행되는 경우가 많아 정확한 원인 진단이 필요하다.

8 쿠싱증후군(cushing's syndrome)

1 원인

부신피질기능항진증(hyperadrenocortism)이라고도 하며 뇌하수체에서 부신피질자극호르몬(ACTH)이 과도하게 분비되거나 부신에서 코르티솔(cortisol) 호르몬이 과도하게 분비되는 질병으로, 어린 강아지보다 노령견에서 호발한다. 만성적인 피부 질환으로 인한 스테로이드 오남용이 원인인 경우가 많다.

2 증상

물과 밥을 많이 먹거나 소변량이 증가하고 배가 빵빵해진다. 모질이 뻣뻣해지거나 대칭성 탈모(양측성 탈모), 얇은 피부, 지루성 피부염, 2차 세균감염에 의한 농피증이 주 증세이다. 또한 털 색깔의 변화도 확인할 수 있는데 검은색 털이 적갈색이 되거나 갈색 털이 황갈색이나 금발 등으로 연하게 변하며 털갈이가 정상적으로 일어나지 않아 햇빛에 의해 탈색이 된 경우도 있다. 단백질 구조가 바뀌며 미네랄화 되기 때문에 목뒤, 엉덩이, 겨드랑이, 서혜부 피부에 농포가 생기며 질병이 진행되면 붉고 궤양화되거나 딱지가 생기게 된다.

▌개 쿠싱증후군으로 인한 탈모부위

3 치료 및 관리

뇌하수체나 부신의 종양으로 인한 경우 외과적 절제가 필요하며 스테로이드 오남용이 원인인 경우 약을 중단하고 코르티솔(cortisol) 호르몬을 억제하는 약물을 복용한다. 장기간 치료가 필요한 질병으로 무리하게 미용을 진행하지 않도록 하는 것이 중요하며 피부와 털 상태가 악화될 수 있으므로, 정기적으로 털을 빗겨주고 필요한 경우 보습제를 사용하여 피부 상태를 개선시킨다. 오메가-3 지방산은 염증을 감소시키고 피부 건강을 개선하는 데 도움을 줄 수 있기 때문에 피부와 털 상태가 악화된 개에게는 오메가-3가 포함된 영양제를 복용시킨다.

9 제3안검 탈출증

1 원인

제3안검은 사람에게는 없지만 개, 고양이, 조류, 파충류 등의 동물이 가지고 있는 눈의 구조물로 동물이 전력 질주, 사냥, 싸움 등을 할 때 부상 위험으로부터 안구를 보호한다. 눈물을 만드는 분비샘도 포함하고 있어 눈을 촉촉하게 유지하는 기능을 담당한다. 육안적으로 보았을 때 내안각에서 세 번째 눈꺼풀(제3안검)이 변위되어 매끄럽고 둥근 붉은색의 돌출물 형태로 관찰되어 체리가 붙어있는 것처럼 보인다고 해서 '체리아이'라고도 불린다. 선천적인 요인이 원인이 되기도 하며, 후천적인 요인으로는 안구 통증, 안구 함몰, 안구 돌출, 세 번째 눈꺼풀의 종양 등이 있다.

2 증상

눈의 분비물 증가, 결막염, 각막염이 동반될 수 있고 건조해진 안구를 긁고 땅에 문지르면 결막염, 안구 궤양이 발생할 수도 있다. 대부분 삐져나온 눈꺼풀에서 피가 난다거나 통증이 느껴지지는 않는다.

▮ 체리아이

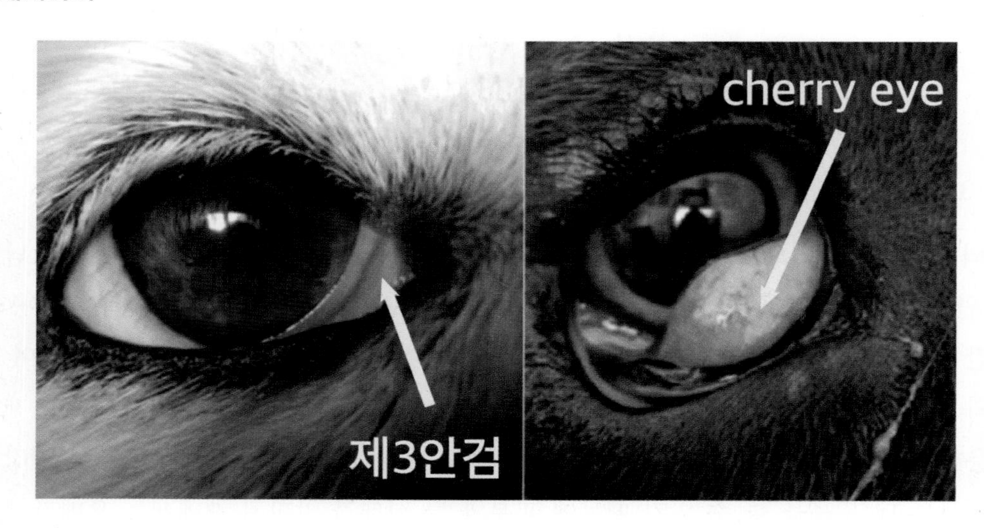

3 치료 및 관리

외과적인 수술이 가장 효율적이며 이미 염증이나 감염이 있는 경우 항생제를 사용하여 세균감염을 막고 건조하지 않도록 인공누액 등을 수시로 뿌려준다.

10 갑상샘저하증(hypothyroidism)

1 원인

갑상샘염 또는 갑상샘 위축증 등으로 인한 갑상샘저하로 갑상샘 호르몬양이 부족한 경우 나타나는 질병이며 전신의 신진대사를 조절하는 갑상샘 호르몬과 관련된 전신성

질병이다.

2 증상

1) 피부 병변

재발성 피부병과 탈모가 대표적 증상이다. 꼬리쪽의 털이 다 빠지거나 등 부위의 대칭성 탈모와 같은 전신적인 탈모, 반복적인 피부질환을 볼 수 있다. 피부가 얇아지거나 모발이 약해지며 색소가 침착되며 피부 감염에 취약해져 귓병이 재발하기도 한다.

2) 활동성 감소

서맥, 활력저하, 헐떡거림 등의 증상이 나타난다.

3) 체중증가

대사율이 떨어지기 때문에 비만, 체중증가 증상을 보인다.

3 치료 및 관리

혈액 내 갑상샘 호르몬 수치를 확인한다. 완치가 힘들기 때문에 갑상샘 호르몬제 투약으로 꾸준히 관리한다.

Ⅲ 미용 중에 발생할 수 있는 피부 손상 및 대처법

1 창상

1 원인

뾰족하고 날카로운 미용도구로 인하여 출혈, 피부 베임, 찢김 등의 피부 상처가 날 수 있다.

2 대처

① 생리식염수(saline)나 클로르헥시딘 용액(chlorhexidine solution)을 흘려서 세척한다.

② 멸균 거즈로 완전히 덮어주며 2차 감염을 방지하기 위해 상처 부위를 맨손으로 만지지 않고, 장갑을 낀 경우라도 상처 부위를 직접 만지는 행동은 삼가야 한다.

③ 상처 부위를 소독할 때 알코올 용액이나 알코올 솜을 사용하면 상처를 자극하여 통증이 심해질 수 있으므로 사용하지 않는다.

④ 출혈이 심한 경우 압박을 통해 지혈하며 동물병원을 방문한다.

3 예방

① 동물의 접근으로 인한 사고를 방지하기 위해 가위, 클리퍼, 발톱깎이, 빗 등 뾰족하고 날카로운 도구는 항상 별도의 보관함이나 전용 테이블에 보관한다.

② 작업 중에는 필요한 도구만 손에 쥐고 사용한다.

③ 사용하지 않는 도구는 동물이 있는 작업대에 가능하면 올려놓지 않도록 한다.

2 발톱 출혈

1 발톱의 구조

개와 고양이의 발톱은 마지막 발가락뼈에서부터 유래한다. 투명한 발톱을 관찰하면 붉은 부위가 보이는데 이 부분이 발톱을 자라게 하는 기저층(Quick of nail)이다. 흙을 파거나 상대를 공격하는 역할을 하다 보니 발가락뼈와 견고하게 연결되어 있는 부위이다.

2 발톱 자르는 방법

① 붉은 부위는 혈관과 신경이 분포하는 부위이다. 발톱이 길어지면 혈관과 신경이 분포하는 기저층(Quick of nail)도 길게 자라기 때문에 발톱을 깎는 와중에 기저층까지 잘리는 경우가 발생하므로 발톱 속 혈관 앞에서 잘라준다.

② 검은 발톱을 가진 개의 경우 발톱 안의 혈관이 보이지 않아 자르기 어렵기 때문에 발톱 끝에 절단 기준점을 두고 조금씩 잘라준다. 끝에서부터 조금씩 자르면서 들어가다

가 단면의 까만 점이 선명하게 보인다면 혈관 바로 근처까지 잘린 것이므로 그만 잘라야 한다.

▌발톱을 깎는 부위와 절단면

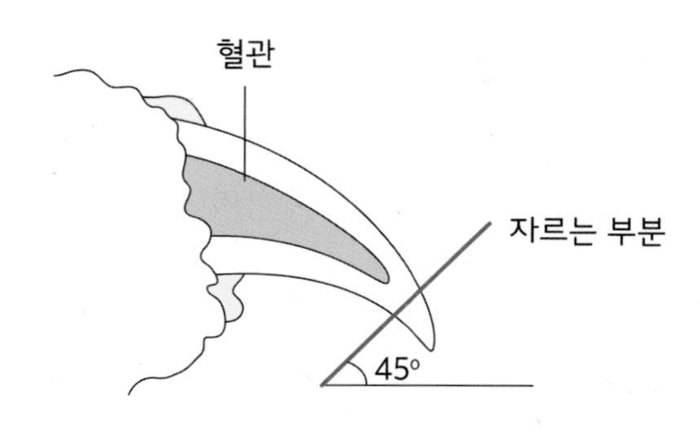

3 대처

① **가벼운 출혈이 있는 경우:** 멸균 거즈나 클로르헥시딘 솜을 이용하여 출혈이 멈출 때까지 압박하거나 지혈제를 이용하여 지혈한다.

② **심각한 출혈이 있는 경우:** 상처 부위를 멸균 거즈로 완전히 덮고 압박하면서 동물병원을 방문한다.

3 화상

동물의 피부는 일반적으로 사람보다 얇고 취약하기 때문에 사람보다 낮은 온도에서도 화상을 입을 수 있다. 작업 중 털을 건조할 때 사용하는 헤어드라이어와 룸 드라이, 목욕할 때 사용하는 온수, 미용 시 사용하는 클리퍼, 염색제와 탈색제 등의 일부 화학 제품 등은 동물에게 화상을 일으킬 수 있다.

1 원인

1) 클리퍼에 의한 화상

장시간 사용한 클리퍼의 금속날 부분은 매우 뜨거워지므로, 털을 자를 때 금속날 부분이 동물의 피부에 직접 닿지 않게 한다. 금속날이 너무 뜨거워진 경우에는 날이나 클리퍼를 교체하여 사용한다.

2) 화학 제품에 의한 화상

염색제와 탈색제 등의 일부 화학 제품은 화학적 화상을 일으킬 수 있으므로 화학 제품을 사용하는 경우에는 정해진 용량과 방법을 준수하여 사용한다.

3) 헤어드라이어에 의한 화상

헤어드라이어를 동물에게 향하기 전에 미리 작업자의 손바닥에 바람의 온도가 너무 뜨겁지 않은지 확인하고 헤어드라이어와 동물 사이가 30cm 이상 되도록 간격을 유지한다. 또한 헤어드라이어가 직접 동물의 몸에 닿지 않도록 유의한다.

4) 온수에 의한 화상

처음 온수를 틀 때에는 동물에게 바로 사용하지 않고, 바닥을 향해 물을 조금 흘려보낸 후 사용한다. 온수기에 따라 처음 물을 틀었을 때, 너무 뜨거운 물이나 차가운 물이 갑자기 나올 수 있으므로 미리 확인해야 한다. 반려동물을 목욕시킬 때 온수의 온도는 38~39℃ 정도로 준비한다.

2 처치

화상 부위를 30분 이상 차가운 물이나 생리 식염수를 흘려 주어 차게 해 준다. 화상 부위에 생긴 수포는 터트리지 않아야 한다.

화학 제품에 의한 화상 발생 시 미지근한 물을 뿌리거나 흘려 주면서 최대한 신속하게 화학 제품을 세척한다.

4 이개혈종

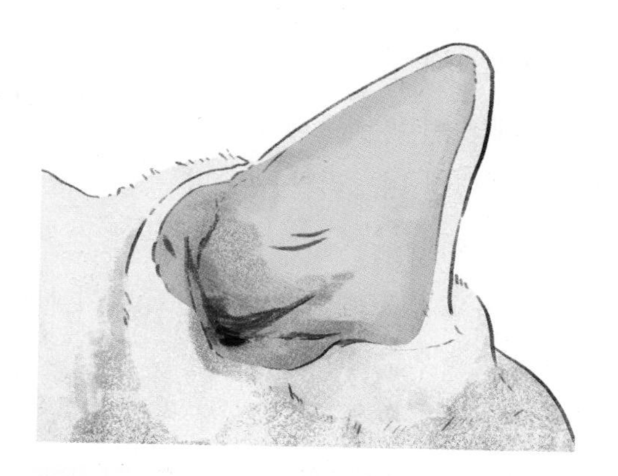

1) 원인

귓바퀴 안쪽에 출혈이 생겨 부종이 생긴 질병으로 미용 시 클리퍼에 의한 기계적 자극, 알레르기, 외이염에 의한 소양감으로 머리를 심하게 터는 행위로 인해 발생한다.

2) 증상

귓바퀴 안쪽의 부종이 주 증세이다.

3) 치료 및 관리

① 경미한 경우 혈종 부위에 고인 혈액을 배액한 후 드레싱한다.

② 심한 경우 외과적 수술을 진행한다.

③ 한동안 귀를 털지 못하도록 넥칼라나 밴디지를 유지하며 관리한다. 재발이 잘 되는 질병이므로 귀를 흔드는 원인을 관리해 주는 것이 중요하다.

5 며느리발톱(dewclaw) 손상

1) 며느리발톱의 구조

며느리발톱은 첫째 앞발허리뼈 부위에 해당하며 첫째 앞발가락뼈 두 개로 구성되어 있다. 대부분 앞발에 있지만 개체에 따라 뒷다리에 며느리발톱이 붙어있는 경우도 있다. 나무에 올라갈 때 중요한 역할을 했던 며느리발톱이 나무를 오를 필요가 없어진 반려견에서 퇴화하여 며느리발톱이 된 것이다.

반려견에서는 뼈에 연결된 경우도 있고 별도의 뼈 구조 없이 피부에 달려있는 경우도 있다. 드물게 며느리발톱이 2개인 경우도 있다.

2) 원인

개와 고양이에서 보행 시 기능을 하거나 체중을 지탱하지는 않지만 다른 발톱과 같이 길이가 길어지므로 함께 깎아주어야 한다. 다른 발톱은 산책하면서 자연스럽게 마모되지만 며느리발톱은 저절로 마모되는 경우가 드물기 때문에 둥글게 말려 살을 파고드는 일이 자주 발행한다. 또한 다른 발톱과 다른 위치인 앞발허리뼈 부위에 위치해 있어 미용 시 손상되거나 잘리는 사고가 발생한다.

3) 치료

손상된 부위 출혈이 많은 경우 지혈과 항생제 치료, 넥카라 활용이 필요하며 사고를 방지하고 관리를 쉽게 하기 위해 며느리발톱을 제거하는 경우도 있다.

6 알로페시아 증후군(alopecia x)

명확한 원인이 밝혀지지 않은 원인불명의 탈모증을 말하는 용어이다.

1) 원인

포메라니안처럼 이중모를 가진 강아지나 반려견들이 짧게 클리퍼 미용을 했을 때 특정 부분 털이 자라지 않거나 털이 자라지 않은 부위에 피부색이 달라지는 개의 탈모증상을 말한다. 클리퍼 증후군, 클리핑 증후군, 포스트 클리핑 신드롬 등의 이름으로 불린다.

발병 원인은 정확하게 밝혀지지 않았지만 몇 가지 원인으로 추정된다.

① **환경 변화로 인한 모낭기능 저하**: 이중모를 가진 견종들은 털갈이를 통하여 피부를 보호하여 왔는데 클리핑 후 모낭기능이 저하되어 탈모가 생길 수 있다.

② **모근손상**: 클리퍼로 미용 시 모근이 자극을 받아 해당 부위 털이 자라지 않을 수 있다.

③ **기저질환**: 그 전에 가지고 있던 모낭충이나 곰팡이성 탈모 등의 기저질환이 미용을 통하여 발견되는 경우도 있다.

④ 성장호르몬, 성호르몬, 스테로이드호르몬 등의 결핍이나 불균형

2) 증상

털이 점차 듬성듬성 빠지기 시작하다가 탈모 부위 색소침착이 진행된다. 피부층이 얇아지며 각질이나 농포가 동반될 수 있다. 주로 등이나 엉덩이, 허벅지 등에 주로 발병하며 다시 털이 자라나지 않는 경우도 있고 자랐다 하더라도 듬성듬성 자랄 수 있으므로 꾸준히 관리해 주어야 한다.

3 치료 및 관리

피부에 손상이 가지 않도록 부드럽게 빗질을 해주고 따뜻한 물로 10~15분 정도 목욕시켜 혈액순환을 촉진시킨다. 피부가 건조해지지 않도록 보습제를 적절히 사용한다. 모공의 영구적 손상은 아니므로 대부분 다시 털이 자라나지만 시간이 오래 걸린다.

예방을 위해서는 되도록 클리퍼로 털을 짧게 클리핑하지 말고 가위컷을 권고하지만 드물게 가위컷 이후에도 발생하는 경우도 있다. 클리퍼를 하지 않도록 매일매일 빗질을 해 주어야 하며 부득이 털이 엉켜서 짧게 미용을 해주어야 한다면 미용 후 몸을 따뜻하게 해 주는 게 좋다. 이는 클리퍼 미용 후 체온이 떨어지고 혈관이 수축되는 것을 방지하기 위함이며 미용 후 이틀 정도는 긁지 못하도록 주의한다.

CHAPTER 06

애견미용 실무 테크닉

CHAPTER

06 애견미용 실무 테크닉

I 견종별 기본 컷 스타일

1 애견미용의 역할

애견미용은 반려견의 외형을 가꾸는 것뿐 아니라, 건강과 위생을 유지하고 품종의 고유한 특징을 살리는 중요한 과정이다. 미용을 통해 털과 피부를 관리하며, 반려견의 스트레스를 줄이고, 보호자의 라이프스타일에 맞춘 관리 용이성을 제공한다.

1) 애견미용의 주요 역할

1) 위생 관리

털 엉킴 제거 및 피부 환기 개선을 통해 피부 질환을 예방한다. 기생충 방지와 청결 유지로 반려견의 건강을 보호한다.

2) 건강 유지

미용 과정에서 혈액순환을 촉진하고, 신체 상태를 점검할 기회를 제공한다. 정기적인 관리는 숨겨진 질환이나 상처를 발견하는 데 도움을 준다.

3) 품종 고유성 유지

각 견종의 표준 스타일을 강조하여 반려견의 고유한 매력을 돋보이게 한다. 품종 특성에 맞춘 맞춤형 스타일링으로 반려견의 정체성을 유지한다.

예) 푸들은 테디베어 컷이나 브로콜리 컷, 포메라니안은 곰돌이 컷으로 품종 고유의 특징을 살린다.

4) 미용적 가치

반려견의 외형을 아름답고 균형 있게 다듬어 보호자의 만족감을 높인다. 계절과 트렌드에 맞는 다양한 스타일로 반려견의 개성을 표현한다.

2 애견미용 시 고려사항

애견미용은 단순히 털을 자르는 행위가 아니라, 반려견의 건강과 품종 특성을 종합적으로 고려하여 진행해야 한다. 미용 과정에서 반려견의 상태를 세심히 관찰하고, 그에 적합한 방법을 선택하는 것이 중요하다.

1 반려견의 건강 상태

1) 피부 및 신체 상태 점검

미용 전에 피부 질환, 발진, 상처 등을 꼼꼼히 확인한다. 염증, 종양, 혹 등이 발견되면 미용을 중단하고 수의사에게 상담한다.

2) 고열 및 감염 여부 확인

고열이나 감염 증상을 보이는 경우, 미용은 상태를 악화시킬 수 있으므로 피해야 한다. 면역력이 약한 반려견은 스트레스에 민감하므로 미용 시간을 최소화한다.

3) 특수 조건 반려견

노령견이나 임신 중인 반려견은 장시간 미용이 부담될 수 있으므로, 최대한 빠르게 진행하거나 간단한 관리만 진행한다.

2 품종별 특성과 털 유형

반려견의 품종과 털 유형에 따라 미용 방식과 스타일링이 다르며, 이를 적절히 이해하고 반려견의 특징을 살리는 스타일을 적용하는 것이 중요하다. 유형별 대표 견종과 스타일을 소개한다.

1) 장모종(long-haired breeds)

털이 길고 풍성한 장모종은 엉킴과 털 뭉침이 자주 발생하기 때문에 정기적인 관리와 브러싱이 필수적이다. 또한, 다양한 스타일링이 가능해 견종별 특징을 살린 미용이 요구된다.

① 몰티즈

- 알머리 스타일: 얼굴 털은 둥글게 정리하여 귀여운 이미지를 강조하고, 눈 주변과 코 주위의 털은 깔끔하게 다듬어 위생을 철저히 유지한다.

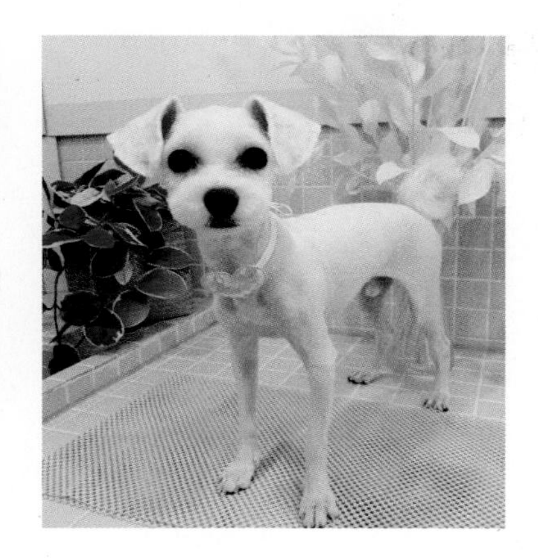

- 베이비 컷: 강아지의 순수하고 귀여운 모습을 연상시키는 스타일로, 얼굴과 몸의 털을 짧게 다듬어 깔끔하면서도 아기 강아지 같은 이미지를 강조한다.

- 여신 컷(판탈롱): 여신커트는 머리를 묶어 깔끔하고 세련된 이미지를 더하며, 머즐은 짧게 커트하여 단정한 인상을 만든다. 몸은 판탈롱 스타일로 다듬어 우아함과 품격을 강조하는 스타일로, 털을 길게 유지하여 장모의 우아함을 살리고 매일 빗질로 엉킴을 방지한다.

2) 단모종(short-haired breeds)

털이 짧고 밀도가 높아 피부가 쉽게 드러날 수 있으며, 털갈이 시기에는 빠진 털을 효과적으로 제거하는 관리가 필요하다.

① 래브라도 리트리버: 기본 클리핑과 데쉐딩은 고무 브러시와 데쉐딩 툴을 사용하여 빠진 털을 제거하며, 짧은 털로 인해 드러난 피부는 보습제를 사용해 촉촉하게 관리한다. 또한, 발바닥과 귀 안쪽의 털을 정리하여 청결을 유지한다.

3) 파상모(curly-haired breeds)

털이 곱슬거려 엉킴이 발생하기 쉽고 관리가 까다롭지만, 다양한 스타일링이 가능하며 정기적인 트리밍과 브러싱이 필요하다.

① 비숑 프리제

- 하이바 스타일: 스탠더드 미용을 응용하여, 얼굴의 털은 볼륨감 있게 다듬어 둥근 형태를 강조하고, 귀와 머리의 털은 부드럽게 연결하여 깔끔하고 균형 잡힌 애견미용

스타일을 연출한다.

- **귀툭튀 스타일**: 귀툭튀 스타일은 둥근 얼굴과 대비되게 귀를 강조하여 경쾌한 느낌을 살리는 미용 방식으로, 최근 반려견 미용에서 인기를 끄는 트렌드다. 귀 주변 털의 길이를 조절해 깔끔하게 마무리하며, 반려견의 귀 위치와 생김새에 따라 옆툭튀, 앞툭튀 등 다양한 변형 스타일로 연출할 수 있다.

② 푸들

- **테디베어 컷**: 푸들 테디베어 컷은 푸들의 대표적인 스타일로, 얼굴을 둥글고 부드럽게 다듬어 곰인형 같은 귀여운 이미지를 연출하는 커트 방식이다. 두상과 머즐의 비율을 자연스럽게 맞추어 전체적으로 동글동글한 느낌을 살리며, 다리와 몸통은 균

형을 맞춰 깔끔하게 정리한다.

- **양송이 컷**: 푸들 양송이 컷은 두상을 양송이 모양처럼 풍성하고 둥글게 다듬어 귀여움을 강조하는 스타일이다. 머즐은 작고 깔끔하게 정리하여 둥근 두상과 조화를 이루며, 브로콜리 스타일과 비슷하게 볼륨감을 살린 커트가 특징이다.

- **브로콜리 컷**: 푸들 브로콜리 컷은 브로콜리의 둥근 형태를 닮은 스타일로, 얼굴과 귀, 이마 라인을 자연스럽게 이어주어 부드럽고 풍성한 이미지를 연출한다. 두상은 동그란 형태로 볼륨감을 살려 깔끔하게 다듬고, 주둥이 털은 작고 둥글게 커트하여

귀여움을 강조한다.

4) 이중모(double-coated breeds)

언더코트(속털)와 겉털로 구성된 이중모는 털갈이 시기에 빠진 털을 효과적으로 제거하는 관리가 필요하다. 다만, 지나친 짧은 미용은 언더코트의 재생을 방해할 수 있으므로 주의하여 진행해야 한다.

① 포메라니안

- **곰돌이 컷**: 포메라니안 곰돌이 컷은 둥글고 귀여운 곰인형 같은 이미지를 연출하는 스타일로, 포메라니안의 대표적인 미용 방식 중 하나다.

- 물개 컷: 물개 컷은 얼굴과 몸을 자연스럽게 연결해 포메라니안의 귀여운 외형을 돋보이게 하는 스타일이다. 짧고 부드럽게 다듬어진 털로 매끄럽고 깔끔한 이미지를 연출하며, 물개를 연상시키는 곡선미가 특징이다.

5) 견종 표준 스타일에 대한 이해

견종 표준 스타일은 반려견의 고유한 매력을 살리고 품종 고유성을 유지하는 데 필수적이다. 이를 바탕으로 보호자의 요구에 맞춘 응용 스타일링도 가능하다.

3 반려인의 요구와 라이프스타일

1) 보호자의 관리 편의성 고려

① 일상 관리의 용이성: 보호자가 털 관리를 쉽게 할 수 있도록 엉킴이 적고 브러싱이 간편한 스타일을 추천한다.

> 예 털이 자주 엉키는 장모종 반려견에게는 짧고 깔끔한 알머리나 전체 클리핑 스타일을 적용하여 일상 관리를 용이하게 한다.

② 시간과 비용 절약: 미용 주기가 길거나 집에서도 간단히 손질할 수 있는 스타일을 제안한다.

> 예 털이 짧은 단모종 스타일은 정기적인 트리밍이 필요하지 않아 보호자의 시간과 비용 부담을 줄일 수 있다.

③ 다양한 라이프스타일 맞춤: 반려인이 활동적인 라이프스타일을 가지고 있다면, 산책

과 야외 활동에 적합한 짧고 실용적인 스타일을 추천한다. 반대로, 실내 생활이 많은 경우는 털을 길게 유지하면서도 깔끔한 스타일을 선호하는 경향이 있다.

2) 계절 및 환경에 따른 스타일 조정

① **계절에 따른 조정:** 여름철에는 더위를 피할 수 있도록 털을 짧게 다듬거나, 이중모 반려견은 데쉐딩을 통해 언더코트를 정리한다. 겨울철에는 보온 효과를 유지할 수 있도록 털을 길게 유지하면서, 발바닥 털과 귀 주변만 깔끔하게 다듬는다.

② **환경적 요인:** 야외 활동이 잦은 반려견은 오염과 엉킴을 방지하기 위해 간편한 스타일을 적용한다. 반대로, 실내 위주로 생활하는 반려견은 고급스럽고 풍성한 스타일로 관리할 수 있다.

③ **알레르기나 피부 민감성 고려:** 피부가 민감한 반려견은 털을 적절히 다듬어 환기와 피부 보호를 동시에 이루는 스타일을 추천한다. 피부 질환이 있는 반려견은 과도한 미용을 피하고, 자극이 적은 방식으로 털을 다듬는다.

3 커트란?

커트는 반려견의 털을 다듬고 스타일링하여 위생과 미적 가치를 높이는 과정이다. 반려견의 털 상태와 신체 구조를 고려하여, 견종 고유의 특징을 살리거나 보호자의 요청에 따라 맞춤형 스타일링을 제공한다.

1 커트의 주요 목적

① **위생 관리:** 털 엉킴 방지, 피부 환기 개선

② **미적 효과:** 균형 잡힌 외형 유지

③ **기능적 목적:** 계절에 따른 털 관리, 운동성 보완

2 커트의 기본 원리

커트의 기본 원리는 반려견의 신체 구조와 털의 특성을 이해하고, 균형 잡힌 스타일을 구현하는 데 있다. 특히, 비율, 볼륨, 결 방향, 가위 각도는 반려견의 고유한 특징을 살리며, 빠르고 정확한 결과물을 만드는 데 중요한 요소다.

1) 비율

얼굴의 상·하부 비율을 고려해서 스타일을 구현해야 한다.

① **머리(상부)와 턱(하부)의 비율**: 머리와 턱의 비율에 따라 얼굴의 인상이 크게 달라진다. 머리를 풍성하게 살리고 턱을 짧게 다듬으면 귀여움이 강조되며, 반대로 턱을 풍성하게 남기면 안정감과 무게감이 느껴진다.

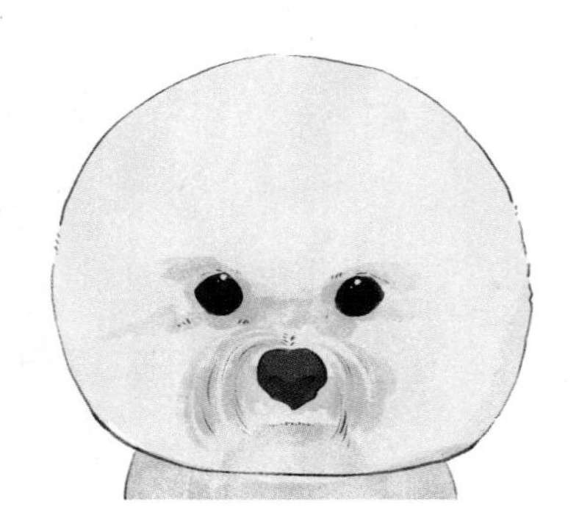
상부가 큰 경우

하부가 큰 경우

② **좌우 대칭**: 얼굴 좌우의 털 길이를 균형 있게 다듬어 자연스럽고 깔끔한 결과물을 만든다.

③ **둥근 형태 강조**: 상하부의 비율을 조정하면서 두상의 둥근 형태를 살리면 테디베어 컷과 같은 스타일이 빠르게 완성된다.

2) 볼륨

볼륨은 반려견의 머리와 턱, 좌우, 측면의 고점을 기준으로 조정하여 얼굴 형태를 조화롭게 만드는 데 중요한 역할을 한다. 고점의 크기와 위치는 얼굴의 전체적인 이미지를 결정하며, 이를 견종의 특징과 스타일에 맞게 조절해야 한다.

① **푸들 테디베어 컷:** 머리의 상부 고점을 높이고 볼륨을 풍성하게 살려 둥글고 귀여운 이미지를 강조한다. 턱의 하부는 작고 부드럽게 다듬어 상하부 간의 균형을 맞춰 동안의 매력을 극대화한다.

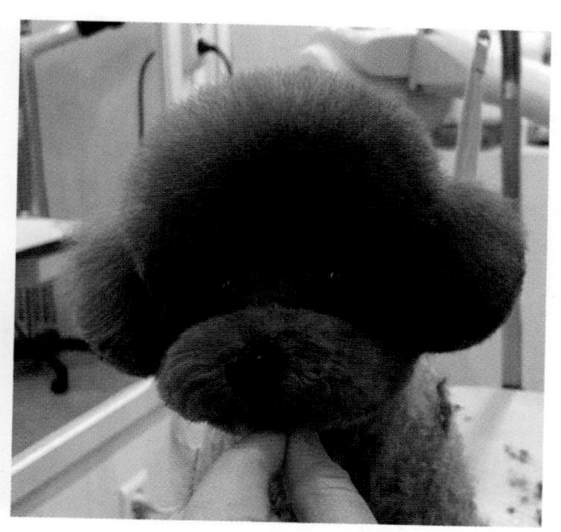

② **비숑 프리제 하이바 스타일:** 상하부와 좌우 측면의 고점 크기가 비슷할 경우, 볼륨이 균일하게 분포되어 얼굴이 둥근 하이바 스타일로 완성된다. 둥근 형태는 발랄하고 부드러운 이미지를 연출한다.

③ **베들링턴 테리어 스타일**: 측면의 고점을 길고 크게 만들고, 상하부의 고점을 작게 조정하면 긴 얼굴형과 날렵한 인상을 줄 수 있다. 이 스타일은 유려한 곡선과 독특한 외형을 강조한다.

3) 결 방향

털의 결을 따라 코밍(빗질)하고 커트하면 자연스럽고 부드러운 결과물이 나오지만, 결 방향을 무시하면 털끝이 삐죽하거나 어색한 모양이 될 수 있다. 커트 방식과 가위 각도에 따라 볼륨감과 라인이 크게 달라지므로 결 방향을 이해하고 활용하는 것이 중요하다.

① 결을 모아 커트했을 때와 펼쳐서 커트했을 때의 차이

- **결을 모아 커트**: 결을 따라 털을 모아 커트하면 볼륨이 살아나고 둥근 형태를 만들기에 적합하다. 다리의 기둥 같은 볼륨을 살리기 위해 결을 모아 커트하면 더욱 자연스럽고 풍성한 형태를 완성할 수 있다.

> 예 얼굴의 둥근 볼륨을 만들 때 결 방향으로 털을 가운데로 모아 일자로 커트하면 자연스럽고 풍성한 이미지를 연출한다.

- **결을 펼쳐서 커트**: 결을 펼쳐서 커트하면 깔끔하고 선명한 라인을 만들 수 있다. 귀끝 라인을 정리할 때 결을 펼쳐 커트하면 세련되고 정돈된 느낌을 준다.

> 예 다리와 발바닥 털을 정리할 때 결을 따라 빗질한 뒤 펼쳐 커트하면 경계가 명확한 깔끔한 라인이 형성된다.

4) 커트의 기본 도구 활용

① 가위: 디테일한 작업과 자연스러운 마무리

② 클리퍼: 몸통과 다리 등의 넓은 면적을 빠르게 정리

③ 빗: 커트 중 털 결 정리 및 작업 정확도 향상

5) 커트의 종류

① 전체 클리핑: 털 길이를 일정하게 유지하며 관리 편의성 증대

② 디자인 커트: 품종별 고유의 미용 스타일 구현

③ 부분 커트: 얼굴, 귀, 다리 등 특정 부위를 강조하는 스타일

Ⅱ 다양한 미용 스타일의 이해와 실습

푸들 테디베어 컷	특징	둥글고 부드러운 얼굴형과 다리의 볼륨감 강조
	커트 포인트	얼굴: 둥근 형태로 균형 잡기 다리: 풍성한 볼륨 유지 몸통: 가위를 사용하여 털의 볼륨을 조절
포메라니안 곰돌이 컷	특징	둥근 얼굴과 풍성한 몸통 털 강조
	커트 포인트	얼굴: 작은 원형으로 귀와 턱의 털 정리 몸통: 가위를 사용하여 털의 볼륨을 조절
비숑 프리제 귀툭튀 컷	특징	귀가 강조된 둥근 헤어스타일
	커트 포인트	얼굴: 둥근 형태 유지, 귀 부분 털 볼륨 살리기 몸통: 부드럽게 연결하며 자연스럽게 마무리
푸들 전체 클리핑	특징	털을 짧게 다듬어 관리 편의성 향상
	커트 포인트	전체: 클리퍼를 사용해 일정한 길이로 균일하게 다듬기 디테일: 귀끝과 꼬리의 털 길이를 맞춰 깔끔하게 마무리

1 푸들 테디베어 컷

1 푸들의 이해

푸들은 전체적인 몸의 형태가 스퀘어 타입으로 다리와 얼굴이 긴 품종이다. 전신이 신축성이 좋은 털로 덮여 있어 여러 스타일의 창작 미용이 가능하며 신체의 모든 부위에 라인을 넣어 시저링하기 때문에 애견미용의 정점이자 기본이라고 할 수 있다.

1) 테디베어 컷

푸들에서 가장 유행하는 기본 미용 스타일 중 하나이다. 푸들 테디베어 컷은 얼굴과 몸의 털을 조화롭게 다듬어 둥글고 귀여운 테디베어 같은 인상을 강조하는 스타일로 얼굴은 풍성한 볼륨을 유지하고 귀와 얼굴의 균형을 조화롭게 맞추는 것이 포인트이다. 귀털을 자르는 형태에 따라 이미지가 다르게 표현된다. 귀를 길게 늘어뜨리면 부드럽고 여성스러운 느낌이 나고 반대로 짧고 둥글게 자르면 귀여운 이미지가 돋보이는 모양이 나오게 된다. 얼굴의 경우 양옆 사이즈를 잡고 크라운의 높이를 정하면 비율을 맞추기 쉽다. 보통 크라운과 머즐의 사이즈를 6:4 정도로 잡으면 가장 이상적인 얼굴이 된다.

얼굴과 귀의 크기에 따라서도 이미지가 변하기 때문에 비율, 대비, 강조, 균형, 조화 등 기초 응용미용을 연습하기에 적합하다.

2) 미용도구

민 가위, 요술 가위, 커브 가위, 시닝 가위, 콤, 소형 클리퍼

3) 미용순서

정해진 순서는 없지만 램클립 순서대로 하면 편하게 미용할 수 있다. 얼굴과 몸의 순서는 바뀌어도 상관없다. 하지만 얼굴과 몸의 사이즈 반드시 고려해서 초벌을 잡는 것이 중요하다.

푸들 테디베어 컷

4) 얼굴 커트

01. 미용 전 완벽하게 코밍하여 견체의 장단점을 파악하고 전체 기장을 정한다.

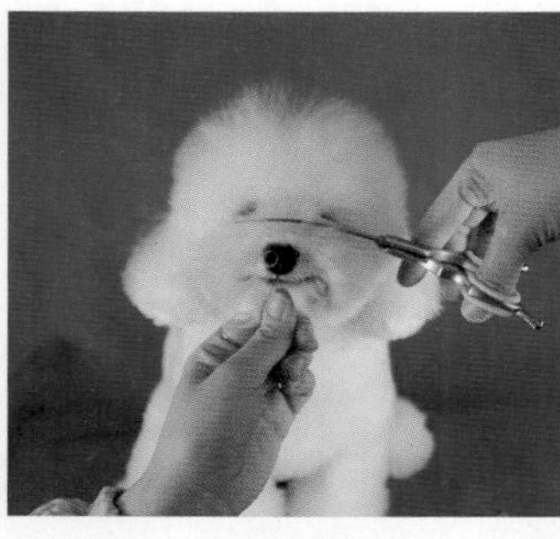

02. 얼굴의 중심선을 잡기 위해 눈 주변 털을 결 방향으로 빗질한 뒤, 콧등의 눈앞 털을 일자로 커트한다.

03. 양쪽의 눈물받이 털을 위로 빗어 올린 뒤, 깔끔하게 커트한다.

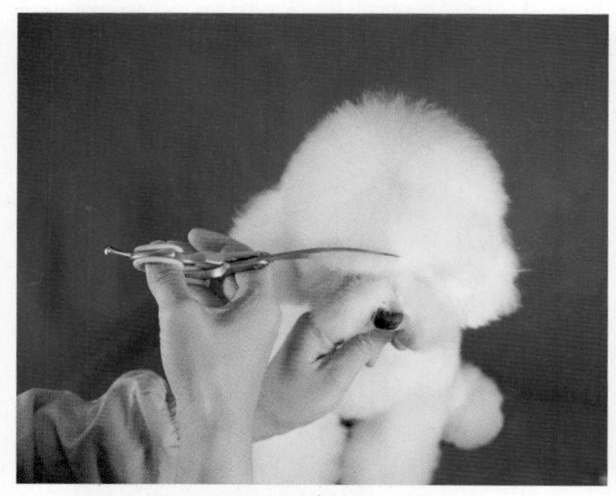

04. 이마의 털을 앞으로 빗어 일직선을 커트한다.

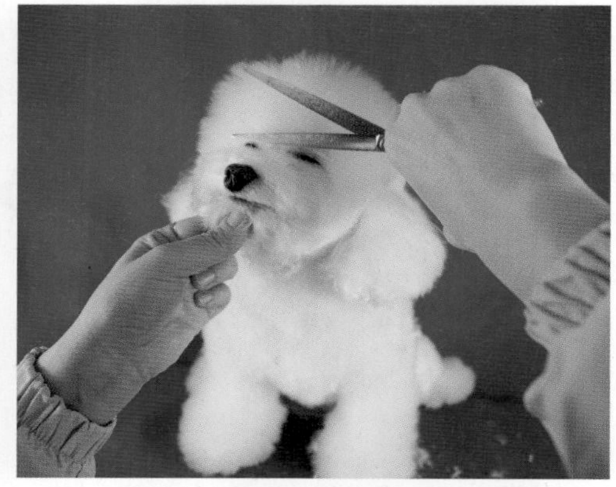

05. 결방향대로 코밍하여 눈앞부터 크라운까지 자연스럽게 연결되도록 커트한다.

06. 립라인에 맞춰 입 안으로 들어가는 털을 가위 또는 클리퍼로 깨끗하게 제거한다.

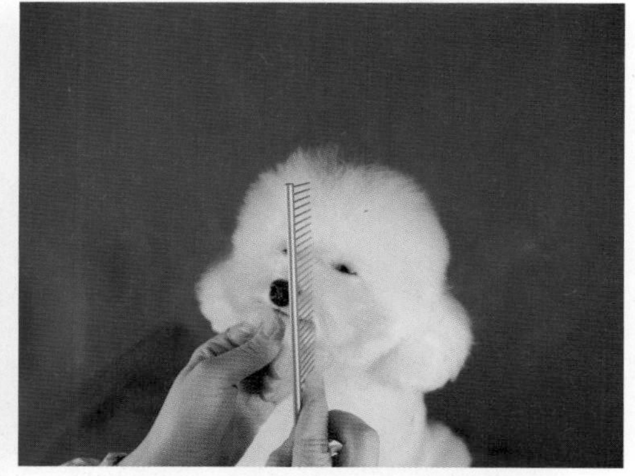

07. 머즐털을 결방향으로 코밍한다. 이때 너무 세우거나 눕히지 않도록 주의한다.

TIP 가위나 클리퍼를 사용하여 립라인 정리 시 턱아래에 움푹 들어간 곳을 살짝 누르면 혀가 나오지 않는다.

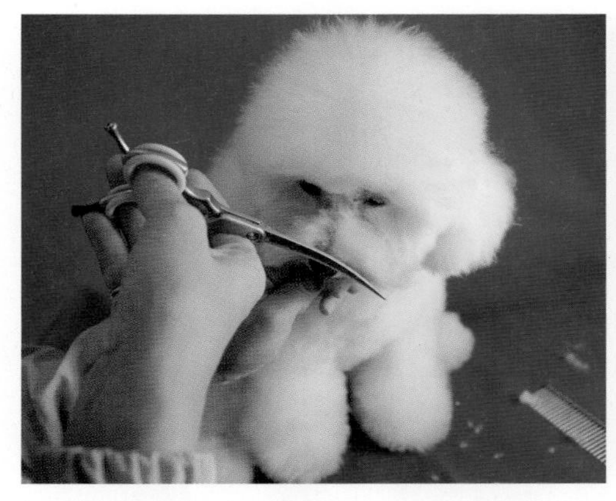

08. 정확히 코밍한 후 코앞쪽으로 나오는 털을 커트한다.

09. 얼굴 크기를 가늠한 뒤, 측면을 11자 모양으로 약간 여유 있게 커트한다.

10. 귀를 젖히고 턱선을 수평으로 자르고 옆턱 라인을 귀 앞까지 사선으로 자연스럽게 굴린다.

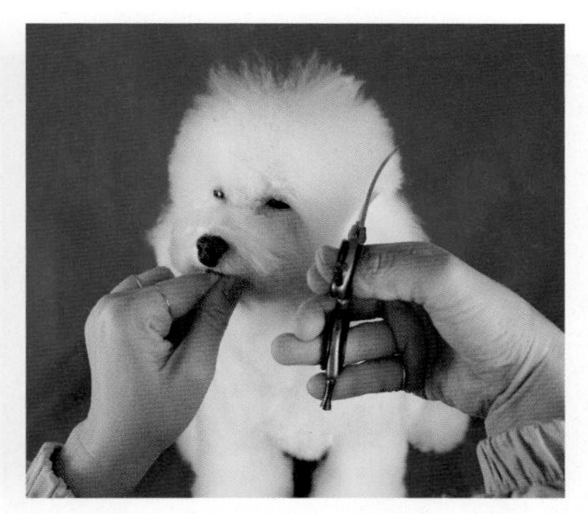

11. 크라운과 귀가 분리되도록 귀의 높이를 정하고 정확하게 커트한다.

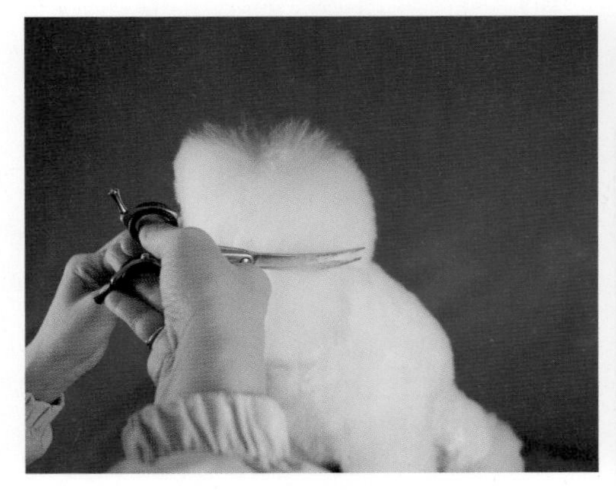

12. 정해진 귀의 위치에 따라 뒤통수와 연결한다.

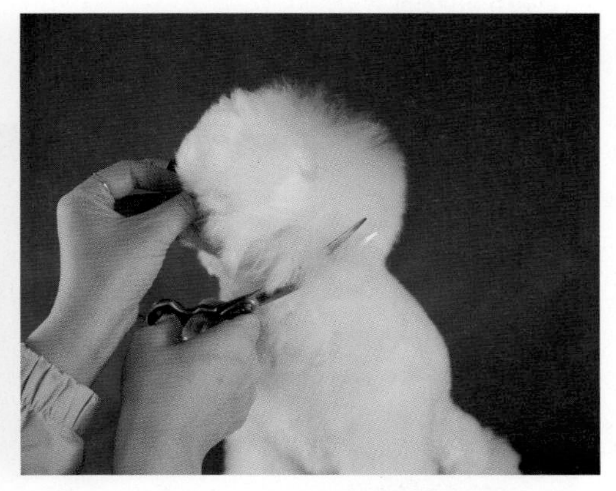

13. 동그랗게 내려온 뒤통수 끝부분과 귀를 들어 턱라인의 끝을 연결하여 귀와 턱, 목라인을 분리한다.

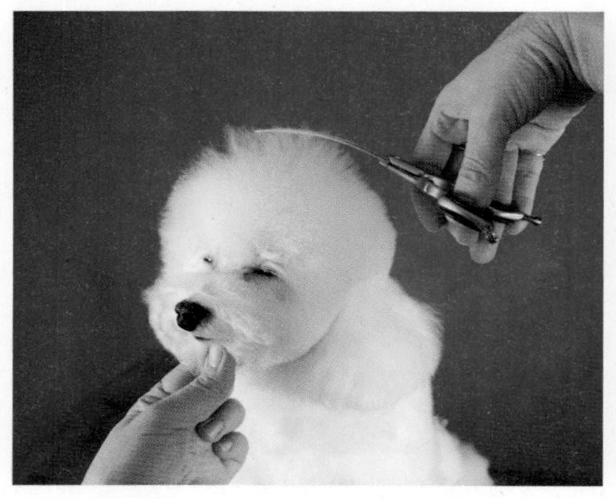

14. 크라운의 높이를 정하고 커트해준다. 크라운과 머즐의 사이즈는 6:4 정도가 적당하다.

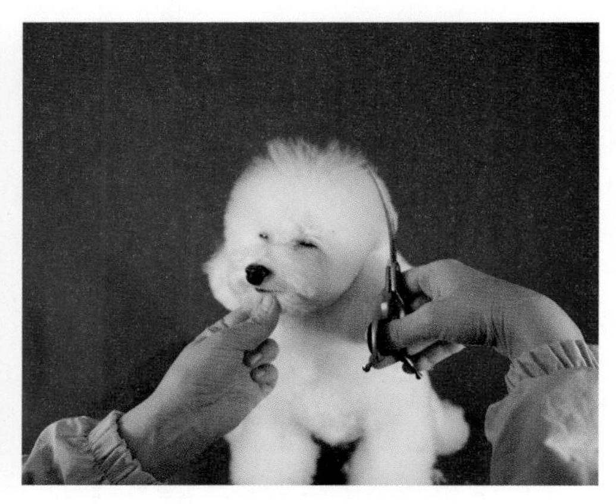

15. 정해진 크라운의 높이에 맞춰 공 모양을 생각하며 양옆을 동그랗게 커트한다.

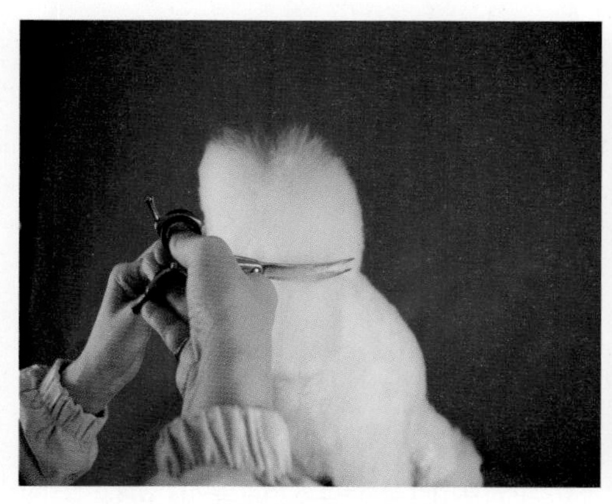

16. 귀 뒤쪽부분도 정확히 분리하여 동그랗게 커트한다. 귀를 짧게 커트할 경우 반드시 귀끝 부분을 손가락으로 잡고 커트한다.

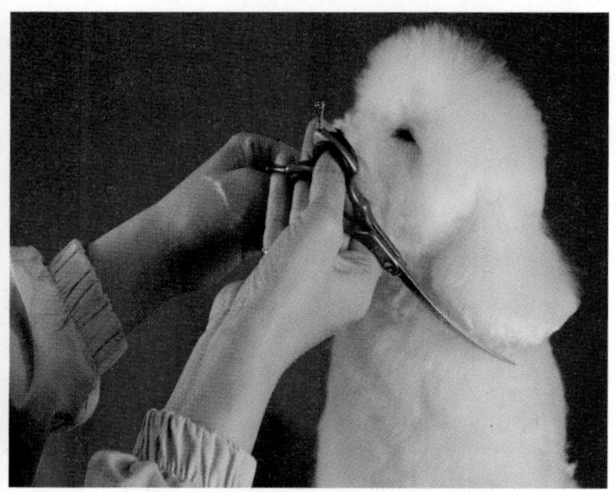

17. 귀의 끝부분과 기장을 고려하여 부채꼴 모양으로 동그랗게 커트한다. 귀의 기장에 따라 분위기가 다르게 표현된다.

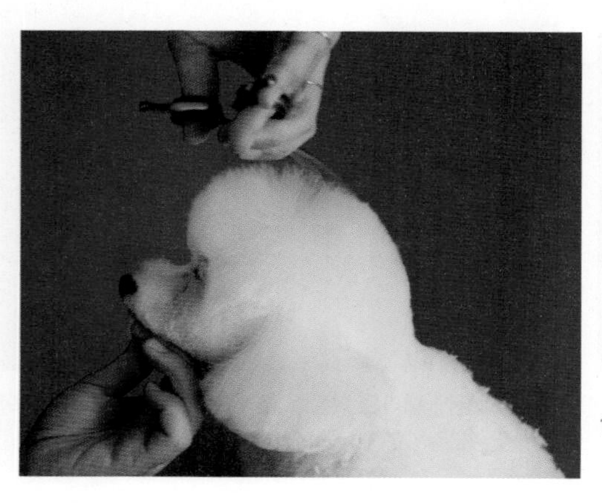

18. 전체적인 얼굴 라인을 동그랗게 다듬으며 모서리를 부드럽게 정리한다.

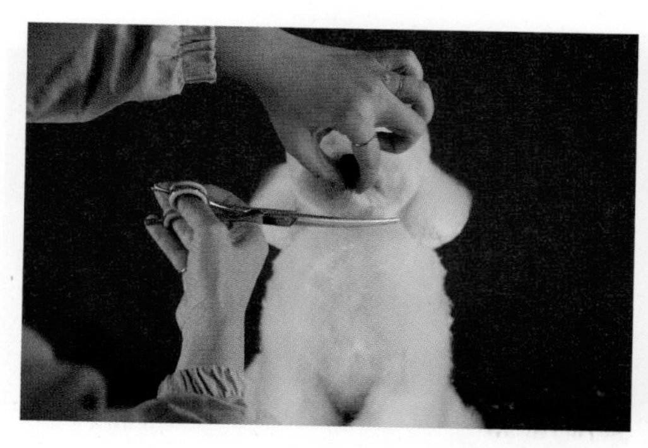

19. 턱의 털을 아래로 빗질한 뒤 양쪽 머즐과 자연스럽게 연결되도록 커트한다.

20. 최종적으로 정확히 코밍하여 민 가위로 깔끔하게 정리해 준다.

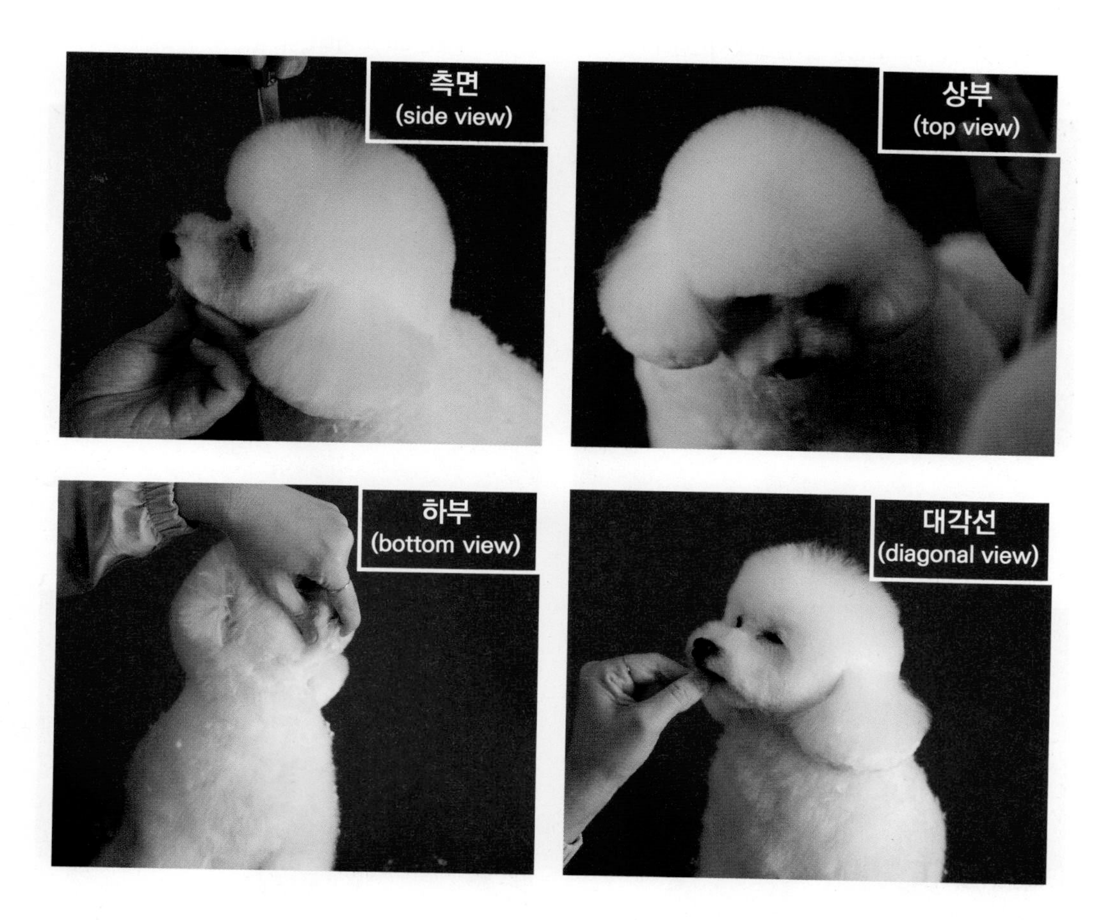

5) 몸 커트

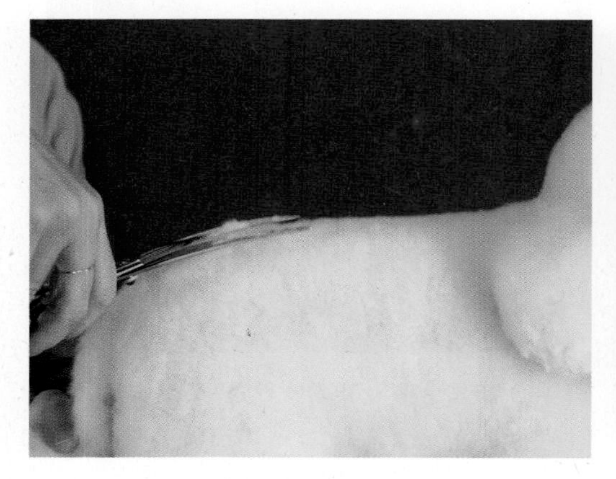

01. 몸의 기장을 정하고 등을 일직선으로 커트한다.

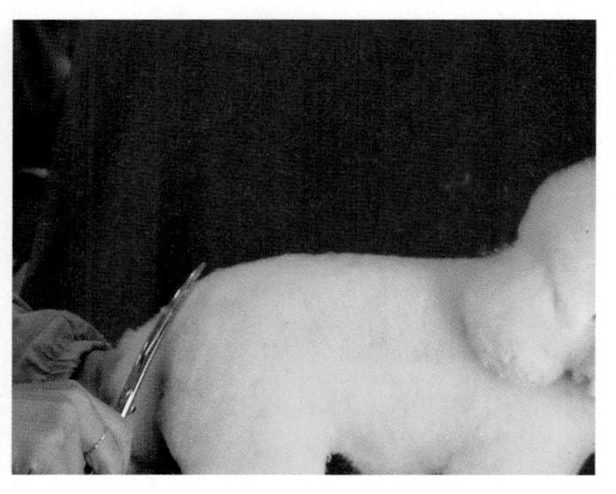

02. 꼬리 부분은 30˚로 커트한다.

03. 몸통의 사이즈를 정하고 옆라인을 커트한다.

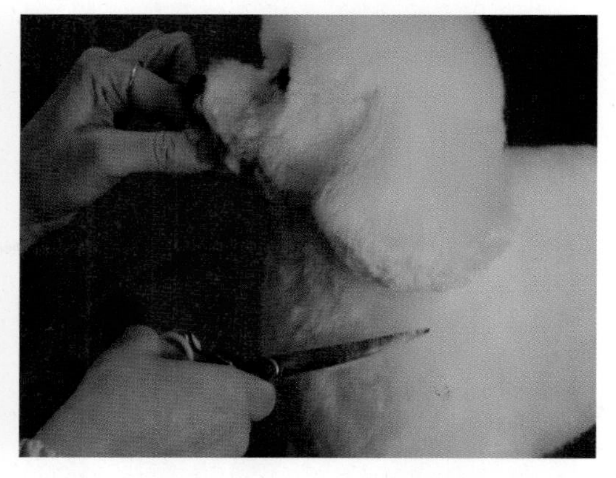

04. 목에서부터 앞가슴까지 일직선으로 내리고 어깨 사이즈를 정하여 커트한다.

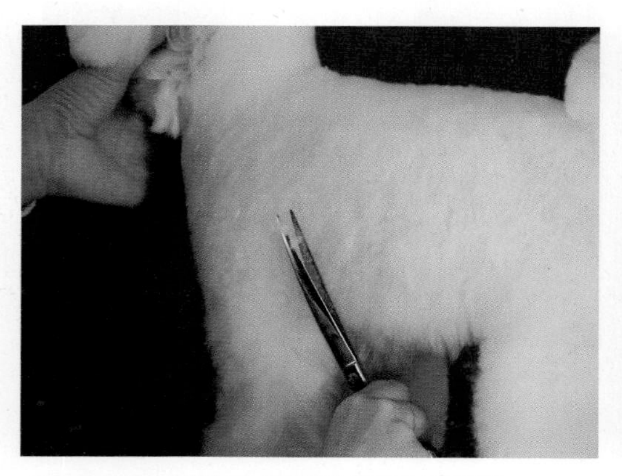

05. 겨드랑이 안쪽부터 턱업까지 굴리며 커트한다.

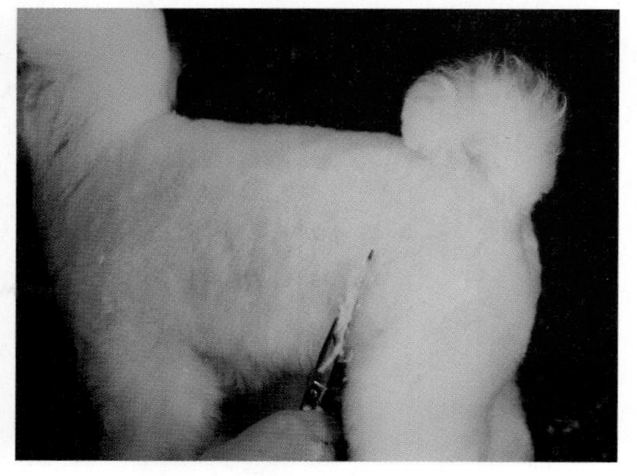

06. 턱업의 위치를 정하고 언더라인을 정리한다.

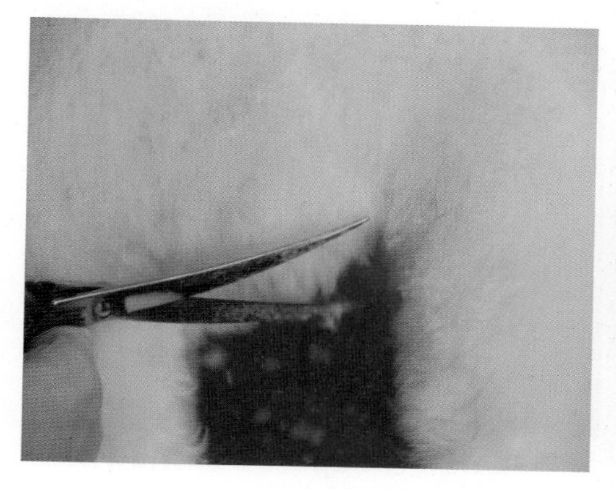

07. 옆구리와 언더를 자연스럽게 굴리며 연결한다.

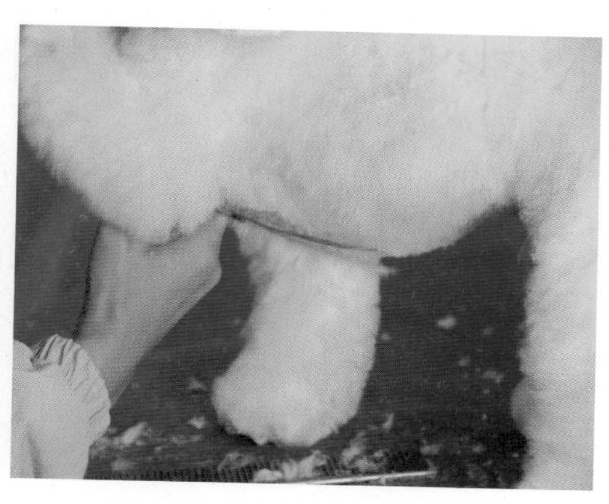

08. 언더라인은 안쪽까지 정확하게 커트한다.

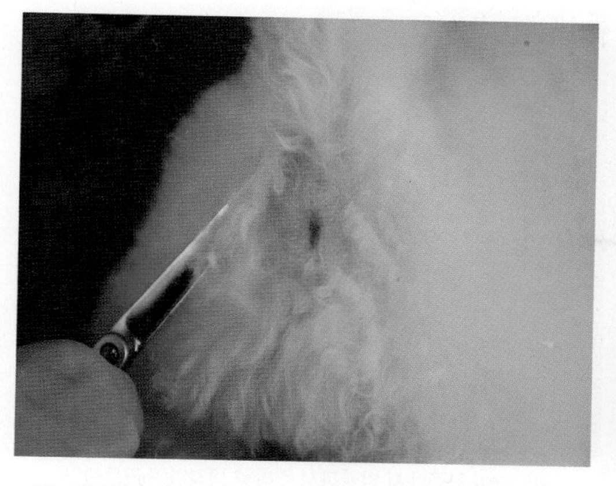

09. 항문은 배설물이 잘 묻기 때문에 깨끗하게 다이아몬드 모양으로 정리한다.

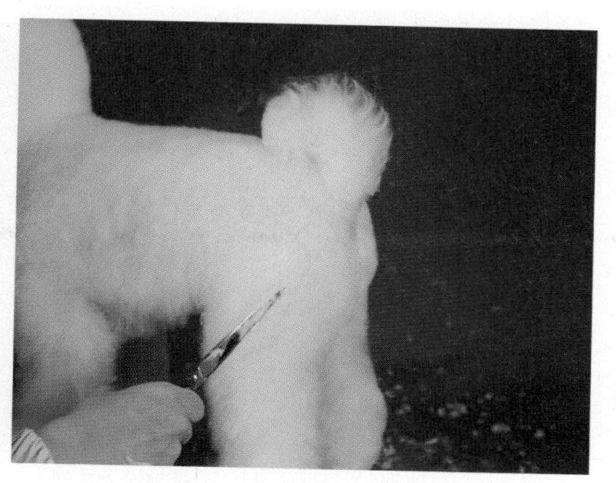

10. 몸통크기에 맞춰 발끝까지 일자로 커트한다.

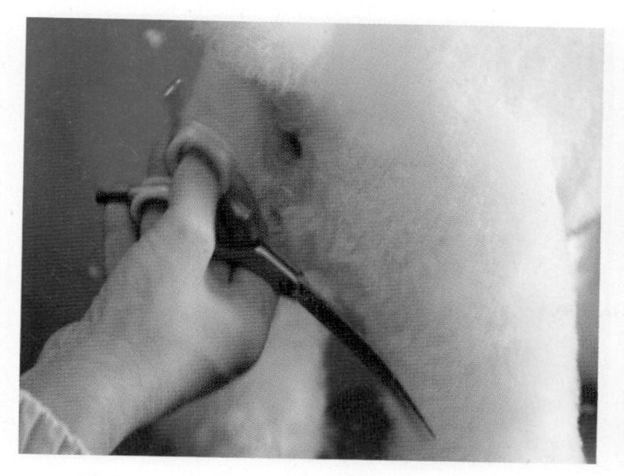

11. 뒷다리 안쪽은 살짝 안으로 들어가게 커트한다.

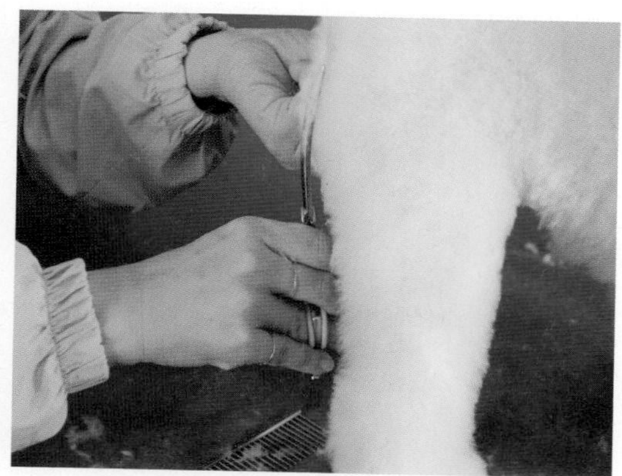

12. 볼륨 있는 다리를 표현하기 위해 좌골선을 살려 커트한다.

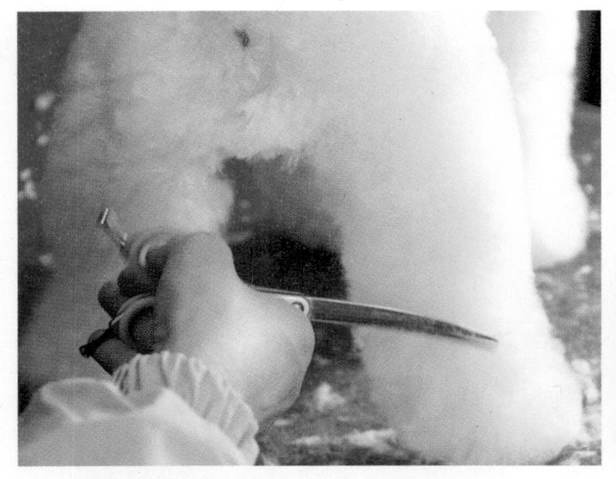

13. 좌골에서 비절까지 앵귤레이션을 만든다.

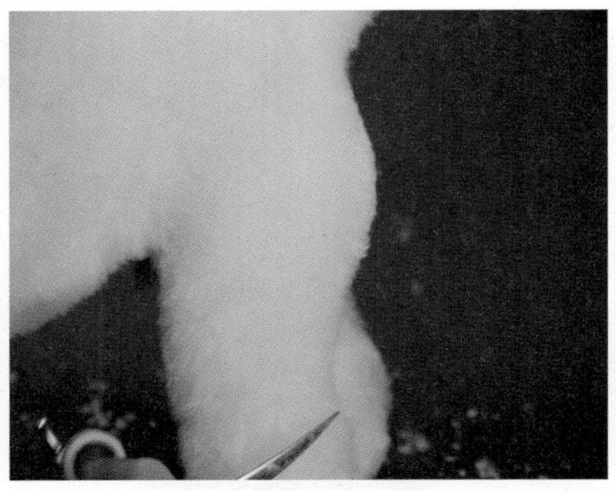

14. 각도를 조절하여 볼륨감을 줄 수도 있고, 좌골의 볼륨을 없애고 일자로 정리할 수도 있다.

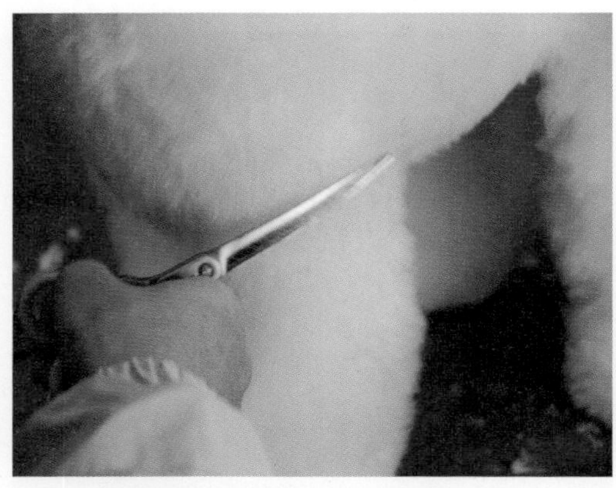

15. 정해진 어깨선에서 발끝까지 일직선으로 내려 커트한다.

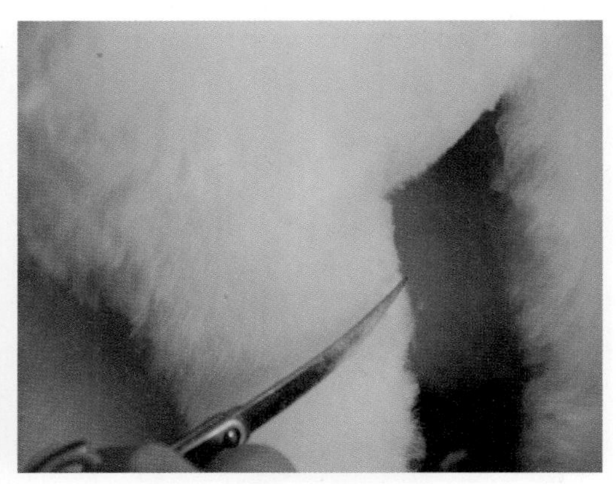

16. 겨드랑이 안쪽에서 발끝까지 원통을 생각하며 커트한다.

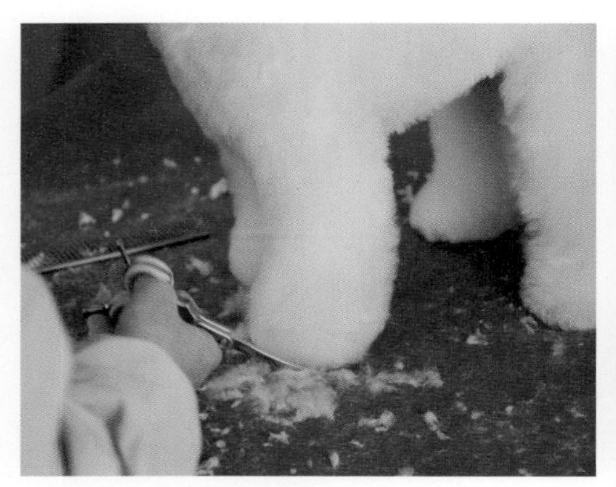

17. 발끝도 동그랗게 커트한다.

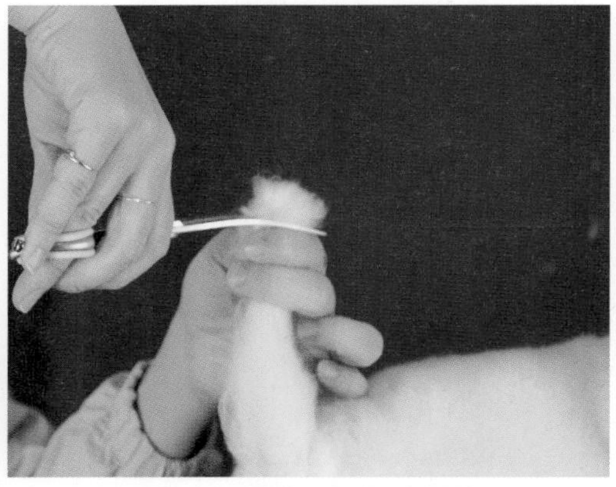

18. 꼬리의 전체적인 기장을 정한 후 꼬리끝을 모아 잡고 커트한다.

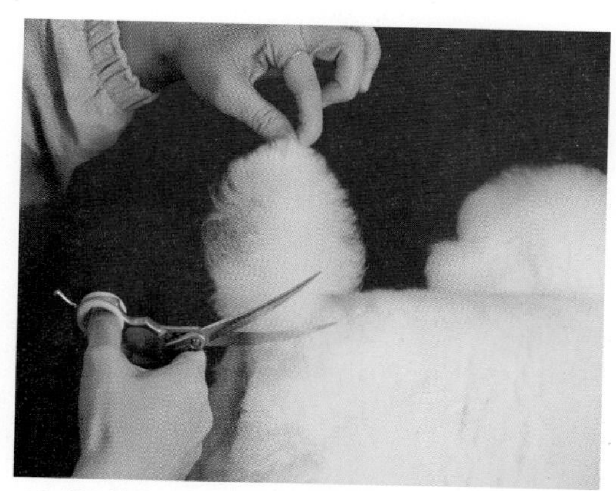

19. 공모양이 될 수 있게 꼬리 끝부분을 잡고 아래쪽 반원을 만들고 위쪽도 동그랗게 커트해 준다.

Finsh

2 비숑 귀툭튀 컷

1 비숑 프리제의 이해

비숑 프리제는 민감한 피부와 부드럽고 곱슬곱슬한 이중모 구조를 가진 견종으로, 주기적인 피부와 털 관리를 필요로 한다. 피부는 건조하거나 알레르기에 취약하므로 저자극 샴푸와 보습 제품을 사용하고, 매일 빗질로 엉킴을 예방하는 것이 중요하다. 둥근 얼굴 스타일을 유지하기 위해 전문 미용이 필요하며, 눈물이나 입 주변 털 관리를 철저히 하면 보다 아름다운 외모를 유지할 수 있다.

1) 귀툭튀 컷

귀툭튀 컷은 비숑 프리제의 귀여운 이미지를 더욱 돋보이게 하는 스타일로 하이바 스타일보다는 관리가 쉬워 대중적으로 인기가 가장 많은 미용 스타일이다. 귀툭튀 컷은 귀 주변 털을 풍성하고 둥글게 다듬어 귀가 얼굴에서 "툭" 튀어나온 듯한 스타일로 귀여운 매력을 강조하는 것이다. 둥근 얼굴 비율과 자연스럽게 조화를 이루도록 귀와 얼굴 털을 분리하여 귀가 강조되어 보이도록 한다. 이 스타일은 비숑 특유의 사랑스러운 이미지를 극대화하는 것이 특징이다. 보통 크라운과 머즐의 사이즈를 6:4 또는 5:5 정도로 잡으면 가장 이상적인 얼굴이 된다.

얼굴과 귀의 크기에 따라서도 이미지가 변하기 때문에 비율, 대비, 강조, 균형, 조화 등을 고려하여 미용한다.

2) 귀툭튀와 테디베어의 차이

귀툭튀와 테디베어의 가장 큰 차이점은 얼굴 사이즈와 귀의 사이즈, 귀의 모양에 있다. 테디베어는 얼굴이 귀툭튀보다 작다. 따라서 얼굴이 작은 푸들에게 테디베어가 잘 어울리고 푸들에 비해 얼굴의 골격이 큰 비숑에는 귀툭튀가 잘 어울린다. 커트 방법과 순서는 비슷하지만 사이즈와 비율 면에서는 큰 차이를 보인다. 테디베어는 귀의 기장이 턱 아래로 내려올 수도 있지만 귀툭튀는 턱 아래로 내려올 수 없다.

3) 미용도구

민 가위, 요술 가위, 커브 가위, 시닝 가위, 콤, 소형 클리퍼

4) 미용순서

정해진 순서는 없지만 램클립 순서대로 하면 편하게 미용할 수 있다. 얼굴과 몸의 순서는 바뀌어도 상관없다. 하지만 얼굴과 몸의 사이즈를 반드시 고려해서 초벌을 잡는 것이 중요하다.

비숑 프리제 보노보노 컷

5) 얼굴 커트

01. 미간을 남기는 미용으로 눈앞에서 코와 일직선이 되도록 눈앞만 커트한다.

02. 미간에 있는 털을 건드리지 않고 눈위를 덮는 털을 제거한다.

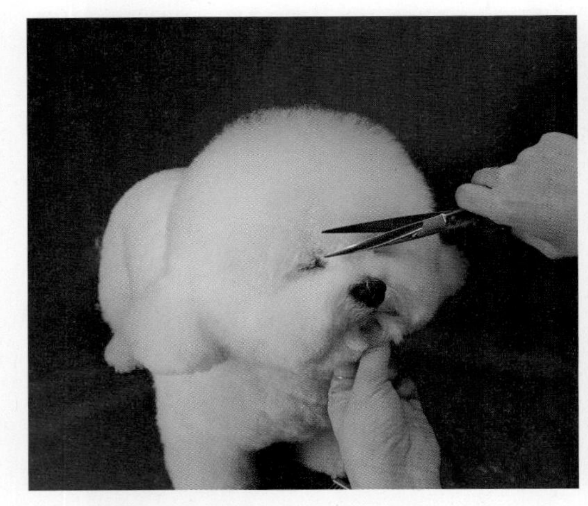

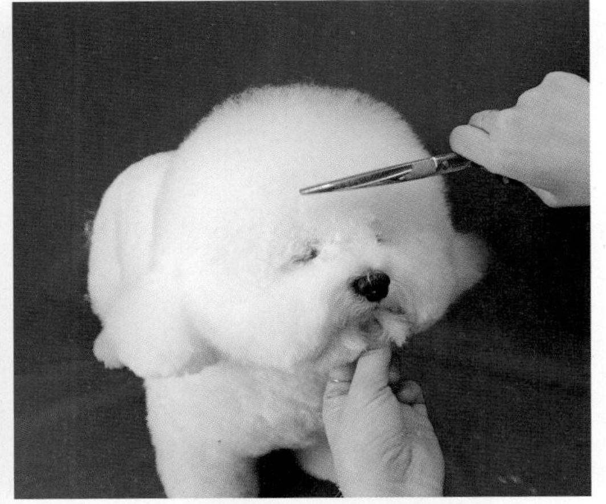

03. 코에서부터 이마까지 자연스럽게 연결하여 미간 털이 너무 짧게 쳐지지 않게 정리한다. 여기서 눈앞을 너무 많이 남기면 답답해 보이므로 귀를 앞으로 당겨 눈위 라인을 깨끗이 정리한다.

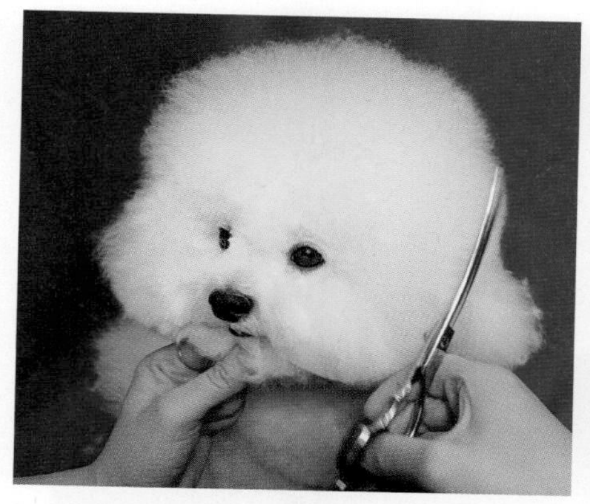

04. 얼굴크기를 정하고 귀앞의 털을 제거한다. 이때 내가 설정한 사이즈보다 약간 크게 잡는다.

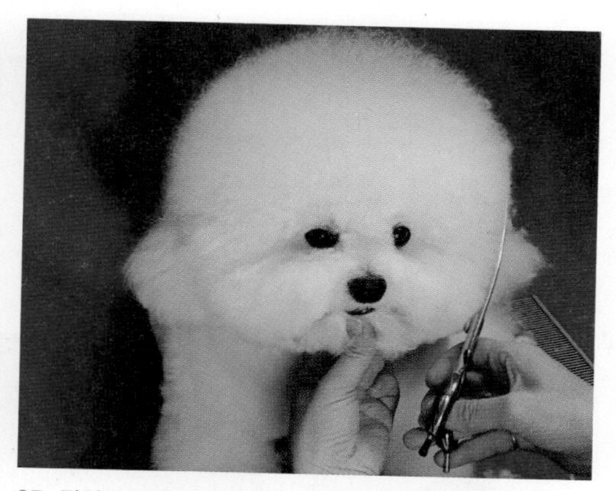

05. 귀의 높이를 정하고 귀와 얼굴이 분리되도록 커트한다.

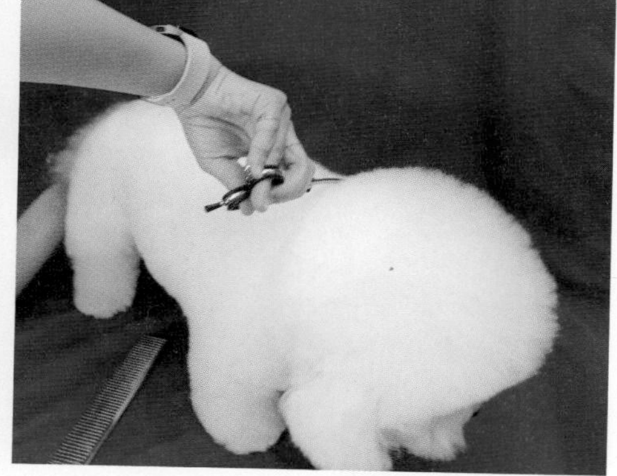

06. 크라운부터 뒤통수까지 원의 사이즈를 생각하며 동그랗게 커트한다.

07. 모서리가 없도록 최종적으로 민 가위로 정리한다.

비숑 프리제 퀴툭퀴 컷

6) 얼굴 커트

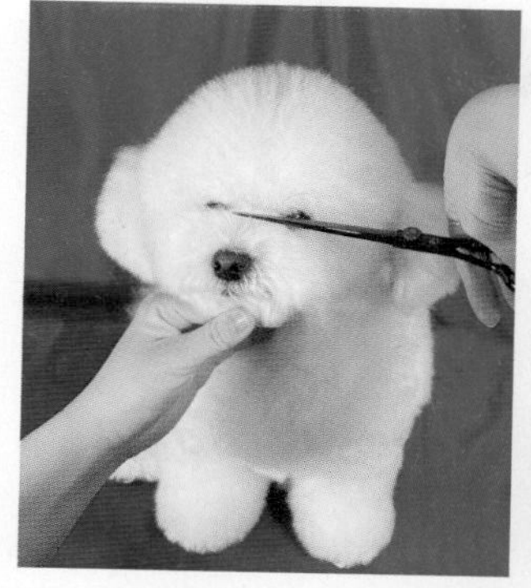

01. 눈앞을 일직선으로 커트 후 눈위를 덮는 털을 제거한다.

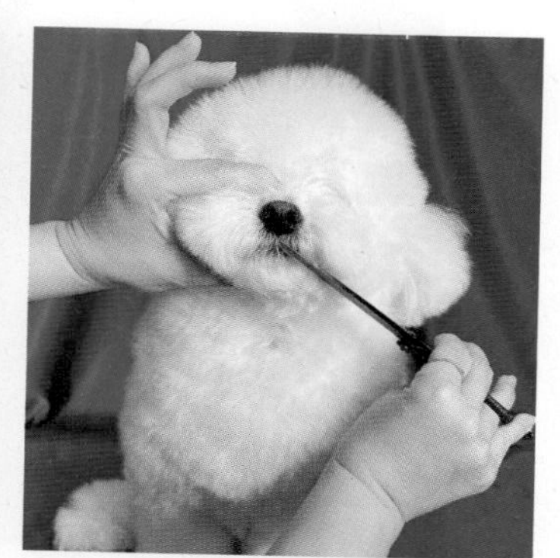

02. 립라인을 가위로 깔끔하게 정리한다.

03. 얼굴의 크기를 설정한 후 귀앞과 귀 위쪽을 얼굴과 분리하여 커트한다.

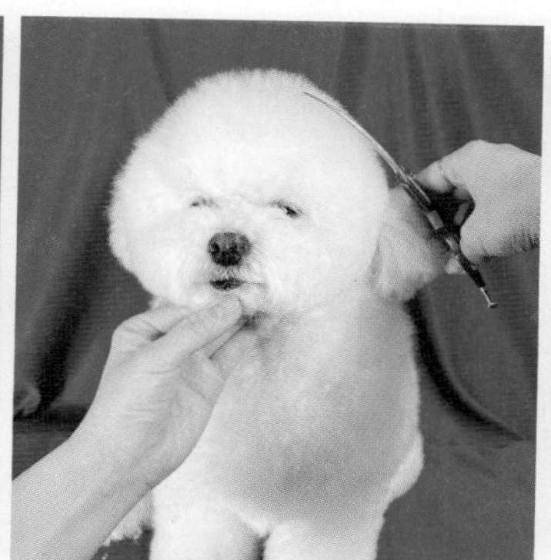
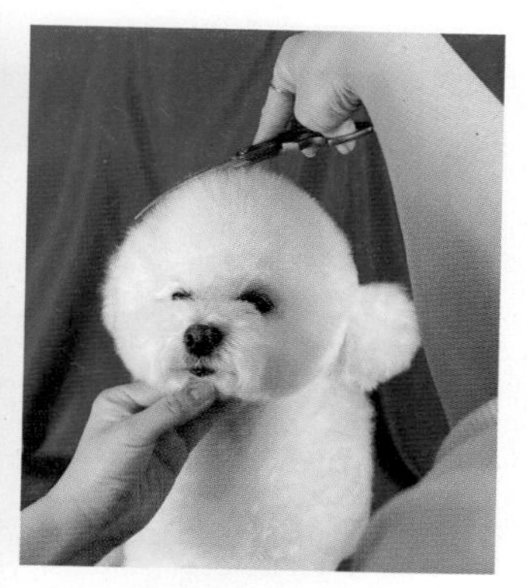

04. 눈앞에서부터 크라운, 뒤통수까지 동그랗게 굴린다.

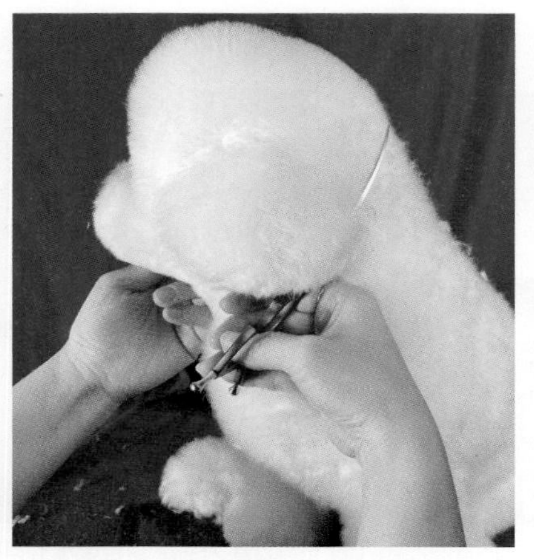
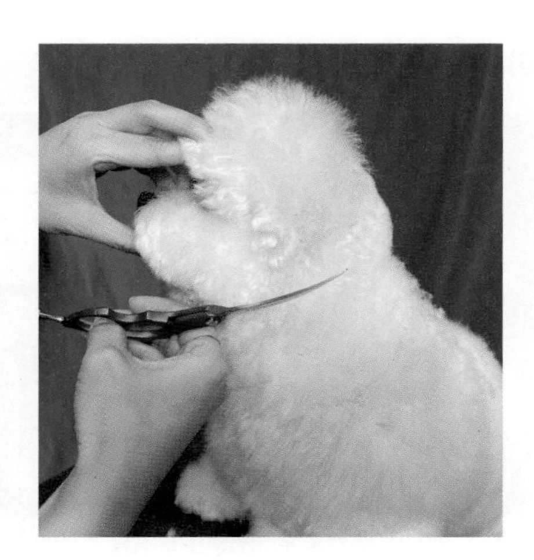

05. 귀를 들어 털을 정리하고 뒤통수까지 연결한다.

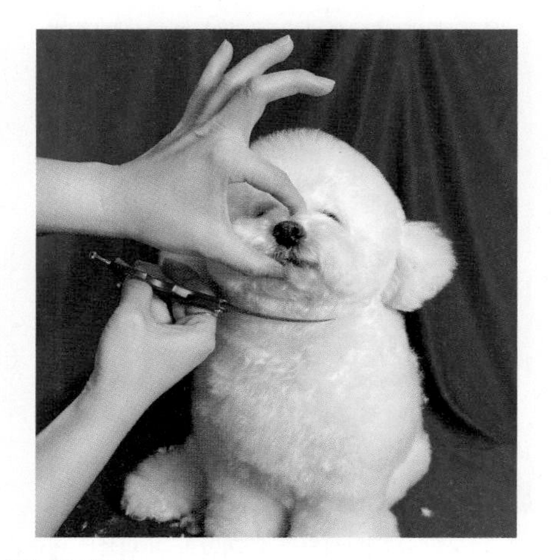

06. 턱 아래 사이즈를 설정한 후 턱 아래부터 귀앞까지 동그랗게 정리한다.

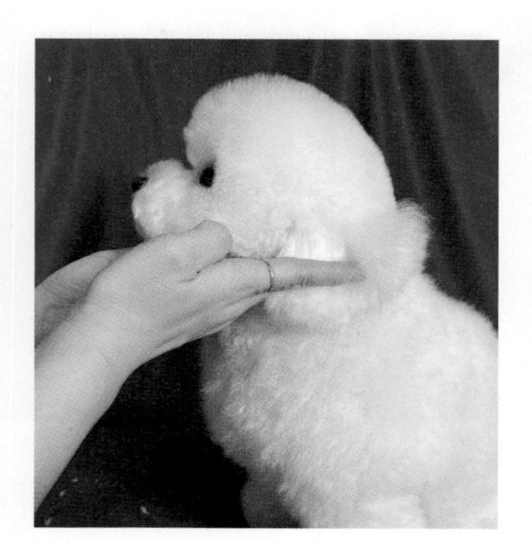

07. 귀 크기를 정하고 커트한다.

3 포메라니안 곰돌이 컷

1 포메라니안의 이해

포메라니안은 두꺼운 속털(언더코트)과 풍성한 겉털(탑코트)로 구성된 이중모를 가지고 있어 적정 길이를 유지하여 모질 손상과 피부 문제를 방지해야 하며, 속털까지 관리하여 털 엉킴을 예방해야 한다. 대부분 가위컷을 권장하지만 부득이한 경우 클리핑 미용을 해야 한다면 1cm 이상의 긴 날로 클리핑하길 권유한다.

1) 곰돌이 컷

곰돌이 컷의 얼굴 크기를 정할 때는 귀끝과 얼굴 전체 사이즈를 기준으로 한다. 눈끝이 얼굴에서 가장 넓은 부분이 되므로 이 지점을 기준으로 얼굴의 크기를 정하면 쉽다. 귀는 작고 동그란 느낌으로 커트한다. 귀 크기가 정해지면 귀 시작점에서 눈끝까지 사선으로 선을 내린다는 느낌으로 털을 정리한다. 이 선은 얼굴의 외곽선을 형성하므로, 부드럽고 자연스럽게 이어지도록 다듬는 것이 중요하다. 얼굴 중앙부는 동그란 모양을 유지하면서 귀와 눈 사이의 선이 부드럽게 이어지도록 다듬는다. 볼 부분은 너무 날카롭지 않게 살짝 둥글게 처리해 귀여운 인상을 주는 것이 포인트이다. 얼굴 커트를 완성한 후, 정면과 측면에서 얼굴이 대칭적으로 보이고 부드러운 라인이 유지되는지 확인한다.

2) 미용도구

민 가위, 요술 가위, 커브 가위, 시닝 가위, 콤, 소형 클리퍼

3) 미용순서

정해진 순서는 없지만 랩클립 순서대로 하면 편하게 미용할 수 있다. 얼굴과 몸의 순서는 바뀌어도 상관없다. 하지만 얼굴과 몸의 사이즈를 반드시 고려해서 초벌을 잡는 것이 중요하다.

포메라니안 곰돌이 컷

4) 얼굴 커트

01. 수염은 견주의 요구에 따라 제거하기도, 남기기도 한다. 가위 또는 발톱깍이를 이용하여 수염을 제거한다.

02. 눈앞 털을 깔끔하게 정리하여 눈이 강조되어 보이도록 한다.

03. 귀끝을 잡고 동그란 모양을 만든다.

04. 귀를 세워 잡고 주변 털을 동그랗게 정리한다.

05. 귀를 뒤에서 잡아 올려 귀를 세운 후 귀끝과 얼굴 사이즈를 고려하여 얼굴 사이즈를 잡는다.

06. 귀의 크기를 정한 후 귀 시작점에서 귀앞 라인을 따준다. 귀의 안쪽 털까지 정리하여 귀를 정확히 분리한다. 또는 자연스럽게 남기기도 한다.

07. 얼굴 사이즈와 어깨 사이즈를 고려하여 목의 두께를 정한다.

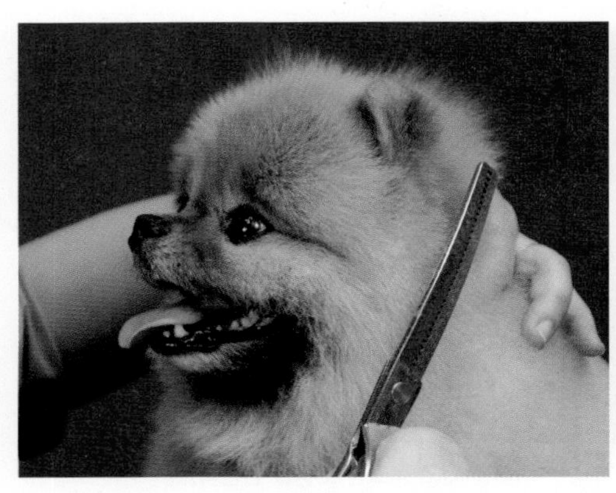

08. 목의 사이즈를 정할 때 너무 과도하게 넓지 않도록 주의한다.

09. 얼굴, 목, 어깨가 자연스럽게 연결되도록 정리한다.

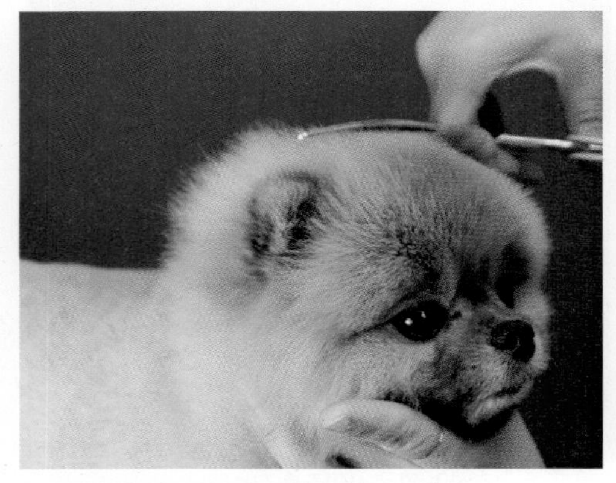

10. 귀앞 라인을 따라 크라운 사이즈를 정한다.

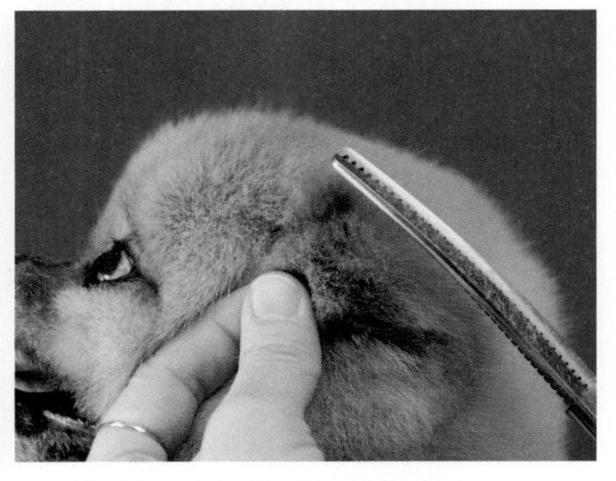

11. 귀를 앞으로 살짝 접어 뒤통수와 연결한다.

12. 눈앞부터 크라운 뒤쪽까지 지저분한 털을 정리한다.

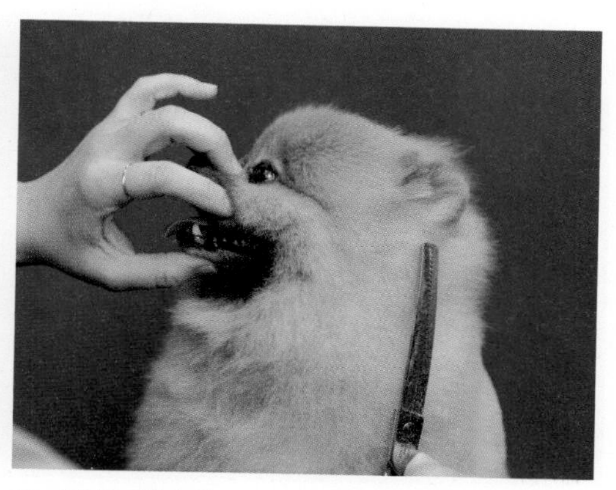

13. 얼굴을 돌려 어느 방향에서도 동그란 모습으로 정리한다.

Finish

5) 몸 커트

01. 목욕 드라이 후 꼼꼼히 코밍한다.

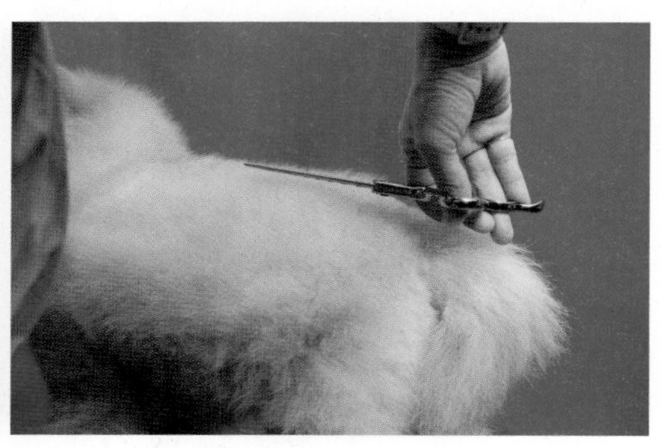

02. 등선을 일직선으로 커트한다.

03. 몸통의 크기를 정하고 어깨부터 좌골까지 일직선으로 커트한다.

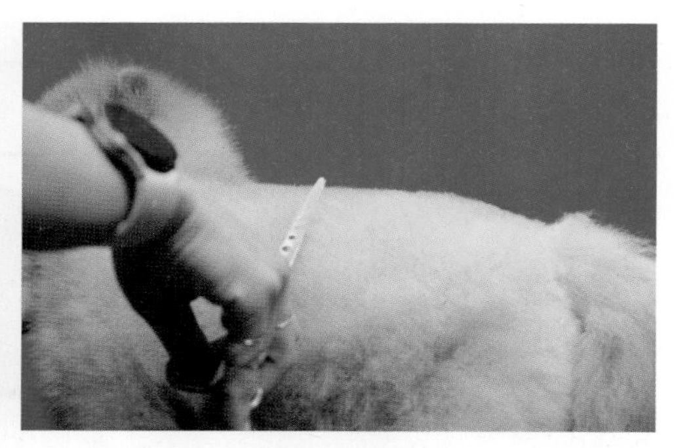

04. 등선과 옆구리를 자른 후 남은 모서리를 둥글게 정리한다.

05. 언더라인의 사이즈를 정한 후 커트한다.

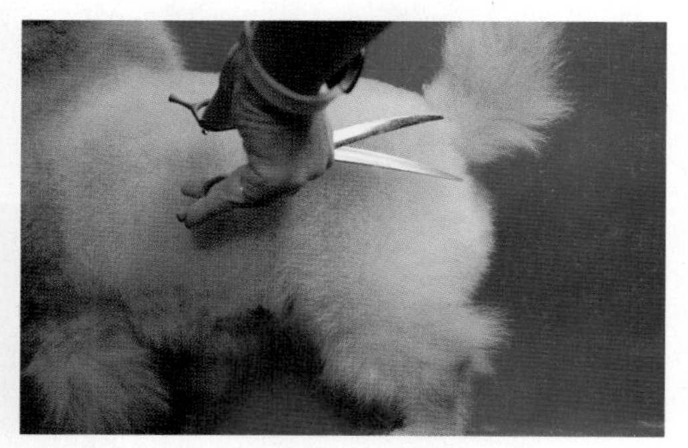

06. 엉덩이의 볼륨감을 생각하며 사이즈를 정한다.

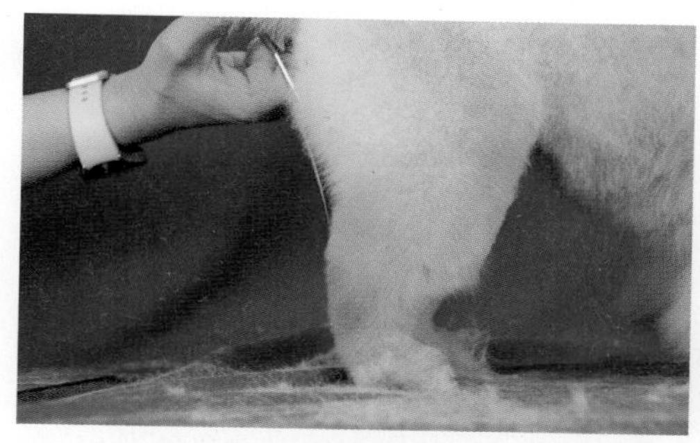

07. 닭다리 모양이 나오도록 좌골에서 비절까지 각을 만들어 커트한다.

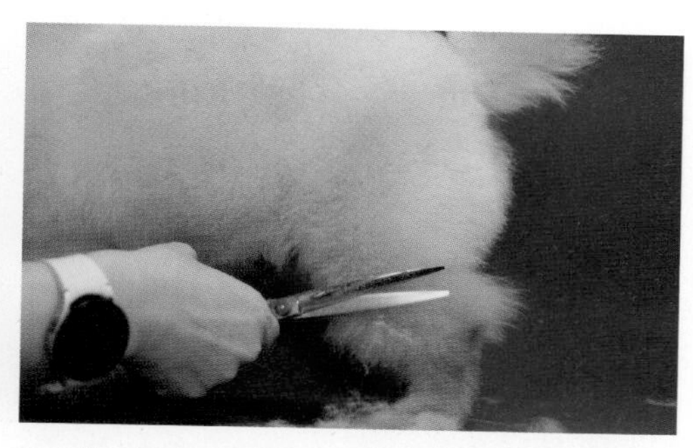

08. 좌골선에서 비절까지 자연스럽게 연결하여 커트한다.

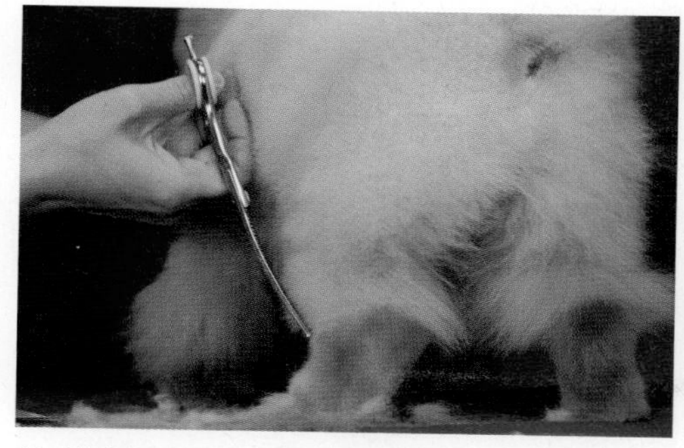

09. 뒷다리 앞쪽 털도 정리해 준다.

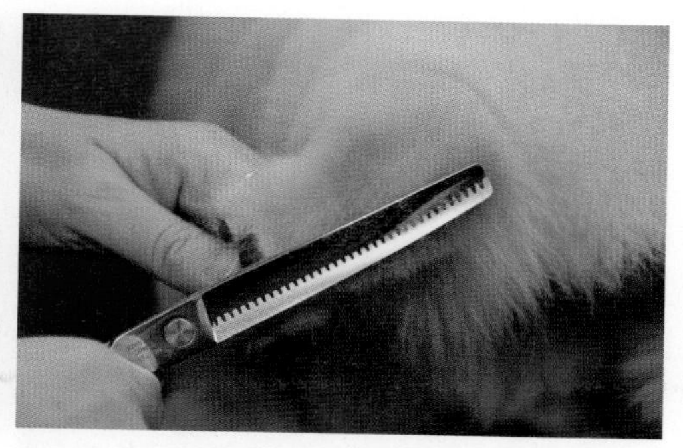

10. 뒷다리는 비절에서 발까지 일직선으로 커트해 준다.

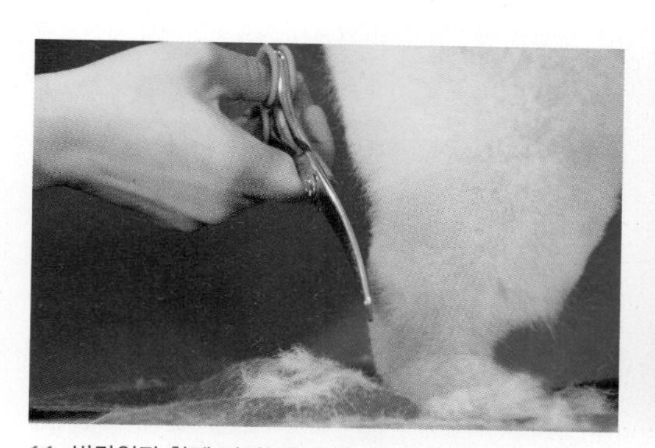

11. 발라인과 함께 지저분한 털을 정리해 준다.

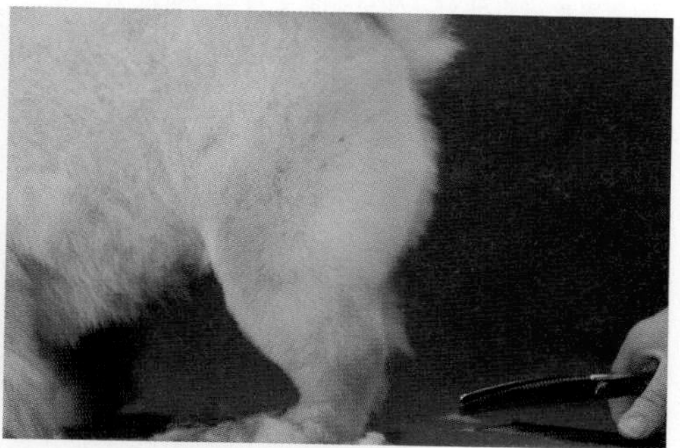

12. 모서리 부분을 자연스럽게 정리해 준다.

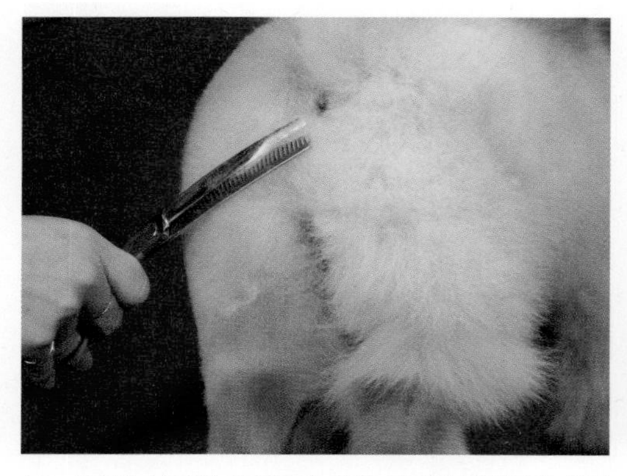

13. 생식기 부분은 배설물이 묻지 않도록 깨끗하게 정리한다.

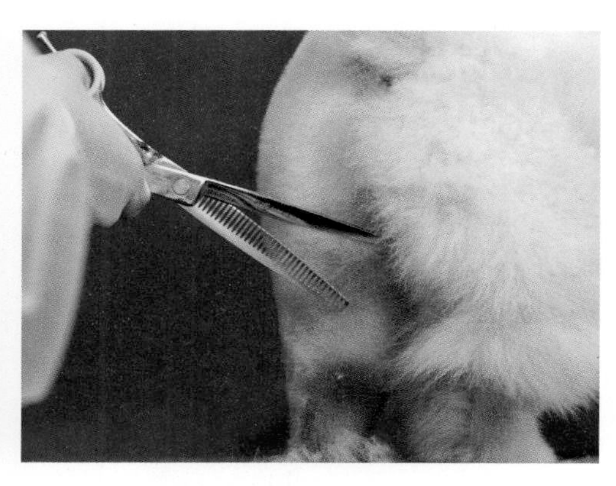

14. 다리 안쪽까지 깨끗하게 정리한다.

15. 앞발을 가볍게 잡고 발모양에 맞게 동그랗게 커트한다.

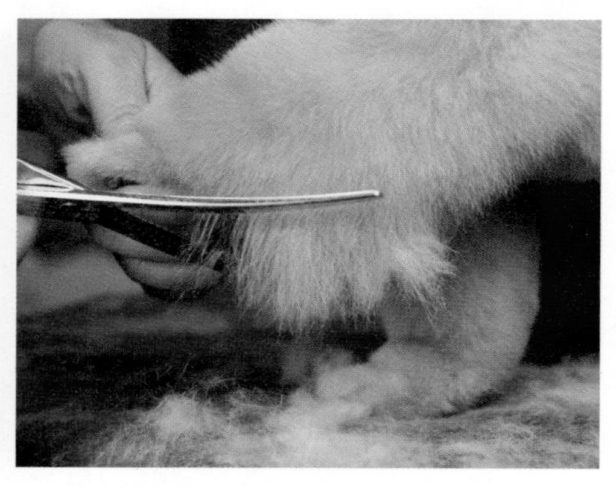

16. 앞발을 가볍게 잡고 발에서 겨드랑이까지 사선으로 커트한다.

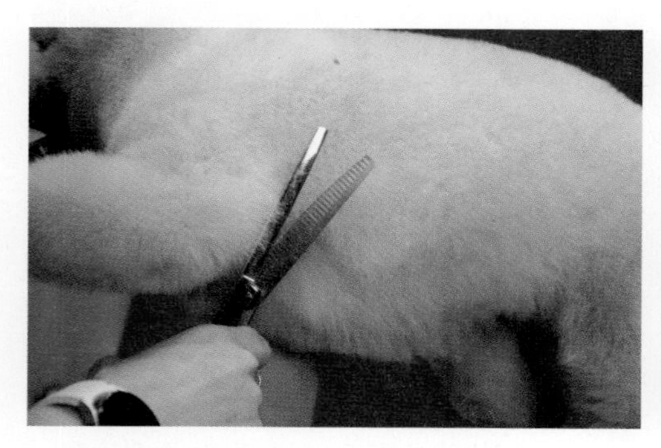

17. 겨드랑이 안쪽까지 깨끗하게 커트한다.

18. 언더라인 안쪽까지 커트한다.

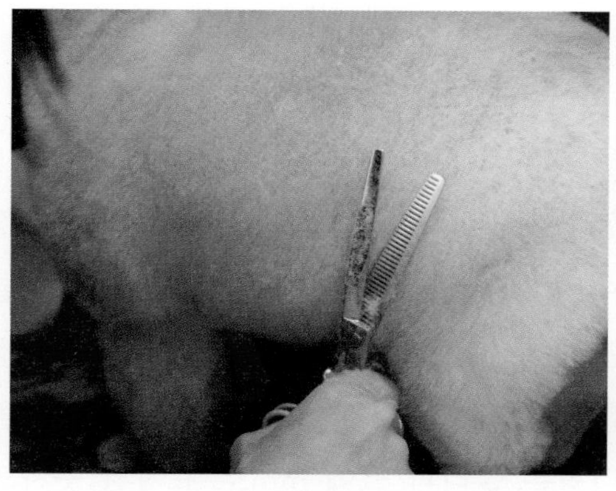

19. 턱업부분이 지나치게 들어가지 않도록 주의하며 커트 한다.

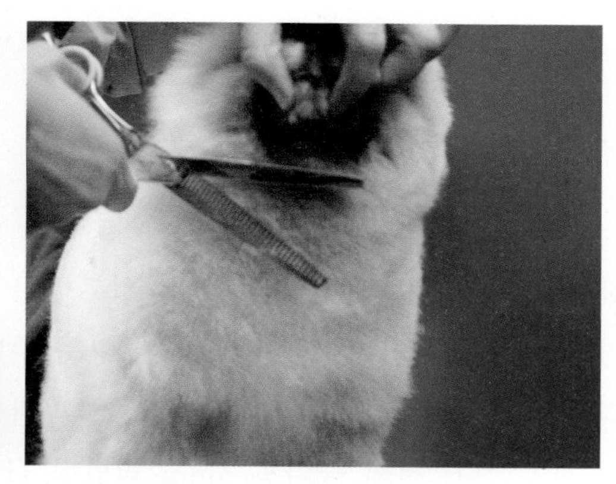

20. 턱을 들어 앞가슴까지 일직선으로 커트한다.

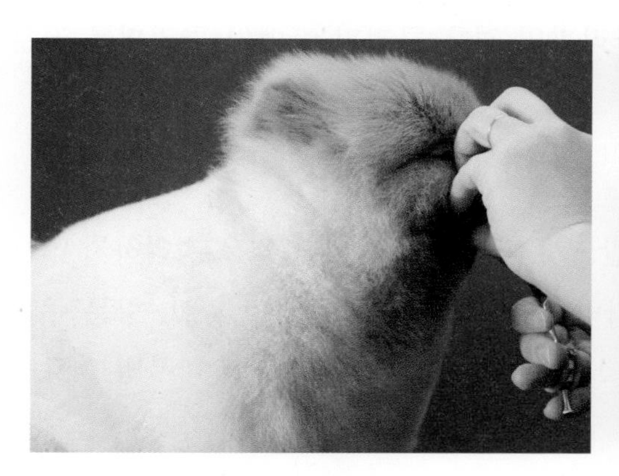

21. 목과 앞가슴의 모서리를 정리한다.

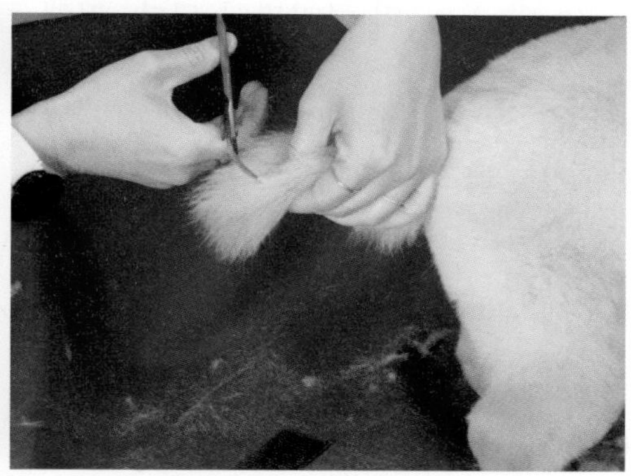

22. 꼬리 사이즈를 정한 후 일자로 커트한다.

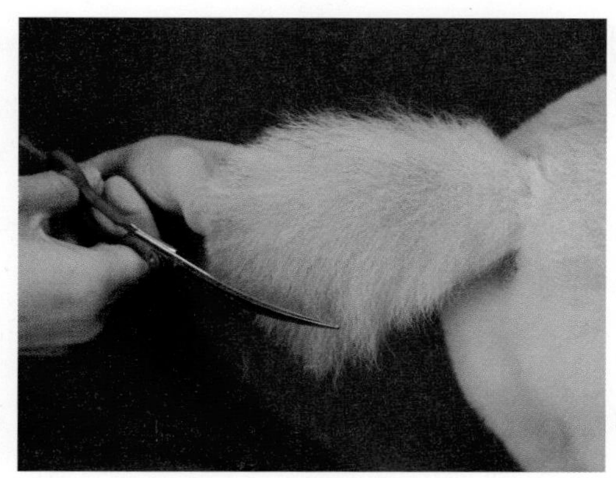

23. 꼬리 끝을 잡고 여우꼬리를 생각하며 볼륨감 있게 커트 한다.

4 푸들 전체 클리핑

1 전체 클리핑의 이해

클리핑은 털을 자르고 다듬는 작업의 한 형태로, 클리퍼를 사용해 털의 길이를 조정하거나 제거하는 과정을 말한다. 기본적인 위생 클리핑 작업은 주로 0.1~1mm의 클리퍼 날을 이용하며, 발바닥, 발등, 항문 주변, 복부, 귀, 꼬리, 얼굴 부위 등의 털을 정리하는 데 사용된다. 클리퍼는 소형 클리퍼를 사용하여 부위가 좁고 견고한 미용을 할 때 사용한다. 전체 클리핑 3mm 역방향 클리핑은 클리퍼 날에 mm로 표기된 숫자의 역방향으로 클리핑 한 경우 남는 mm 수이다. 따라서 7번 정도의 날을 역방향으로 사용하면 약 3mm의 클리핑이 된다. 전체 클리핑의 경우 클리퍼는 메인 클리퍼를 전문가용을 사용한다.

1) 기본 클리핑의 이해

기본 클리핑은 반려동물의 건강을 위해 반드시 필요하며, 발바닥 털을 정리하지 않으면 보행 불편, 관절 문제, 슬개골 탈구, 발가락 사이 습진 등의 위험이 있고, 항문 주변 털을 방치하면 배설물이 엉겨 각종 세균에 노출될 위험이 커진다. 또한 피부병 치료를 위해서도 클리핑이 필요하다.

2) 안전하고 깔끔하게 클리핑하는 방법

전체 클리핑은 피부에 직접 날이 닿는 미용으로 클리퍼 날의 온도를 수시로 체크하고 피부 상태를 체크하여 피부의 자극을 최소한으로 하는 것이 중요하다. 또한 정확한 보정법으로 미용 시간을 단축하고 반려견의 스트레스를 최소한으로 해야 한다. 미용 시 한쪽 손으로는 피부를 바짝 당겨 피부에 주름이 쫙 펴졌을 때 클리핑을 하면 사고의 위험이 매우 줄어든다. 부위별 보정법과 주의사항은 아래 사진 설명과 함께 기재되어 있다.

푸들 전체 클리핑

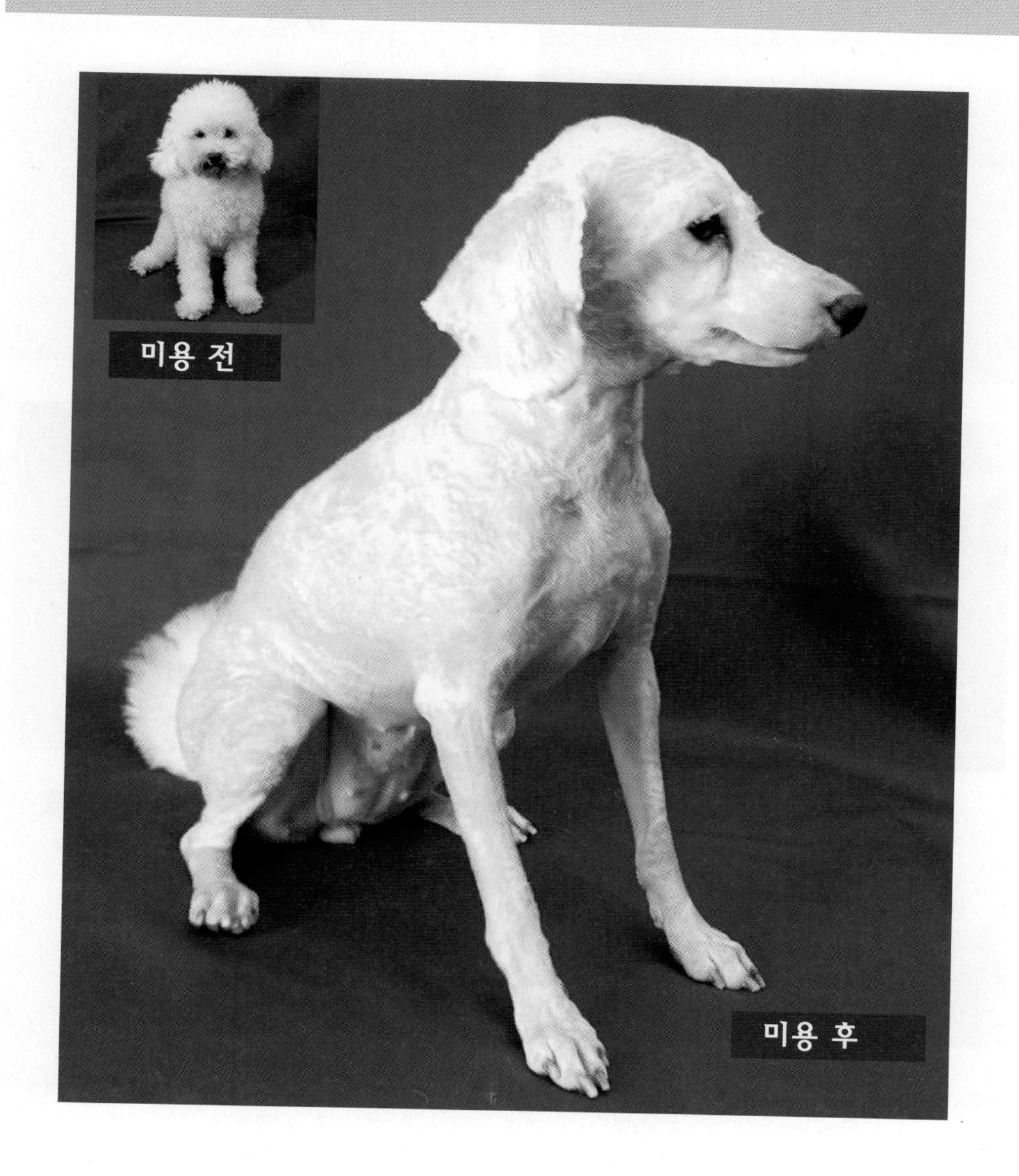

3) 기초 클리핑

① 발등올리기

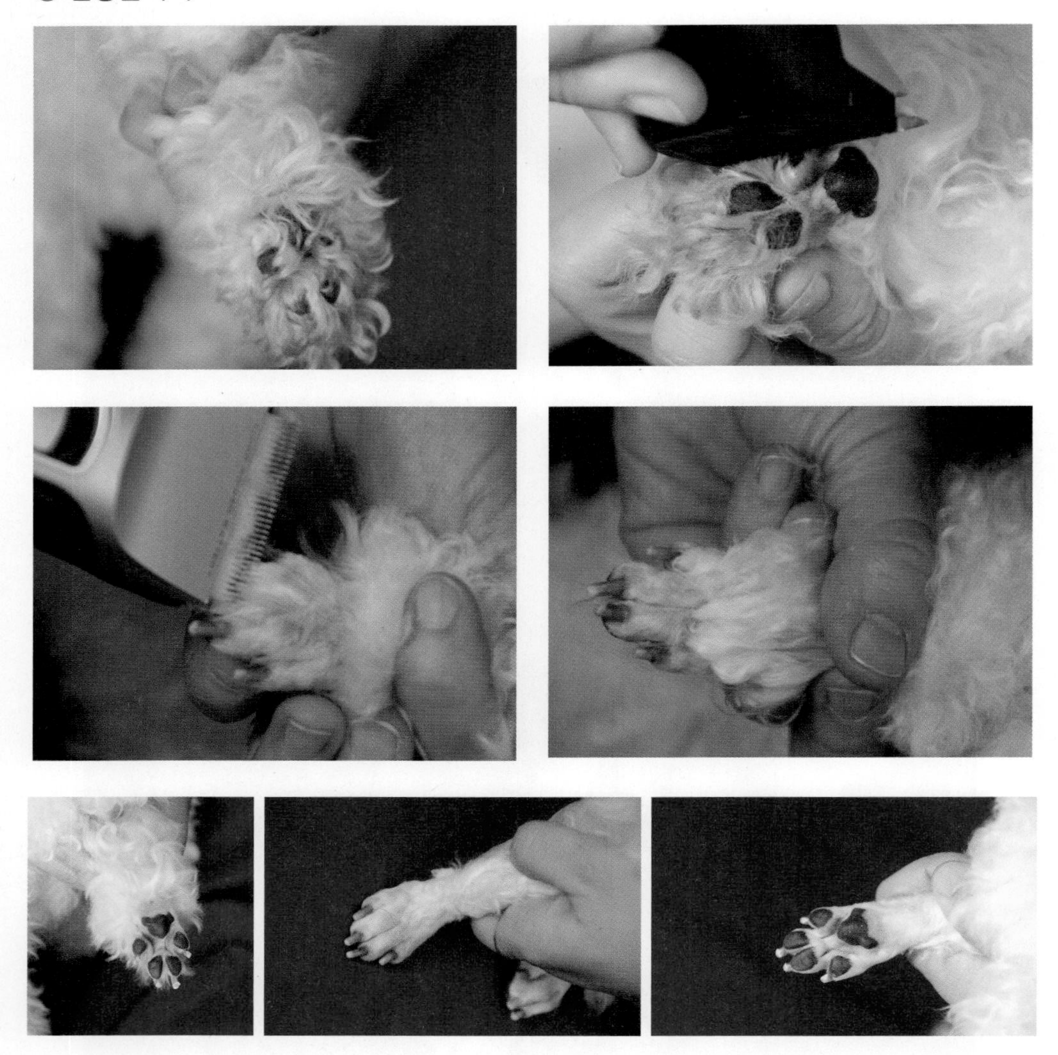

반려견이 움직이지 않도록 잘 보정한 후 한 손으로 발을 살짝 들어 올려 발바닥이 잘 보이도록 고정한 다음 손가락을 이용하여 발바닥을 최대한 벌려준다. 그다음 발가락 사이사이를 클리퍼 날을 살짝 띄워 클리핑한다. 발등도 마찬가지로 손가락을 이용하여 최대한 벌려주고 꼼꼼히 클리핑한다. 반려견이 움직이지 않도록 잘 보정하는 것이 중요하다. 발은 대부분의 강아지들이 예민하게 반응하는 곳이다. 따라서 너무 세게 잡거나 털이 당기지 않도록 주의한다. 또한 발은 상처 나기 쉬운 부위이므로 조심해서 클리핑하도록 한다.

② 배, 생식기 밀기

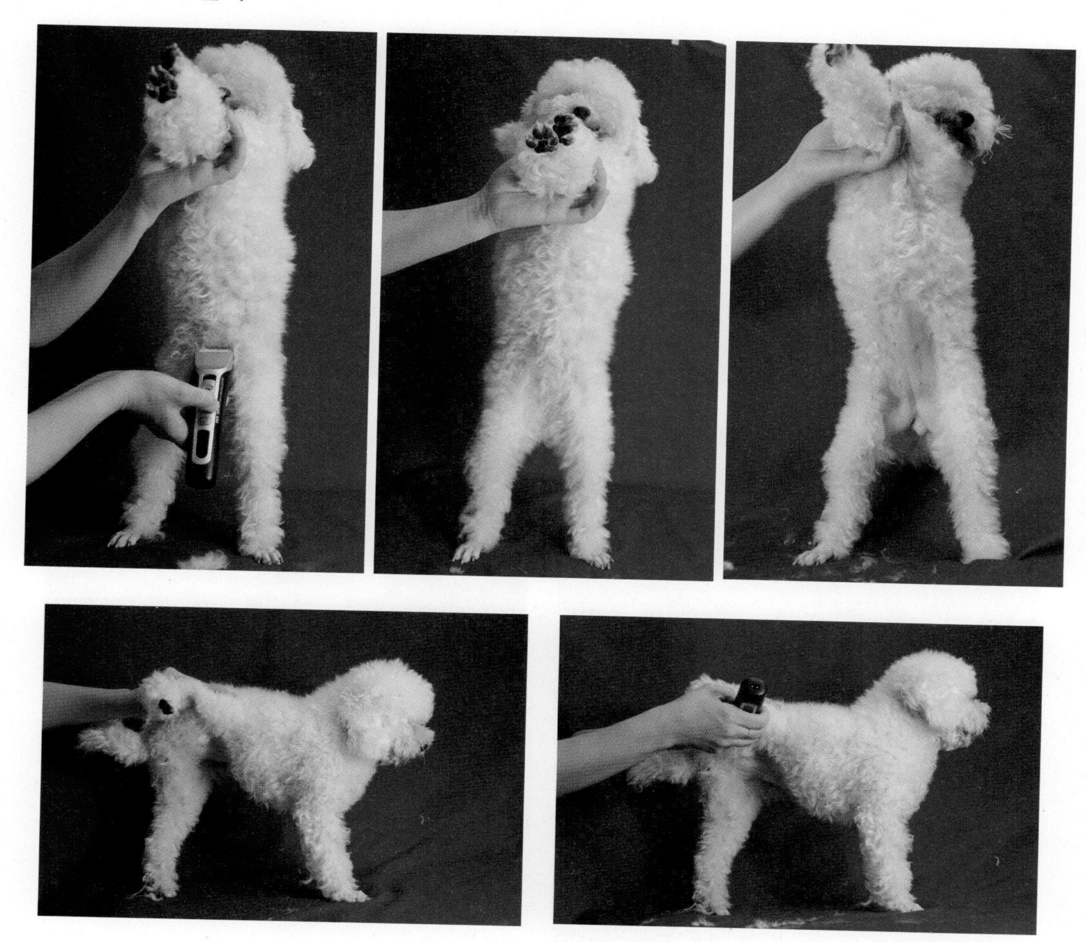

위의 사진과 같이 반려견의 겨드랑이 사이로 손가락을 넣어 복부가 보이도록 고정하고 배꼽 위 1cm까지 클리핑한다. 이때 수컷은 역 V가 되게 하고 암컷은 역 U모양이 되도록 클리핑한다. 수컷의 경우 소변이 묻는 경우는 좀 더 많이 클리핑하거나 생식기 털을 조금 남겨두기도 한다. 한쪽 다리를 피부가 펴지도록 가볍게 잡아 올리고 생식기와 주변 털을 클리핑한다. 복부는 피부가 얇고 젖꼭지가 있어 다치기 쉬우므로 각별히 주의한다.

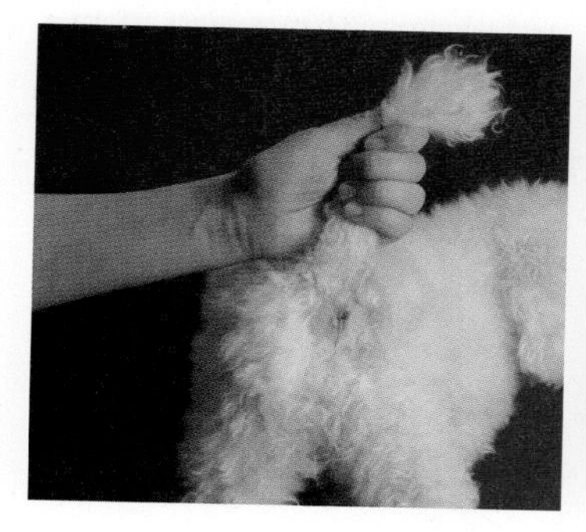

항문이 보이도록 꼬리를 가볍게 들어 올리고 항문부터 바깥쪽으로 다이아몬드 모양이 되도록 클리핑한다.

③ 귀 밀기

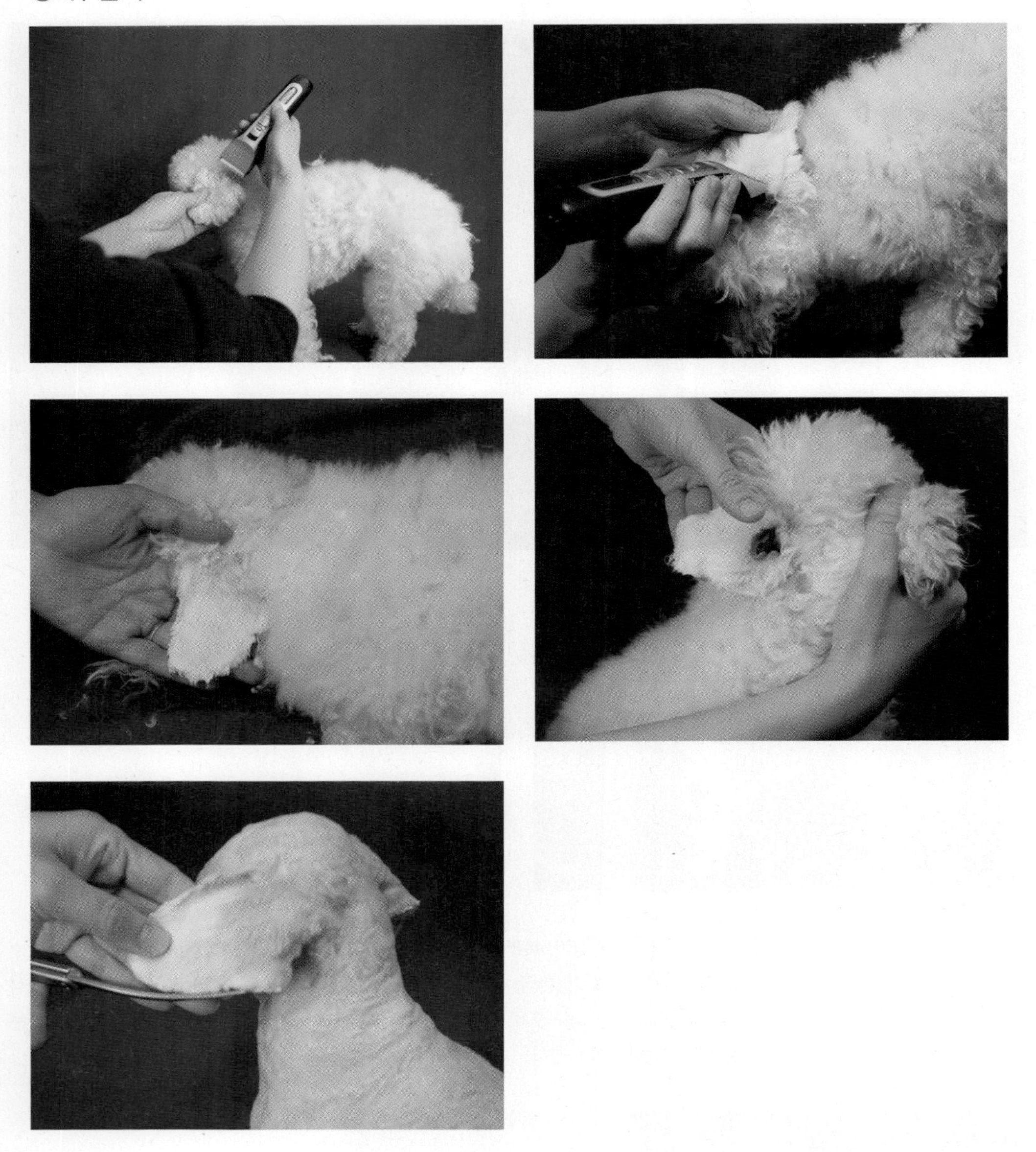

귀를 손바닥에 올려 굴곡이 없도록 편 상태에서 반드시 정방향으로 밀어준다. 1mm 정방향을 기본으로 하되 미용 스타일에 따라 긴 날로 밀 수도 있다. 귀 안쪽도 동일하게 정방향으로 밀어준다. 귀 안쪽은 갈라지는 부분이 있어 조심해야 한다. 마무리로 귀끝을 잘 펴고 가위로 깨끗하게 마무리한다.

④ 머즐 밀기

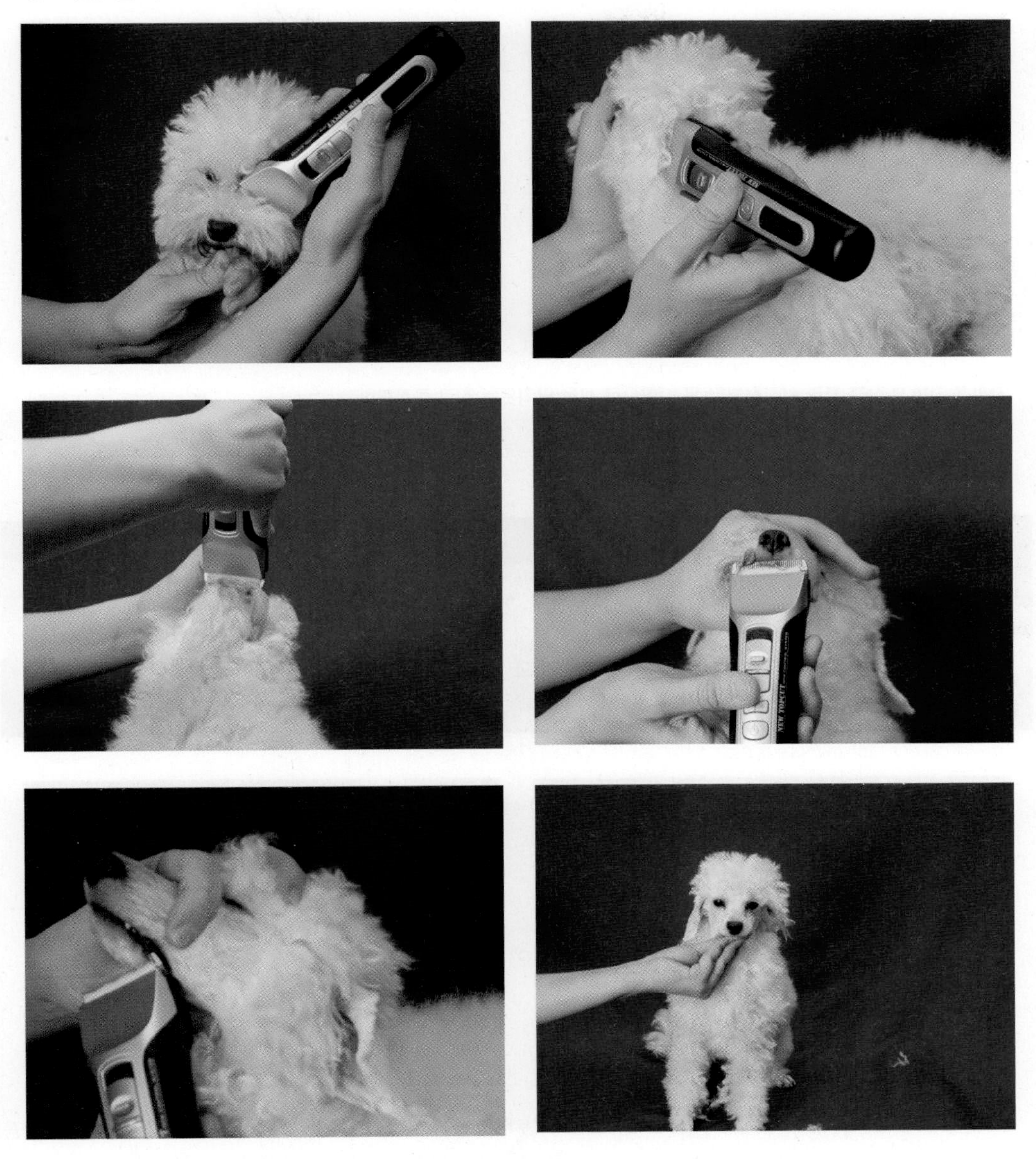

머즐을 클리핑할 때는 눈앞에서 코끝 방향으로 클리핑한다. 그다음 귀를 젖히고 귀 시작점에서 눈끝까지 클리핑한다. 턱은 가슴에서 입쪽으로 클리핑한다. 입속으로 들어가는 모든 털을 제거해야 하므로 립라인을 바짝 당겨 입술의 주름을 피고 클리핑한다.

⑤ 등 밀기

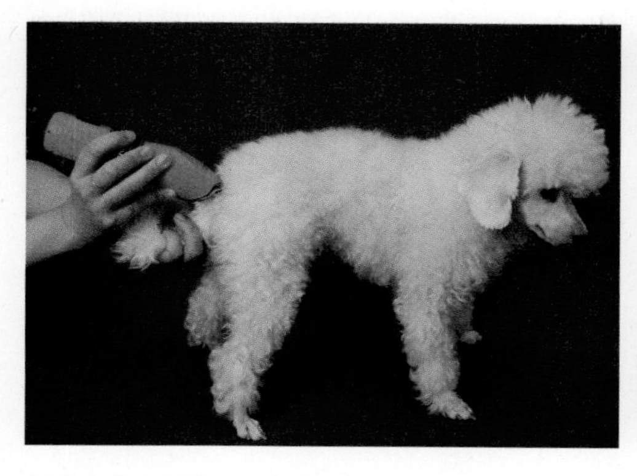

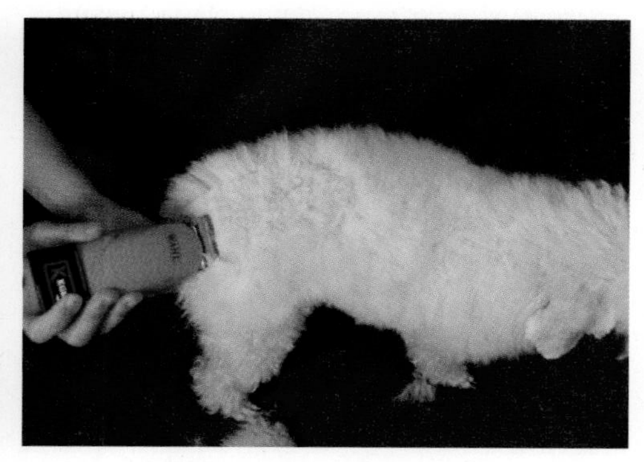

꼬리를 가볍게 잡고 꼬리 시작점부터 목 방향으로 살을 당기듯이 잡고 클리핑한다.

⑥ 뒷다리, 턱업 밀기

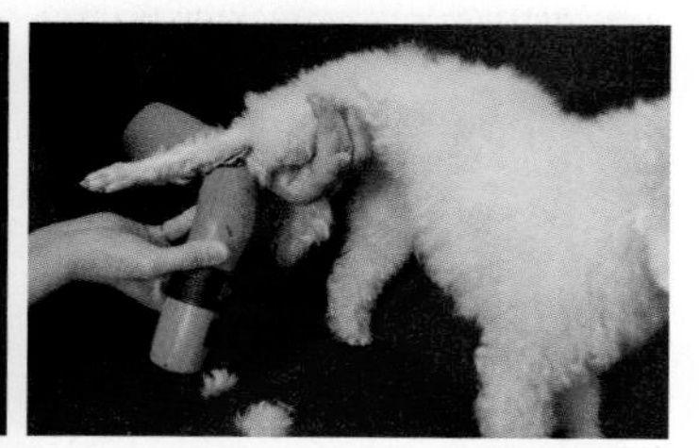

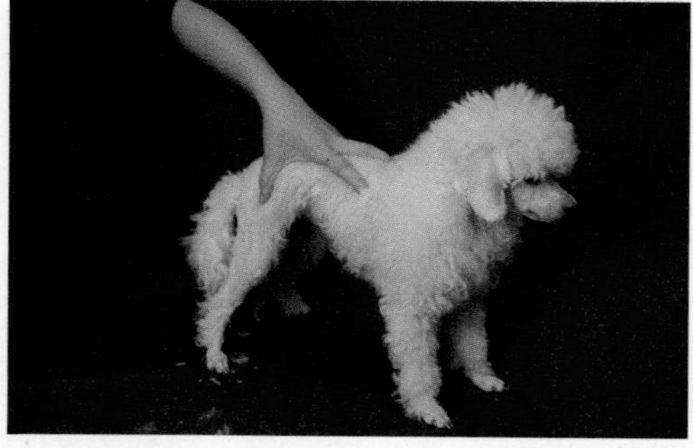

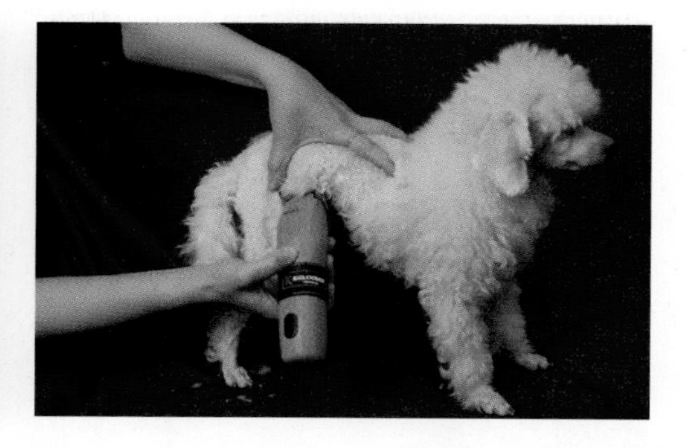

허벅지를 다리가 펴지도록 가볍게 잡아 보정하고 발끝에서부터 허벅지 방향으로 클리핑한다. 다리는 굴곡이 많으므로 꼼꼼하게 클리핑한다. 턱업은 손을 펴 옆구리 살이 펴지게 끌어올린 후 접힌 부분이 없는 것을 확인한 뒤 클리핑한다.

⑦ 언더라인 밀기

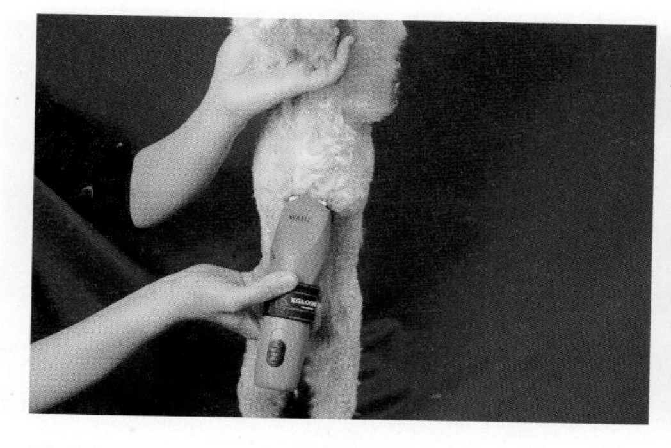

한 손으로 양쪽 겨드랑이 밑에 손을 넣어 잡고 앞다리를 들어 올린 후 뒷다리로 안정감 있게 서면, 배에서 가슴 방향으로 클리핑한다.

⑧ 앞가슴, 목, 크라운 밀기

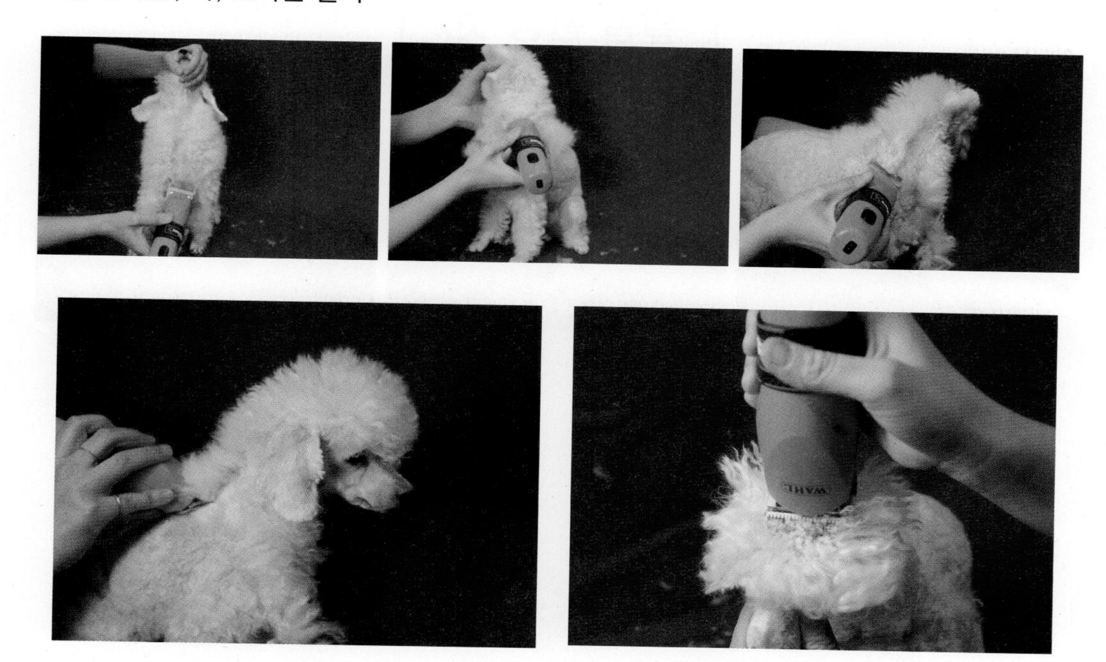

배쪽에서 목 방향으로 목을 들어 피부가 펴지면 클리핑한다. 등에서 머리 방향으로 얼굴을 돌려 피부가 펴지게 하고 클리핑한다. 머리는 아래로 숙여 목부터 피부가 펴지게 보정한 뒤 클리핑한다.

⑨ 앞발 밀기

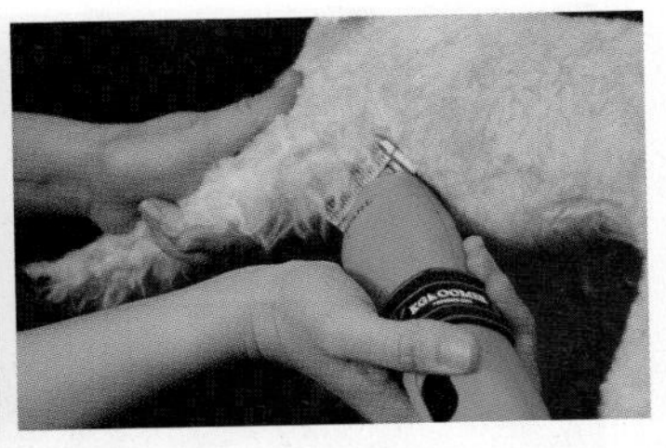

앞다리 관절이 구부러지지 않게 발을 잡아 보정하고 발끝에서 어깨 방향으로 클리핑한다. 앞다리를 겨드랑이가 펴질 수 있게 가볍게 잡아 올리고 가슴에서 팔 방향으로 클리핑한다. 그 다음 겨드랑이 살이 보일 수 있도록 살을 가슴 방향으로 펴고 겨드랑이 쪽에서 팔 방향으로 클리핑한다.

얼굴 완성 컷

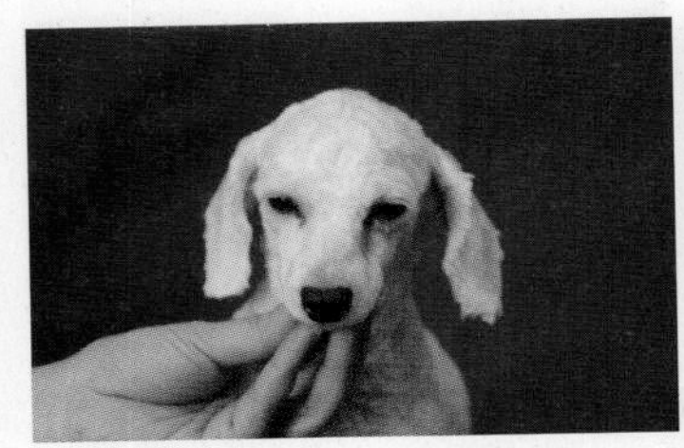

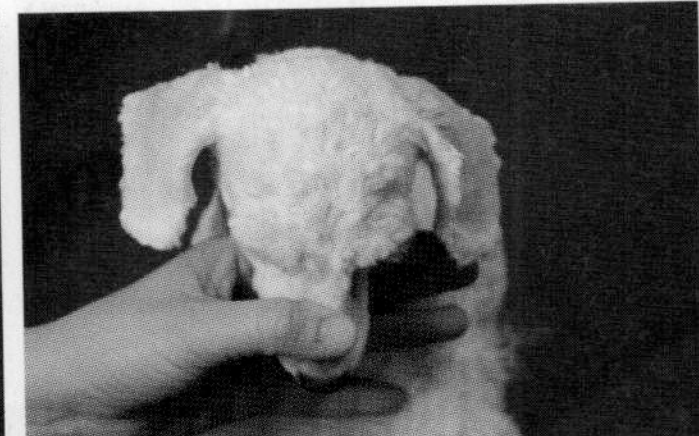

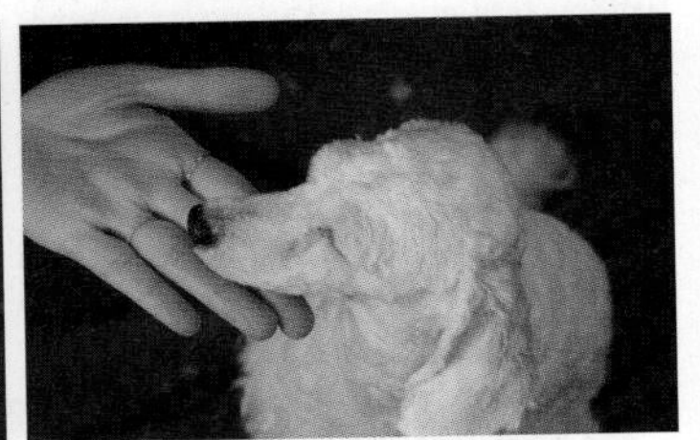

전체 완성 컷

CHAPTER 07

반려동물의 행동 심리학 및 행동 관리

CHAPTER

07 반려동물의 행동 심리학 및 행동 관리

I 반려동물의 발달과정 및 특성 분석

반려동물이란 인간이 좋아하고 가까이하며 귀여움으로 기르는 동물을 말하는데, 요즘에는 인간과 더불어 살아가며 사랑을 주고받는 가족과 같은 의미에서 반려동물이라고도 한다. 1983년 오스트리아 빈에서 인간과 반려동물의 관계(The Human-Pet Relationship)를 주제로 하는 국제 심포지엄이 동물 행동학자이자 노벨상 수상가인 K. 로렌츠의 80세 탄생일을 기념하기 위하여 개최되었다. 이 자리에서 개, 고양이, 새 등의 반려동물을 원래의 가치성을 재인식하여 반려동물로 부르도록 제안하였고 그 결과 미국, 유럽 등 대부분의 국가에서 반려동물이라는 용어가 사용되고 있다. 동물이 인간에게 주는 다양한 혜택을 존중하여 인간의 장난감이라는 의미의 반려동물이 아닌 더불어 살아가는 동물이라는 의미의 반려동물이라는 용어로 개칭된 것이다.

최근 우리나라도 반려동물에 대한 관심이 높아지면서 반려동물을 기르는 가정이 급속히 증가하고 있다. 그중 개와 고양이가 대다수이지만 그 외 다양한 동물을 반려동물로 키우고 있다. 많은 사람들이 반려동물을 기르는 것이 일상화되고 반려동물에 대한 긍정적 인식이 많이 확산되었음에도 불구하고, 한편으로는 반려동물에 대한 인식 부족과 보호조치 미흡으로 인해 반려동물과 사람 모두에게 부정적 영향을 끼치는 경우가 종종 있다. 즉, 반려동물이 버려지거나(유기(遺棄)) 학대받는 등 생명과 안전을 위협당하거나 반려동물의 관리 소홀로 인해 사람들이 불편을 겪는 사례가 늘어나고 있다.

따라서 인간과 반려동물의 행복한 공존을 위해서는 반려동물의 생명과 안전을 보호하고 그 복지를 증진하기 위해 노력해야 하며, 반려동물의 적정한 관리를 통해 다른 사람에게 피해를 끼치지 않도록 주의해야 한다.

1 반려동물 발달단계에 따른 관리

개의 발달 과정은 사람의 발달과정과 유사한 패턴을 가지고 있다. 하지만 사람과 비교하면 수명이 짧기 때문에 사람보다 빠르게 발달이 이루어진다. 이러한 관점에서 볼 때 각 시기마다 행동 특성이 달라지기 때문에 거기에 맞춰 생각할 필요가 있겠다. 개의 발달과정은 임신상태를 제외한 출산 이후 6단계의 시기로 나누어 보는데 각 시기의 행동 패턴을 알면 개를 이해하는 데 도움이 될 것이다. 개의 발달과정은 출산 이후부터 죽음에 이르기까지의 전 생애 발달과정을 이야기하며 각각의 발달단계에는 성장과 쇠퇴 과정을 반복한다.

1 신생아기

출산 후 눈을 뜨는 시기인 약 15일 정도로 어미와 애착관계가 높을 때이다. 감각기관은 아직 충분히 사용하기 힘들지만 후각을 사용하여 어미의 젖을 찾는 행동을 한다. 배변을 스스로 하기 힘들어 어미견이 혀로 자극을 주어야 원활하게 배변활동을 하게 되는데 이 시기부터 어미견의 깔끔한 성격은 자견에게 유전되어 배변교육을 쉽게 가져갈 수 있는 원동력이 되기도 한다. 이 시기에는 약 2시간의 간격으로 어미 젖을 찾고 수면을 반복하는데, 이 시기에 젖을 충분히 섭취하지 못하면 예민한 개로 성장할 수도 있기 때문에 주의해야 한다. 또한 어미젖을 차지하기 위한 경쟁이 시작되어 사람이 개입되지 않으면 힘이 있는 동배견과 먹이 순위에서 밀려나는 견은 성장에 큰 차이를 보이기도 한다.

2 이행기

눈을 뜨는 15일에서 어미 젖을 떼는 시기까지를 의미한다. 이 시기부터는 걷기가 가능하고 소리에도 반응하며 스스로 배변하지만, 어미의 배변처리가 아직까

지는 이루어진다. 동배견들끼리 장난과 놀기 시작하며 힘의 우열을 가리기도 한다. 서서히 젖을 떼기 시작하면서 이유식으로 전환하여 섭식을 시작하도록 도와야 한다.

3 사회화기

사회화는 강아지가 함께 사는 동배들과 적절한 사회적 행동을 학습하는 과정이며 이행기에 이어서 생후 3~16주까지의 시기에 강아지의 사회화가 일어난다. 과거에는 임계기라는 말이 사용되어 이 기간에 노출된 특정 자극에 의해 행동이 장기에 걸쳐 나타날 수도 있기 때문에 신중한 모습을 보여야 한다고 했다. 그러나 그 후 연구에서 사회화기의 시작과 끝의 선 긋기는 처음에 생각했던 정도로 엄밀한 것이 아니라, 서서히 이행하는 성질의 것이며 이 기간 중에 획득한 행동패턴이나 좋고 싫음에 관한 선호적인 것은 난이도의 정도는 있지만 나중에 수정할 수 있다는 것이 밝혀져, 현재는 사회화기 또는 결정적 시기라는 말이 주로 사용되고 있다.

사회화기에는 견종이나 개체에 따른 차이가 존재하는 것도 알려져 있다. 이 기간에는 감각기능과 운동기능이 발달이 현저하며 이가 나고 섭식행동과 배설행동을 보이며 결과적으로 강아지에게 많은 새로운 행동이 나타난다. 다른 개나 사람을 보면 쫓아가거나 앞발을 들어 장난을 걸거나 놀이 중에 짖거나 물기 시작한다. 늑대는 부모나 형제, 동료에 대한 애착관계만 형성되는 반면 강아지는 이 시기에 보호자의 가족이나 같이 사는 고양이 등 이종의 동물에 대해서도 사회적 애착관계를 형성할 수 있다. 사회화기 경험으로 장래 파트너나 자신이 속한 종에 대한 판단조차도 영향받는다. 또한 생물뿐 아니라, 환경의 비생물적 요인에게도 미치기 때문에 장소에 대한 애착이라 불리는 현상이 생길 수 있다. 사회화의 초기인 3~5주에는 아직 사람이나 새로운 환경에 접해도 공포심이나 경계심을 보이지 않을 수 있고, 6~8주에는 낯선 대상에 접근하거나 접촉하려는 사회적 경계심을 나타내기 때문에 이 시기는 감정적 표현이 많아지게 된다. 이 시기가 지나면 처음 보는 사람이나 장소에 대해 점차 강한 불안과 공포를 보이게 되며 12주가 지나면 이러한 반응이 명확해져 사회화기는 사실상 종료된다. 즉, 사회화기의 각 시기에는 낯선 상대에게 접근하려는 사회성

동기부여와 도망치려는 동기부여라는 유전적으로 독립된 2가지 동기부여 시스템이 각각 의 단계에 따라 비율을 달리하면서 서로 상반된 기능을 하고 있다고 생각된다. 따라서 이 시기에 홀딩훈련을 통해 접촉에 대한 민감성이 생기지 않도록 하여야 한다.

4 청소년기

대략 6~12개월까지로 보고 있다. 사회화 기 후 6~8개월까지 적절한 사회적 강화가 없으면 사회화된 대상에 대해 공포심을 갖게 되는 경우도 있다(퇴행현상). 사회화기의 놀이를 통해 강아지는 복잡한 운동패턴을 학습하여 신체능력을 갈고닦음과 동시에, 개 특유의 보디 랭귀지를 이해할 수 있게 되며 놀이상대의 반응으로부터 무는 강도를 억제하는 것도 배운다. 전반적으로 사회적인 상호관계에서 룰을 배우는 것이다. 다른 사회적 행동을 통해 서서히 형성되어 가는데 놀이 내에서는 열위의 개체가 지배적인 행동을 한다는 서열의 역전도 허용된다. 놀이는 늑대와 같은 개과 야생동물의 새끼들에게 있어서는 동료와 협력하여 수렵하기 위한 훈련임과 동시에 무리 내에서 서열의 유지와 침입자를 격퇴하기 위한 투쟁기술을 갈고닦기 위한 중요한 기회이기도 하다. 그래서 상위 서열에 있는 사람이나 개에게 도전적으로 하기도 하는데 이때 보호자가 잘못된 태도를 보인다면 문제행동이 일어나기도 한다. 보통 중성화 수술은 이시기에 하는 것이 좋다.

5 성년기

24개월 이상을 성견이라 말한다. 성견이 되면 신체상으로는 키는 이미 자라 있지만 머리가 커지며 몸도 굵어지게 되어 스피드나 힘을 쓸 줄 아는 신체를 가지게 된다. 그동안의 삶의 노하우로 자기만의 고집도 부리게 되며 도전적일 수도 있다. 그래서 성견 시기에 교육하기에는 다소 어려운 문제들이 발생하기도 한다.

6 노년기

개의 노년기는 사람의 노년기처럼 요즘 가장 쟁점이 되고 있는 문제로 대두되고 있다. 노령견에게 제공돼야하는 부분은 물론 죽음에 대비하는 부분까지 상당히 긴 시간 책임과 행복감을 선사한 개에 대한 의무감까지 가져야 하는 부분에 있어 방치되지 않게 하기 위해 노력하여야 한다.

보통 8살 이후의 삶을 노년기라 하는데 이 시기부터는 감각기관의 쇠퇴와 적은 활동량을 보이며 관리 상태에 따라 노년의 시기는 다르게 나타난다. 노년기에 나타나는 질병은 내부질병과 외부질병으로 나누는데 견종별로 특성이 다르게 나타날 수도 있기 때문에 그 특성에 맞는 예방을 하는 것이 좋겠다. 내부질병은 생식기와 관련된 질병들이 있을 수 있는데 그러한 것은 대부분 중성화 수술로 어느 정도 예방을 할 수 있지만 90년대부터 보였던 심장사상충 같은 내 외부 기생충에 관련된 질병들도 잘 나타나는 질병들이다. 하지만 이는 예방과 교정이 충분히 가능한 질병에 속한다. 또 모든 장기에 관련된 질병들이 많아지고 있으며 사람과 같이 다양한 질병이 출현하며 예전에 없었던 질병들이 생겨나는 것은 해외에서의 입양이 많아져 전 세계적으로 공통된 질병이 많아졌기 때문이다. 외부질병은 뼈에 나타나는 질병과 개의 모든 감각기관인 귀, 입, 눈 등에 노화가 빠르게 진행되며 나타난다. 이런 곳들은 어릴 때부터 예방하기 위해 청결하게 하여야 하는데 훈련이 되어 있지 않다면 그곳의 터치를 개가 싫어하기 때문에 보호자로서는 힘든 부분일 수 있다. 노년기에 맞는 운동량과 급식방법이 세심하게 관리를 할 필요가 있으며 피부 관리는 젊었을 때에 비해 현저하게 쇠퇴하기 때문에 영양공급이 필요하며 피모는 성장이 활발하지 않기 때문에 윤기가 없는 모질을 가지게 되며 미용 횟수 또한 줄어들 수박에 없다.

2 견종별 성격 특성

견종별 특성과 기질을 이해하는 것은 훈련을 진행함에 있어 가장 중요한 부분이다. 견종별로 특성적인 부분과 기질을 이해하는 것은 훈련을 어떻게 시작할 것인지 혹은 훈련도구를 선택할 때도 필요하기 때문이다. 하지만 견종별 특성과 기질은 모든 개에게 다 동일하게 적용되는 것은 아니다. 다만 일반적인 부분을 알고 넘어가기 위해 중요하다고 하겠다. 이러한 성격적인 특질에 따라서 관리하는 체계도 달라져야 할 것이다.

내가 경험한 견종에 대해서는 경험내용을 중심으로 설명을 하겠으나 그 외 견종들은 일반적인 특성과 기질, 성격 등을 다루겠다.

1 닥스훈트

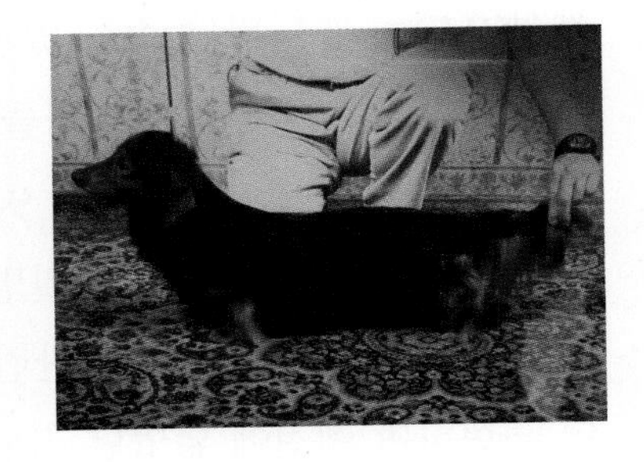

원산지는 독일로 별칭은 소시지 독 또는 위너 독이라고도 한다. 독일어로 '오소리 개'라는 뜻이다. 스위스 산악지방의 하운드가 조상견이다. 가슴둘레 사이즈에 따라 스탠더드, 미니어처, 카닌헨 등 3가지로 분류된다. 모질에 따라서는 스무스, 와이어, 롱으로 나뉜다. 닥스훈트라는 이름은 독일어의 '오소리 사냥'이라는 뜻이 담겨있고 초기에는 '테켈(teckel)'이라고 불렸었다. 굴에 숨은 오소리나 여우를 끌어내고 토끼를 추적하는 데 활약했던 특징이 외형적으로도 나타난다. 다리가 짧고 몸이 길며 후각이 발달되어 있으며 겁이 없는 편이다. 몸이 길어 체중 조절과 운동에 신경써주지 않으면 척추 디스크를 유발하기 쉽다. 명랑하고 장난스러운 성격으로 활동하는 것을 좋아하며 보호자의 말을 잘 이해해 좋은 친구로 지내기 적합하다. 반면에 헛짖음이나 무는 성질이 높고 배변 가리는 습관을 들이기가 어려우므로 처음부터 단호하게 훈련을 시켜 둘 필요가 있다. 특이한 외형 때문에 대중매체에서 사랑받는 견종이며 미니어처 닥스훈트는 가정에서도 흔히 볼 수 있는 인기 있는 반려견 중 하나다. 그러나 피는 어디 안 가는지 3대 지랄견에 버금가는 기질이라고 한다. 사냥개 시절 몰려다니며 그룹사냥을 한 터라 같은 견종에게 상당히 우호적이다. 2마리 이상 모이면 다른 견종을 괴롭히며 쫓아다니는 모습도 종종 볼 수 있다. 자기들끼리도 가끔 한 마리를 지정해 괴롭히며 논다. 이 때문에 닥스훈트를 여러 마리, 그것도 다견 가정에서 기르는 것은 비추천이다.

엄청난 고집과 자기 의지 및 자기 주장이 강한 편이기에 끝없는 인내심과 단호함이 생활화되어야 한다. 애정이 많고 애교도 많지만, 여기에 넘어가면 절대 안 된다. 새끼 때의 귀여움에 방관하다간 나중에는 개가 보호자를 훈련시키게 된다. 이유는 짖음이 외모나 크기에 비해 크기 때문이다. 나중엔 기차 화통 같은 짖음에 보호자가 얼른 복종해버릴 수 있으며 눈치도 빠르고 똑똑하기에 보호자를 맘대로 움직이려고 하는 경향이 있다. 말을 못 알아들어서가 아니라 하고 싶지 않아서(selective hearing) 안 듣는다. 이뻐해 줄땐 맘껏 이뻐해주지만, 훈련자에겐 한결같은 모습과 단호함이 필요하다. 털의 종류에 따라서 관리 방법을 달리해야 하며 롱 헤어종은 특히 모질관리가 중요한데 털의 보습관리를 위해 실온에서 관리하는 것이 도움이 된다.

2 푸들

성격, 크기, 모질, 지능에 이르는 현대 목적견의 요구조건을 거의 모두 충족시키기 때문에 매우 선호되는 반려견이다. 우리나라에서 가장 많이 기르는 반려견이다. 무엇보다도 큰 특징은 대부분의 개, 고양이와 다르게 푸들은 털이 거의 빠지지 않는다. 그 때문에 털날림 문제, 털 알레르기 문제에서 자유로운 편이다. 털 알레르기는 일반적으로 실제 털 자체에 알레르기가 있는 게 아니라 털을 통해 전해지는 각질이나 기타 물질들로 인해 발생하는 증상인데 애초에 털이 덜 날려 그러한 물질을 크게 퍼트리지 않으니 어지간히 예민하지 않은 이상 괜찮은 편이다. 따라서 알레르기 반응이 없는 가족이 털 관리를 해주는 게 가장 좋다. 실제로 유명하고 인기 있는 푸들 혼종들도 유전자에서 푸들의 비중이 높을수록 알레르기 반응이 있는 사람에게도 문제없다고 평가되는 편이다. 훈련성으로 평가되는 개 지능이 top 3 안에 들 정도로 뛰어나다. 때문에 훈련이 매우 용이하다. 훈련만 잘 시키면 다른 품종의 애완견보다 몇 배는 더 많은 개인기를 훈련시킬 수 있다. 대소변을 제대로 못 가리거나 짖거나 물거나 하는 등 문제행동도 다른 견종에 비해 매우 양호하다.

순해 보이는 외모와 달리 높은 활동성을 요구하는 품종이다. 초보자가 키우기에 수월한 견종이긴 하지만 헛짖음, 분리불안증, 예상외로 높은 운동 요구도 등의 특징이 있다.

지능이 높아 어려움을 겪는 경우도 흔하므로 본인의 성격과 훈육 가능 환경 등을 잘 파악하고 분양에 신중해야 한다. 다만 시츄 같은 별종을 제외한다면 어차피 대부분의 개는 활동량이 높기 때문에 푸들 견주에게만 부담이 되는 부분은 결코 아니다.

일반적으로 '스탠더드, 미니어처, 토이' 3가지로 구분한다. 다만 프랑스의 국제 반려견 연맹(FCI:Federation Cynologique Internationale) 등에서는 이를 조금 더 세분화해서 '스탠더드, 미디움, 미니어처, 토이' 네 가지로 구별하는데, 현재 프랑스와 일본에서 미디움을 포함한 4가지 분류를 채택하고 있지만, 그 외에 미국, 영국, 캐나다, 호주, 뉴질랜드, 우리나라 등 대다수의 반려견 협회에서는 3가지 구분법을 채택하고 있다. 푸들이 원래 성격이 무난한 편이지만 영리하기 때문에 보호자가 뭐든 오냐오냐 키우는 스타일인 경우 이를 역이용해서 의도적으로 성질을 내고 짖어댐으로써 자신이 원하는 바를 손쉽게 얻어내는 약은 면모를 보이기도 한다. 소형견 중에서 가장 반려견화가 많이 진행된 품종이라 타 견종과 비교가 어려울 정도로 인간과의 정서적 교감이 뛰어난데 이는 푸들의 장점이지만 동시에 단점도 된다. 인간에 대한 의존도가 무척 높기 때문에 끊임없이 보호자의 관심을 갈구한다. 미용사에게는 빠질 수 없는 견종으로 대회 또는 자격증과정에서도 가장 많이 활용되는 견종이다.

모질이 흰색일 경우 가장 어려운 것이 눈물자국일 것이다. 꼼꼼한 마사지로 어느 정도 효과를 보기도 하고 수술을 통해 효과를 보기도 하지만 얼마 지나지 않아 재발하는 경우가 다반사이다. 환경적인 요인도 크므로 통풍이 잘 되는 장소를 선택하여 기르는 것을 추천한다.

3 몰티즈

키는 수컷의 경우 20~25cm, 암컷의 경우 20~23cm 이며, 몸무게는 미국 반려견 협회(American Kennel Club)에 따르면 4~7파운드 (1.8~3.2 kg) 사이이며, 6파운드(2.7kg) 미만이 선호된다고(preferred) 기재되어 있다. 소형견들이 점차 더 소형화되고 있어서 우리나라에서는 요즘 1.8kg보다 작은 몰티즈도 매우 흔하다. 물론 3~5kg 이상 되는 몰티즈도 보인다. 어원은 이탈리아 남쪽의 섬나라인 몰타섬 품종이라 몰타의 형용사 형태인 'Maltese'에서 따서 몰티즈라고 불렸다는 설과 피난처, 항구를 뜻하는 셈족의 언어 'malta'에서 유래했다는 설이 있다. 대체로 전자가 정설로 받아들여지나, 후자의 설을 지지하는 학자들도 있다. 참고로 영어 단어 Maltese는 몰타의, 몰타 출신의, 몰타 사람이라는 뜻을 가지고 있다. 활발하고 놀기를 좋아하는 성격이다. 보호자에게 치대는 성향이 강하고 보호자가 집에 들어오면 방방 뛰는 등의 모습을 쉽게 볼 수 있다. 눈치가 빨라서 보호자의 마음을 민감하게 감지하는 편이다. 반면, 자기 주장을 강하게 하고 고집이 있는 견종이다. 밥, 간식, 산책 등 자기가 원하는 바에 대해 적극적으로 의사를 표출하는 편이다. 자기 주장이 강하고 자신이 원하는 바가 달성되어야 직성이 풀리는 성격이기 때문에 훈련이 잘못될 경우 욕구를 충족시키지 못한다고 판단되면 뒤끝을 보이며 휴지통을 뒤엎는 등의 문제를 일으키기 때문에 어릴 때 엄격하게 훈련을 시켜 놓지 않으면 나중에 보호자가 매우 힘들어질 수 있다. 호기심(+공격성)이 강해서 낯선 사람과 마주치면 쫓아가서 달려든다. 가게나 학원 같은 곳에 놓아둘 경우 늙어서 체력이 없거나 습관화된 경우가 아니라면 들어오는 모든 사람에게 달려든다. 엄격하게 훈련을 시켜 놓지 않았거나 습관이 배지 않은 경우 행인에게 무조건 달려든다.

우리나라 많은 가정에서 보유하고 있는 견종으로 앙증맞은 애교 넘치는 성격을 가지고 있고, 항상 미용실을 찾는 대표 손님이기도 하다. 관리상 주의점은 청결상태를 유지해야 하며 눈, 귀, 발바닥 미용에 신경 써야 한다. 그리고 미용 시 스트레스로 인한 발진이 발생할 수 있으니 주의해야 한다.

4 시츄

예전 중국에서 사자구(獅子狗, 스쯔거우), 즉 사자개로 불렸었다. 한어병음으로는 shzi gou이나 과거에 많이 쓰였던 웨이드-자일스 표기법으로는 shih-tzu kou였고, 웨이드-자일스 표기를 본 외국인들이 대강 읽은 데에서 시츄라는 이름이 유래되었다. 영어권에서 쓰는 표기는 shih tzu. 성격은 모든 견종 중에서 가장 온순한 편이다. 대중적인 견종 중에서 가장 공격성이 낮으며, 가장 덜 짖는 견종으로 알려져 있다. 시츄의 이런 온순한 성격은 단지 개들 중에서 가장 낮은 수준이

아니라, 아예 개와는 다른 종의 생물이라 봐야 할 정도다. 고집이 무척 세며 자신의 습성을 바꾸려 하지 않는 속성이 무척 강하다. 그 때문에 훈련이 매우 어렵다는 말이 나온다. 시츄가 훈련이 안 먹히고 멍청하다는 소리를 듣는 것은 실제로 멍청해서라기보다 특유의 귀차니즘+황소고집+은근자존심+절대 새로운 것을 시도하지 않고 자신의 원래 습관을 바꾸려 하지 않는 습성 등이 버무려진 결과 때문에 절대 자신의 기존 행동 패턴을 바꾸려 하지 않으려는 탓이 크다. 보호자를 제외한 사람을 무척 좋아한다. 개들이 일반적으로 보호자를 제외한 다른 사람을 경계하며 짖는 행동을 보이는데, 시츄는 처음 보는 낯선 사람에게 전혀 경계심 없이 다가가 무척 친근하게 구는 경우가 많다. 심한 스트레스로 정신이상을 겪는 특별한 경우가 아니라면 일반적으로 시츄는 낯선 사람에게 으르렁거리거나 입질하는 경우가 드물며 오히려 꼬리치며 알랑거린다. 식분증(자기 똥을 먹는 것)하면 대표적으로 언급되는 견종이다. 식분증은 모든 견종에서 일어날 수 있지만 시츄에게서 매우 빈번하게 나타나고 웬만해서는 고쳐지지도 않는다. 시추는 배변훈련이 힘든 종으로 유명하다. 처음 잘못 방치해두면 집요하게 한 장소에서 볼일을 본다. 다른 소형견종은 하루 만에 배변 훈련에 성공했다는 경험담도 있지만, 시추는 반년 넘게 훈련시켰는데 대소변을 제대로 못 가리는 경우도 부지기수다. 중간에 보호자가 포기하고 유기되는 경우도 적지 않다.

5 비숑 프리제

북슬북슬하게 솟아올라 잘 관리해 놓으면 마치 솜사탕과 목화 같은 모습이 된다. 뭔가 눈사람같은 인상으로 비숑 프리제의 경우 머리 모양을 커다란 원형으로 미용하는 경우가 많은데, 비숑 프리제를 키우고 있는 보호자들은 이 머리 모양을 하이바라는 애칭으로 부른다. 털 색깔은 하얀색이 절대 다수이나 간혹 살구색, 미색 등도 있다. 생긴 건 곱슬곱슬한 털 탓에 푸들과 닮았고, 어릴 땐 몰티즈와 꽤 흡사하다. 견종 표준에 따라 조금씩 다르긴 하지만, 대략 키는 23~31cm, 몸무게는 5~8.2kg 정도의 범위에 속한다. 처음부터 가정견으로 개량되었기 때문에 수렵견보다는 1500년대부터 프랑스 귀족 귀부인들의 애완견으로 많이 사랑받았고, 순하고 훈련 효과도 좋으며 독립적이라 집에 혼자 두어도 헛짖음이 적은 편이다. 잔병치레도 적고 수명도 길어 현대적인 의미에서 반려견에 적합하며 성격도 좋아 치유견이나 맹인 안내견으로 사육되기도 하였으나 소형견이라 실내 활동에 더욱 잘 어울리기에 리트리버종의 맹인 안내견보다 잘 보이지는 않는다. 외모상 푸들과 혼동되는 경우가 많다. 분명한 차이점들이 있기는 하지만 곱슬털이다 보니 비슷해 보이고 어느 정도 비숑 프리제와 푸들에 대해 아는 사람들도 빠르게 구분하지 못하는 경우도 많다. 하지만 비숑 프리제와 푸들은 서로 관계없는 품종이고 생각보다 성향 차이가 큰 품종들이다. 털이 심한 곱슬이기 때문에 우연히 비슷해 보이는 것일 뿐이다. 일단 비숑과 푸들을 흡사하다고 느끼게 만드는 가장 주요한 원인인 곱슬곱슬한 털을 살펴보면, 모질이 강한 푸들과 다르게 비숑 프리제의 털은 가늘다. 곱슬도 푸들보다는 느낌이 덜해, 풍성한 솜털이 반곱슬 형태인 듯한 느낌이 든다. "아주 느슨한 코스크류 형상의 말린 털은 몽골 산양의 피모와 흡사하다. 직모이거나 가닥져 있지 않으며 7-10cm의 길이가 된다"라고 서술되어 있듯이, 완전 배배 꼬인 푸들과 다르게 반곱슬 느낌에 가깝다. 그 때문에 털이 세세하게 꼬여있는 느낌이 든다면 푸들일 가능성이 높고 몽골 산양 털과 비슷하게 직모인 듯 곱슬인 반곱슬의 느낌이라면 비숑 프리제일 가능성이 높다. 물론 푸들의 털을 매우 잘 빗어 풀어준다면 비숑 프리제 같은 반곱슬 느낌이 충분히 나온다. 또한 꼬리털도 푸들에 비해 비숑 프리제의 것은 직모에 가깝다. 얼굴을 살펴보면 주둥이(머즐)가 짧은 편이다. 주둥이가 길지 않은 푸들도 그런대로 있는 편이지만 일단 비숑 프리제의 경우 확실히 짧다. 또 코가 상당히 큰 편인데, 눈보다 확실히 크다고 느껴지면 비숑 프리제일 가능성이 높다.

비숑 프리제는 어릴 때부터 단호함을 유지하지 않으면 보호자를 힘들게 할 수 있는 견종이다. 비숑 타임이라는 말이 있을 정도로 혼자만의 번잡스러움이 이루어지기도 하며 고집스러운 면모를 보일 수 있다. 특히 훈육이 되어있지 않으면 미용 시 어려움을 겪기도 한다.

6 셔틀랜드 쉽독

마치 콜리를 작게 축소한 듯한 작고 귀여운 외모를 갖고 있는 셔틀랜드 쉽독은 셸티(sheltie)라는 귀여운 애칭으로도 불린다. 셔틀랜드 섬에서 양 떼를 몰고 지키는 역할을 한 목양견이다. 풍성하고 아름다운 털을 갖고 있는 개로 외모처럼 똑똑하고 장난치기를 좋아한다. 배우는 것을 좋아하고 똑똑해서 훈련을 시키면 잘 따라 한다. 보호자에 대한 충성심과 복종심이 매우 강하다. 무료한 생활을 못 견뎌 하고 스트레스를 잘 받으므로 이를 잘 풀어 줘야 한다. 굉장히 잘 짖는 편으로 공동주택에서 키우기에 부적합한 면도 있다. 사람을 매우 좋아하고 따르고 가끔은 보호자의 그림자인 마냥 따라다닌다. 셔틀랜드 쉽독의 영리함과 보호자와 가족을 향한 사랑이 너무 강해서 가끔은 다른 사람을 의심하는 경우가 많은 편이다. 셔틀랜드 쉽독은 한동안 인기가 너무 많아서 근친교배가 심했고, 차츰 강아지의 본 성격이 민감하고 헛짖음이 강한 강아지로 인식되어 오기도 했다. 지능이 매우 뛰어나고 지치지 않는 성격 때문에, 간단히 공 던지기나, 터그놀이 같은 쉬운 놀이는 금방 싫증 내는 경우가 많다. 그래서 짧은 놀이를 하더라도, 머리 쓰는 놀이를 더 좋아한다.

소리에 민감하게 반응하고 헛짖음이 심한 편이다. 그래서 생후 4~6개월에 꾸준한 훈련으로 민감한 반응들과 헛짖음을 잡아주는 게 매우 중요하다. 개치고는 굉장히 소심한 성격을 타고났으며, 소리에 엄청 민감한 편이다. 이 때문에 헛짖음이 자주 발견되는 편인데, 약간 작은 몸집의 외견에도 불구하고 일단 중형견이다 보니 생각보다 목청도 좋아서 어릴 때부터 잡아주지 않으면 이웃과 마찰이 생길 수 있다. 고급스러운 외모에 반해 입양했다가 털 빠짐과 헛짖음 때문에 파양하는 경우가 많다. 소심한 성격 때문에 자기 표출을 못하고 스트레스를 많이 받을 수 있는 만큼 충분한 사회화 교육은 아무리 해도 지나치지 않다. 또 심장사상충 약을 먹일 때 약을 가려서 먹여야 하는데, 심장사상충 약은 기생충을 죽이는 약한 독성이 있는 약으로 이버멕틴 계열의 약품들은 대부분의 목양견들에게 큰 부작용을 일으켜서 잘못하면 쇼크사할 수도 있다. 목양견이 먹을 수 있는 심장사상충 약으로 밀베마이신을 권장한다. 그만큼 셔틀랜드 쉽독은 예민한 성향을 가지고 있으며 미용 시에도 종종 그런 모습을 보인다.

7 웰시코기

머리가 여우와 흡사한데, 특히 귀가 사막여우처럼 넓다. 그에 반해 다리는 닥스훈트처럼 극단적으로 짧아 땅딸막한 소몰이 개로 알려진 참 귀엽게 생긴 개다. 딱 보면 잊을 수 없는 그 짧은 다리로 바쁘게 뛰어다닌다. 다리가 짧아서 다른 개들과 달리 궁둥이를 깔고 앉으려면 허리를 알파벳 C자로 구부려야 한다. 짧은 다리 덕분에 점프력도 꽤 떨어지지만 오히려 그 파닥파닥 하는 숏다리가 나름 귀여워서 매력 포인트로도 뽑힌다. 요즘에는 웰시코기 특유의 큐트한 엉덩이가 엄청나게 인기몰이하고 있다. 다리가 짧기 때문에 소형 견이라고 착각하는 사람들이 많지만, 신장 25~32cm, 체중 10~17kg 정도로 중형견이다. 사실상 진돗개 크기에 다리만 짧은, 체고만 소형견 급인 중형견인 셈이며, 잘 안 알려져 있지만 사모예드나 포메라니안 등과 관계가 가깝다. 펨브로크 종이 꼬리가 짧다고 알려졌지만 실제로는 대부분 어릴 적에 단미 수술을 받아서 꼬리가 잘린 것이다. 본래 이유는 웰시코기는 목양견의 역할을 하는데 가축이나 말 등에게 꼬리를 밟혀 크게 부상을 입을 수 있기 때문에 단미를 한 것이다. 문제는 단미를 진행하는 시설의 위생 상태가 열악하고 강아지들이 어리기 때문에 마취 없이 단미를 진행해 이들의 고통이 크다고 한다. 그래서 유럽에서는 목양용이나 의학적 소견 없이 단지 미용 목적으로만 단미를 진행하는 것은 불법으로 규정했다. 한국에서 이런 사실이 알려졌으나, 국내법으로는 불법이 아니다. 하지만 단미에 대한 비판적 여론이 높아져서 단미를 하지 않는 추세이다. 성격은 우선 극단적으로 말한다면 겁이 없다. 하룻강아지 범 무서운 줄 모르는 타입으로, 상당히 적극적이고 호기심이 많은 편이다. 개 스스로가 난관에 닥쳤을 때 스스로 판단하여 해결하기 때문에 지능도 높다. 사람과 스킨십하기를 무척이나 좋아하고 애교도 많은 데다 어린이에 대한 친밀도가 특히 높다. 무엇보다도 보호자에 대한 충성심은 전 견종 통틀어 최상위권이다. 웰시코기를 사육했던 견주들이 이 점에 대해 거의 만장일치한다. 단모종(短毛種) 개들이 원래 털 빠지는 정도가 심하긴 한데, 웰시코기는 유독 심하게 털이 빠져서 무슨 피부병이라도 걸렸나 싶을 정도이다. 특히 털갈이 시기가 되면 털과의 전쟁을 각오해야 한다. 웰시코기의 털은 겨울에는 짧고 굵고, 여름에는 길고 가늘다. 그래서 1년에 2번, 겨울용 털에서 여름용 털로, 여름용 털에서 겨울용 털로 바뀌는 기간에 거의 허물 벗듯이 털갈이를 하는데, 그 양이 체구에 비하면 믿기 힘들 정도로 많다. 웰시코기의 훈련은 사회화 시기부터 진행되어야 하며 고집이 비교적 있는 편이라 단호함을 보여 훈련해야 하며 재미 또한 있어야 집중력이 발휘될 수 있다. 관리방법으로는 실내외 모두 가능한 견종이며 미끄러운 실내 관리는 지양하는 것이 좋다.

8 치와와

치와와(Chihuahua)는 가장 작은 품종으로 유명하다. 키는 13~22cm, 평균 체중은 1.8~2.7kg이다. 견종 중 몸집이 가장 큰 그레이트 데인에 비하면 20분의 1밖에 안 되는 셈이다. 귀는 크고 쫑긋하며, 눈은 크고 약간 볼록하게 보인다. 털 빛깔은 붉은색, 검은색, 담황색, 얼룩무늬 등 여러 가지가 있다. 원래 털이 매끈매끈한 단모종이다. 장모종도 있는데, 비교적 근래에 포메라니안 등과 교배하면서 생겨났다. 치와와는 보호자를 포함한 누구에게도 쉽게 복종하지 않는 성격으로 유명하다. 보호자에 복종하지 않으려는 성향이 강하기 때문에 훈련이 매우 어려운 견종이다. 일각에서는 보호자에 대한 충성심이 높은 견종이라 하는데, 엄밀히 설명하자면 치와와는 보호자가 아닌 모든 사람에게 극단적으로 적대적인 행동(always angry)하기 때문에 상대적으로 보호자에게 충성도가 높다는 소리를 듣는 것이다. 보호자하고의 관계만 놓고 보면 결코 보호자의 말을 잘 듣는 견종이 아니다. 모 유명 반려견 전문가에 따르면 실내에서 키우는 유명 견종 중에서는 가장 보호자 말을 안 듣는 축에 속한다고 한다. 독립심과 남에게 복종하지 않으려는 자존심이 무척 높아서 남에게 자존심을 굽히는 것을 죽어라 싫어하기 때문에 그냥 아무런 이유도 없이 본능적으로 보호자 말을 무조건 따르지 않으려 한다. 훈련이 어렵고 쉽게 보호자를 무시하는 성격이 있기 때문에 절대 오냐오냐 키워서는 안 되며 그렇게 키웠을 경우 버릇없는 폭군으로 자라나게 된다. 오냐오냐 키우면 자신이 보호자보다 서열이 높다고 착각하기 쉬운 견종이다. 그 때문에 엄격한 복종훈련이 필요하다. 워낙 독립심과 반항심이 강한 성격이라 훈련을 안 따라오기 때문에 치와와를 제대로 길들이기 위해서는 정서적 거리를 둬야 한다는 주장도 있다. 심지어 치와와에게 아이컨택조차 하지 말라고 한다. 애초에 보호자가 아이컨택을 하려 해도 치와와가 보호자를 보지를 않는다. 한편으로는 강압적인 훈련에 절대 반응하지 않는 견종이기 때문에 차라리 긍정 강화 훈련법을 사용해야 그나마 반항을 줄일 수 있다는 주장도 있다. 어쨌든 매우 말을 안 듣는 견종이기에 서구에서도 치와와 훈련법에 대한 이런저런 다양한 이론(異論)들이 제기되고 있다. 물론 다른 견종도 그렇지만 크게 말썽을 피우지 않는 치와와도 존재한다. 특히 요즘은 장모 치와와 등 타 견종과 교배된 개체들이 많아지고 있기 때문에 순종 치와와에 비해 성격문제를 덜 일으키는 경우도 많아지고 있는 것으로 보인다. 가장 작은 개체견으로 발달단계도 늦게 이루어지며 뼈대도 약하게 형성된 아이들이 많으므로 골절상 등에 주의를 기울여야 한다.

9 포메라니안

전 세계적으로 사랑받는 애완용으로 유명한 품종이다. 스피츠 계열에 속하는 견종이며, 원래 스피츠와 사모예드에서 파생되었기 때문에 츠버그 스피츠라 불리기도 한다. 19세기 말 미국에 포메라니안이 소개되었고 1888년 미국 반려견 협회(AKC)에 정식으로 등록되면서 빠른 시간 안에 널리 알려지며 인기를 얻게 되었다. 1900년대 초 미국의 포메라니안은 크기가 2.7kg 미만으로, 오늘날의 포메라니안보다는 크기와 골격이 크고 모량도 작았다. 하지만 이후 미국에서 더욱 소형화 교배가 진행되어 오늘날과 같은 포메라니안이 탄생하게 되었다. 전형적인 초소형견이며, 모량이 아주 풍성한 이중모가 포메라니안의 가장 큰 특징이다. 모량이 매우 풍부한 데다가, 스피츠 계열이라 직모인 이중 모이기 때문에 다른 장모종과 달리 털이 몸에 붙지 않고 붕 떠서 솜뭉치와 같은 외모를 가지고 있는 것이 특징이다. 유형성숙(neoteny, 幼形成熟)은 어린 시절의 모습을 성체가 되어서도 유지하는 성질로 인간(특히 동북아시아의 황인종), 개, 쥐 등이 대표적인데, 포메라니안은 개과 동물 중에서도 유형성숙이 가장 두드러지는 편이다. 외모와 달리 실제 성격은 매우 사납고 다혈질이며 참을성이 없고 예민하다. 포메라니안은 다른 개체에게 매우 공격적, 적대적 모습을 보인다. 포메라니안은 다른 개나 사람에게 죽기 살기로 대드는 경우가 많은데, 기본적으로 다른 동물들을 야생에서 자신이 살아남기 위해 이겨야 할 경쟁자로 인식하기 때문이다. 즉 자신이 이기지 못하면 죽는다고 생각하기 때문에 본인 딴에는 나름 정말로 죽기 살기로 목숨 걸고 하는 행동들인 것이다.

배변 훈련은 아주 무난하다. 여러 애완견종 중에서도 배변 훈련이 쉽고 빠른 편이며, 소형견 중에서는 푸들과 더불어 배변 훈련이 가장 용이한 편이다. 때문에 많은 견주들이 우리 개가 천재견 혹은 자신이 정말 훈련을 잘 시킨다고 착각하는데, 사실은 견주만의 착각일 뿐이다. 원래 스피츠 계열 개들은 다른 훈련은 잘 안 받아도 배변 훈련 하나는 무난하게 잘 된다. 아예 배변 훈련을 전혀 받지 않았는데도 본능적으로 저절로 배변을 가리는 경우도 많다. 이는 늑대의 야생성이 강하게 남아있는 스피츠 계열의 본능 때문이다. 즉 자신의 배변으로 천적들이 자신의 존재를 파악하고 위협을 가해오는 것을 피하고자 스스로 배변을 가리는 행동을 하는 것이다. 개보다 야생성이 높은 동물인 고양이가 훈련을 잘 안 받는 동물이지만 배변은 본능에 의해 거의 100% 완벽하게 가리는 것도 이와 같은 맥락이다.

포메라니안은 최근에 곰돌이 컷 미용으로 인기가 높아진 견종인데 그만큼 창의적 미용의 대상이 되기도 하였지만 성격이 예민하여 문제행동도 많이 나오는 견종이다. 스트레스 받는 환경적 요인에 노출되지 않도록 주의를 기울여야 한다.

10 미니어처 슈나우저

농촌에서 쥐나 작은 짐승을 잡기 위해 개량한 개의 한 품종 원산지는 독일이며, 독일어로 '주둥이'를 뜻하는 '슈나우즈(Schnauze)'에서 품종명이 유래되었다. 성격이 명랑하고 사교적이며 사람을 좋아하고 애교가 많아 가정에서 반려견으로 기르기에 좋다. 보호자에게 충성심을 보이고 장난치는 것을 좋아한다. 낯선 사람을 보면 경계하며 주의를 기울인다. 손질하지 않으면 털이 엉킬 수 있어, 긴 수염, 다리의 장식 털로 포인트를 주는 미용을 주기적으로 해주는 것이 좋다. 푸들과 더불어 털이 거의 빠지지 않는 견종이기도 하며, 튼튼하고 잔병치레도 적은 편이다. 성격이 슈나우저와 비슷하면서 소형견 특유의 기질과 행동이 나타나는 견종이다. 날씬하기보다 다부진 느낌이 강하며, 총명하고 겁이 없어 가정견, 감시견, 반려견으로 적합하다. 주거 공간이 좁아도 별문제 없이 키울 수 있다. 보호자에 대한 충성심이 강하기 때문에 훈련시키기 쉽다. 반대로 경계심도 강하고 신중해서 잘 짖는 면도 있다. 슈나우저는 참신하고 매력적인 견종으로 가족의 구성원이 되어 헌신적으로 봉사하는 경비견으로서의 우수한 자질이 있다. 그러나 짖기를 잘 하고 잘 물고, 장난이 심해 유아가 있는 가정에는 부적합하다. 이 견종은 테리어이기 때문에 어릴 때부터 홀딩 작업을 해 놔야만 다루기가 쉽다. 종류로만 보면 남성이 키우기 편하고 여성분이 키운다면 자기고집을 부릴 가능성이 크다. 그래서 훈련을 할 때 여성분이 키운다면 초크체인 목줄이 필요할 수도 있다. 테리어종 중에서 대표적으로 많이 키워졌던 견종이며 특유의 미용으로 이 견종의 특징을 잘 살리기도 한다. 고집스러운 성향으로 미용 시 크게 문제되는 경우는 드문 편이며 와이어 헤어 미용 시에도 잘 견디는 우직함이 있다. 다만 보호자의 콜 사인이 나와도 한 곳에 집중하는 것이 있어서 잘 오지 않는 경우도 있다.

3 반려동물의 성격유형에 따른 관리방법

요즘 반려견 MBTI도 만들어져 개들의 성격유형을 알아보고자 하는 보호자들의 수요가 있다. 반려견의 성격유형을 알 수 있으면 관리 방법을 다르게 하여 반려견과 보호자가 덜 힘들까 하는 생각에 몇가지 성격 유형별로 관리 방법을 알아보고자 한다.

반려견의 성향은 4가지의 타입이 있는데 원래 가지고 태어나는 개체성향, 다른 동물에대한 관계적인 성향인 타견성향, 다양한 환경에 적응도를 보는 환경에 대한 성향, 사람에 대한 관계를 보는 타인관계성향으로 나눌 수 있다.

개체성향은 관계형과 야생형으로 나누며 타견성향은 외향형과 내향형이 있다. 환경에 대한 성향에는 소심형과 대담형이 있고 마지막으로 대인관계에 대한 성향으로는 친근형과 탐색형이 있다.

1 개체성향

개체성향은 반려견이 본래 가지고 태어난 반려견의 성향이라고 볼 수 있다. 개체성향의 기준으로 본 반려견의 성향 중에 관계형은 천진난만, 밀당의 귀재, 주위에 관심 없는 등 대범한 성향을 보이는 반려견들이 많다. 그래서 처음 만나는 사람이나 개에게 공격적이지 않을 가능성이 큰 성향으로 보면 될 것이다. 이런 견종들은 보호자의 관심을 줄여 준다면 사회성이 좋은 반려견이라는 칭찬을 받을 수 있는 조건을 갖추고 있다고 볼 수 있다. 야생형으로는 조심스럽고 까칠한 성향을 가지고 있으며 첫 대면을 어려워할 수 있으니 충분한 적응을 거쳐야 하는 성향이다. 스피츠 계열의 견종 중에 많이 분포되어 있으며 포메라니안, 치와와 등이 야생형에 포함될 수 있는 견종이다. 어찌 보면 어린 시절부터 사회화 과정이 가장 필요한 성향을 보이고 있으며 적응에 시간이 걸릴 수 있으니 약한 단계부터 시작하여 천천히 적응할 수 있도록 배려하는 관리 방법이 필요하다.

2 타견성향

타견성향은 외향형과 내향형으로 나눌 수 있는데 다른 반려견을 잘 받아들일 수 있는지 아니면 어려워하는지에 대한 구분이다. 반려견들 또한 혼자만의 공간에서 살아갈 수 없으니 타 동물에 대한 반응정도는 중요한데 어떠한 개도 받아들일 준비가 되어 있는 외향형과 갑자기 다가오는 개를 어려워하여 준비가 필요한 내향형이 있다. 외향형의 반려견은 에너지가 있으며 다른 반려견에게 함부로 다가가서 민폐를 끼칠 수 있기 때문에 보호자는 차분함이 필요한 훈련을 하면 도움이 된다. 내향형인 반려견을 키우는 보호자는 다양한 크기나 종류의 반려견들에 대한 적응도를 높여주어 타 동물에 대한 선입견을 없애주는 관리가 필요하다.

3 환경에 대한 성향

환경에 대한 성향은 반려견들이 사람과 함께 살아가기 위해서는 꼭 필요한 적응성향이다. 환경적응 성향으로는 소심형과 대담형이 있는데 소심형은 의심이 많아 조심스러워하거나 회피하는 모습을 보이며 적응하는 데 어려움을 나타낸다. 반면 대담형은 새로운 환경에 모험심이 있거나 적극성을 보여 환경에 대한 불편함을 보이지 않는다. 소심형인 반려견은 환경에 대한 풍부화를 통해 각기 다른 환경적응력을 높여주는 관리방법을 선택하여야 하고 대담형인 경우는 탐색을 충분히 할 수 있도록 교육이 필요하다.

4 타인관계성향

대인관계에 대한 유형으로 친근형과 탐색형이 있다. 대인관계에 대한 성향은 아파트 문화인 우리나라에서는 꼭 필요한 대인관계에 대한 예절이다. 타인에 대한 예절교육은 반려견의 성향별로 적응시키는 데 유념하여야 한다. 친근형인 반려견은 큰 문제가 되지 않지만 비반려인이나 반려인이라도 다른 개가 다가오는 것을 좋아하지 않는 사람들에게는 부담스러울 수밖에 없다. 그래서 타인에 대한 예절 교육이 필요하고, 보호자 또한 펫티켓의 기본이 될 수 있어야 한다. 탐색형인 반려견은 조심스러워하는 경향이 크므로 타인에 대한 경계적인 모습을 보이거나 후각을 통한 인지 이후에 받아들이는 모습을 보이는데 이러한 유형견은 사람의 동작이 크거나 갑작스러움에 대한 놀람이 발생할 수 있기 때문에 배려가 필요하다.

반려견의 다양한 유형에 있어서 억제되는 모습도 필요하지만 대부분 차분하고 점진적인 방법으로 관리가 이루어진다면 어느 정도 사회화의 과정이 무난할 것으로 보인다. 관리방법의 기본은 반려견에게 도움이 되는 것인가를 중점으로 두어야 한다. 그렇기 때문에 타견에 대한 행동이나 환경적응도 또는 대인관계에 있어서 반려견에게 어떤 도움을 줄 것인지 판단하여야 하는데, 소심하고 조심스러운 반려견에게는 많은 칭찬이 개의 자존감을 높일 수 있는 부분이기 때문에 보호자 또는 타인에 의한 칭찬을 사소한 것이라도 해주면 점차 좋아지는 모습을 보여주게 될 것이다. 칭찬은 고래도 춤추게 한다는 말처럼 사람이나 반려견들에게는 큰 힘이 된다는 것을 명심해야 할 것이다.

Ⅱ 반려동물의 불안과 스트레스 해소법

1 반려동물의 분리불안

강아지든 성견이든 분리불안은 반려견이 혼자 있을 때부터 보호자가 돌아올 때까지 극심한 스트레스를 보이는 경우이다. 증상은 다양할 수 있지만, 혼자 집에 있는 것을 두려워하는 것처럼 행동할 것이다. 동물 행동학자인 패트리샤 맥코넬(Patricia McConnell) 박사에 따르면, 개의 마음속에 무엇이 있는지 확실히 알 수는 없지만 분리불안을 공황 발작과 같은 것으로 생각할 수 있다고 하였다. 분리불안과 정상적인 개 행동의 차이점으로 본다면 분리불안은 심각한 상태이며, 집을 나설 때 가끔 슬픈 훌쩍임이나 돌아올 때 찢어진 양말이 당신을 기다리고 있는 것 이상일 수 있다. 그것은 또한 지루함과는 다르며, 개를 혼자 둘 때 약간의 장난과 달리 분리불안은 정당한 스트레스의 결과이다. 분리불안의 징후는 여러 요소를 포함하는 스트레스로 나타나는데 다음과 같다.

① 자리를 비우거나 떠날 준비를 할 때 서성거리거나, 징징거리거나, 떨리는 것과 같은 불안한 행동

② 과도하게 짖거나 울부짖음

③ 문이나 창문 주변을 씹거나 파는 것과 같은 파괴적인 행위

④ 집안에서의 사고-소변 또는 배변

⑤ 과도한 타액 분비, 침 흘림 또는 헐떡임

반려견의 감금에서 탈출하려는 필사적이고 장기간의 시도는 잠재적으로 심각한 부상으로 끝날 수 있다. 그러므로 이를 해결하기 위해 다양한 훈련방법을 사용하여야 한다.

1 크레이트 훈련

크레이트는 반려견의 친구이자 동맹이라는 것을 반복해서 강조해야 한다. 중요한 훈련 도구이자 많은 강아지 문제에 대한 솔루션이다. 적절하게 사용하면 잔인하거나 건강에 해롭지 않으며 대신 강아지에게 안전하고 조용한 휴식 장소를 제공할 수 있다. 요령은 상자를 씹는 장난감이나 음식을 풀어주는 퍼즐 장난감과 같은 멋진 것들과 연관 지어 안에서 시간을 보내는 것을 행복하게 만드는 것이다. 어떤 반려견들은 혼자 있을 때 크레이트에서 더 안전하고 편안함을 느낀다. 강아지의 행동을 관찰하여 강아지가 안정을 되찾는지 아니면 불안 증상이 심해지는지 확인할 필요가 있다. 목표는 하루 종일 개를 크레이트에 넣는 것이 아니라는 것을 기억해야 한다. 혼자 있는 것을 즐기도록 가르치는 동안 개들은 평안함을 느낄 것이다.

2 둔감화와 반(反)컨디셔닝

정신적으로나 육체적으로 건강한 반려견을 키우는 데 있어 중요한 부분은 강아지가 세상에서 편안하게 지내고 새로운 경험과 긍정적인 관계를 형성하도록 가르치는 것이

다. 그것은 당신과 떨어져 있는 시간에도 마찬가지이다. 강아지에게 분리에는 보상이 따른다는 것을 가르쳐 주어야 한다. 아주 짧은 시간 동안 반려견을 떠나는 것으로 시작하여 점차 당신이 떠나 있는 시간을 늘리는 것이다. 강아지가 자신을 떠난다는 것을 알았을 때 이미 스트레스 모드에 들어가도록 길들어져 있다면, 강아지가 정말 좋아하고 중요한 교훈과 보상을 위해서만 꺼내는 맛있는 간식을 사용하여 그 반응에 대응해 볼 필요가 있다. 당신이 떠나기 직전에 특별한 대접을 받는다면, 반려견들은 당신이 떠나는 것을 고대하기 시작할 수도 있다. 또한 반려견이 외출하려는 신호에 둔감해지도록 하여 외출 루틴을 만들어 보는 것이다. 예를 들어, 핸드폰과 외출복을 입은 다음 현관으로 향하는 대신 간식을 준비하는 것이다. 더 좋은 방법은 외출하기 위해 현관을 나섰다면 즉시 되돌아와 외출시간이 길지 않음을 인지시키는 동시에 보상이 이루어지면 반려견들은 당황하기보다는 당신이 외출하려는 신호를 기다릴 것이다.

3 집착

반려견이 지나치게 집착하는 행동을 조장하지 않는 것은 반려견에게 편안함을 제공해 주는 것이다. 집을 떠나거나 집으로 돌아올 때 쿨하게 행동하는 것도 중요하다. 반려견에게 사랑으로 인사할 수 있지만, 지나치게 감정적이어서는 안 된다. 호들갑 없이 침착하게 유지하며 가볍게 인사를 한 후 몇 분간 당신이 할 일을 하는 것이다 또한, 집에 돌아와 물건을 파괴하고 어지럽혀도 반려견을 처벌하지 말자. 반려견의 불안을 가중시키고 문제를 악화시킬 뿐 해결점을 찾을 수 없을 것이다. 이러한 집착은 반려동물의 분리불안 요소를 만들어 내는 중요한 요인이 된다. 지나친 애정형의 보호자한테서 나타나는 것이 분리불안이므로 반려견을 독립적인 개체로 인정해 주고 스스로 할 수 있도록 돕는 것은 분리불안을 해결하는 실마리가 된다.

2 동물의 스트레스 해소법

반려견의 연령에 맞는 신체 운동을 충분히 할 수 있도록 해보자. 이것은 특히 크고 에너지가 많은 개에게 해당한다. 당신과 함께 활발한 산책과 놀이 시간을 보내서 피곤하고 만족한 개는 당신이 떠날 때 안정을 취할 가능성이 크다. 강아지의 정신 근육을 늘리는 연습을 해보자. 훈련, 퍼즐 장난감 및 인지 게임은 모두 좋은 놀이가 될 수 있다. 두뇌 운동은 육체적 운동만큼이나 반려견에게 정신적 피곤을 제공할 수 있으며 반려견에게 흥미를 유발할 수 있다. 첫 번째로 피트니스 도구를 활용한 신체 균형 운동이다. 이는 개의 집중력과 발란스를 잡아줄 수 있는 좋은 운동 방법이다.

1 장애물 훈련

반려견에게 도움이 많이 되는 독스포츠로서 보호자와 함께 운동하며 스트레스를 날릴 수 있는 운동 방법이다. 우리나라도 어질리티 클럽들이 많이 생겨나면서 세계대회도 참여하며 나날이 동호인들이 늘어나는 추세이다. 장애물 훈련은 반려견에게 집중력을 키우며 보호자와의 유대관계도 좋아져 수많은 반려동물의 문제행동을 예방하고 교정이 가능하다. 기본적으로 허들과 터널, 위브 폴(지그재그)정도이며 그 이상은 전문적으로 나갈 때 필요하다. 장애물 훈련은 리드 줄 없이 이루어지며 손짓과 명령어로 장애물을 통과하게 하는데, 많은 보상이 이루어져 항상 보호자를 살필 수 있도록 연습한다. 모든 장애물은 처음 연습할 때부터 좌, 우측으로 통과할 수 있도록 연습하는 것이 다양한 장애물을 통과하는 데 도움이 될 수 있다. 먼저 허들 장애물을 가르치는데 허들 높이를 없앤 상태에서 허들을 돌아오게 하여 보호자 앞으로 올 수 있도록 하여 보상한다. 이것이 된다면 차츰 명령에 따라 넘을 수 있도록 해보고, 보호자가 뒤에서 보내서 넘을 수 있게 된다면 허들 훈련이 된 것으로 본다. 터널은 주름관으로 되어있는 장애물인데 처음에는 압축하여 터널 길이를 짧게 하여 강아지 입장에서 쉽게 도전할 수 있도록 하며 점차 길이를 늘여 주고 일자형태에서 커브각도를 주어 강화하면 된다. 위브 폴 훈련은 폴대 1개부터 시작하여 점차 늘려 나가는 방법을 선택하여도 되고, 몇 개의 폴을 양쪽으로 벌려주어 직선으로 강아지가 통과할 수 있도록 하되 점차 벌렸던 폴을 좁혀주어 웨이브가 되게 하여 준다. 이러한 장애물을 도전하게 되는 강아지들은 사물에 대해 다양한 체험을 하게 되면서 자신감을 가질 수 있다.

2 약물 및 천연 보충제

일부 수의사는 우울증 치료에 사용되는 아미트립틸린이나 불안 및 공황 장애에 처방되는 알프라졸람과 같은 약물을 권장한다. 이는 처방전이 필요하며 대부분의 반려동물에게 안전하지만 수의사와 상의해야 한다. 특히 어린 개에게 사용은 각별히 주의하여야 한다.

반려견을 위한 다른 옵션은 반려동물의 특성에 따라 아로마 향을 이용한 건강회복 및 스트레스 완화와 해소가 있다. 심리적 안정에 도움을 주고 있는 아로마테라피 또한 사람이나 반려동물에게 대체의학 부분으로 많은 활용을 하고 있다. 이러한 화학약품이나 천연약제는 반려동물의 스트레스 수치를 완화하는 데 도움을 주며 편안한 상태에서 상황을 살필 수 있도록 도움을 주기 때문에 스트레스가 심한 반려견에게 특히 효과가 좋다.

3 기초훈련

1 친밀감 형성하기

보통은 보호자와 반려동물의 친화과정은 필요치 않을 수도 있다 하지만 친밀감이 없는 개를 훈련해야 할 때는 친해지는 과정은 매우 중요한 단계이다.

친밀감 형성은 시작이 반이란 말처럼 훈련과정 전체를 봤을 때 절반 정도에 해당한다고 봐도 무방하리라 본다. 견종별로도 친해지는 방법을 달리해야 하겠지만 반려동물이 자라난 환경을 이해하는 것도 필요하다. 보호자와의 관계가 친밀도가 높은지 혹은 서먹한지 환경은 실내에서 같이 생활했는지 혹은 실외 생활을 했는지 등을 먼저 파악하고 계획을 세우는 데 몇가지 방법을 통해 친밀도를 형성하는 방법을 소개하겠다.

1) 먹이를 활용하는 방법

가장 확실한 친밀도를 형성하는 방법 중 하나이기도 한데 초기에 굶겨서 빠른 시일 내에 친밀도를 형성하는 방법이다. 반려동물은 환경에 적응하는 데 있어 소화장애를 겪는 경우가 있는데 안 먹는다고 해서 여러 가지 음식을 제공하면 환경에 적응하는 데 도움이 되지 않기 때문에 미용사의 손에 있는 음식을 먹으러 오기까지 굶기며 기다려야 한다. 개와 늑대가 다른 점은 사람에게 의존도가 있느냐 혹은 없느냐이다. 늑대는 야생의 본능이 있기 때문에 사람에게 의존하지 않고 스스로 모든 것을 해결하고 안 되면 포기해 버린다. 하지만 개는 사람에 대한 의존도가 높은 편이다. 오랜 세월 사람과 함께 살아가는 방법에 대해 학습이 됐기 때문이다. 이 의존도는 친밀감을 형성하는데 큰 무기가 되기도 한다. 하지만 보호자와의 친밀도가 강하면 쉽게 다른 환경, 다른 사람에게 도움을 구하지 않는 모습을 보인다. 그래서 친밀도를 형성하는 데 다소 시일이 걸릴 수도 있다. 그동안에는 반려동물 스스로 먹이를 먹게 두면 친밀도를 형성하는 데 다소 시일이 걸릴 수도 있기 때문에 처음 시도할 때 미용사의 손에 의해 먹이를 먹을 수 있게 해주어야 한다. 일반적으로 친화시키는 데 개는 2주 정도 시일이 걸리는 경우가 있지만 보통 1주일 이내에 해결이 된다고 본다.

2) 공간을 같이 사용하는 방법

반려동물이 불안감으로 믿지 못하는 상황으로 인해 친밀해지는 데 어려움이 있기 때문에 믿음을 주는 행위는 반려동물 스스로 다가오는 계기를 만들어 줄 수 있다. 그래서 같은 공간에 있음으로 인해 불편한 관계가 아니라 항상 옆에 있을 수 있는 그리고 반려동물에게 해를 끼치지 않는 사람이라는 것을 인식시킨다. 처음에는 근처에 오지 않고 주위를 빙빙 돌거나 짖거나 구석으로 피하겠지만 미용사가 먼저 다가가지 않으면 반려동물은 어떤 상황인지 살피고 점차 냄새를 맡고 다가올 것이다. 이때까지도 미용사는 만져주려고 노력한다거나 부르는 행동을 하지 않는다면 불편한 사람으로 느끼지 않을 것이고 미용사 주위에 있을 것이다. 그럴 때 미용사는 혼잣말을 하듯이 이야기하여 목소리를 들려주는 것도 친밀감을 형성하는 데 도움이 된다. 너무 조용한 상태가 되면 개는 살필 것이 더 많아지기 때문에 그만큼 친화하는 데 더 오래 걸린다.

3) 불안한 장소를 선택하여 훈련사에게 의지하게 만드는 방법

앞서서 이야기하였지만, 늑대와 개가 다른 점은 개가 의지할 상대를 잘 찾는다는 것이다. 이 행동을 이용하여 불안한 장소에서 같이 있어 보는 것이다. 미용사는 가까이 오는 반려동물을 안아주고 안심할 수 있도록 칭찬해 주는 역할만 하는 것이다. 인위적으로 환경을 불안하게 만들 수도 있다. 예를 들어 개가 보이지 않는 곳에서 기괴한 소리나 꽹과리, 북을 치는 등 반려동물의 불안심리가 생기도록 제3자가 도움을 주어 반려동물이 불안하게 하고 미용사가 안심시키는 역할을 하면 된다. 사실 이 방법을 하려면 불안해하는 마음이 큰 개한테는 효과적이지만 그렇지 않을 경우는 실패할 수도 있다.

이처럼 여러 가지의 친화 과정을 거쳐 반려동물이 미용사를 믿고 따르면 드디어 훈련을 시작할 수 있는 토대를 마련하였다고 볼 수 있을 것이다.

2 훈련 준비하기

친화 과정이 끝났다면 훈련 도구에 대해서도 생각해 봐야 한다. 보통의 도구는 목줄,

리드줄, 공 혹은 터그, 보상용 먹이 등이 있다.

① 목줄

목줄 초크체인 젠틀리더

목반도, 초크체인, 하네스, 젠틀리더, 이지워크, 핀치칼라 등 다양하게 있다. 훈련시켜야 할 개에게 어떤 목줄을 사용할지는 미용사가 개의 상황을 보고 결정하여야 할 것이다.

① **목반도**: 가장 흔하게 쓰이는 훈련용 목줄이다. 일반적인 개의 경우 목반도를 선택을 하면 될 것이다.

② **초크체인**: 목줄을 잘 벗겨내는 개 또는 뒤쪽으로 잘 도망가려고 하는 개, 통제가 힘든 대형견을 훈련할 때 보다 효과적으로 훈련하기 위해 초크체인을 선택한다. 초크체인을 채우기 위해서는 초크체인 조립방법과 채우는 방법부터 알고 사용해야 할 것이고 초크체인을 남용하게 되면 움츠리는 개가 될 수 있기 때문에 사용 방법을 아는 것이 우선이다.

③ **하네스**: 주로 보행을 잘하는 개에게 채우는데 훈련용으로는 잘 선택하지 않고 주로 보호자가 산책할 때 채운다고 보면 될 것이다.

④ **젠틀리더**: 목줄과 주둥이를 묶는 결합된 목줄이다. 급하게 끄는 개의 보행을 잡을 때 쓰이는 목줄인데 훈련용이라기보다는 보호자용 훈련 목줄이라고 보는 것이 맞을 것이다.

⑤ **이지워크**: 가슴하네스인데 가슴쪽에 고리를 만들어 채우는 방식이고 젠틀리더와 비슷하게 급한 보행을 잡을 때 쓰이는 하네스라고 보면 된다.

⑥ **핀치칼라**: 훈련용 목줄 중에 가장 강력한 목줄이라고 보면 되고 초크체인처럼 끝까지 조여지지는 않지만 조여질 때 안쪽으로 갈고리처럼 핀들이 개의 목을 조여주는 형태이다. 그러므로 이 목줄을 사용하는 개는 사람의 힘으로 감당이 잘 되지 않고 공격 성향

이 강한 대형견 위주로 사용되는 목줄이다. 핀치칼라는 일각에서는 동물학대라고까지 이야기하는 사람들도 있지만 위험한 개를 방치하는 것은 개에게 편한 삶을 제공해 주지 않는 것이기 때문에 훈련용으로 적당히 사용하는 것을 권장한다.

2) 리드줄

목줄을 준비했다면 리드줄을 선택해야 할 것이다. 리드줄은 가죽재질 또는 노끈재질, 실타래를 엮은 재질 등 시중에서 다양하게 판매한다. 어떤 재질로 준비하는가는 크게 중요한 것은 아니다. 미용사가 줄을 잡았을 때 그립감이 좋은 재질을 선택하는 것이 좋고 감아쥐었을 때 한 손으로 잡을수 있어야 한다. 리드줄에는 일체형으로 나온 리드줄이 있고 목줄 고리에 연결할 수 있는 리드줄이 보편적이다. 리드줄 길이는 훈련을 시킬 때 다양하게 사용되는데 1.5m짜리가 보편적이며 필요에 의해서 30cm줄, 10m줄 등 다양한 길이의 줄을 훈련내용에 따라 선택한다.

① **일체형 리드줄**: 보통 독스포츠에서 가장 많이 쓰이고 도그쇼에서 핸들링할 때도 쓰이기도 한다. 일체형 리드줄은 빨리 벗기고 빨리 채울 수 있다는 장점이 있다. 하지만 털이 긴 개들은 목털이 일체형 목줄이 조여질 때 껴서 엉키는 문제도 발생한다.

② **1.5m 리드줄**: 각측보행 훈련 시 개를 신속하게 다룰 때 쓸 수 있다.

③ **30cm 리드줄**: 리드줄을 잡지 않고 보행하는 연습을 하기 위해 채워 놓는다. 리드줄이 땅에 끌리지 않게 하기 위함이고 리드줄이 없을 때 생길 수 있는 문제가 발생할 때 통제용으로 사용한다.

④ **10m 리드줄**: 원거리에서 개를 통제해야 할 경우 쓰이고 부르는 훈련을 처음 시도할 때 쓰이기도 한다.

3) 보상용 먹이

보상용 먹이는 어떤 것이든 상관은 없으나 보상이 될 만한 것이어야 한다. 예를 들어 어떤 개는 항상 주는 사료를 보상용으로 써도 충분한 반면에 어떤 개는 사료에는 관심 없고 먹지 않을 수도 있다. 말 그대로 보상의 개념이기 때문에 개가 보상으로 받아들이는지가 더 중요하다. 보상은 칭찬보다도 더 확실한 방법인데 보상용 먹이를 얻기 위해 개가 하기 싫어하는 행동도 할 수 있어야 보상용 먹이라 할 수 있다. 보상용 먹이를 잘 선택하는 것은 개로 하여금 엄청난 동기를 유발해 주는 것이기 때문에 선택에 있어서 세심함이 필요하다.

보상용 먹이의 크기는 개가 보상 음식에 최소한의 시간을 쓸 수 있는 크기여야 한다. 크기가 크면 보상 음식을 씹는 데 시간이 걸리기 때문에 훈련 효과가 떨어질 수 있다. 먹이를 줬을 때 바로 먹고 미용사를 쳐다볼 수 있는 크기면 좋다. 그래서 소형견일 경우 엄지손톱의 1/4 정도 크기를 사용하고 대형견일 경우 1/2 정도 크기를 사용하기도 한다.

보상용 먹이를 손으로 계속 잡고 있어서 개가 그 손만 쳐다본다면 그 부분을 수정하는 데에도 오래 걸릴 수 있으므로 먹이 주머니를 사용한다. 먹이 주머니는 옆구리 뒷쪽에 위치할 수 있도록 해서 어떤 행동을 해야만 먹이가 나온다고 느끼게 하여야 한다. 먹이 주머니는 다양한 제품들이 나와 있고 허리띠에 직접 채우는것과 허리띠까지 달려있는 먹이 주머니도 있다. 안전성을 위해 허리띠가 있는 제품이 다소 유리할 수 있다.

4) 공과 터그

공이나 터그 종류는 보상용 먹이의 또 다른 형태라고 보면 된다. 훈련 전에도 물건에 대한 관심이 높은 강아지는 공이나 터그를 사용하여 보상할 수도 있다. 효과 면에서는 보상용 먹이보다 훈련할 때 훨씬 좋은 결과를 가져다줄 수도 있다. 보상용 먹이를 주게 되면 동기유발이 초반에는 강하게 일어나지만 시간이 지날수록 보상의 의미가 떨어질 수도 있다. 하지만 공이나 터그 종류는 시간이 지나도 지치지 않고 훈련에 대한 집중력이 좋다. 그래서 탐지견 훈련을 할 때 먹이로 보상하는 방법보다는 터그를 사용하는 경우가 많다.

공놀이나 터그 놀이가 어느 정도면 보상의 의미가 되는지 알아보자. 공이나 터그 모두 마찬가지지만 개에게 있어 재미있는 놀잇감으로 생각이 되어야 한다. 그렇게 하기 위해 단계별로 올라가야 하는데 처음에는 나풀거리는 천 종류부터 시작한다. 개의 본능이나 습성을 이용한 방법이다. 개나 고양이는 기본적으로 움직이는 것에 대한 호기심이나 관심을 갖게 된다. 그래서 움직임을 이어지게 하는 것보다 툭툭 끊어지게 움직임을 주는데, 개의 관심 정도에 따라 물려주는 시기부터 놓게하는 시기를 미용사가 결정해 주어야 한다.

① 터그놀이 단계

개가 물기 좋아할 만한 부드러운 천에 관심을 두도록 움직여 준다. 관심을 두지 않을 경우 다른 종류의 터그를 생각해 본다. 예를 들어 꿩깃털이나 소리 나는 터그도 대안이 될 수 있다. 예를 들면, 셰퍼드 단독 전람회의 상황을 들 수 있다. 셰퍼드는 줄을 잡고 있는 핸들러와 앞에서 개를 불러주는 헬퍼(오도리)가 있다. 셰퍼드 독쇼에서는 핸들러만큼 헬퍼의 움직임이나 헬퍼에게 관심을 갖게 하는 것이 매우 중요한데 개가 관심을 갖도록 하는 방법 중 살아 있는 토끼를 사용할 때도 있었다. 관심이 너무 없는 개였기 때문이다. 이처럼 개의 관심도를 높여 주기 위해 다양한 방법을 선택하는 것은 미용사의 결정이다. 그 결정에 터그에 관심 있는 개로 바뀔 것이냐 혹은 무관심한 개가 되느냐가 될 수도 있기 때문이다. 훈련은 지속적인 미용사의 선택으로 만들어질 수 있다.

개가 관심을 두기 시작하면 움직임을 주다 멈추어 물 수 있도록 하는데 물리자 마자 사냥감이 움직이듯이 작은 움직임을 주어 좀 더 강하게 물 수 있도록 해야 한다. 이것이 진정 터그 놀이인데 점차 개가 놀이로 인식하여 지속적인 관심과 무는 행동을 하도록 도움을 준다. 이제 물고 터는 행동을 보인다면 적극적인 놀이가 시작되었다는 뜻이다. 그러면 다시 터그를 놓게 하는 연습을 해야 한다. 무는 행동을 이끌어 냈다면 놓게 하는 방법은 반대로 움직임을 없애면 된다. 개가 무는 행동을 강력하게 할 경우도 마찬가지로 미용사가 터그를 맞잡고 무릎에 댄 상태로 개가 흔들 때 딸려 가거나 움직임을 갖지 못하도록 힘을 주어 기다려야 한다. 점차 무릎에서 떼어 적은 힘으로도 움직임이 없다면 개가 터그를 놓게 될 것이다.

놓게 되었을 때 재빠르게 움직임을 다시 주어 놀이가 시작하는 동작을 반복하며 이때는 물자마자 터그를 손에서 놓아서 개가 승리감에 빠지도록 하여 개 스스로 터그에 대한 우월감을 느끼게 하는 것이 포인트다.

공놀이는 비슷한 부분도 있지만 던졌을 때 가져오지 않는 부분 때문에 많은 사람들이 공놀이를 포기하는 경우도 있다. 그래서 공을 준비할 때 같은 공 또 하나를 준비하여 개가 하나의 공에 관심을 두는 것에 대비하여야 한다. 공을 던졌을 때 개가 공을 가져오지 않더라도 개의치 않고 나머지 하나의 공을 가지고 튀기며 미용사 혼자 재미있게 놀면 궁금하여 곁으로 오게 되는데 이때 기존에 가진 공을 빼앗지 않으면 미용사가 가진 공에 관심을 가질 때까지 혼자 놀고 관심을 가지면 가지고 놀던 공을 던지는 형식으로 놀이를 이어간다. 이런 모습을 보이는 것은 개가 혼자 노는 것이 아니라 사람과 함께 놀게 하기 위해서이다. 터그놀이와 같은 방법으로 관심을 유발했다면 그 관심도가 어느 정도 올라왔을 때 던져주는데 이때 멀리 던지지 않고 2~3m 내에서 있도록 한다. 이렇게 하여 훈련 준비가 끝났으면 본격적으로 복종훈련을 시작하면 될 것이다. 먼저 고민해 봐야 할 것이 친화과정에서 알게 된 개의 특성을 이용해 어떻게 훈련해야 하는지 생각하는 것이다. 머릿속으로 훈련의 순서와 훈련내용을 먼저 그려보고 시작하면 좀 더 다양하고 분명한 훈련의 목표가 세워지리라 본다.

3 개의 학습방법

개의 학습방법은 세가지로 구분할 수 있는데 훈련자가 어떤 마음으로 훈련하는지에 따라 개는 학습의 시간과 능력이 달라질 수 있다.

1) 시간의 원리

타이밍이 여기에 속한다. 개의 학습은 언제 칭찬해 주는지 또는 언제 체벌하는지에 따라서 무엇을 잘하고 잘못했는지 이해할 수 있다. 그래서 정확한 타이밍은 개로 하여금 훈련자가 원하는 것이 무엇인지 빠르게 파악하는 데 도움을 주기 때문에 훈련자는 이것을 지키는 데 심혈을 귀울여야 한다.

2) 강도의 원리

이것은 칭찬과 체벌 모두 상황에 따라 다르게 표현하여야 한다. 예를 들어 미용사가 간절히 원했던 화장실에 가서 배변을 잘했다고 치자. 이때 어느 정도의 강도로 칭찬하여야 효과적인지 생각해 봐야 할 것이다. 너무 기쁜 나머지 엄청 좋아해 주고 큰소리로 칭찬했을 때 강아지는 배변을 잘해서 칭찬받긴 했지만 흥분한 칭찬으로 인해서 다음에는 배변을 다 보지 않은 상태로 칭찬받길 원할 것이다. 그래서 이때는 가볍고 차분한 음성으로 덤덤하게 칭찬하면 충분하다. 왜냐하면 배변교육은 차분한 가운데서 이루어져야 하기 때문이다. 반대로 일반 복종훈련을 시켜야 하는데 지속적인 반복으로 인해 개도 지루해져 가는데 약한 칭찬으로는 파이팅 하기가 힘들 것이다. 이때는 개의 기분을 끌어올리기 위해 하이톤의 음성으로 강도 높게 칭찬해 주어야 즐겁게 훈련할 수 있다.

3) 일관성의 원리

사람도 일관적이지 않은 교육을 받는다면 선생님께 불신이 가득할 것이다. 명령어나 칭찬, 체벌이 항상 같을 때 개는 학습 훈련자에 대한 신뢰도가 높아질 것이다. 어떤 때에는 "따라"라고 명령하고 어떤 때는 "가자"라고 하면 어떤 명령어를 했을 때 같이 움직여야 하는것인지 알기 어려워할 수 있기 때문이다.

반려견들은 그러면 어떻게 학습이 이루어질까? 4A라고 하는 학습의 4단계를 통해 행동을 만들어 낼 수 있다고 보면 될 것이다.

① **습득**((acquiring(획득)): 반려견이 좋아하는 무엇인가를 얻는 단계이다. 훈련에서 주로 보상이라고 하는데 먹이보상을 획득하는 단계이다.

② **유창**((automatic(자동적)): 반려견이 보상을 계속 얻게 되면 항상 같은 행동을 반복하는 행동의 단계이다.

③ **일반화**(application): 반려견의 한가지의 행동이 자동으로 이루어진다면 다른 행동들도 적용할 수 있는 것이다. 그래서 학습을 시키는 사람이 다양한 행동을 만들어 낼 수 있는 것이다.

④ **유지**((always(언제나)): 반려견의 만들어진 행동들이 언제나 이루어질 수 있어야 한다는 의미이다.

Ⅲ 반려동물 행동의 이해와 공격성의 원인

1 반려동물의 행동의 이해

농림축산식품부에 따르면 반려동물을 거주지에서 직접 양육하는 비율은 25.4%로 나타났고 이중 반려동물 양육 가구의 75.6% 개를 기르고 있었고, 고양이 27.7%, 물고기 7.3% 등 순으로 나타났다. 반려동물 양육자의 22.1%가 양육을 포기하거나 파양을 고려한 경험이 있는 것으로 나타났는데 양육 포기 또는 파양 고려 이유로는 '물건훼손·짖음 등 동물의 행동문제'가 28.8%로 가장 많이 나타났다. 이처럼 반려동물 양육 포기 고려로 가장 많은 것이 문제행동이다. 이 문제행동 중 공격성은 문제행동의 대표적인 것으로 보이는데 유전적인 부분과 후천적인 부분으로 나눌 수 있다. 미용 현장에서 개의 공격성 원인을 알고 공격성을 대처하는 방법은 미용사에게 많은 도움이 된다.

유전적으로 나타나는 공격성을 알아보고 원인에 대해 알아보도록 하겠다.

1 생식행동

생식행동은 엄격하고 바람직하지 않은 유전형에 의해 각각의 동물종의 생태학적 또는 사회적 환경에 가장 잘 적응하는 형태로 진화해 왔다. 새끼살해행동은 무리를 빼앗은 수컷이 자신의 적응도(생애번식 성공도)를 높이기 위해 행하는 생식전략이다(예: 이전 수컷의 새끼를 포유중인 암사자는 발정하지 않는다).

무리를 뺏은 수사자가 새끼살해행동에 의해 흡유자극(유두에 가해지는 신경자극)이 없어지면 암컷은 발정하여 수컷을 받아들이게 된다. 현존하는 동물이 가진 다양한 형질은 모두 진화의 영향을 받고 있으며 행동도 그 예외가 아니다. 포유류에서 형질이나 행동의 진화에는 자연선택과 더불어, 성선택과 혈연선택이라는 다른 요소도 관여하고 있을 것이다.

적응이란 특정 환경에서 생존이나 번식에 유리한 형질이 번식 집단 내에 확산되어 가는 과정을 가리킨다. 넓은 의미의 진화는 행동을 포함한 다양한 형질을 담당하는 유전자의 출현빈도가 시간경과와 함께 변화하는 것이다. 적응도는 어떤 형질을 나타내는 유전자를 가진 개체가 그 형질에 관한 대립유전자를 가진 개체에 대해 번식력을 가진 자식을 어느 정도 많이 남길 수 있었는가라는 객관적인 지표이다. 적응도 또는 생애번식 성공도는 어떤 개체의 생존율과 번식률의 곱의 통산 값이며 생애에 가능한 많은 자식을 남길 수 있고, 그 자식들이 무사히 성장하여 많은 손자를 만들 수 있었던 경우에 적응도가 높은 형질(여기서는 행동양식)을 가지고 있었다고 판단한다. 적응도를 높이기 위해서는 생존율과 번식률의 양자의 값을 높이면 되는데 환경적인 다양한 제약이 그것을 허용하지 않는 경우는 어느 한쪽을 희생해서라도 다른 한쪽을 높임으로써 적응도를 높이는 번식전략도 현실적인 선택지이다.

2 성행동

동물이 자신의 유전정보를 다음 세대로 계승하고 종으로서 존속해 나가기 위해서는 교미행동이 불가결하다. 성행동은 수컷의 정자와 암컷의 난자의 만남을 만들어 내기 위한 행동으로 다양한 동물 쪽에 보이는 다양한 성행동을 이해하는 것은 비교행동학적 관점에서 흥미로울 뿐 아니라, 가축의 생산성 향상과 야생동물의 보호관리라는 실용적인 관점에서도 의의가 깊다.

좁은 의미로는 암수의 배우자가 접합하고 수태하여 새로운 생명이 탄생하기 위해 불가결한 단계로서 수컷이 정자를 암컷의 생식도 내에 보내는 것을 목적으로 한 일련의 행동(예: 사자가 며칠에 걸쳐(허니문 기간) 먹지도 마시지도 않고 교미)이다.

소의 경우 발정기는 훨씬 짧고 십 수시간으로 교미 자체의 시간도 짧다. 이러한 교미 양식의 차이는 육식동물과 그것에 목표가 되는 초식동물이라는 자연계에서의 입장차이를 반영하고 있는 것이라 본다.

3 생득적 행동(본능행동)

욕구행동과 완료행동으로 구성되는 하나의 시스템으로, 그 발현에는 동기부여의 상승과 신호가 되는 자극이 필요하다. 완료행동이란 목적달성에 직접적으로 관여하는 행동이다(예: 교미하고 사정에 이르는 정형적인 행동). 욕구행동이란 완료행동에 이르기까지의 암컷의 탐색, 구애, 유혹행동 등을 포함한 일련의 과정이며 성행동에 대한 동기부여는 시상하부, 뇌하수체를 주체로 한 생식내분비계의 영향을 강하게 받으며 안드로겐(남성호르몬)이나 에스트로겐(여성호르몬)과 같은 성 스테로이드호르몬의 혈중 레벨이 상승하면 외모에 명료한 2차 성징이 나타날 뿐 아니라, 행동적으로도 큰 변화가 일어나고 신호자극에 대한 역치가 낮아져 신호 자극 자체도 반화 되어 다양한 자극에 따라 행동이 일어난다. 신호자극에는 이성의 모습이나 행동양식과 같은 시각자극, 발정기에 특유한 울음소리와 같은 청각자극, 접촉에 의한 체감자극 등 다양한 것이 있는데 포유류의 경우는 특히 페르몬에 의한 후각자극이 최종단계에서 중요하다.

성행동이 일어나기 시기는 다양한 요인에 의해 결정되는데, 동물이 성장하고 번식에 견딜 수 있는 체격을 가져야 하며 충분한 에너지가 비축되어야 비로소 생식소활동이 시작된다. 수컷에서는 사정능력의 획득, 암컷에서는 초회배란에 따라 생리적인 성 성숙에 달했다고 판단한다. 일부다처형 시스템을 갖는 포유류의 경우, 수컷이 교미능력이 있어도 라이벌인 수컷과의 경쟁에서 이기지 않으면 암컷을 획득하여 자신의 자식을 남기는 일을 할 수 없다. 가축과는 달리 야생동물에서는 성행동발현의 타이밍에 다양한 생태학적 및 사회적 요인이 관여한다. 많은 포유류들은 계절 번식성이 있어 1년 중 특정기간에 한하여 성행동을 보인다. 가축화에 따라 계절 번식성이 감소되는 것이 일반적이며 집약형 축산에서 소나 돼지는 1년마다 성주기가 회귀하고, 반려동물로서 사람과 생활하는 암캐는 반년마다 발정하며 계절적인 편중은 없다. 스코틀랜드 앞바다 섬에 서식하는 야생양은 혹독한 자연환경속에서 초봄의 며칠간만 출산을 일제히 한다. 타이밍이 조금이라도 어긋나면 태어난 새끼 양들의 생존율이 현저히 저하됨에 따라 엄격하게 바람직하지 않는 유전형에 의해 계절 번식성이 유지되고 있다. 계절 변화의 가장 신뢰성 높은 환경요인은 낮 길이의 변화인데 많은 동물은 이를 단서로 성행동 타이밍을 잰다. 성행동 시작시간은 수컷이 암컷보다 빠르고, 수컷은 라이벌과 세력다툼을 하면서 암컷이 발정기에 들어가는 것을 기다리는 경우가 많다.

발정기에는 섭식량의 감소나 휴식시간의 단축, 활동량의 상승 등 다른 다양한 행동변화도 동시에 일어난다. 발정호르몬인 에스트라디올에 의해 개체유지 우선 모드에서 번식 우선모드로의 전환이 뇌기능의 광범한 변화를 통해 일어난다. 이 변화에는 시상하부나 대뇌 변연계와 같은 행동발현이나 정동표출, 또는 자율기능의 유지를 담당하는 뇌 부위의 관여를 예상되는데, 실제로 에스트라디올의 작용부위는 뇌 내의 이러한 영역에 있다. 암컷에게 있어 몸이 크고 힘이 센 수컷은 통상적이라면 접근을 거부하지만 발정기에는 암컷이 먼저 접근하기도 하므로 생물학적 가치판단의 중추인 편도체의 관여도 추측된다.

4 육아행동

초산의 암컷은 갑자기 어미의 역할을 하고 새끼가 혼자서 설 수 있을 때까지 계속해서 시간과 함께 변해가는 복잡한 육아행동을 완벽한 타이밍에 완벽히 해내며 모자의 정의 끈끈함은 어미를 심하게 공격적으로 만들기도 한다. 어미는 자신의 새끼를 지키기 위해서라면 자신의 몸을 위험에 빠뜨리는 일도 꺼리지 않으며 이러한 행동은 자연계에서 모성행동 외에는 볼 수 없다. 어미와의 접촉을 통해 새끼들은 정상적인 사회적 행동과 생식행동의 기초를 배움으로 발달행동학적 관점에서도 육아행동은 중요하다. 모자 간의 밀접한 상호작용을 중단시켜 버리면 성장시킨 뒤, 다양한 행동상의 문제가 일어나기도 한다.

육아행동 패턴의 차이는 한 번의 출산에서 태어나는 새끼들의 수나 성숙의 정도와 밀접하게 연관되어 있다. 말이나 소는 보통 1마리의 새끼를 출산하므로 단태 동물이라 부르는데, 말이나 소는 새끼가 태어났을 때 이미 상당히 성숙되어 있고 눈과 귀의 기능도 잘 발달해 있어 출생 후 수 시간 이내에 어미를 따라다닐 수 있다. 다태동물은 한 번에 여러 마리의 새끼를 출산하며 개, 고양이, 돼지 등이 있다. 개나 고양이의 새끼들은 태어났을 때 아직 매우 미숙하며 눈이나 귀가 기능하기 시작하는 것은 생후 2~3주 후로, 어미의 젖을 찾아 꼬물꼬물 기어다닐 정도의 운동능력밖에 존재하지 않는다. 예외로 돼지는 다태 동물이지만 새끼들의 탄생 직후부터 걸어 다닐 정도의 상태이고 영장류의 대부분은 단태 동물이지만 태어난 아이는 미성숙하다. 육아행동에는 가축화에 의한 영향도 있다(예: 야생소와 유용소의 암컷 간에서는 모성행동이 현저히 다르고 늑대와 가정견 사이에서도 차이가 있음).

분만이나 신생아의 보살핌에 사람이 오랜 시간 개입함에 따라 자연계에서는 육아행동의 변이를 엄밀한 범위 내에 유지해 온 자연도태압이 사라지고 결과적으로 육아행동이 서투른 암컷도 존재하게 된다.

5 유지행동

야생동물들에게 있어 적절한 먹이를 얻을 수 있는가는 필수조건이며 섭식행동은 모든 행동패턴의 기반이라고도 할 수 있다. 개와 고양이 사이에 보이는 행동양식의 차이도 대부분이 섭식행동과 깊게 연관된다.

작은 쥐를 필요에 따라 포식하는 고양이는 소형 설치류나 작은 새 등을 단독으로 사냥하며 생활했는데 소량의 식사를 몇번에 걸쳐 나누어 하는 습성이 있다. 그다지 정해진 식사를 하지 않기 때문에 사료를 자유롭게 제공하는 것도 좋지만 개과동물은 가끔 사냥이 성공했을 때 대량의 고기를 한번에 먹는 습성이 있다. 매우 빠르게 먹는 경향이 있는데 동료들 간의 경쟁때문일지도 모른다. 자기 체중의 몇십퍼센트 되는 고기를 한 번에 먹기도 한다. 사료를 자유롭게 제공하면 비만에 걸리는 경우가 많다.

무리로 생활하는 동물에게는 사회적 촉진이라는 현상이 있다. 무리 안의 어떤 개체가 어떠한 행동을 일으키면 다른 개체가 일제히 그 흉내를 내거나 서로 경합하여 행동이 더 발달되는 것이다(복수의 개체에게 동시에 먹이가 주어지면 섭식량이 증가).

먹이에 대한 기호성은 태어나면서부터 정해져 있는 유전적 요인의 영향이 클 뿐만 아니라 이유 후에 섭취한 먹이의 종류나 그에 따른 정동적인 체험에 의해 다양한 기호가 생기게 된다. 동물은 음식에서 다양한 영양소를 섭취하는데, 특정성분이 부족한 상태에 놓이면 동물은 결핍된 성분을 적극적으로 섭취하려는 먹이에 대한 자기선택행동을 보인다. 적절한 건강상태를 유지하기 위해 때때로 자신에게 필요한 먹이를 선택할 수 있는 영양학적 지혜가 있다.

부패한 먹이나 독이 들어간 먹이를 섭취함으로써 식후 구토나 설사를 한 불쾌한 경험을 하면, 그 먹이의 냄새나 맛을 기억하고는 같은 먹이를 두 번 다시 입에 대지 않는다. 미각혐오 또는 조건화 미각기피라 불리는 반응으로 한 번의 경험으로도 강하게 기억된다. 식후에 초래되는 불쾌정동에 관련되어 강하게 기억학습된다.

야생동물은 비만이 되면 운동능력이 떨어지기 때문에 사냥을 못하거나 위험이 증가하게 되는데 월동 등 계절적인 행동변화와 관련하여 일시적인 지방을 몸에 축적하는 생리적인 비만이 보인다. 아무것도 먹으려고 하지 않고 점차 체중이 줄어가는 무식욕증도 자주 보인다. 동면이나 이주, 번식활동 등의 시작과 관련하여 일어나는 생리적인 것도 있지만 감염증에 걸린 동물이 사이트카인 등 면역계 인자의 영향으로 식욕을 잃는 병적이 경우도 있다. 병적인 무식욕증도 발열이나 행동억제 등과 같은 마찬가지로 질환을 가능한 한 빨리 극복하기 위해 프로그램된 반응의 일부로 적응적 행동으로서 진화한 것이라 해석되고 있다. 단, 불안의 항진과 같은 심리학적 요인에 의한 신경성 무식욕증(거식증) 등의 경우에는 행동학적 교정이 필요하다, 본래의 먹이가 아닌 것을 섭취하려고 하는 이기, 다른 동물이나 인간을 공격하는 포식성 공격행동, 음식 알레르기, 성장 후의 고양이 이상 흡유양등의 문제행동이 있다.

배설행동은 생리학적으로 반드시 필요한 것으로 섭식행동과 마찬가지로 다양하며 각각의 동물의 생리학적 특징과 연관되어 있다. 초식동물은 자주 배설하며 그 횟수는 소나 말에서 1일 10회 이상에 이른다. 반면 개나 고양이 등 육식동물의 배설횟수는 성수의 경우 보통 2, 3회이다. 배설하는 장소도 소나 양처럼 넓은 범위를 이동하면서 생활하는 동물들은 배설장소에 신경 쓰지 않고 어디서든 보는데, 개나 고양이처럼 자신의 영역을 만드는 동물에서는 잠자리에서 떨어진 장소에 배설한다. 배설에는 불필요한 것을 체외로 배출한다는 생리학적 역할 외에, 자신에 관한 정보를 다른 동물에게 알리기 위해 배설물을 이용하여 마킹을 하는 사회적 의미도 있다.

자신이 거주하는 곳을 깨끗하게 유지한다. 새끼의 항문이나 음부를 핥는 어미의 행동은 위생적인 면에서 유리한 것은 물론, 새끼의 배설물 냄새를 단서로 둥지를 적에게 보일 가능성을 줄이므로 중요한 행동으로서 진화한 것으로 생각된다.

일반적으로 수컷이 마킹을 많이 하는데 가능한 높은 곳에 오줌을 묻히려고 한다. 성적이형을 보이는 대표적인 예로 잘 알려져 있다. 실제로 웅성호르몬인 안드로겐의 분비 상태와 마킹 빈도의 변화에 관련 있다. 성 성숙에 따라 빈도가 높아지고, 거세를 하며 저하한다는 것이 예이다. 마킹 냄새를 맡은 개는 어떤 개체가 언제쯤 이 장소에 왔고, 그 개체의 생리적 상태인 상세한 것까지 알 수 있다.

고양잇과 동물에서는 오줌 스프레이라는 엉덩이를 높이고 수직의 대상물을 향해 오줌을 발사하는 마킹 행동이 있는데 이 행동에도 성적 이형성이 보이며 수컷고양이 쪽이 빈도가 훨씬 높다. 이 행동도 웅성호르몬 의존성이며 중성화를 함으로써 빈도가 현저히 낮아진다. 야생 초식동물에서는 분변에 의한 마킹이 널리 알려졌지만 개나 고양이에서는 잘 알려지지 않았다.

6 몸단장행동

그루밍이란 동물이 자신 또는 다른 개체의 피모나 피부를 청소하고 손질하는 행동이다. 입에 의한 오럴 그루밍과 뒷발에 의한 스크래치 그루밍, 앞발을 핥아서 얼굴이나 머리를 닦는 행동이 있다. 오럴 그루밍에서는 혀와 이가 사용된다. 체표에 부착된 먼지나 기생충을 제거하거나 타액에 포함된 성분으로 상처를 청결히 하여 외상을 교정하거나 피모에 지방을 발라 방수기능을 유지하는 등 피부의 건강을 유지하기 위해 다양하게 필요하다. 더울 때는 타액의 증발에 의한 체온저하 효과도 있다. 또한 부모 자식간이나 무리의 동료들 간의 연대를 강화시키는 경우도 있다. 친화적 행동으로서의 사회적의미도 크다.

개나 고양이 등 미숙한 상태로 태어나는 동물은 초기의 발달단계에서 어미로부터 받는 보살핌의 질과 양이 그 후의 행동패턴의 발달에 영속적인 영향을 미칠 수 있다. 어미로부터 그루밍을 충분히 받고 자란 새끼는 성장하여 불안경향이나 공격성이 낮아진다. 어린 시기에 어미에게 그루밍 받음으로써 받는 체표의 자극이 뇌의 정상발달에 큰 영향을 미친다는 사실이 밝혀졌다. 사회화기에 그루밍이 깊은 관련이 있다.

그루밍이 모자라면 피부나 피모의 건강이 유지되지 않고 과하면 지성 피부염을 비롯한 자상적인 행동으로 이어지는 경우가 있고 털뭉치를 삼켜 식욕부진이 되거나 의기소

침해지기도 한다. 고양이는 다양한 경우에 전이행동으로서의 그루밍이 짧게 보이는데 이는 갈등적인 상황에 불안을 완화시키는 행동으로 해석된다.

7 사회적 행동

무리를 만드는 이유는 개개의 동물들이 존재하고 번식하는 데 유리하기 때문이다(예: 수렵할 때, 적으로부터 몸을 보호할 때, 같은 무리내에서 번식의 상대 발견. 그러나 먹이나 휴식장소와 같은 유한한 자원을 둘러싸고 경쟁이 일어난다).

사회성이 높은 동물종에서는 우열순위가 확실히 형성되고, 개체 간의 마찰이 최소화된다. 우위인 개체의 위협은 열위인 개체에게 복종행동을 일으키기 때문에 싸움은 피할 수 없다. 개의 선조종인 늑대는 이런 사회성을 명확하게 가지고 있는 대표적인 동물로 무리(팩) 내에서는 알파라 불리는 최상위 개체를 정점으로 엄격한 서열을 유지하고 있다. 무리에는 알파의 수컷과 알파의 암컷이 있고 수컷과 암컷에서 각각 독립된 서열이 형성된다. 공격행동은 2마리 또는 그 이상의 개체 간에 보이는 경합적인 상호관계로 도주, 방위적 행동, 공격행동에 관련된 자세나 표정에 의해 알 수 있다. 동족의 동물 간에 일어나는 정동적 반응을 동반하는 공격행동과, 육식동물이 수렵 시 보이는 포식성 공격행동으로 크게 나누어진다. 다른 공격행동과 달리, 정동적인 반응이 전혀 동반되지 않는다는 것이 특징이다.

2 반려동물의 공격성의 원인

동물의 공격성은 여러 요인으로 인해 생겨나는데 사회적인 이슈는 물론 미용실에서의 공격행동은 많은 미용사들에게 꽤 어렵게 느껴지는 부분이기도 하다. 하지만 개의 공격성을 이해한다면 조금 더 여유 있게 대처할 수 있지 않을까 생각한다. 이에 공격성이 나타나는 다양한 이유를 알아보도록 하자.

동물은 사회적인 상호관계 속에서 항상 먹이나 번식상대, 좋은 보금자리 등의 획득과 유지를 위해 서로 경쟁하고 있기 때문에 다양한 적대적 행동이 관찰된다. 위협, 도주, 복종, 실제 공격 등이 포함된다. 사회적인 동물이나 비사회적인 동물도 2마리의 동물이 만나 갑자기 격투를 시작하는 경우는 드물고 대부분 위협이 선행된다. 개보다는 고양이 쪽이 싸움에 따른 외상을 더 많이 가지고 있는데, 이유는 동일한 적대적 상황이 발생했을 때 고양이는 위협이나 복종만으로는 수습되지 않고 실제 결투로까지 싸움이 발전하는 경우가 많기 때문으로 생각된다. 개와 같이 사회성이 높은 동물은 한쪽의 위협에 대해 다른 쪽이 복종의 자세를 취하면 그 이상의 싸움으로는 발전하지 않고 적대적 관계가 종료된다. 단, 위협에는 공격적인 위협과 방어적인 위협이 있고 사용되는 자태나 표정이 다르다.

1 포식성 공격

대부분은 같은 동물종의 동료 간에 일어나는 싸움에 관련된 것인데 포식자가 사냥감에 대해 보이는 공격행동에는 다른 공격행동에서 보이지 않는 몇 가지 눈에 띄는 차이가 존재하는 것으로 알려져 있다(예: 개나 고양이가 동료 간의 싸움에서는 힘을 억제, 고양이는 사냥감을 잡을 때 송곳니를 사용, 고양이간 싸움에서는 발톱을 사용). 개나 고양이가 동료끼리 싸우는 경우에는 털을 세우거나 큰 소리를 내면 감정의 고조가 동반되지만, 수렵에서는 소리 없이 다가가 충분히 접근하고 타이밍을 공격하는 등 냉정 그 자체이다.

2 수컷 간의 공격

수컷 쪽이 암컷에 비해 싸움을 일으키기 쉬운 성질이 있으며 아마 태아기 또는 신생아기의 두뇌 발달 성적 형성을 반영한 것으로 생각된다. 수컷끼리의 공격성이 발현하는 데는 남성호르몬인 안드로겐이 필요하며 성 성숙의 시기에 테스토스테론의 대량분비가 일어나면서 공격성이 높아진다. 계절번식 동물과 같이 1년의 특정 시기에만 안드로겐 분비가 높아지는 동물종에서는 이 내분비변화와 동시에, 공격행동도 명확해진다.

3 경합적 공격

먹이나 보금자리와 같은 한정된 자원을 둘러싸고 또는 무리 내의 순위를 둘러싸고 동물은 경합하며 이것이 공격행동으로 발전하기도 한다. 개와 같은 사회성이 높은 동물은 서열과 그에 관련된 위협, 복종행동에 따라 대개 결론지어지므로 실제 투쟁으로는 발전하지 않는다. 고양이처럼 서열을 갖지 않는 동물에서는 실제로 쟁쟁으로 발전하거나 선착순으로 양보하는 행동이 보인다.

4 공포에 의한 공격

공격전에는 위협이 보이고 그 위협은 보통 방어적인 것이다. 공포에 의한 공격은 동족의 동물뿐 아니라, 사람 등 다른 동물종에도 향하며 실제로 사람이 동물로부터 받는 공격 중에서 가장 많은 것이 이 형태이다(예: 사람에게 공격해서 쫓아내는 것이 반복되면 그 경험으로 공격성은 점차 자기강화 되어진다). 이 형태의 공격성에 암수의 차이는 보이지 않으므로 거세의 효과도 없다.

5 아픔에 의한 공격

수컷이나 암컷 모두에게도 아픔을 동반하는 자극을 받으면 공격행동을 일으키는 반응이 생득적으로 포함되어 있다. 개나 고양이의 교정을 할 때 아픔을 동반하는 조치가 필요한 경우에는 아픔에 의한 공격에 주의해야 한다. 또한 개들 간의 싸움을 멈추려고 개를 때리거나 하면 공격성이 더 격화되는 경우도 있으므로 주의해야 한다.

6 영역적 공격 또는 사회적 공격

많은 동물종에서는 낯선 개체가 자신의 영역에 침입하거나 무리에 접근하면 우선 경계를 높이고 위협이 사라지지 않으면 공격적 행동이 일어난다. 개와 고양이도 자신의 세력권에 침입한 동종의 낯선 개체에 공격적으로 행동하는 경우가 많다. 특히 개는 집이나 마당에 들어온 낯선 사람에 대해 위협하거나 공격하여 쫓아내려 하는 동시에 무리의 동료들에게 위험을 알리는 특별한 짖는 방법(경계포효)을 통해 보호자의 주의를 환기시키는 것이다. 반면 그 외의 동물에 대해서는 큰 심한 반응을 보이지 않는다. 이 행동경향에는 견종 차이나 개체차이가 크다.

7 모성행동에 관련된 공격

어미가 새끼를 지키기 위해 보이는 공격행동에서는 위협도 없이 전력으로 갑자기 상대방을 공격하는, 다른 공격과는 다른 패턴을 보인다. 가축에서는 관리상 문제가 되는 행동이 생기지 않도록 육종선발이 반복되어 왔으므로 야생일 때와는 전혀 다른 모성행동을 보이게 된 동물도 있다.

8 학습에 의한 공격

군용견이나 경찰견과 같이 공격성을 훈련에 의해 높이는 경우도 있다. 개가 배달부가 올 때마다 짖어 위협하는 것을 자기 학습한 결과, 더 심하게 짖기도 한다. 배달부는 용무가 끝나 사라지는 것이지만 개는 자신이 짖어서 상대가 도망갔다고 착각하기 때문에 이 반응이 보상이 되어 공격행동이 강화되는 것이다.

9 병적인 공격

이해할 수 있는 원인이나 이유 없이 갑자기 심한 공격행동을 보이는 경우가 있다. 얌전하고 예의 바른 개가 갑자기 보호자를 공격한다. 전조가 없기 때문에 예측할 수 없고 대형견의 경우는 매우 심각한 문제가 된다. 뇌에 어떠한 이상이 있는 것으로 추측되고 있으나 개개의 케이스에 따라 원인은 다양할 것 같다.

Ⅳ 안전하고 편안한 미용 환경 만들기

1 감각기관에 따른 커뮤니케이션

커뮤니케이션 방법에는 3가지 주요한 형태가 있다. 시각에 의한 것, 청각에 의한 것, 후각에 의한 것이 있다. 개와 고양이 또는 사람과 개와 같이 다른 동물종 간에도 커뮤니케이션이 성립하는데 상호간의 발생시키는 신호나 그에 따른 정동적인 변화를 이해하기 위한 생득적인 능력이 갖춰져 있지 않기 때문에 경험을 통해 신호의 의미를 배울 필요가 있으며 더 복잡하다. 커뮤니케이션이 성립할 때는 신호를 보내는 쪽에서 발신된 정보에 의해 받는 쪽의 행동에 어떠한 변화가 일어난다. 커뮤니케이션행동이 진화한 이유 중 하나는 무리 내에서 경합적인 상호작용의 빈도나 정도를 가능한 한 낮추는 것에 있었다고 생각된다. 커뮤니케이션에서 사용되는 신호에는 의도적인 정보전달의 신호도 있고 그렇지 않은 자연적으로 주위에 뿌려지는 신호도 있다(예: 동물병원에서 공격적인 개의 위협신호는 전자의 경우, 겁 많은 개의 불안신호는 후자). 어떤 집단 속에서 이용되는 신호는 그 신호가 가진 정보와 사용되는 상황이 중요한 경우에는 더 눈에 띄기 쉽거나 중복되어 사용되는 등 신호의 특성이 진화하는 경향이 있다. 중요한 신호 중에는 그 패턴이 형식에 맞는 상동적인 성질을 가진 것도 있고, 개과 동물에서 보이는 놀이를 유발하는 인사행동 등은 '고정적 동작 패턴' 또는 '의식화된 동작패턴'이라 불린다. 다윈의 정반대로의 원리는 반대의 의미를 가진 신호는 애매함을 피하기 위해 종종 정반대의 표현이 된다는 개념이다(예: 공격적인 개는 신체를 크게 보이려하고 복종하는 개는 신체를 작게 움츠림).

1 시각을 통한 커뮤니케이션행동

근거리 또는 중거리 커뮤니케이션에서 시각신호는 효과적이며 상대의 대응을 보면서 즉시 신호를 바꿀 수 있다는 점도 유리하다. 늑대무리에서는 동료 간의 커뮤니케이션의 대부분이 자세나 표정의 변화로 된 시각표시에 의해 이루어진다. 시각계를 통한 커뮤니케이션은 개와 개 또는 개와 사람의 커뮤니케이션에서도 중요한 전달양식이다. 공격성과 공포의 정도가 다양한 비율로 섞이면서 그때의 기분을 나타내듯이 귀나 꼬리의 위치, 신체전체의 자세, 얼굴표정 등으로 이루어진 커뮤니케이션 신호가 연속적으로 형태를 만들어간다. 머리의 위치는 공격 시에는 높고 복종 시에는 낮고 목이 늘어난다. 귀의 위치는 공격 시에는 경계태세와 동일해지고 복종 시에는 뒤로 쏠려 내려간다. 눈은 위협 시에는 상대를 직시하고 복종 시에는 피하고 공포를 느꼈을 때는 크게 열린다. 꼬리의 위치도 공격적일 때는 높이 올라가고 반대로 복종 시에는 낮게 내리거나 배 밑으로 말린다. 꼬리는 표현력이 풍부하다. 높은 위치에서 꼬리를 흔드는 행동은 우위인 개체에 따른 위협의 경우도 있다. 반면, 꼬리를 크게 흔드는 경우는 우호적 또는 복종적 기분을 나타내며 놀이를 유발하는 때도 그렇다. 복종적인 개가 상대를 진정시키려고 할 때는 꼬리를 낮은 위치에서 어색하게 흔든다. 늑대와 개의 순위제는 우위인 개체가 보이는 위협행동에 따라 확립되고 유지되는데 이 행동에는 신호를 보내는 쪽의 공격성에 대한 의지나 그 강도가 의식적인 시각신호로써 포함되어 있다. 받는 쪽은 그에 대해 복종적인 신호를 보내 상대를 진정시키거나 그렇지 않으면 위협이나 공격적 신호를 돌려줌으로써 적대적인 긴장관계를 높여간다. 성견에서는 만나자마자 서열이 확립되는 경우가 많고 두 개체 간의 상호관계에서 서로의 상대적 우위와 열위를 전달하는 양식화된 표시 행동에 의해 유지된다. 우위인 개체는 가로막고 서서 상대를 직시하고 열위인 개가 먼저 시선을 피한다. 이러한 행동은 사람에 대해서도 보인다. 위협 시에는 목에서 등까지의 피모를 곤두세워 외관상의 크기가 증가한다. 머리와 꼬리는 높은 위치로 유지하고 귀는 앞을 향하고 입술은 세로로 당겨 송곳니가 보이도록 이를 드러낸다. 늑대나 개에서 보이는 우위성 행동에는 '상대의 비경부를 확실히 문다, 머리와 목을 억누른다, 올라탄다, 목과 어깨 또는 등에 털을 올린다'와 같은 것이 있는데 이러한 행동은 의식화되어 있어 보통은 상대에게 상처를 입히지는 않는다.

자신이 상대보다 열위라는 것을 전달하거나 눈앞에 보이는 공격성을 경감하기 위해 열위인 개는 이를 감추거나 배나 목과 같은 급소를 노출하는 자세를 취하는 등 일련의 복종행동을 보여 상대를 진정시키려 한다.

능동적인 복종행동은 둔부를 낮게 하고 등을 활처럼 휘어 전체적으로 낮은 자세로 우위인 상대에게 다가가거나 상대의 접근을 기다린다. 보통 꼬리는 낮은 위치에서 흔들고 코끝을 올리고 머리와 목은 낮게 유지하고 귀도 뒤로 눕히고 시선은 피하거나 상대를 응시하는 일은 없다. 복종적인 개체에서는 입술이 수평으로 뒤쪽으로 당겨진다. 또한 열위의 개체가 혀를 내밀어 상대를 핥으려는 경우도 있는데 이것은 먹이를 토해 달라고 조르며 어미 개에게 접근하는 새끼개의 동작에서 파생된 의식화된 사회적행동으로 생각된다. 이러한 능동적인 복종행동은 늑대무리에서는 우위인 늑대의 우호적이고 관용적인 반응을 실제로 이끌어내는 데 효과가 있다고 한다. 반면, 수동적인 복종행동은 드러누워 한쪽 다리를 들고 꼬리를 말고 배를 보이는 행동으로, 복종성 실금을 동반하는 경우도 있다. 보통 이러한 상태는 방어성 공격은 강하게 억제된다.

공격행동이 일어날 것인가, 어떻게 일어날 것인가는 견종에 따른 기질과 초생기의 경험 또는 환생요인이나 동기부여의 상태에 따라 다르다. 원래 겁이 많은 개는 방어적인 공격행동을 보이는 경우가 많고 복종성과 공격성이 부분적으로 섞인 행동을 보이는 경우가 있다. 이러한 개는 귀를 뒤로 눕히고 눈을 크게 뜨고 머리를 내리고 체중을 뒷다리에 실어 공포의 대상을 향한 채 도망치려하거나 움직이지 못한다. 이러한 상태에서 사람이 손을 내밀거나 접근하면 갑자기 달려들어 무는 경우가 많다. 공포에 따른 공격행동은 보통 단시간에 끝나고 개는 곧 물러가는데 이러한 개에게서는 떨림, 항문주위선에서의 분비물의 방출, 배설물 방출 등 자율신경계의 반응이 자주 보인다. 개에서 특징적인 시각 표시로서 한쪽 다리를 들고 배뇨하는 행동이 있다. 수컷에게만 한정되는 것은 아니고 우위성에 관련된 행동으로 생각된다. 마킹은 후각계 커뮤니케이션이라는 의미가 큰데, 오줌이 축적되지 않을 때도 일어나며 성별이나 지위를 보이는 시각신호로서의 의미도 있는 듯하다. 배뇨나 배분 뒤에 앞발이나 뒷발을 이용해 땅바닥을 긁는 행동이 보이는데 이것은 배설물을 숨기기 위해서라기보다 긁음으로써 시각적 또는 후각적 흔적을 남기기 위한 행동으로 생각된다. 놀이를 유발하는 인사는 연령관계가 없는데, 공격이 아니라 놀이라는 것을 상대에게 전달하는 의미가 있다. 놀이를 유발하는 인사에서는 낮은 자세에서 엉덩이만을 높게 올리고 앞발을 늘리거나 위아래로 움직이면서 꼬리를 크게 흔든다. 놀이를 유발하는 상대의 앞뒤를 빠르고 크게 움직이며 정지한 상태와 움직이는 상태로의 변화가 급격히 일어난다. 표정도 특징적이어서 놀이를 유발하는 얼굴이라 불린다.

2 후각을 통한 커뮤니케이션행동

후각신호는 성별, 가족과 무리, 그리고 특정 개체의 정체성에 관련된 많은 정보를 정확하게 전달할 수 있다. 동물이 떠나간 뒤에도 상당히 오랜 시간 동안 정보를 남길 수 있는 특징을 가지고 있다. 반면, 시각이나 청각신호에 비해 시시각각 변화하는 심리상태를 실시간으로 전달할 수는 없다. 각 개체는 특유의 체취, 즉 냄새의 지문이 있어 많은 동물들은 시각이나 청각으로 멀리서 개체를 식별해도 최종적인 확인은 후각에 의해 이루어진다. 개는 후각이 매우 민감하여 화학물질의 검출감도는 사람의 100만 배 이상이라고도 한다. 냄새분자는 후상피라는 후각계의 감각기에 있는 수용체에서 감지되는데, 동물에게는 이 후상피 외에, 서비기라는 후각계 감각기가 존재한다. 서비기는 비중격을 사이에 두고 양쪽의 구개골 배측의 비강저부에 위치한 세장한 관처럼 생긴 기관으로, 문치의 뒤에 개구하는 절치관을 통해 구강에 연결되어 있다. 서비기는 주로 페르몬 분자의 정보를 감지하는 데 사용되고 있다. 개는 다른 많은 동물종에서 볼 수 있는 플레멘이라는 특이한 행동은 보이지 않지만, 혀를 넣었다 뺐다 함으로써 목적의 분자를 서비기에 운반하고 있는 것으로도 생각된다. 개는 자신이나 다른 개체가 남긴 배설물에 어릴 때부터 흥미를 갖고 주의 깊게 냄새를 맡은 뒤 자신의 배설물로 덮는 경우가 있다. 배설물에는 그것을 남긴 개체의 정체성과 생물학적 정보를 알리기 위한 냄새신호가 포함되어 있다. 어떤 개의 세력권을 우연히 지나간 다른 개는 여기저기에 남겨진 냄새의 표지에 따라 세력권의 경계선 또는 세력권자가 마지막으로 이곳에 온 뒤 얼마나 지났는지 등을 알 수 있다. 늑대는 배설물의 냄새를 단서로 어떤 무리의 행동권의 경계선이나 그 영역에서의 존재밀도를 평가하고 있는 것으로 생각된다. 배설 후 땅바닥을 긁는 행동이 보이는데 이때 발 안쪽에 있는 취선에서 분비물이 나와 후각신호도 남겨지는 듯하다. 오줌에는 많은 정보가 들어 있어 성적으로 성숙한 수캐는 암캐의 오줌 안에 포함된 페르몬 등의 휘발성 분자를 단서로 발정과 같은 번식단계에 관한 정보를 얻을 수 있다. 수컷의 오줌은 조금씩 분산되어 높고 눈에 띄는 장소에 수없이 남겨지기 때문에 그 개체의 활동범위까지 서로 전달할 수 있다. 늑대무리에서는 모든 멤버가 지배지역의 냄새 스폿을 알고 있고 어딘가의 낯선 개체의 마킹이 생긴 경우는 흥분하여 자신들의 오줌을 반복하여 덧뿌리는 행동이 보인다고 한다. 오줌 마킹은 웅성호르몬의 영향으로 증가하므로 집안에서 하는 수캐의 경우도 중성화에 의해 반수 정도는 개선이 되는 것으로 보고되어 있다.

개가 다른 개에게 인사를 할 때 귀나 입, 서경부, 항문, 음부 등의 냄새를 맡는다. 얼굴을 아는 개들끼리 오랜만에 만났을 때는 항문주위의 냄새를 오랜 시간에 걸쳐 서로 맡는 경우가 많다. 수컷끼리 접근한 경우는 우위의 개체 쪽이 꼬리를 올리고 열위인 개체에게 자신의 항문주위의 냄새를 맡게 한다. 동시에, 우위인 개체도 맡으려 하는 경우가 있으나 열위인 개체 쪽은 꼬리를 말고 항문을 숨겨 냄새를 맡지 않도록 하는 것이 전형적인 행동반응이다. 항문주위선의 분비물은 배변 내에 배출되는데 이 분비물에는 개체의 속성이나 특징 또는 사회적 지위 등에 관한 많은 정보가 숨겨져 있는 것으로 추측되고 있다. 개가 때때로 다른 개체의 배설물이나 부패물, 오물 등의 위에 드러누워 몸을 비비는 것은 냄새를 묻혀 무리에 돌아가면 동료들로부터 끊임없이 탐색되기 때문에 보수가 되는 것일지도 모르고, 다른 개체로부터 적대행동을 받을 가능성이 낮아지는 것일 수도 있다.

3 청각을 통한 커뮤니케이션행동

짖기나 포효 등 개의 음성을 이용한 커뮤니케이션은 장거리에서의 정보전달에 특히 효과적인 방법이다. 한편, 으르렁거리는 소리나 컹컹 짖는 소리도 다양한 상황에서 단거리 또는 중거리의 커뮤니케이션에 이용된다. 개의 짖는 방법은 상황에 따라 다르며 영역의식에 관련된 것, 공격적인 소리 등 다양한 종류가 있다. 영역의식에 관련된 소리는 개의 흥분레벨이나 침입자의 접근 정도에 따라 짖는 법이 다르다. 늑대의 포효는 다른 늑대들과 접촉하기 위해서로 생각되고 개의 경우도 개들 간의 장거리 신호로서 짖는 개체의 정체성과 거주지에 관한 정보를 전달하는 것으로 생각된다. 개는 흥분했을 때 움직임을 차단할 수 있는 울타리에 대해서 불만을 느끼거나 보호자나 동료로부터 남겨진 분리불안의 경우 등 불안상태일 때도 짖고 놀이를 할 때도 짖는다. 으르렁 소리는 대부분 공격적인 상황이지만 놀이 속에서도 일어난다. 놀이 중의 으르렁거리는 소리는 놀이를 유발하는 인사나 꼬리를 크게 흔드는 등 다른 놀이신호와 함께 발해진다. 컹컹하고 우는 소리는 인사일 때, 불만일 때, 아픈 것을 경험하고 있을 때, 복종적인 행동을 보일 때 등 나타난다. 개는 우리에게 들리지 않는 개피리에 반응하는 것과 같은 초음파영역의 소리에도 감수성이 있다.

4 반려동물 미용 시 분리불안에 대한 커뮤니케이션

현대 사회에서 반려동물과 살아가면서 빠질 수 없는 산업 분야가 미용 분야이다. 미용은 반려견의 청결관리와 더불어 반려견의 사랑스러움을 부각하여 사람과의 유착 관계를 공고히 하는 과정이다. 하지만 보호자가 직접 미용을 할 수 없는 전문 분야이기 때문에 미용 전문가의 손길이 필요하다. 미용 전문가는 보호자의 취향에 따라 혹은 반려견의 삶의 질 향상을 위해 행해지는 창작예술과도 같은 역할을 한다. 이러한 창작예술을 잘 해내기 위해서는 반려견과의 커뮤니케이션이 잘 되었을 때 원할한 과정을 이룰 수 있지만 미용사와 반려견간의 소통이 잘 이루어지지 않는다면 작업의 어려움으로 곤란에 빠질 수 있다. 하여 반려견과 커뮤니케이션을 할 수 있는 방법들을 알아보고자 한다.

우선 반려견과의 커뮤니케이션에 대한 이해가 필요한데 반려견의 의사소통은 모든 감각기관 또는 몸전체로 표현하며 현재의 컨디션 및 감정을 표현한다. 이를 이해하는 것은 반려견과 소통하는 데 도움이 된다. 반려견의 표현을 이해하는 여러 사인들은 단순하지는 않으며 여러 요소들을 종합해서 판단해야 한다. 대부분 반려견의 미용 시 어려움을 느끼는 경우는 소극적인 반려견의 성향일 때 느낄 수 있는데 소극적인 성향의 반려견들은 보호자의 응대에 문제가 생기는 경우가 많다. 예를 들어 많은 보호자들은 반려견이 짖으면 안아준다거나 혹은 간식을 주는 등 보호자의 대응에 대한 관찰 학습이 되는 경우가 있다.

환경적응에 미숙한 반려견의 진정효과를 누리기 위한 방법으로 홀딩(holding) 방법을 추천한다. 홀딩은 반려견을 힘으로 압박하는 것인데 다양한 언어를 쓰기보다는 진정할 수 있는 낮은 음성을 덧붙이면 효과가 있다. 하지만 물림사고에 대비해 안전장구를 갖추는 것은 미용사의 안전과 반려견의 압박에도 도움이 된다. 홀딩의 또 다른 방법으로는 도그쇼 출진을 목표로 하는 많은 강아지들이 받는 스택훈련이 있다. 반려견을 통제한다는 점에서 같은 의미를 가진다.

2 긍정강화 교육의 장점

1 교육 속도가 빠르다.

강아지가 간절히 원하는 보상은 긍정강화 훈련의 첫 실마리이다. 보상의 타이밍이 적절하게 내려진다면 잠깐의 시간 동안에도 다양한 행동을 끌어낼 수 있는 장점이 있다. 행동에 대한 타이밍은 강아지 스스로가 어떤 행동을 했을 때 보상을 받는지 알아차릴 수 있는 단서가 되는 것이다. 타이밍을 잘 잡는다는 것은 훈련을 처음 시도할 때 가장 어려워하는 부분이기도 하지만 반복에 의한 연습은 교육속도를 빠르게 가져갈 수 있는 길이다.

2 사람과 동물 간의 신뢰와 교감을 쌓을 수 있다.

반려동물에게 어떠한 무력을 사용하지 않고 훈련하기 때문에 강아지는 사람에 대해 신뢰할 수 있다. 이러한 신뢰는 강아지에게 즐거움과 행복감을 줄 수 있어서 훈련하기 싫어하는 것이 아니라 더욱 하고 싶어지는 행동으로 바뀔 수 있는 것이다.

3 강아지가 스스로 생각하고 행동하게 만들며, 오랫동안 기억한다.

조작적 조건화는 강아지가 스스로 보인 자연스러운 행동 중에 사람이 원하는 행동에 보상을 주는 것이기 때문에 강아지가 스스로 생각하게 하는 훈련이다. 그래서 긍정강화 훈련을 받은 강아지는 상황에 즉각적인 대처보다는 생각할 수 있게 만들기 때문에 문제 행동보다는 사람에게 잘 보일 수 있는 행동을 더 많이 하게 되고, 그러한 행동에 대한 기억 또한 오랫동안 남을 수 있다.

4 실수해도 다시 시작하면 된다. 강아지는 우리의 실수를 오히려 좋아한다.

훈련자들이 걱정하는 이유 중에 나의 실수로 인한 트레이닝의 실패에 대한 두려움도 있을 것이다. 하지만 긍정강화 훈련은 실패했다고 고쳐지지 않는 것이 아니라 다시 시도해도 된다는 점이다. 그래서 꾸준히 한다면 누구나 시킬 수 있는 것이 긍정강화로 훈련했을 때의 장점이 된다.

5 강아지가 열정적으로 교육에 참여할 수 있다.

앞서 말한 것처럼 보상에 대한 기대감이나 보상을 획득했을 때의 기쁨으로 인해 강아지들은 교육에 대한 참여가 스스로 이루어지고 열정적으로 보호자의 기대에 부응할 것이다. 이는 긍정강화 훈련에 있어서 가장 기대가 큰 부분이기도 하다.

강아지의 경우, 욕구가 좌절되었을 때 주로 짖거나, 깨물거나, 점프하거나 자기의 의사 표현을 바로 한다. 강아지가 원하는 것을 요구하기 위해 점프를 하면, 보호자는 자연스럽게 소리 지르며 거부 또는 원하는 것을 들어주기도 한다. 손으로 막거나 몸으로 막으면 강아지 입이 사람의 신체와 접촉할 때도 있는데 강아지는 한번 원하는 것을 가지게 되면, 그때부터는 지속해서 요구할 수 있다. 이는 잘못된 보상으로 강아지의 문제행동을 이끌어 내게 되는 보호자들이 실수하는 부분이기도 하다. 그렇다고 강아지를 예뻐해 주지 말라는 것은 아니고 강아지에게 칭찬하거나 스킨십할 때 잘못된 행동을 이끌어 낼 수 있다는 점을 간과해서는 안된다.

실내에서 '기다려'를 확실히 몸에 배도록 해야 하는데 3초, 5초, 10초, 1분, 2분, 3분까지 한다면 강아지는 30분도 할 수 있다. 이렇게 기다릴 수 있다면 강아지는 인내심, 참을성, 독립심을 키워 나갈 수 있게 되는 것이다. 밥을 먹을 때나, 간식을 먹을 때도 기다릴 수 있는 교육을 꾸준히 해 주어야 한다. 기다림의 보상은 칭찬이 될 수 있고, 간식이 될 수도 있고, 장난감이 될 수 있다.

실내에서 연습이 되었다면, 외부로 나가서 연습해야 한다. 이는 다양한 환경에서도 강아지가 보호자와 집중해서 할 수 있도록 돕기 위함이다. 강화훈련을 하기 위해 조용한 산책길에서 기다려 교육을 하는 것이다. 처음에는 짧게 점차 시간을 늘려가면서 해 주어야 한다. 강아지가 교육을 잘 따라오고 있다면, 보상을 확실히 해 주어야 한다. 여기서 확실하게란 의미는 강아지가 충분한 칭찬을 받았다고 느낄 수 있어야 한다. 그리고 점차 강아지가 좋아하는 운동장이나 수영장에서 '기다려' 동작을 하고, 그것에 대한 보상으로 수영하도록 해주는 것도 보상이며, 간식을 준다든지 혹은 좋아하는 공이나 장난감을 주는 자체가 강아지에게는 보상이 될 수 있다.

평상시에 이런 '기다려' 교육이 잘 되어있고, 기다린 것에 대해 충분한 보상이 강아지에게 주어진다면 흥분을 조절하는 능력이 생긴다.

반려견이 다른 친구들과 노는 중간에 10~30초 정도 '앉아 기다려'를 하도록 한 후, 보상으로 다시 친구들과 놀도록 해주면 흥분을 조절하는 능력을 키울 수 있다. '기다려'를 잘하는 강아지들과 하지 못하는 강아지들의 차이는 매우 크다. 결국은 우리가 예상하지 못하는 상황에서도 보호자의 말에 집중해서 들을 수 있게 된다는 것이다.

평상시 기다려 교육은 사고를 예방할 수도 있다. 개들은 자기가 얻으려고 하는 것들에 대한 집념이 있다. 이러한 기질을 이용해 보호자들이 교육할 수 있다. 조금씩 조금씩 더 참도록 할 수 있다.

이 세상에 공짜는 없다는 사실과 무엇을 얻기 위해서는 강아지도 무엇을 해야 한다는 간단한 진리를 알아가도록 해주는 교육이 필요하다.

놀이를 한다는 것은 반려견에 있어 보상효과로 으뜸이다. 특히 물고 당기는 행동은 스트레스를 풀어주는 데 도움이 된다. 물고 당기면서 훈련의 집중력과 강한 자신감, 그리고 의욕을 길러주는 역할을 한다. 예를 들어 공놀이와 소리 나는 장난감 놀이를 한다. 공놀이는 우리가 쉽게 접할 수 있는 놀이로 추적 본능을 가지고 있다. 이 놀이를 통하여 어린 자견 시기에 물품 의욕을 높여 줄 수 있다. 소리 나는 장난감은 그렇지 않은 장난감보다 호기심을 유발하는 데 도움이 된다. 다른 동물을 사냥하면 포획된 동물은 소리를 낸다. 이러한 소리는 반려견의 흥미를 유발한다. 또한 반려견이 소리 나는 장난감을 가지고 놀면 성장하면서 소리에 대한 민감성이 줄어든다. 이처럼 놀이에서 물고 당기고 뛰고 잡고 하는 것은 반려견에게 자신감과 학습능력을 높여준다. 놀이로 이용되는 유년기 훈육과정은 앞으로 훈련하는 데 많은 도움이 되며, 이 또한 긍정강화 훈련이 될 수 있다.

놀이 시 주의할 점

① 공을 던졌을 때 반려견이 쫓아가서 무는 것보다는 공을 회수하는 것이 좋다.

물고 온 공을 강제적으로 빼앗으면 반려견이 다시 오지 않고 오히려 공을 물고 도망가려는 나쁜 습관이 생길 수 있다. 그래서 공을 회수할 때는 더욱 좋은 긍정적 보상을 통해서 반려견이 공을 빼앗긴다는 생각이 아니고 공을 물고 오면 맛있는 먹이를 먹을 수 있다는 생각을 심어줘야 한다. 먹이보다는 공에 관심이 더 많은 강아지에게는 똑같은 공을 두개로 놀아주어야 한다. 공을 던져주면 빠르게 공을 차지하기 위해 달려갈 것이고 혼자 공을 가지고 놀 수 있는데 이때 다른 공을 바닥에 튀기게 되면 달려와 가지려고 물고 있던 공을 놓을 것이다. 그러면 그 반응에 대한 보상으로 다시 공을 던져주는 행동으로 공을 물고 회수하고 놓는 훈련을 시킬 수 있을 것이다.

② 물고 당기는 놀이에서 무는 훈련은 가죽제품을 사용하는 것이 좋다.

천이나 수건 등을 이용해서 물게 하는 경우가 많은데, 이것은 잘못된 습관을 길들일 수가 있다. 천을 당기면 찢어져서 늘어나면 강하게 물기 위해서 물고 흔든다. 가죽 제품은 잘 뜯어지지 않기 때문에 강하게 물며 놓치지 않기 위해 깊숙이 물 수 있는데 이는 물건을 완벽하게 물게 하는 운반 훈련 시 도움이 된다.

③ 놀고 난 후에는 장난감이나 장비는 반려견과 늘 곁에 두지 말고 바로 치워준다.

항시 물고 다니는 것은 흥미유발이 아닌 무관심하게 만든다. 무관심은 훈련을 저해시키는 원인이 된다. 많은 보호자들이 강아지가 심심해할까 생각하여 다양하고 많은 장난감을 제공해 주는데, 사람과 함께 놀 때의 즐거움을 알 수 있게 하는 것이 바람직할 수 있다.

④ 너무 오랜 시간 놀아서 반려견이 의욕을 잃어가는 것보다 짧은 시간 동안 놀아 주고 여러 번 반복하는 것이 좋다.

훈련 시 놀이는 같은 것으로 흥미유발 및 지속성이 좋아야 하는데 사람의 집중력이 1시간을 넘기지 못하듯 강아지도 집중을 오래 하지 못하므로 훈련하는 시간이 짧아야 한다.

사회화 놀이

사람도 '평생을 배워야 한다'라는 말이 있듯이 사회성은 반려견들이 평생 학습해야 한다. 반려견이 입양된 후부터 16주 사이의 사회성 훈련은 평생에 있어서 매우 중요하다고 볼 수 있다. 사회성 부족으로 가장 많이 호소하는 문제가 반려견이 짖거나 사람을 물려고 할 때이다. 이처럼 사회성 부족으로 잘못된 습관이 발생하기 전에 예방하는 것이 중요하다. 특히 아파트에 사는 사람은 엘리베이터 소리, 초인종 소리, 아파트 통로에서 인적이 내는 소리 등을 많이 경험하게 해야 한다. 일반 주택가의 단독 주택에 사는 사람도 비슷하다. 물건 파는 소리, 자동차 소리, 다른 반려견이 짖는 소리 등 많은 경험을 해야 한다.

어릴 때부터 사람이 많이 모이는 장소로 시장, 공원, 자동차가 많이 다니는 거리 등 다양한 장소를 경험하게 한다. 동물교감교육 도우미견들에게 있어서의 사회노출이 중요하다. 낯선 곳에서의 변화에 민감하게 반응하는 것을 줄여주기 위해서는 많은 장소에서의 적응이 중요하기 때문이다.

반려견이 병에 걸릴 수 있다고 해서 다른 반려견과 만나는 것을 피하지 마라. 반려견의 건강이 중요한 것처럼 사회성 훈련도 매우 중요하다. 서로 믿고 철저한 관리하에서 반려견들끼리 서로 놀게 해주어야 한다. 동물교감교육 도우미견들에게 있어서 매우 중요한 훈련 중 하나이므로 동족이나 새로운 동물에게 공격적 성향을 보여서는 안 되는 중요한 훈련 과정 중 하나이기 때문이다. 이 훈련은 어린 반려견 시기부터 시작하는 것이 중요하다.

반려동물의 행동은 다양한 요인과 과정에 의해 발달한다. 지속적으로 외부로부터 자극과 경험 때문에 행동이 변화하고 변화된 행동이 지속되는 것을 학습한다. 동물의 학습원리는 기본적인 모든 종에 일반화할 수 있으나 각각의 종 또는 개체에 따라 반응은 다르게 발현될 수 있다. 반려동물의 행동에는 본능이 우선시되어 행동하는 체계를 갖추고 있고 유전이나 경험에 의한 학습으로 이루어진 행동을 하는데 우리가 주목해야 하는 것은 경험에 의한 학습행동이다. 그래서 사람과의 동거를 위해 좋은 행동을 만들기 위해서는 어떻게 경험하게 할 것인지 생각하여야 한다. 많은 보호자들은 어린 강아지를 분양받아왔을 때 귀엽고 사랑스러워 경험학습에 대해 특별히 생각하지 않는 경우가 많은데 이는 향후 다양한 문제행동으로 이어질 가능성이 높다.

필요한 행동을 만들어 내기 위해 적절한 보상체계는 반려견으로부터 원하는 행동을 이끌어 낼 때 중요한 작용을 한다. 보호자의 음성적 보상, 스킨십 보상, 음식 보상, 좋아하는 물건을 취득하게 해주는 보상체계가 있다. 이러한 보상체계는 반려견에 따라 다르게 주어질 수 있으며 그 효과성을 높이기 위해 보호자는 매리트 있는 보상을 준비하여야 한다. 예를 들어 좋아하는 물건이라고 하더라도 반려견에 있어 보상체계로 다가가려고 한다면 물건을 가지려고 하는 의욕이 아주 높아야만 보상으로서의 효과가 있을 것이다. 그렇지 않다면 보호자가 원하는 행동을 이끌어내기 어렵고 반복적인 작업을 할 때 쉽게 포기하는 결과를 맞이하게 된다. 또한, 반려견이 좋아하는 것을 제거하는 체벌로 나쁜 행동을 없애는 것도 보상과 관련이 있다. 훈련의 원리로서 가장 잘 등장하는 것이 스키너의 조작적 조건화에 대입한 훈련 방법이다. 조작적 조건화의 방법에는 정적강화, 부적강화, 정적약화, 부적약화가 있다.

다음은 A,B,C 이론으로 반려견의 동작이 만들어지는 과정을 알아보자.

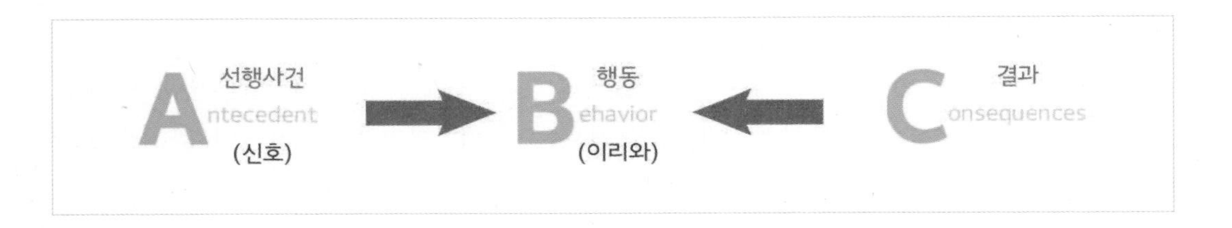

정적강화는 어떤 행동이 일어난 후 반려견이 기분 좋아지는 것을 주어 그 행동 발생 확률을 높이는 것이다.

부적강화는 어떤 행동을 했을 때 반려견이 싫어하는 것을 주는 것을 의미한다. 어떤 자극이 조건부로 제거되었을 때 반응을 강화하는 모든 자극을 말한다.

정적약화는 반려견이 어떤 행동을 했을 때 그 결과로 무엇인가를 부가하여 그 동작을 더 이상 나타내지 못하도록 하는 방법이다. 보호자가 원하지 않는 개의 행동에 소리, 터치, 가로막기 등을 더하여 결과적으로 행동이 줄어들거나 사라지게 하는 것이다.

부적약화는 개가 표현하는 행동을 제거하여 행동을 감소시키는 것이다. 그런데 약화 시 제거해야 할 행동을 유지하는 자극은 개가 좋아하는 성격을 가진 경우가 많다. 이는 반려견의 행동이 과거에 보상을 받은 경험이 있기 때문이다.

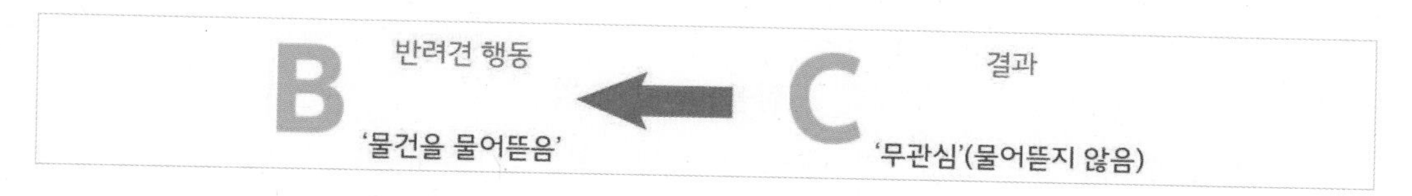

반려견의 행동에는 보호자의 보상시스템에 의해 다양한 행동들이 경험에 의해 학습되므로 적절한 보상 타이밍을 잡도록 노력하여야 한다.

교육에 있어서 보상체계는 특정 행동을 이끌어 내고 유지하는 데 효과적이라 볼 수 있다. 다만 보상이 언제 이루어지느냐에 따라서 사람이 원하는 행동을 이끌어 낼 수 있기에 타이밍은 가장 중요한 이슈라고 볼 수 있다. 존 왓슨(jone B Watson)은 초기 행동주의 학자로 흰쥐 실험으로 고전적 조건형성의 원리를 입증하였다. 그에 따르면 실험에서 아기에게 흰쥐를 보여주고 쥐를 만질 때마다 큰 소음으로 아기를 놀라게 하였더니 흰쥐를 보기만 하여도 두려워하게 되었다. 이는 공포 또한 학습이 될 수 있다는 사례가 되었다. 더불어 모든 유기체는 보상에 의해 원하는 직업을 가질 수도 있다고까지 공언하였으며 이는 보상체계가 어떤가에 따라 원하는 행동을 이끌어 낼 수 있다는 확신을 심어주는 계기가 되었다. 원하는 행동을 잘 만들기 위해서는 적절한 타이밍에 보상이 이루어져야 한다는 것이다.

3 미용 환경 만들기

사랑스러운 반려동물을 키우는 반려인들이 양적, 질적으로 늘어나면서 반려동물을 대하는 생각은 물론 환경과 처우에도 관심이 커지고 있다. 이는 반려동물의 지위가 높아졌다는 의미와 더불어 사람과 똑같이 생명을 가지고 있는 생명체로서의 존중을 의미하기도 한다. 이러한 기본적인 생명존중 사상을 바탕으로 미용실에서도 반려동물을 대하는 태도가 바뀌어야 하지 않을까? 그러기 위해 안전하고 편안한 미용실 환경을 마련하는 것은 미용사로서 당연한 의무이며 미용사들의 안전을 위해서도 꼭 필요한 일일 것이다. 반려동물에게 편안한 장소는 어떤 곳일까? 편안한 공간을 만들기 위해 우리는 무엇을 해야 할까? 라는 것은 미용실 환경에 미용사들이 얼마나 고민하고 있는지에 달려 있다. 반려동물에게 편안한 공간과 장소는 낯설게 느껴지지 않는 공간 조성이며 낯선 사람에 대한 두려움이 낯선 공간에 대한 느낌을 더 갖게 될 수 있다.

먼저 현재의 미용실 공간을 생각해 보자 목욕시설, 드라이시설, 딱딱한 테이블 등 기계적인 분위기는 반려동물이 위축되게 만들어 방어적인 행동을 하게 만든다. 성격이 좋은 반려동물은 적응 능력이 좋아 별 문제가 되지 않지만 그렇지 않은 반려동물은 예민해질 수밖에 없다. 이러한 부분들을 생각해 본다면 고객이 처음 방문하였을 때 충분한 사전 상담이 이루어져야 하며 반려동물에 대한 정보를 많이 알고 있어야 한다. 그리고 처음 방문한 반려동물에게 충분한 시간을 주어 적응력을 높이는 것이 도움이 될 것이다. 적응력이 높아졌다면 미용사에게 좀 더 친밀한 행동을 보이며 이러한 행동은 신뢰를 해보고 싶다는 생각을 가지게 되므로 드디어 보상에도 반응을 보일 수 있을 것이다.

미용실 환경은 반려동물이 첫인상을 갖는 데 중요한 역할을 하게 된다. 그러므로 반려동물이 안락함과 안정적인 생각을 가질 수 있도록 환경 구성을 하는 것은 미용의 첫 단계로서 중요하며 미용이 이루어질 때에도 반려동물의 발바닥 촉감을 고려해 테이블 세팅 또한 고려한다면 반려동물이 미용실에 적응하는 데 도움이 될 수 있다.

1 반려동물의 대기 공간 마련하기

반려동물의 대기 공간은 미용실 환경에 대한 첫 이미지를 심어줄 수 있는 중요한 공간이다. 최대한 집과 같은 환경 조성을 할 수 있도록 꾸며 주어야 하며 낯선 개들과 한 공간을 사용하는 것은 반려동물에게 새로운 스트레스의 원인이 될 수 있으므로 주의해야 한다. 대기 공간 내에 숨을 수 있는 공간을 제공하는 것은 회피반응을 보일 수 있는 조건이므로 좋지 않은 방법이며, 반려동물이 미용사를 지켜볼 수 있는 장소를 선택하고 미용사의 큰 동작과 소리는 반려동물이 불안감을 느낄 수 있다. 대기 공간에서 반려동물과 친밀성을 높이는 행동은 미용과정 전체 중에 매우 중요한 과정이므로 많이 신경써야 한다.

2 미용 도구에 적응시키기

콤, 슬리커, 가위, 발톱깎이, 드라이기, 클리퍼 등은 반려동물 미용 시 가장 많이 사용되는 도구이다. 반려동물에게 각종 도구에 대한 인식을 점진적이고 둔감화 방법으로 적응시키는 것은 미용현장에서 시간을 들여서 해야 할 꼭 필요한 훈련 과정으로 반려동물에게는 도구에 대한 불신감을 사라지게 만든다.

1) 도구적응 훈련 방법

① **1단계**: 반려동물이 도구를 보는 것만으로도 보상을 해준다. 이때 소리를 내지 않고 기구를 보게 만들고 보상하여 친근감을 느끼도록 하는 단계이다.

② **2단계**: 소리 나는 기구일 경우 소리를 원거리에서 내며 보상하고 점차 가까워지는 과정을 반복해 주고, 소리가 없는 빗종류는 몸에 터치하는 과정을 반복해 준다.

③ **3단계**: 두 번째 단계까지 적응이 되었다면 반려동물의 머리에서 먼 곳에서부터 짧게 하고 보상하여 준다.

④ **4단계**: 소리가 크지 않은 상태로 몸 전체를 적응하게 해준다. 주의해야 할 점은 이 모든 과정을 반려동물의 적응속도에 맞추어 천천히 진행해야 한다는 점이고, 문제가 생긴다면 전 단계로 돌아가 다시 시작해야 한다.

CHAPTER

08

윤리와 법규

I. 애견미용사의 직업윤리

II. 애견미용사가 알아야 할 주요 법률

III. 애견미용실의 창업과 운영

IV. 애견미용실의 주요 사건 및 분쟁 사례

CHAPTER

08 윤리와 법규

I 애견미용사의 직업윤리

1 직업윤리 정의와 지침

1 직업윤리란?

직업윤리는 특정 직업을 수행하면서 지켜야 할 도덕적 가치와 원칙을 의미한다. 이는 직업인이 사회적 기대와 규범에 부합하도록 행동하고 결정할 수 있는 기준을 제공한다. 직업윤리는 해당 직업에 대한 사회적 역할과 신뢰성을 포함하며, 고객과 사회에 긍정적인 영향을 미치기 위한 핵심 원칙으로 작용한다.

2 애견미용사의 윤리적 지침

애견미용사는 생명과 직접적으로 관계된 직업으로, 반려동물에게 편안하고 위생적인 환경을 제공하며, 미용 과정에서 애견이 불안이나 고통을 느끼지 않도록 안정감을 보장해야 한다. 다양한 상황에서 보호자와 반려동물을 위한 올바른 행동과 결정을 내려야 하며, 아래와 같은 지침을 반드시 유념해야 한다.

1) 생명 존중과 동물복지의 최우선

① 미용 과정에서 동물에게 불필요한 스트레스나 고통을 주지 않도록 배려한다.

② 반려동물을 생명체로서 존중하며, 학대나 부적절한 처우를 절대 허용하지 않는다.

2) 안전하고 위생적인 환경 제공

① 작업 공간은 반려동물과 보호자가 안심할 수 있도록 청결하고 정돈된 상태를 유지해야 한다.

② 미용 도구는 각 반려동물 사용 후 반드시 세척 및 소독하고, 위생 규정을 준수하여 질병 전염과 감염을 예방한다.

③ 안전을 위해 반려동물의 행동과 상태를 주의 깊게 관찰하며, 적절한 제어 방법을 사용한다.

3) 투명성과 정직성을 바탕으로 한 신뢰 구축

① **명확한 정보 제공**: 서비스의 내용과 과정, 예상 결과, 그리고 발생할 수 있는 잠재적인 위험 요소에 대해 고객에게 명확하고 정직하게 설명한다.

② **건강 이상 발견 시 알림**: 미용 중 피부 질환, 상처, 기생충 등 이상 징후를 발견하면 즉시 보호자에게 알리고 적절한 조치를 안내한다.

③ **실수 시 정직한 대응**: 미용 중 실수가 발생할 경우 숨기지 않고 정직하게 인정하며 보호자에게 사과와 함께 후속 조치를 제공한다.

4) 전문성의 향상과 책임 있는 서비스

① **지속적인 학습**: 최신 미용관련 기술과 트렌드를 학습해서 털의 상태, 피부 특성, 품종에 따른 맞춤형 미용을 제공하여야 한다.

② **고객관리와 소통기술**: 보호자와 효과적으로 소통할 수 있도록 고객관리와 소통기술을 꾸준히 개발하고 체득해야 한다.

③ **자신의 역량과 작업 범위 이해**: 미용사는 자신의 기술과 작업 범위를 명확히 파악해야 한다. 기저질환이 있거나 노령 등으로 인해 미용이 어려운 경우, 의료적 지원이 가능한 미용실이나 동물병원과 협력하여 보호자에게 적절히 안내해야 한다.

5) 윤리적 갈등 상황에서의 올바른 판단

보호자의 비합리적 요구나 반려동물의 건강에 해로운 요청(예: 지나치게 짧은 털 깎기, 화학적 염색 등)은 정중히 거절하며, 보호자에게 대안을 제시한다. 판단이 필요한 상황에서는 애견의 안전과 복지를 최우선으로 결정한다.

6) 동물보호법 및 관련 법률 준수

① 동물보호법과 지역의 동물복지 기준을 준수하며, 법적 의무와 책임을 다한다.

② 동물전문가로서 동물 학대나 위법 행위를 목격하거나 의심되는 상황을 발견한 경우 적절히 신고하고 대응한다.

2 애견미용사의 사회적 역할

애견미용사의 윤리적 책임은 애견의 복지를 최우선으로 생각하고 미용 과정에서 동물의 신체적·정서적 안정에 해를 끼치지 않는 것을 가장 기본으로 한다. 이는 고객과의 신뢰를 바탕으로 투명하고 정직한 서비스를 제공하되, 고객의 요청이 애견의 건강과 안전에 위배되는 요구라면 거부할 수 있는 용기를 포함한다.

특히 현대 사회에서 반려동물이 가족의 일원을 넘어 본인의 분신처럼 인식되기도 하는 만큼, 애견미용사는 단순한 미용 서비스 제공을 넘어 보호자와 애견 간의 유대감을 강화하고, 잘 공존할 수 있는 문화를 만들어 나가는 직업적 사명감이 요구된다. 이를 위해 관련 법규와 윤리 기준을 준수하고 지속적인 기술 개발과 자기 계발이 필요하다. 현 시대에 애견미용사에게 요구되는 주요 사회적 책임에 대해서 알아보겠다.

1 애견의 건강과 복지를 책임지는 전문가

애견미용사는 단순히 반려동물의 외모를 관리하는 직업을 넘어, 건강과 복지를 책임지는 전문 직업인으로 요구되고 있다. 고객들은 미용사에게 반려동물의 피부와 털 상태,

위생 관리, 관절 문제 등 기본적인 건강 상태에 대한 조언을 기대하며, 이는 단순한 미용 작업을 넘어서는 전문성이 필요하다. 미용 과정에서 반려동물의 피부 상태, 털의 엉킴, 상처, 기생충 감염 등을 세심하게 관찰할 수 있으며, 이러한 관찰은 건강 문제를 조기에 발견할 수 있는 기회를 제공한다.

1) 건강 신호를 읽어내는 관찰자 역할

예를 들어, 미용 중 피부에 붉은 반점이나 이상한 냄새를 발견하면 이를 보호자에게 알림으로써 필요한 치료를 받을 수 있도록 돕는다. 이는 반려동물의 건강을 유지하고 삶의 질을 향상시키는 데 필수적인 역할을 한다.

2) 깨끗한 털 관리로 건강한 생활 지원

엉킨 털은 피부 자극과 통증을 유발할 수 있으며, 심할 경우 피부병을 초래할 수 있다. 애견미용사는 이를 주기적으로 관리하며, 반려동물이 쾌적하고 건강한 생활을 할 수 있도록 돕는다. 깨끗한 털과 피부 관리는 단순한 미용을 넘어 반려동물의 전반적인 건강 상태를 유지하는 핵심 요소다.

3) 건강과 양육 관리를 상담하는 동물 전문가

애견미용을 진행하다 보면 많은 보호자들이 반려동물의 양육과 건강 관리에 대해 다양한 질문과 고민을 상담한다. 상담 후 추천받은 제품을 즉시 구매하는 등 높은 신뢰를 보이기도 한다. 따라서 미용사는 미용 과정에서 점검한 반려동물의 상태를 보호자가 이해하기 쉽게 설명하고, 털과 피부 관리에 필요한 유용한 팁을 제공해야 한다. 이러한 상담은 단순한 미용 서비스를 넘어 반려동물의 건강과 복지를 위한 중요한 정보를 전달하며, 보호자에게 실질적인 도움을 주는 역할을 한다.

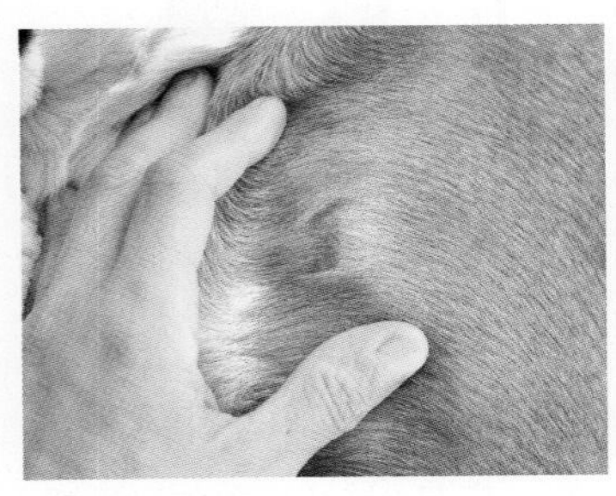
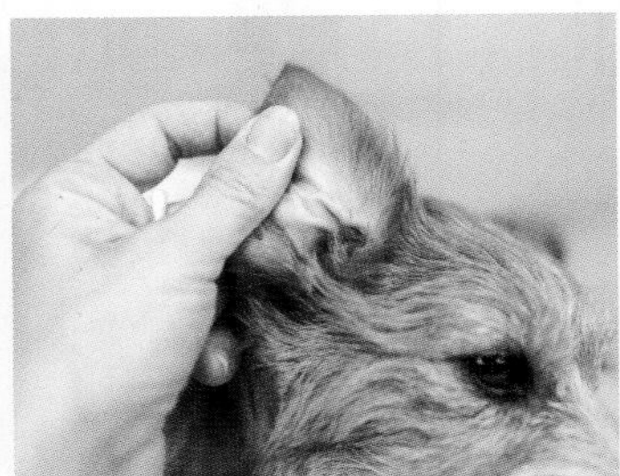
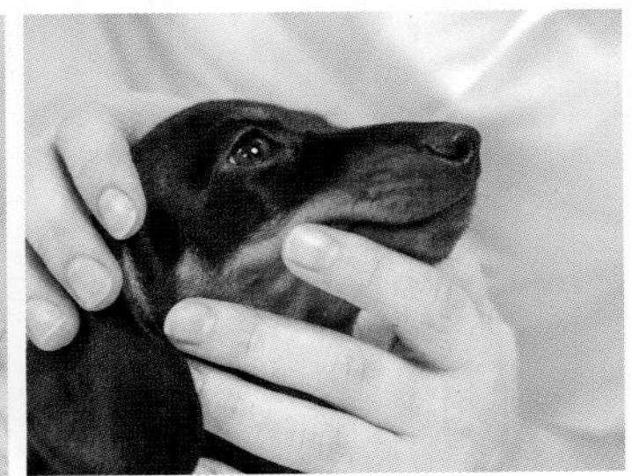

2 애견과 보호자 간 유대감을 강화하는 조력자

애견미용은 보호자와 반려동물 간의 관계를 강화하는 중요한 수단으로 작용한다. 깨끗하고 정돈된 반려동물의 모습은 보호자에게 심리적 만족감과 자부심을 주며, 반려동물에 대한 관심과 애정을 더욱 증폭시킨다. 미용 후 반려동물의 밝고 건강한 모습은 보호자가 더 많은 시간을 함께 보내고 싶게 만들고, 이를 통해 두 사이의 유대감이 자연스럽게 강화된다. 이는 보호자가 반려동물을 돌보는 기쁨을 느끼게 하고, 반려동물과 보내는 시간을 더 소중히 여기게 만드는 계기가 된다.

1) 펫 동반 문화를 완성하는 미용의 역할

최근 펫 동반 문화의 발전으로 보호자와 반려동물이 함께하는 외부 활동이 크게 늘어나고 있다. 반려동물과 산책을 넘어 박람회, 페스티벌과 같은 대규모 행사에 참여하거나, 가족사진처럼 반려동물과의 특별한 순간을 기록하고 SNS에 공유하는 사례도 많아졌다. 이러한 활동에 앞서 반려동물을 미용하고 꾸미는 과정은 단순한 외적 관리에 그치지 않고, 반려동물과 함께할 순간을 기대하며 즐거움을 느끼는 과정으로 이어진다. 이로 인해 보호자들은 반려동물의 외모와 건강에 더 많은 관심을 기울이고, 미용 서비스를 선택하는 동기가 강화된다. 미용사의 세심한 손길과 전문성은 이러한 과정에서 보호자와 반려동물의 관계를 더욱 특별하게 만드는 데 기여하며, 이와 같은 트렌드는 미용과 관리를 필수적이고 중요한 과정으로 자리 잡게 하고 있다.

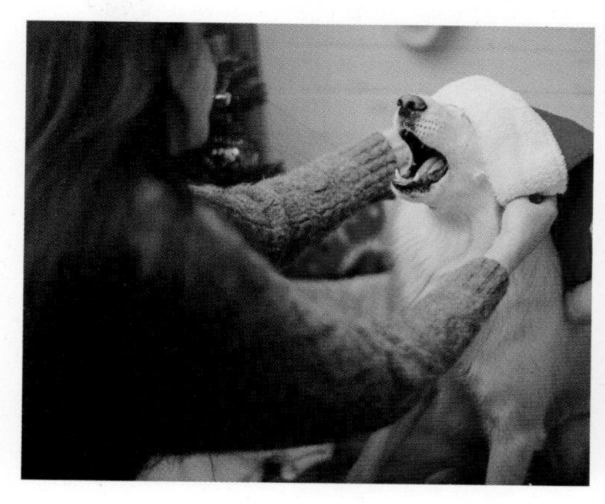

2) 미용이 가져오는 긍정적 변화

잘 관리된 반려동물은 일상 생활에서도 더 활기차고 건강한 모습을 보인다. 털 엉킴이나 피부 문제로 인한 불편함이 해소되면, 반려동물은 신체적 스트레스를 덜 느끼고 보호자와의 상호작용에도 적극적이며 밝은 태도를 보이게 된다. 이러한 긍정적인 변화는 보호자와 반려동물 간의 신뢰와 애착을 더욱 공고히 하는 데 기여한다.

애견미용사는 반려동물과 보호자가 함께 경험하는 평범한 일상부터 특별한 순간까지 지원하며, 이를 통해 더 깊은 유대감을 형성할 수 있도록 돕는 중요한 역할을 수행한다.

3 반려동물 산업 내 신뢰를 구축하는 전문가

1) 동물 전문가로서의 역할과 확장된 책임

최근 애견미용사의 역할은 단순히 기술을 제공하는 전문가를 넘어, 반려동물 산업 내에서 신뢰를 구축하는 중요한 위치로 확장되고 있다. 과거에는 다른 반려동물 산업과 결합된 형태로 운영되는 경우가 많았지만, 이제는 반려동물의 건강과 복지, 보호자와의 소통까지 포함하는 전문적인 역할을 수행하며, 단독숍으로 운영되는 사례가 증가하였다. 보호자들은 건강, 행동, 그리고 전반적인 생활 환경에 대한 조언을 필요로 하며, 미용사는 이러한 부분에서 적절한 설명과 서비스를 제공하여 전문가로서의 신뢰를 얻을 수 있다. 이에 따라 애견미용사는 미용 기술뿐만 아니라 반려동물의 건강, 행동, 심리 상태에 대한 폭넓은 지식을 갖춰야 하며, 끊임없는 학습을 통해 전문성을 강화해야 한다.

2) 변화하는 산업 환경과 관련 법규에 대한 이해

대한민국에서는 2000년대 이후로 '반려동물'이라는 용어가 본격적으로 사용되기 시작하면서, 반려동물을 가족의 일원으로 여기는 사회적 변화가 빠르게 자리 잡았다. 이에 따라 동물복지와 건강에 대한 관심이 급격히 증가했고, 관련 법률의 개정도 활발히 이루어졌다. 현재의 동물보호법은 애견을 생명을 가진 동반자로 규정하여 보호자와 산업 종사자들에게 더 높은 책임을 요구한다. 그만큼 보호자와의 복잡하고 새로운 유형의 분쟁이 발생할 가능성이 크고, 법규에 대한 이해는 애견미용사로서의 법적 책임을 명확하게 하기 위해 매우 중요한 사항이다. 또한 산업 종사자로서 변화하는 산업 트렌드와 법률에 대한 지속적인 학습이 반드시 필요하다.

3 미용사의 자기 관리

애견미용사는 반려동물의 외모와 복지에 직접적으로 영향을 미치는 전문 직업으로, 자신의 역량과 심리적 상태를 지속적으로 관리하는 것이 필수적이다. 먼저, 미용사는 전문성을 유지하고 향상시키기 위해 끊임없이 학습해야 한다. 반려동물 미용 기술은 지속적으로 발전하고 있으며, 견종별 미용 스타일, 최신 트렌드, 반려동물의 건강 및 행동에 대한 이해도 요구된다. 이를 위해 다양한 교육 프로그램, 세미나, 워크숍 등에 적극적으로 참여하며 새로운 기술과 지식을 습득해야 한다. 이러한 노력은 고객에게 높은 품질의 서비스를 제공하는 데 기여하며, 미용사의 전문성과 신뢰도를 높이는 데 중요한 역할을 한다.

또한, 미용사는 정서적 안정과 스트레스 관리에도 각별히 신경 써야 한다. 반려동물은 미용사의 심리적 상태에 민감하게 반응하기 때문에, 미용사가 스트레스를 받거나 불안한 상태라면 반려동물의 심리적 안정에도 부정적인 영향을 미칠 수 있다. 이를 방지하기 위해 미용사는 규칙적인 휴식과 건강한 생활 습관을 유지하며, 심리적 압박을 완화할 수 있는 방법을 찾아야 한다. 예를 들어, 운동이나 취미 생활을 통해 스트레스를 관리하거나, 필요한 경우 전문가의 도움을 받아 정서적 안정을 유지하는 것도 좋은 방법이다.

결국, 지속적인 자기 관리는 애견미용사가 고객과 반려동물 모두에게 신뢰받는 전문가로 자리 잡기 위한 필수 요소다. 전문성과 정서적 안정은 고품질의 서비스를 제공할 뿐만 아니라, 미용사 스스로도 건강하고 만족스러운 직업 생활을 유지할 수 있는 기반이 된다.

Ⅱ 애견미용사가 알아야 할 주요 법률

애견미용사는 반려동물의 건강과 복지를 책임지는 전문가로서, 다양한 법규와 규정을 철저히 이해하고 준수해야 한다. 이는 미용 서비스의 품질을 유지하고, 반려동물과 고객의 권익을 보호하며, 법적 문제를 예방하는 데 필수적이다. 특히, 국내에서는 반려동물에 대한 관심과 산업이 급격히 성장하고 있으며, 이에 따라 관련 법과 제도가 빠르게 개편되고 있다. 이러한 변화는 산업의 발전을 반영하는 긍정적인 신호인 동시에, 애견미용사가 항상 최신 법규와 규정을 숙지하고 이를 준수해야 할 필요성이 증가했다.

1 동물보호법 개정 요약

대한민국의 「동물보호법」은 1991년 5월 31일에 제정되어 동물의 생명 보호와 복지 증진을 위한 법적 기반을 마련했다. 이후 사회적 변화와 동물복지에 대한 인식 향상에 따라 여러 차례 개정되었으며, 특히 2022년 4월 26일, 법 제정 후 31년 만에 전면 개정되었으며, 2024년 4월 27일 기준, 전부 시행되고 있다. 이러한 법적 변화는 반려동물 산업의 성장과 함께 동물복지에 대한 사회적 요구가 높아진 결과이다. 애견미용사는 이러한 변화에 발맞추어 최신 법규를 숙지하고 준수함으로써, 반려동물의 복지 향상과 고객의 신뢰 확보에 기여해야 한다.

2024년 동물보호법, 어떤 것들이 바뀌었나요?

- **반려동물 관련업 중 일부 허가제로 변경**
  - 허가제: 동물생산업, 동물수입업, 동물판매업, 동물장묘업
  - 등록제: 동물위탁관리업, 동물전시업, 동물미용업

  → 반려동물 산업의 체계적 관리와 법적 책임 강화를 목적으로 변경됨
- **동물학대 정의 확대 및 처벌 강화**
  - 학대 행위 확장: 심리적 학대와 방임을 학대로 포함. 예를 들어, 동물을 장시간 방치하거나 음식, 물, 적절한 환경을 제공하지 않는 행위도 학대로 간주됨
  - 처벌 강화 :동물학대 적발 시 최대 3년 이하의 징역 또는 3천만 원 이하의 벌금 부과
- **동물보호법 위반 시 처벌 강화**
  - 동물보호법 위반 시 과태료가 최대 300만 원으로 상향되고, 3회 이상 위반 시 허가 취소, 8시간 이상 재발방지 교육 이수가 의무화 됨
- **맹견 사육 허가제 도입**
  - 맹견(도사견, 아메리칸 핏불테리어, 아메리칸 스태퍼드셔 테리어, 스태퍼드셔 불테리어, 로트와일러 및 그 잡종)을 사육하려는 사람은 동물등록, 책임보험 가입, 중성화 수술 등의 요건을 갖추어 시·도지사에게 허가를 받아야 함
- **동물생산업자 준수사항 강화**
  - 동물생산업자는 모견 연 1회 출산(6세 이상 금지) 제한과 연간 번식 횟수를 준수해야 하며, 연 1회 건강검진과 진단서를 보관하고 판매 시 건강상태·예방접종·부모견 정보를 의무적으로 제공해야 함
- **반려동물행동교정사 신설**
  - 2024년부터 반려동물행동교정사가 민간자격에서 국가자격으로 전환되어, 시험 합격자에게만 자격증이 발급됨

  → 전문성을 강화하고, 반려동물 행동교정 서비스의 신뢰성을 높이기 위한 변화

1 주요 변화의 의미와 중요성

이러한 법령 변화는 반려동물과 보호자의 복지를 강화하고, 반려동물 산업의 책임성과 전문성을 제고하기 위한 조치다. 특히, 동물학대 정의의 확장과 처벌 강화는 동물복지에 대한 사회적 요구를 반영하며, 산업 종사자들에게 더 높은 기준의 책임을 부여하고 있다. 애견미용사와 같은 반려동물 산업 종사자는 이러한 변화에 대해 철저히 숙지하여 법적 의무를 준수하고, 신뢰받는 전문가로 자리 잡아야 한다.

2 애견미용사의 동물학대 방지 의무

2024년 개정 동물보호법에서는 방치와 방임이 학대의 범주에 명확히 포함되면서, 동물학대의 정의가 보다 넓은 개념으로 확장되었다. 이는 반려동물의 신체적, 정신적 건강을 보호하기 위해 애견미용사의 역할과 책임이 더욱 강화되었음을 의미한다. 애견미용사는 단순히 미용 기술을 제공하는 것을 넘어, 반려동물이 안전하고 존중받는 환경에서 서비스를 받을 수 있도록 해야 한다. 이 절에서는 미용 과정에서 발생할 수 있는 동물학대를 예방하기 위한 구체적인 지침을 살펴보도록 한다.

1 신체적 학대 예방 지침

애견미용 과정에서 가장 우선시되어야 할 것은 반려동물의 신체적 안전이다. 전문가로서 다음과 같은 기준을 엄격히 준수해야 한다.

1) 신체 제약 관련 주의사항

반려동물의 움직임을 제한할 때는 최소한의 필요한 범위 내에서만 이루어져야 한다.

① 목줄과 테더 사용 시 유의사항
- 반려동물의 체형과 크기에 맞는 적절한 보정 기구 선택
- 호흡을 방해하지 않는 적절한 압력 유지
- 급격한 움직임으로 인한 상해 위험을 방지
- 정기적인 자세 변경으로 혈액순환 촉진(장기간 같은 자세 강요 금지)

2) 안전한 도구 관리와 사용

미용사의 숙련도와 정밀한 도구 관리는 학대로 간주될 수 있는 상황을 예방하는 데 핵심적이다. 예리하고 적절히 관리된 도구는 반려동물에게 불필요한 통증을 유발하지 않으며, 빠르고 정확한 미용 작업을 가능하게 한다.

① 도구 관리 유의 사항
- 날카로움 유지를 위한 정기적인 점검
- 사용 전후 철저한 소독
- 파손된 도구 즉시 교체
- 피부 상태를 확인하며 적정 압력으로 사용
- 드라이기 온도 수시 확인
- 클리퍼 과열 여부 주기적 점검

2 심리적 학대 예방

반려동물의 정신적 스트레스는 신체적 학대 못지않게 중요한 문제이다. 다음과 같은 원칙을 준수하여 심리적 안정을 도모해야 한다.

1) 스트레스 관리

① 스트레스 신호 인지
- 과도한 헥헥거림이나 침 흘리기
- 경직된 자세나 떨림
- 공격적 행동이나 극도의 위축

2) 긍정적 경험 제공

① 편안한 환경 조성
- 적절한 실내 온도와 환기 유지
- 차분한 분위기 조성
- 충분한 휴식 공간 확보

3) 대처 방안

미용 도중 반려동물이 불안하거나 두려움을 보일 때, 억지로 작업을 계속하기보다 잠시 멈추고 반려동물을 안정시키는 것이 중요하다. 작업 전 충분히 반려동물과 교감하며 신뢰를 형성해야 한다. 손등을 내밀어 냄새를 맡게 하거나 부드럽게 쓰다듬는 시간이 효과적일 수 있다.

① 즉시 작업 중단 및 안정 시간 제공

불안하거나 두려움을 보일 경우, 작업을 멈추고 안정감을 줄 수 있는 시간을 제공한다. 반려동물이 작업 환경에 익숙해질 수 있도록 시간을 주고, 편안한 분위기를 유지한다.

② 특정 부위 작업 시 주의

민감 부위(예: 발톱, 귀, 배)를 다룰 때는 부드럽고 신속하게 작업하고, 특정 부위에 부정적인 반응을 보이는 경우 작업을 여러 단계로 나눠 진행하여 스트레스를 최소화한다.

③ 부드러운 어조와 행동으로 안정감 제공

부드러운 목소리로 말을 걸고, 반려동물을 부드럽게 쓰다듬어 신뢰를 형성한다.

④ 허가된 간식 소량 제공

반려동물이 안심할 수 있도록 간식을 주는 것은 긍정적인 경험을 형성하지만, 이는 반드시 보호자에게 사전 동의를 받은 후 진행해야 한다. 기존에 먹던 간식을 미용 전에 전달받아서 사용하거나, 알레르기 여부를 확인하여 안전한 간식으로 협의한 후 활용해야 한다.

3 애견미용사의 방임 예방을 위한 관리 지침

애견미용사는 반려동물의 복지를 책임지는 전문가로서 방임을 예방하고 건강한 환경을 제공하기 위해 체계적인 관리 지침을 준수해야 한다. 전 세계 동물복지 관련 법률과 제도는 영국 농장동물복지위원회(FAWC)가 제시한 '동물복지 5대 자유'를 기본 원칙으로 삼고 있으며, 애견미용사 역시 이를 숙지하고 복지를 실천하는 것이 필수적이다.

1) 기본적인 복지 보장

미용 과정에서 반려동물의 기본적인 복지를 보장하기 위해서 다음 사항들을 반드시 지켜야 한다.

① 신선한 물 상시 제공

- 미용 대기 시간 동안 청결한 물 제공
- 더운 날씨나 스트레스 상황에서 충분한 수분 보충 기회 제공

② 쾌적한 환경 관리

- 계절에 맞는 적정 실내 온도 유지(여름 24~26℃, 겨울 20~22℃)
- 정기적인 환기로 신선한 공기 유지
- 청결한 미용 공간과 도구 관리

③ 두려움이나 불편함 유발요소 제거

- 소음과 낯선 환경에 익숙하지 않은 반려동물에게 차분하고 조용한 분위기 제공
- 불필요한 대기 시간을 줄여 스트레스 감소
- 애견끼리 직접 마주치지 않도록 공간을 분리하고 작업 스케줄을 구성함
- 애견이 다치지 않도록 동물이 대기하는 공간의 바닥은 미끄럼 방지 처리

2) 지속적인 상태 모니터링

미용 전, 중, 후로 반려동물의 건강 상태를 주기적으로 확인한다.

① 기본 체크 사항

- 호흡이 안정적인지 확인
- 체온이 정상 범위인지 확인
- 피부 상태나 특이사항 체크
- 스트레스 신호 관찰

② 애견 방치 금지

- 반려동물을 숍에 두고 사람이 자리를 비우지 않도록 주의
- 작업 중에는 반드시 관리 감독할 직원이 배치되도록 운영 체계 마련
- 응급상황이 발생하는 경우, 즉시 보호자에게 연락하고 필요시 근처 동물병원으로 안내

참고 동물복지 5대 자유

① 배고픔과 목마름으로부터의 자유
② 불편함으로부터의 자유
③ 고통, 상해, 질병으로부터의 자유
④ 정상적인 행동을 표현할 자유
⑤ 공포와 스트레스로부터의 자유

애견미용사는 동물학대 방지와 심리적 안정을 도모하기 위해 반려동물의 행동과 상태를 세심히 관찰하고, 각 반려동물의 특성에 맞는 맞춤형 작업을 수행해야 한다. 이러한 노력은 기본적이지만 이를 소홀히 할 경우 큰 사고로 이어질 수 있다. 이는 반려동물의 복지를 보장할 뿐만 아니라, 법적 문제를 예방하는 데에도 필수적이다.

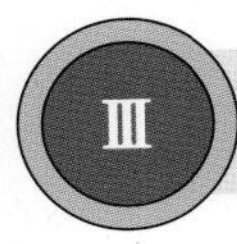

Ⅲ 애견미용실의 창업과 운영

1 애견미용실 창업 준비

애견미용실을 창업하고 운영하기 위해서는 법적 절차와 시설 기준을 충족하는 것이 필수적이다. 관련 법규를 준수하며 고객에게 신뢰받는 서비스를 제공하기 위해 체계적으로 준비해야 한다. 다음은 애견미용실 창업 준비부터 운영까지 필요한 행정절차와 실질적인 팁을 정리한 내용이다.

1) 창업 준비사항

동물미용업을 운영하려면 「동물보호법」 제32조 제1항에 따라 관련 시설 및 인력 기준을 충족해야 하며, 사업장 소재지 관할 지자체(구청, 시청, 군청)에 등록 신청을 해야 한다. 구체적인 시설 및 인력 기준은 「동물보호법 시행규칙」 제35조 및 [별표 9]에서 규정하고 있다. 이를 위해 필수 서류를 준비하고, 등록 신청 후 현장 실사를 거쳐 최종 등록이 완료된다.

동물미용업(시행규칙 제35조)

- **시설/인력**
  - 작업실, 동물대기실, 고객응대실은 분리 또는 구획 설치
  - 소독장비, 작업대와 고정장치 설치
  - 급·배수시설 및 냉·온수설비
  - 영상정보 처리기기 설치

  ※ 시설을 갖춰 이동식 미용차량도 가능
- **준수사항**
  - 미용기구 소독
  - 마취용 약품 사용 시 수의사법 등 관련 규정에 따름

1) 동물 미용업 시설기준 상세요건

① 건물의 용도

동물미용업을 운영하기 위해서는 건물의 용도가 적합해야 하며, 제1종 또는 제2종 근린생활시설에 해당하는 건물이어야 한다. 건물 계약 전 반드시 해당 건축물대장 등을 확인하여 건물의 용도 적합성을 검토해야 한다.

TIP 동물미용업 건물 용도 관련 최신 변경사항(「건축법 시행령」[별표 1])

최근 2023년 9월 12일부터 시행된 건축법 개정에 따라, 300㎡(약 90평) 미만의 소규모 애견미용실과 동물병원이 **기존 제2종 근린생활시설에서 제1종 근린생활시설로 분류되었다.**

- **소규모 동물미용업 시설의 입지 가능 지역 확대**
  - 300m^2 미만의 동물미용업 시설은 제1종 근린생활시설로 분류
  - 300m^2 이상의 동물미용업 시설은 제2종 근린생활시설로 분류기준 유지

이 개정으로 인해 전용주거지역과 일반주거지역에서도 동물미용업 영업이 가능해졌다. 이는 반려동물 산업의 성장과 함께 관련 시설의 입지 제한을 완화하여, 주거지역 내에서 반려동물 서비스에 대한 접근성을 높이기 위한 조치이다.

② 영업장의 분리

다른 시설과 독립된 구조(벽, 층 등)로 분리되어야 한다. 인테리어 시 가벽 설치 등으로 미용작업 공간, 동물의 대기 공간, 고객을 응대하는 공간을 미리 구획하여 공사를 진행하며, 동물과 고객이 혼재되지 않도록 설계한다.

③ 필수 구비 시설

담당자 실사 시에 해당 구비 시설이 모두 갖춰져 있어야 영업 등록이 가능하다.

급수 및 배수시설	• 목욕 및 작업 과정에 필요한 물을 공급할 수 있는 급수시설과 배수구 설치 • 배수로는 막힘없이 관리되고, 청결 유지가 용이한 구조 필요
정기 소독 및 해충 방지	• 작업 공간은 정기적으로 소독하며, 방충망과 밀폐 구조로 해충 출입 차단 • 소독약품과 방제 장비 비치 및 정기 방제 실시
소방시설	• 화재 안전 기준에 맞게 소화기, 화재감지기, 경보기 설치 • 전기 설비는 과열이나 화재 위험 없이 안전하게 관리
미용 작업실 요건	• 작업대에 반려동물 낙상을 방지하는 고정 장치 설치 • 소독기, 자외선 살균기, 목욕용 욕조, 냉온수 설비, 건조기 구비

④ CCTV 설치

최근 법 개정을 통해 애견미용실에서 고객 신뢰와 사고 예방을 위해 고정형 영상정보처리기기(CCTV)를 설치하는 것이 의무화되었다. 실제로 고객과의 분쟁이 일어나는 경우 해결 과정에서 매우 중요한 자료가 된다. 따라서, 이는 반려동물 학대 방지와 고객 신뢰 확보를 위한 중요한 조치로, 애견미용사는 다음 사항을 준수해야 한다.

설치 위치	• 작업 공간이 명확히 보이는 위치에 설치 • 다양한 각도로 촬영되도록 설치하는 것을 권장
녹화 및 보관 기간	• 녹화된 영상은 최소 30일 이상 보관해야 함 • 고객이 요청할 경우 언제든 영상을 확인할 수 있도록 운영해야 함
고객 고지	• CCTV 설치 사실과 녹화 중임을 고객이 명확히 알 수 있도록 안내문을 부착해야 함 • 고객이 인지해야 자신의 애견이 안전한 환경에서 서비스를 받고 있음을 확인함

개인정보보호 유의사항	• 녹화된 영상은 오직 고객 요청 또는 법적 요청 시에만 활용해야 하며 불필요한 공개는 금지됨 • 영상 유출로 인한 개인정보 침해가 발생하지 않도록 철저히 관리해야 하며, 반려동물 학대 의혹 등 문제가 발생할 경우 관련 기관에 제공하여 협조해야 함

⑤ 기타사항 및 권장사항

동물미용업 운영 시 필수적으로 준수해야 할 사항 외에도 안전과 신뢰를 위해 권장되는 사항들이 있다. 아래는 법적 의무와 권장사항을 포함한 주요 항목이다.

영업등록증 게시 (법적 의무사항)	• 동물보호법 제33조에 따라 애견미용업자는 영업등록증을 고객대기실 또는 결제 카운터 근처 등 영업장 내 고객이 쉽게 볼 수 있는 장소에 게시함 • 이를 통해 고객이 합법적으로 등록된 사업장임을 확인할 수 있도록 함
배상책임보험 등 필요보험 가입(권장사항)	• 사업자가 영업 과정에서 발생할 수 있는 사고(고객, 반려동물, 제3자의 신체, 재산 피해 등)에 대비하기 위해 가입하는 보험으로 예기치 못한 사고가 발생할 경우 보상에 대비함 • 고객의 신뢰를 확보하고 예상치 못한 분쟁 해결을 위한 안전망 역할을 수행함
이중문 설치(권장사항)	• 애견의 보호와 안전을 위해 필수적으로 권장됨 • 갑작스럽게 영업장 밖으로 탈출할 가능성을 최소화하고, 다른 동물이나 고객과의 불필요한 접촉을 줄여 마찰을 줄임

2) 상권과 입지 선정

적절한 상권과 입지 선정은 동물미용업의 성공에 큰 영향을 미친다. 특히 애견미용실은 고객이 반려동물과 함께 방문하여 서비스를 받는 업종이기 때문에, 편리하고 쾌적한 방문 환경을 제공하는 것이 핵심적이다. 고객들이 불편함 없이 잠시 머물고 갈 수 있는 장소로 인식될 수 있어야 하는 것이 중요하다.

① 상권: 주거 밀집 지역 vs 상업 지역

주거 밀집 지역	• 장점: 안정적인 고정 고객 확보 가능, 낮은 임대료 • 단점: 유동인구 적음, 초기홍보가 어려워 신규 고객 유치가 어려울 수 있음
상업 지역	• 장점: 높은 유동인구, 홍보 효과 좋음 • 단점: 높은 임대료, 경쟁이 심화될 위험이 있음

애견미용실은 펫 용품점이나 애견유치원과 달리 특성상 눈에 띄는 중심가가 아니어도 괜찮다. 기술로 승부하는 특성으로 찾아오는 고정 고객을 확보할 수 있는 장점이 있는 업종이다. 거주지와 가까운 주거 밀집 지역으로 유동인구보다 배후인구가 많은 상권이 유리하며, 동물병원 인근 등 고객 방문과 유치가 편리한 입지를 추천한다.

2 입지 선정 시 주요 고려사항

1) 접근성과 주차 공간

애견미용실은 고객이 반려동물과 함께 방문하여 서비스를 받는 업종으로, 입지 조건이 성공에 중요한 영향을 미친다. 따라서 불편하지 않게 잠시라도 머물고 갈 수 있는 장소로 인식되어야 한다. 대중교통 이용이 편리하고 고정적인 주차 공간(최소 2~3대)이 확보된 매장은 방문하기에 좋은 입지조건의 점포로 고객 유치에 좋은 조건이다.

2) 주변 환경

주변 환경 역시 고려해야 하는데, 동물병원이나 펫샵 인근에 위치하면 시너지 효과를 기대할 수 있으며, 공원 근처는 산책하는 반려동물 소유자들의 접근성을 높이는 데 도움이 된다.

3) 건물의 특성

건물의 특성도 중요한 요소이다. 일반적으로 1층에 위치한 점포가 반려동물 이동에 더 편리하며, 소음 문제가 없는 독립된 공간이 이상적이다.

상권과 입지 선정 시 임대료 부담을 줄이기 위해 다소 불리한 조건을 수용한 경우, 다양한 마케팅 전략으로 보완할 수 있다. 예를 들어, 유동인구가 적은 곳에 위치하더라도 소셜미디어를 활용한 온라인 홍보로 인지도를 높일 수 있다. 지역 커뮤니티와의 관계 구축, 주변 동물병원이나 펫샵과의 제휴 마케팅도 좋은 전략이다. 또한, 차별화된 서비스(예: 야간미용 운영, 특수미용 서비스 등)나 특별 프로모션(예: 친구소개 이벤트 등)을 제공하여 고객 유치를 늘릴 수 있다. 이러한 노력을 통해 상대적으로 저렴한 임대료의 이점을 살리면서도 비즈니스의 성장을 도모할 수 있다.

3 창업 행정절차 및 주요 사항

1) 동물보호 의무교육 이수

동물보호법 제82조에 따라 반려동물 영업자는 반드시 법정의무 교육을 이수해야 한다. 이 교육은 동물보호법 및 동물보호정책, 동물의 보호와 복지에 관한 사항, 동물의 사육관리 및 질병예방에 관한 사항, 영업자 준수사항에 관한 내용으로 진행된다. 동물사랑배움터(https://apms.epis.or.kr/home/kor/main.do)에서 3시간 온라인 교육(영상 이수율 100%, 시험 응시하여 70점 이상)을 이수해야 한다. 창업 이후에는 매년 3시간씩 정기교육을 이수해야 한다. 이를 이수하지 않으면 최대 100만 원의 과태료 처분을 받을 수 있다.

2) 동물미용업 등록신청

동물미용업 등록을 위해 아래의 제출서류가 필수적으로 구비되어야 한다.

① **영업등록신청서**: 관할 지자체에서 제공하는 표준 양식을 사용

② **인력 현황**: 근무하는 미용사와 직원의 자격 사항 명시

③ **영업장 시설내역 및 배치도**: 미용 작업실, 대기실, 응대실 구획과 장비 설치 내역 명시

④ **사업계획서**: 판매계획, 영업장현황, 인력운영계획, 연차별 운영계획 등 포함하여 작성

⑤ **동물미용업관련 교육수료증**: 동물보호법에 따른 의무교육 이수 완료 증명서

⑥ **임대차 계약서**: 영업장 소재지 증빙

3) 현장실사 및 시설조사

서류 제출 후 약 15일 내외에 관할 구청에서 실사 및 시설조사를 진행한다. 관할 구청의 담당자가 영업장에 방문하여 시설 기준 준수 여부를 확인한다. 주로 시설 내 위생 상태, 목욕 시설 및 화재 시설 등 필수 설비, CCTV 설치 여부 및 적합성을 점검한다. 등록증이 발급된 이후부터 동물미용업으로 운영이 가능하므로, 철저히 준비해서 시간 낭비 없이 계획대로 영업을 시작할 수 있도록 한다.

2 애견미용실 운영 및 고객응대

애견미용사는 고객과의 법적 분쟁을 예방하고 신뢰를 유지하기 위해 사전 준비와 체계적인 대응이 중요하다. 이를 위해 계약서와 동의서를 철저히 작성하고, 고객 불만에 성실히 대처하며, 보험과 문서화를 통해 법적 문제 발생 시 대비해야 한다.

1 사전 동의서 작성

미용 전 고객과의 동의서 작성은 모든 서비스를 투명하게 제공하기 위한 필수적인 과정이다. 동의서에는 제공될 서비스의 범위와 예상 비용, 그리고 미용 과정에서 발생할 수 있는 부작용이나 한계 등을 명시해야 한다. 예를 들어, 털 엉킴이 심한 반려동물은 털 제거 과정에서 피부 자극이 발생할 수 있으며, 이러한 가능성을 고객에게 사전에 설명하고 동의서를 통해 기록해야 한다.

동의서는 고객과 미용사 간의 신뢰를 형성하고, 분쟁 발생 시 중요한 증빙 자료로 활용된다. 이를 통해 고객은 미용 과정의 한계를 이해하고 불필요한 불만을 제기하지 않으며, 미용사는 법적 책임에서 보호받을 수 있다.

특히, 예방접종을 하지 않은 어린 반려동물이나 노령 반려동물, 기저질환이 있거나 과거에 앓은 이력이 있는 경우, 또는 경계심이 강하거나 공격성이 높은 반려동물의 경우, 미용 중 발생할 수 있는 위험성을 사전에 충분히 안내하고 이를 동의서에 명확히 기록하도록 한다.

이러한 사전 동의서는 반려동물과 보호자, 그리고 미용사를 보호하기 위한 약속이다. 또한 더 나은 서비스와 성숙한 커뮤니케이션을 위해 마련된 절차다. 따라서 동의서의 내용은 분쟁이 불가피한 상황에서 참고할 수 있는 최소한의 기준일 뿐, 이를 무기로 삼아 따지거나 갈등을 조장하는 도구로 사용되어서는 안 된다.

애견미용사는 친절하고 성실한 자세로 보호자의 고민과 요구를 경청하며, 전문성을 바탕으로 최상의 서비스를 제공하기 위해 노력해야 한다. 보호자와 미용사 간의 소통이 원활할 때, 반려동물에게도 안전하고 행복한 미용 경험을 선사할 수 있다.

아래는 미용 사전 동의서 예시와 작성 시 포함해야 할 주요 항목이다.

1) 반려동물 기본 정보

반려동물의 개별적인 특성을 기록하여 맞춤형 서비스를 제공하고 사고를 예방한다.

① 애견 기초정보: 반려동물 이름, 성별, 나이, 종

② 동물등록번호: 등록된 반려동물임을 증명

③ 보호자 정보: 보호자와 반려동물 간 관계

④ 그 외 특이사항: 기저질환, 피부 특이사항, 성격적 특성, 트라우마 등

2) 반려동물 미용서비스 동의사항

보호자는 미용 과정에서 발생할 수 있는 위험(건강, 스트레스, 사고)과 결과(스타일 제한, 추가 비용)에 대해 충분히 이해하고 이를 수락하며, 동의서를 통해 상호 간의 책임 범위를 명확히 함으로써 분쟁을 예방한다.

① 건강상태와 스트레스 반응

- 노령견 및 기저질환: 건강의 이상이 있는 반려동물의 경우 미용으로 인해 심각한 스트레스를 받을 수 있음을 고지하고, 동물병원과 함께 구성되어 있는 미용실을 권장하고 보호자가 진행 여부를 선택할 수 있도록 안내한다.
- 미용 후 스트레스 증상: 핥기, 긁기, 구토, 설사 등의 증상이 발생할 수 있음을 고지하고 증상이 2주 이상 지속되면 동물병원 방문을 권장한다.

② 미용 결과와 추가 비용 관련

- 스타일의 제한성: 반려동물의 모발 상태(엉킴 등)에 따라 보호자가 원하는 스타일로 재현되지 않을 수 있다(예: "털 엉킴이 심한 경우, 제거 과정에서 털이 짧아질 수 있습니다.").
- 추가 비용 발생 가능성: 엉킨 털 제거 등으로 시간이 더 소요되거나, 제거 과정에서 도구 손상이 발생할 경우 추가 비용이 부과될 수 있다.

③ 미용 중 발생할 수 있는 문제 및 보상 한계

- 미세 스크래치 및 상해: 반려동물이 과도하게 움직이는 경우 작은 스크래치가 생길 수 있으며, 이는 불가피한 상황일 수 있음을 안내한다.
- 보상의 한계: 미용 중 발생한 상해에 대해서는 치료비만 보상이 가능하며, 위자료나 기타 비용은 보상 대상이 아님을 동의받는다.

④ 미용사의 안전을 위한 조치사항

- **물림 방지도구 사용 안내**: 사납거나 입질이 있는 애견의 경우 미용 중 안전을 위해 물림 방지도구를 사용할 수 있다.
- **미용의 거부**: 애견이 입질이 심하거나 산만한 행동 등으로 미용사에게 상해를 입힐 수 있다고 판단되는 경우 미용을 거부할 수 있다.
- **손해배상의 가능성**: 미용사가 반려동물로 인해 상해를 입어 정상적인 영업 활동이 불가능해질 경우, 손해배상 청구가 발생할 수 있다.

3) 기타 동의 및 안내사항

① **개인정보 수집 및 이용동의**: 고객관리, 상담, 이벤트 및 공지사항 전달을 위한 것이다.

② **홍보 및 마케팅 동의**: 미용 서비스 완료 후 촬영된 애견의 사진을 SNS나 홍보자료로 활용할 수 있음을 동의받는다.

③ **CCTV 활용 동의**: 분쟁 시 영상 확인 및 사용 가능성을 명시한다.

▌미용 사전동의서 예시

미용 동의서

미용 동의서는 미용사와 보호자님 그리고 반려동물을 서로 보호하겠다는 약속입니다. 저희 OO숍을 찾아주신 고객님들의 반려견을 미용함에 있어 최선을 다할 것을 약속드립니다. 보호자님의 적극적인 협조를 부탁드립니다.

보호자 성함		반려동물 성별	
연락처		동물등록번호	
반려동물 이름		반려동물과의 관계	
반려동물 종		반려동물의 나이	
병력 및 특이사항			

반려동물미용 서비스를 제공하는 매장과 애견미용 서비스 이용재(이하 보호자)는 상호 간의 미용 서비스와 관련하여 다음과 같이 동의를 계약합니다.

1. 노견(만 8세 이상) 혹은 심장질환, 기저질환, 간협적 발작, 당뇨병 등과 같은 위험한 질병이 반려동물이 미용하는 경우 극심한 스트레스로 인한 쇼크로 인한 사망까지 이를 수 있음을 인지합니다.
2. 정도의 차이가 있지만 미용 후 스트레스를 받지 않는 반려동물은 거의 없다고 해도 과언이 아닙니다. 따라서 아래와 같은 미용 후 스트레스 증후군이 발생할 수 있음을 인지합니다.
   - 평소보다 발가락, 얼굴, 꼬리 등을 할거나 많이 긁는 현상
   - 식욕부진, 구토 및 설사, 불안, 초조, 예민 현상
   - 항문을 바닥에 끌고 다니거나 꼬리를 감추는 현상
   - 눈의 환자위가 붉어지는 증상
   - 이중모, 단모 반려동물의 경우 미용 시 탈모 증상
   - 체질에 따라 알레르기성 피부염 증상

   (1~2주 안에 위와 같은 증상은 사라지며 2주 이상 지속되는 경우 인근 동물병원에 내방해주시기 바랍니다.)
3. 반려동물의 모발 상태에 따라 원하는 스타일이 똑같이 안 나올 수 있음을 인지합니다.
4. 엉킨 털이 있는 경우 푸는 데 시간이 오래 걸리고, 제거하다가 날이 손상되는 경우가 있기 때문에 엉킨 털 미용 비용이 추가 발생할 수 있음을 인지합니다.
5. 이용 후 털에 감추어진 피부병이 발견될 수 있습니다. 이는 미용으로 인한 피부병이 아님을 인지합니다.
6. 반려동물은 사람과 다르게 미용 중 계속 움직이다 보니 작은 스크래치가 생길 수 있음을 인지합니다. 또한 해당 매장은 위 사례 외 미용 중 사고로 반려동물에게 발생하는 상해에 대한 치료비는 보상해 드립니다(미용 중에 발생한 상해에 따른 반려동물 치료비 외에 그 밖의 보호자에 대한 위자료나 기타 비용은 적용되지 않습니다).
7. 입질, 산만함 등 미용 거부 행동이 심한 경우 미용사가 상해를 입을 수 있습니다. 미용사가 물리면 정도에 따라 정상적인 영업 활동을 못하기에 손해배상 청구가 발생할 수 있음을 인지합니다.

반려동물미용 시 발생할 수 있는 사고와 미용 후 스트레스 증후군에 대해
보호자는 인지하고 이해했으며 반려동물미용 서비스를 이용하는 것을 동의합니다.

※ 해당 동의서 작성일로부터 추후 미용을 의뢰하는 모든 기간에 동일한 내용이 적용됩니다.

1.(필수) 개인정보 수집 및 이용 동의

- 수립 목적: 고객관리, 고객상담, 이벤트 및 고치사항전달
- 수집 항목: 고객성함, 휴대폰 전화번호

2.(선택) 홍보 및 마케팅 동의

반려동물미용 서비스 완료 후 인증을 위한 반려동물 촬영이 있으며, 촬영물은 해당 매장의 홍보 및 마케팅 요소로 사용될 수 있습니다.

20 년 월 일

매장명 : (서명)

보호자(동의자) 성함: (서명)

2 체크리스트 작성 및 공유

사전점검 체크리스트와 미용 체크리스트는 필요에 따라 사전 동의서와 함께 작성해 활용할 수 있다. 미용 전에 주요 사항을 꼼꼼히 기록해 두면, 분쟁 발생 시 사실 확인과 공식적인 자료로 활용할 수 있어 권장된다.

미용 체크리스트를 통해 고객 요청 사항을 반영하고, 미용 후 발견된 문제를 보호자에게 전달함으로써 신뢰를 강화할 수 있다. 이를 통해 고객과의 명확한 소통이 이루어지고, 서비스 품질과 만족도를 높이는 데 도움이 된다. 체크리스트는 사전 동의서에 포함하거나 별도로 작성해 안내하면 효과적이다.

1) 사전 점검 체크리스트

반려동물의 건강 상태와 특성을 파악하여 미용 중 발생할 수 있는 사고나 부작용을 최소화 한다.

① **전신 상태:** 체중, 외형적 이상 여부(부종, 발진 등)

② **피부 피모:** 엉킴, 가려움, 피부병 유무

③ **귀, 눈, 구강:** 귀지, 눈꼽, 치아 상태 점검

④ **관절, 걸음걸이 및 기타:** 다리를 절거나 부자연스러운 움직임, 특정 부위의 통증이나 민감성

▌미용 사전 체크리스트 예시

항목	점검사항
건강 상태	□ 정상 □ 기침/콧물 □ 탈수(경미) □ 탈수(중증) □ 기관지 협착(경미) □ 기관지 협착(심함)
비만도	□ 정상 □ 마름 □ 비만
피부/피모	□ 정상 □ 건성 지루 □ 유성 지루 □ 악취 □ 탈모 □ 종괴
귀	□ 정상 □ 귀지(좌,우) □ 염증소견(좌,우)
눈	□ 정상 □ 이상소견(좌,우)
구강	□ 정상 □ 치석 □ 잇몸 발적 □ 흔들리는 치아
관절/걸음걸이/특이사항	□ 정상 □ 파행 □ 기타 민감사항 ( )

2) 미용 체크리스트

① **미용타입**: 요청된 스타일(예: 털 길이, 특정 컷 스타일)

② **예방접종여부**: 예방접종을 완료했는지 확인(특히 광견병 접종).

③ **최근 질병경력**: 질병 이력 및 회복 여부

④ **고객요청사항**: 특별히 요청한 미용 스타일, 민감한 부위 보호 요청 등.

⑤ **미용 후 발견사항**: 피부 이상, 상처, 기생충 등 발견된 문제를 보호자에게 알림.

미용 과정 중에 발견된 사항은 발생 즉시 사진을 찍어두고 보호자에게 신속하게 알리는 것을 권장함.

▌미용 사전 체크리스트 예시

미용타입	□ 전체미용 □ 기본미용 □ 목욕 □ 커트 □ 기타 ( )
예방접종여부	□ 최근 □ 1년 이내 □ 1년 이상 □ 잘 모르겠음
최근 질병경력	기입
고객 요청사항	기입
미용 후 발견사항	기입
비고	기입

3 명확하고 세분화된 예상 비용 고지

애견미용 서비스는 견종, 크기, 털 상태에 따라 비용이 달라질 수 있어 명확한 비용 안내는 고객과의 신뢰를 강화하고, 추가 비용에 대한 오해나 불만을 최소화할 수 있는 기본 원칙이다. 기본 요금과 추가 서비스 비용을 투명하게 안내해야 하며, 특수한 케어가 필요한 경우 작업 전에 추가 비용을 상세히 설명해 불필요한 분쟁을 예방할 수 있다.

1) 기본 안내사항

① 견종/무게/스타일(예: 기본미용, 일반미용, 스포팅, 전체 가위컷)별 기본 요금을 명시한다.

② 장모 관리에 관한 요금을 표기한다.

③ 추가 서비스 항목(스파, 팩 등)의 비용을 구분하여 별도 표기한다.

④ 특수 케어(엉킴/오염/모량차이 등)가 필요하다고 판단되면 추가 비용을 사전에 고지한다.

2) 비용 안내 예시

① 기본 비용 안내

> (예) "몰티즈 4kg 미만 기본 목욕과 위생미용은 3만 원입니다. 불가피하게 엉킴제거가 필요하거나 스파 등 별도서비스를 진행하시면 추가요금이 발생할 수 있습니다."

② 특수상황 설명

> (예) "털이 많이 엉켜있어 제거 작업이 필요하고 예상 소요시간보다 30분 정도 지연될 것 같습니다. 비용은 추가 2만 원이 발생하는데 진행할까요?"

③ 옵션 추가 가격 안내

> (예) "사전상담에서 요청주신 사항 중 발톱깎기는 5천 원, 탄산 스파는 1만 원이 추가됩니다. 어떤 서비스들을 추가 진행해 드릴까요?"

④ 최종 비용 확인

> (예) "중형견종 가위컷 11만 원, 탄산 스파 1만 원으로 총 12만 원입니다. 진행해 드릴까요?"

TIP 현직자의 비용 설정 팁

애견미용 서비스 비용은 지역 상권과 고객층에 따라 유동적이다. 경쟁력을 확보하고 고정 고객을 유치하기 위해, 본인이 자신 있는 스타일의 가격은 경쟁 시세보다 살짝 낮게 책정하고, 다른 스타일의 가격은 다소 높게 설정하는 전략을 활용할 수 있다.

- **예시**

비숑 가위컷에 자신이 있는 미용사는 주변 시세(13만 원)보다 약간 낮은 가격(11만 원)으로 비용을 책정하고, 이전 단계인 스포팅컷은 주변 시세보다 약간 높게 책정함

- **기대효과**
  - 가위컷을 선호하는 보호자들이 숍에 관심을 가지게 되고, 합리적인 비용에 서비스 만족도를 느끼며 고정 고객으로 연결될 가능성이 높다.
  - 스포팅컷 고객에게는 가위컷과의 적은 비용 차이를 설명하며 할인 혜택과 함께 가위컷으로 업셀링을 유도할 수 있다.

미용 비용안내표 예시(참고용)

000(가게명) 비용안내

소형견종(토이 푸들, 몰티즈, 시츄, 포메라니안 등)

무게	목욕+위생	기계컷	스포팅	가위컷
4kg미만	30,000원	45,000원	75,000원	100,000원
6kg미만	35,000원	50,000원	80,000원	110,000원
8kg미만	40,000원	55,000원	85,000원	120,000원

중형견종(미니어처 푸들, 웰시코기, 스피츠 등)

무게	목욕+위생	기계컷	스포팅	가위컷
4kg미만	35,000원	50,000원	80,000원	110,000원
6kg미만	40,000원	55,000원	85,000원	120,000원
8kg미만	45,000원	60,000원	90,000원	130,000원
10kg미만	50,000원	65,000원	100,000원	140,000원
12kg미만	55,000원	70,000원	105,000원	150,000원
14kg미만	60,000원	75,000원	110,000원	160,000원

특수견종(비숑 프리제, 꼬똥, 테리어, 스패니얼 등)

무게	목욕+위생	기계컷	스포팅	가위컷
4kg미만	40,000원	55,000원	95,000원	120,000원
6kg미만	45,000원	60,000원	105,000원	130,000원
8kg미만	50,000원	65,000원	115,000원	140,000원
10kg미만	55,000원	70,000원	125,000원	150,000원
12kg미만	60,000원	75,000원	135,000원	160,000원
14kg미만	65,000원	80,000원	145,000원	170,000원

특대형견종(스탠더드 푸들, 리트리버, 셰퍼드, 시베리안 허스키 등)

무게	목욕+위생	기계컷	스포팅	가위컷
11kg미만	100,000원	120,000원	150,000원	200,000원
			엉킴추가3.0	엉킴추가5.0
* 11kg이상은 모든 메뉴 키로당 10,000원이 추가됩니다.				
* 대형견종은 별도 상담 후 진행 바랍니다.				

프리미엄관리

스파- 미네랄솔트 (+10,000원) / 탄산 (+10,000원)

팩- 머드팩 (+20,000원 / 실크팩 (+30,000원)

(*무게 및 모량에 따라 추가요금이 발생합니다. + 5.000원~)

* 엉킴/오염에 따라 추가요금이 발생합니다. (+10,000원)
* 디자인컷 비용추가: 테디베어, 하이바, 캔디컷, 귀툭튀, 브로콜리 컷 (+10,000원)
* 기계컷 길이 추가 : 5mm (+5,000원) / 1cm(+10,000원)
* 목욕, 컷 제외하고 발등만 올릴 경우 (+10,000원)
* 입질이 심한 경우, 12살 이상의 노령견, 심장, 뇌질환, 디스크, 심한 슬개골 탈구 등의 기저질환이 있는 경우 미용이 거부될 수 있습니다.

4 분쟁을 줄이는 고객 응대

애견미용사는 고객과의 신뢰를 구축하고 분쟁을 예방하기 위해 소비자의 권익을 보호하며, 정중하고 차분한 소통을 통해 문제를 해결하는 데 책임을 다해야 한다.

1) 긴급상황 발생 시 대처방안 신속하게 공유

미용 중 반려동물이 상해를 입은 경우, 즉각 응급처치를 실시하고 동물병원으로 이송한다. 이때 보호자와 즉시 소통하여 상황을 공유하고, 사진이나 영상 등으로 명확히 상황을 알린다. 병원 도착 후에는 예상되는 치료비에 대해 발생 비용과 처리 방식을 협의한다.

(예) "보호자님, ○○이가 미용 중 ○○ 상황으로 인해 경미한 상처가 발생했습니다. 응급처치를 시행했고, 더 나은 확인을 위해 A 동물병원으로 바로 이송하겠습니다. 관련 상황은 실시간으로 공유드리겠습니다. (실시간 사진/영상 가능 시 공유)."

보호자와 협의된 방식으로 치료가 진행된 후에는 발생 사유와 재발 방지 방안을 전달하고, 진료확인서와 영수증 등 증빙서류를 공유한다.

2) 서비스 결과에 대한 고객 불만 처리

고객이 서비스 결과에 불만을 제기하는 경우, 감정적인 대립을 피하고 차분히 문제 해결 방안을 설명해야 한다. 미용 과정에서 발생한 한계나 고객 요구의 실현 가능성을 근거로 들어 합리적이고 정당한 대안을 제시한다. 예를 들어, 털 상태나 건강 문제로 인해 예상치 못한 결과가 나왔다면, 이를 설명하고 개선 방안을 논의하는 것이 중요하다.

(예) 길이에 대한 불만 예시(합리적 근거와 방안 제시)
고객님 : "귀랑 다리 부분 좀만 다듬어달라고 했는데, 왜 이렇게 짧게 잘랐죠?"
미용사 : "다리 부분에 털 엉킴이 심해 부득이하게 짧게 정리했습니다. 다음엔 원하시는 길이로 하기 위해 간단한 털 관리법을 알려드려도 괜찮으실까요?"

(예) 균형에 대한 불만 대처(간단명료한 해결책 제시)
고객님: "얼굴이 한쪽만 찌그러져 보여요."
미용사: "네, 지금 바로 균형을 맞춰드리겠습니다. 완료 후 함께 확인해주시면 감사하겠습니다."

3) 환불 및 보상 조건 명확화

환불이나 재시술은 고객의 요구를 무조건 수용하기보다는, 미용 과정에서의 제한 사항과 사전 설명 여부를 바탕으로 정당한 기준에 따라 처리해야 한다. 만약 설명 부족이 있었다면 이를 인정하고 재시술 등 가능한 대안을 제시하며, 동의된 기준 내에서 합리적으로 보상 방안을 마련해야 한다. 이러한 절차는 고객 신뢰를 유지하며 공정한 서비스 제공을 보장한다.

(예) 사전협의가 미흡했던 경우
고객님: "왜 얼굴 부분이 이렇게 짧게 잘린 거죠? 자연스럽게 다듬어달라고 했잖아요. 환불해 주세요."
미용사: "보호자님, 얼굴 털이 엉키고 손상이 심한 상태여서 부득이하게 짧게 정리해야 했습니다. 하지만 이 부분을 미리 충분히 설명드리지 못한 점 죄송합니다. 앞으로는 더 꼼꼼히 상담드릴 수 있도록 하겠습니다. 오늘은 보완할 수 있는 부분을 바로 재시술로 도와드리겠습니다."

(예) 고객이 무리한 요구를 한다고 판단되는 경우
고객님 : 이건 내가 원했던 결과랑 너무 달라요. 돈을 전액 환불해 주세요."
미용사: "보호자님, 미용 전에 ○○의 털 상태로 인해 원하는 스타일이 어려울 수 있다고 말씀드렸고, 이에 동의해 주셨습니다. 오늘은 추가 보완 작업으로 만족스러운 결과를 제공해 드리겠습니다. 환불은 어렵지만 보완 방안을 최선을 다해 마련하겠습니다."

이러한 응대를 위한 노력은 단순히 문제를 해결하는 데 그치는 것이 아니라, 고객과의 신뢰를 더욱 공고히 하고, 미용사로서의 전문성과 책임감을 입증할 수 있는 귀중한 기회가 된다. 고객의 불만을 성실히 경청하고 최선을 다해 해결하려는 자세는 고객에게 긍정적인 인상을 남기며, 장기적으로는 충성 고객을 확보하고 미용실의 평판을 높이는 데 기여한다. 또한, 이러한 과정은 미용사 스스로 자신의 역량과 태도를 점검하며 성장할 수 있는 계기가 되어, 개인적 만족과 직업적 성공 모두를 이루는 원동력이 된다.

애견미용실의 주요 사건 및 분쟁 사례

1 애견미용실 주요 사망사고 사례와 처벌기준

1) 주요 사망사고

사건 1 관리 부주의로 인한 사건

2019년 서울 용산에 위치한 애견용품 판매와 미용을 겸하는 A매장에서 직원들의 부주의로 강아지가 익사하는 사고가 발생하였다. 강아지를 욕조에 넣어둔 채 직원 6명이 모두 다른 업무를 하느라 쳐다보지 않아 사망으로 이어졌으며, 해당 업체는 SNS를 통해 폐업을 알렸다.

사건 2 환경관리 소홀로 인한 사건

대구 수성구 A숍에서 5월 31일, 위탁 목욕을 맡긴 포메라니안이 야외놀이터에 방치되어 열사병으로 사망하는 사건이 발생했다. A숍은 반려견이 실내외를 자유롭게 오갈 수 있는 구조라고 주장했으나, 보호자 B씨는 이를 반박하며 법적 절차를 준비 중이다. 당일 대구 최고 기온은 31도였으며, 전문가는 "열사병 증세 전 케어가 중요했다"는 의견을 제시했다.

사건 3 미용 중 고의적 폭행 사건

2023년 5월 창원의 A애견미용숍에서 강아지의 머리를 강하게 내려쳐 숨지는 사고가 발생했다. 업체 폐쇄회로(CCTV)에는 미용사의 폭행 장면이 그대로 담겼다. 미용사는 몰티즈가 털을 깎다 다리를 움찔거리자 기계를 든 손으로 강아지의 머리를 강하게 내려쳤다. 큰 충격을 받은 강아지는 고꾸라지더니 그 자리에서 숨졌다.

2) 법적 처벌근거

동물보호법 제10조 제1항에 따라 동물 사망 사건은 3년 이하 징역 또는 3천만 원 이하의 벌금형에 처해질 수 있다. 처벌의 수위는 사건의 고의성 여부가 주요 판단 기준이 된다. 부주의나 과실로 인한 사고의 경우 대체로 벌금형이 선고되지만, 창원 사건처럼 고의성이 입증되는 경우 실형 선고 가능성이 높아진다. 또한, 영업정지나 허가취소 등의 행정처분이 병행될 수 있으며, 민사상 손해배상 책임도 발생할 수 있다.

3 사고 예방을 위한 핵심대책

1) 안전관리 시스템 구축

체계적인 안전관리 매뉴얼을 작성하고 정기적인 시설 점검표를 활용한다. 또한 온도와 환기를 주기적으로 체크한다.

2) 직원 교육

안전/응급처치 교육을 정기적으로 실시하고, 생명 존중과 윤리의식을 함양하도록 한다.

3) 미용 전후 건강상태 수시로 체크

전담 관리자를 지정하고 관찰의무를 수행한다. 시술전후 건강상태를 체크하고 특이사항을 기록한다.

2 애견미용에서 자주 발생하는 분쟁 사례들

애견미용실에서 자주 발생하는 분쟁 사례들을 소개한다. 이러한 분쟁은 사전 고지와 진행 상황에 따라 다양한 결과로 이어질 수 있으며, 각 사례의 해결 방안은 상황과 법적 해석에 따라 달라질 수 있다. 아래 사례들은 참고용으로 활용하되, 실제 분쟁 발생 시에는 전문가와 상담할 것을 권장한다.

※ 『반려동물법률상담사례집』(박영사)에서 분쟁사례 상세내용 발췌 및 재구성

1 애견미용사 개 물림 사건

1) 사건요약

미용 전 반려견에 대해 테이핑 후 입마개 착용을 상호 동의한 뒤 작업을 진행했으나, 입마개를 착용하는 과정에서 반려견이 미용사의 손을 심하게 물었다. 사고 이후 보호자가 비용을 추가로 지불하며 서비스를 마무리했지만, 미용사가 병원비 외 추가 배상을 요구하면서 분쟁이 발생한 사건이다.

2) 법적 의견 및 책임

민법 제759조 제1항에 따르면 동물을 소유하거나 돌보는 사람(점유자)은 그 동물로 인해 다른 사람에게 피해가 발생했을 경우 기본적으로 책임을 져야 한다. 반려견이 미용사

에게 인도된 상태에서 입마개 착용에 대해 보호자가 충분히 고지했다면 보호자에게 과실이 있다고 보기 어려울 수 있다. 따라서 미용 전 공격성이 있는 반려견에 대해서는 보호자와 미용사가 충분히 협의해야 하고, 만약 고지를 충분히 하지 않았다면 미용사(수임인)가 과실 없이 손해를 입었다고 판단될 가능성이 있어 보호자(위임인)에게 책임이 발생할 수 있다.

3) 대처방안

공격성이 있는 반려견은 작업 전에 보호자와 입마개 착용 여부를 충분히 협의하고, 이를 서면으로 기록하는 것이 중요하다. 미용 도중 반려견이 저항하거나 불안을 보일 경우, 즉시 작업을 중단하고 상황을 보호자와 공유하며 적절한 대책을 논의해야 한다. 사고가 발생했을 경우 응급조치를 우선적으로 하고, 이후 처리 절차를 고객과 명확히 협의하는 것이 필요하다.

2 애견미용실 내 애견 간 물림 사고

1) 사건요약

보호자가 반려견의 입질 습관과 예민한 성격을 설명하며 다른 강아지와 분리해달라고 요청했으나, 미용사가 이를 무시하고 여러 마리의 강아지를 함께 둔 상태로 작업을 진행했다. 그 결과 반려견 간 싸움이 발생하여 한 강아지의 귀가 찢어지고, 보호자는 이를 말리는 과정에서 손가락에 자상을 입었다. 치료비는 22만 원이 발생했으나, 보호자는 위자료로 300만 원을 요구한 사건이다.

2) 법적 의견 및 책임

민법 제759조에 따르면 동물의 점유자는 그 동물이 타인에게 가한 손해를 배상할 책임이 있다. 점유자가 이러한 배상 책임을 면하기 위해서는 동물의 종류와 성질에 따라 상당한 주의를 다 했음을 입증해야 한다. 본 사안의 경우 애견미용사는 미용 시 직접 점유자로서 손해를 배상할 책임이 있다. 다만 평소에도 입질이 심해 입마개를 권유받았음에도 착용시키지 않았다는 애견미용사의 주장이 받아들여지면, 보호자의 과실이 일부 인정되어 손해배상액이 감정될 수 있다.

3) 대처방안

이와 같은 사고를 방지하기 위해 반려견의 특성과 행동 습관에 대한 정보를 보호자와 충분히 협의하고 이를 기록해 두는 것이 중요하다. 특히, 입질이 있는 반려견은 반드시 분리하거나 입마개를 착용하도록 사전 조치를 취해야 한다. 작업 환경에서도 반려견 간 충돌 가능성을 최소화하기 위해 개별 대기 공간을 제공하며, 고객 요청 사항은 반드시 준수해야 한다. 사고가 발생했을 경우 즉각적인 치료비 보상과 함께, 추가적인 위자료 요구는 분쟁 조정을 통해 합리적으로 해결하는 것이 바람직하다.

3 애견미용실 주의 의무 사건

1) 사건요약

보호자가 반려견을 미용실에 맡긴 뒤 외출한 사이, 반려견이 안전문을 넘어 찻길로 뛰어나가 차량에 치여 사망한 사건이다. 미용실 측에서는 이전까지 동일한 상황이 발생한 적이 없으며 안전조치가 충분했다고 주장했으나, 보호자는 안전관리 소홀로 인한 과실을 문제 삼으며 손해배상을 요구한 사례다.

2) 법적 의견 및 책임

미용계약은 위임 유사 계약으로 간주되며, 이에 따라 애견미용사는 선량한 관리자의 주의 의무를 다해야 한다. 본 사건은 안전문 설치 및 점검 소홀로 인해 주의 의무를 위반했다고 판단될 가능성이 크다. 이 경우, 애견미용사는 채무불이행 또는 불법행위에 의한 손해배상 책임을 지게 될 수 있다. 반려동물이 사망한 경우, 법원에서는 반려동물을 단순한 물건이 아닌 보호자와 유대와 애정을 나누는 존재로 간주하며 재산상 손해 외에도 정신적 위자료를 인정하는 사례도 있다. 이 사건의 주된 책임은 위탁시설인 애견미용실 측에 있다.

3) 대처방안

이중문과 같은 물리적 안전장치를 필수적으로 설치하며, 반려동물의 움직임을 지속적으로 모니터링해야 한다. 반려견이 뛰어넘을 가능성이 있는 높이의 울타리나 안전문은 반드시 보완 조치를 취해야 하며, 작업 중에는 반려견이 방치되지 않도록 해야 한다. 사고 발생 시에는 보호자에게 상황을 상세히 설명하고 적절한 배상 절차를 밟아 신뢰를 회복해야 한다.

4 애견미용실 동물 학대 의심 분쟁

1) 사건요약

미용 후 강아지가 심하게 경직된 상태로 병원에 내원하여 목관절 탈구 진단을 받은 사건이다. 보호자는 미용 과정에서 과도한 조치가 있었는지 의심하며 미용사에게 책임을 묻고자 했다.

2) 법적 의견 및 책임

이 사안은 미용사의 미용계약이 위임유사계약으로 간주될 수 있으므로, 위임에 관한 규정이 유추 적용될 수 있다. 위임에 따라 선량한 관리자의 주의의무를 위반하여 반려견에게 부상을 입힌 경우, 애견미용사는 채무불이행 또는 불법행위로 인한 손해배상책임을 진다. 치료비와 재산상 손해, 위자료가 포함될 수 있다. 해당 사건은 사망에 이르지 않았고 미용 과정에서의 부상 가능성이 크지만, 고의로 입힌 것으로 보기 어려워 동물보호법상의 학대행위로 간주되기는 어렵다.

3) 대처방안

미용 도중 반려견이 심하게 저항하거나 불안을 보일 경우, 강압적인 조치를 피하고 작업을 중단하거나 보호자와 협의 후 진행해야 한다. 모든 작업 과정을 CCTV로 기록하여 분쟁 발생 시 증빙 자료로 활용할 수 있도록 준비해야 한다. 사고 발생 시 보호자에게 즉각 알리고 후속 조치를 성실히 이행해야 한다.

3 사건 · 사고 예방을 위한 주요 법률과 유의사항

유사한 여러 사건에서의 법적 책임은 사건의 상황, 법적 규정, 과실 여부에 따라 달라진다. 특히 민법, 동물보호법, 그리고 위임계약에 따른 주의 의무가 주요 판단 기준으로 작용한다. 아래는 유사 사건에서 적용될 수 있는 법적 책임에 대한 주요 법률이다.

1 알아두면 좋은 주요 법률

민법 제759조(동물 점유자의 책임)

"점유자는 그 점유하는 동물이 타인에게 가한 손해를 배상할 책임이 있다. 다만, 동물의 종류와 성질에 따라 상당한 주의를 다하거나 손해가 피해자의 과실로 인해 발생했음을 증명한 경우는 그러하지 아니하다."

→ 동물을 소유하거나 점유하는 사람은 그 동물이 타인에게 손해를 입힌 경우 기본적으로 배상 책임을 진다. 동물의 종류와 성질에 따라 상당한 주의를 기울였거나 손해가 피해자의 과실로 인해 발생했음을 증명한 경우는 그러하지 아니할 수도 있다.

동물보호법 제10조(동물 학대 방지 및 처벌)

"누구든지 동물에게 신체적 고통을 주거나 학대행위를 해서는 아니 되며, 학대행위로 동물이 죽거나 중대한 상해를 입은 경우에는 3년 이하의 징역 또는 3천만 원 이하의 벌금에 처할 수 있다."

→ 고의 또는 중대한 과실로 반려동물에게 상해를 입히거나 사망에 이르게 한 경우 형사처벌 대상이 되며, 처벌 수위는 학대 행위의 고의성과 중대성에 따라 달라진다.

위임 유사 계약에서의 책임(민법 제681조에 따른 유추적용)

"위임을 받은 자는 선량한 관리자의 주의 의무를 다하여 위임받은 일을 처리해야 하며, 이를 이행하지 못할 경우 채무불이행 또는 불법행위로 인한 손해배상 책임을 진다."

→ 애견미용사는 보호자로부터 반려동물을 맡아 관리하는 과정에서 선량한 관리자의 주의 의무를 다해야 하며, 이를 위반하면 법적 책임을 지게 된다.

재산상 손해 및 정신적 위자료 배상(사례에 따라 법원 판례로 적용)

"동물은 단순한 물건으로 간주되지 않으며, 반려동물의 사망이나 중대한 부상 시 재산상의 손해 외에도 보호자와의 정서적 유대를 고려하여 정신적 위자료를 인정할 수 있다."

→ 반려동물의 사망 사고가 발생할 경우, 법원은 단순 재산적 가치만이 아니라 보호자의 정서적 고통을 고려하여 정신적 손해배상까지 인정하는 사례가 있다.

2 사건사고 예방을 위한 유의사항

1) 애견미용사의 의무와 책임

애견미용사는 보호자로부터 반려동물을 맡아 관리하는 위임 유사 계약 관계로 간주되며, 선량한 관리자의 주의 의무를 다해야 한다. 이를 이행하지 못하면 채무불이행 또는 불법행위로 인해 손해배상 책임이 발생할 수 있다.

2) 사전 정보 청취와 고지의 중요성

애견의 건강 상태(기저질환, 민감한 부위)와 행동 특성(입질, 공격성 등)을 보호자로부터 상세히 청취하고 기록해 문서화해야 한다. 이런 습관이 분쟁을 예방할 수 있는 핵심이다.

3) 안전한 작업환경 관리 매뉴얼화

이중문 설치, 개별 대기 공간 제공, 작업대 및 울타리 등의 안전시설을 주기적으로 점검해야 한다. 방문하는 애견의 특성에 맞춰 분리 관리하거나 입마개 착용을 할 수 있도록 작업 환경의 규칙을 정해 사고를 예방해야 한다.

4) 사고 발생 시 신속한 대응과 보호자 소통

반려동물이 상해를 입거나 이상 증세를 보일 경우 즉시 응급처치를 하고, 필요하면 동물병원으로 신속히 이송해 문제를 최소화해야 한다. 사고가 발생하면 지체 없이 보호자에게 상황을 알리고 현재 진행된 조치와 추가 계획을 명확히 전달해야 한다. 보호자의 이해를 돕기 위해 사진이나 영상으로 상황을 기록해 공유하는 것도 중요하다. 이런 응급상황 및 분쟁대처 절차를 표준화하고, 직원과 미용사가 모든 상황에 일관되게 대처할 수 있도록 사전 교육과 훈련을 진행해야 한다.

애견미용실에서 발생하는 다양한 사건과 분쟁 사례는 서비스의 특성과 고객 간 신뢰 부족에서 비롯되는 경우가 많다. 미용사는 반려동물의 안전과 복지를 최우선으로 고려하면서, 고객과의 투명한 소통과 철저한 사전 준비를 통해 이런 분쟁을 예방할 수 있다.

사전 동의서 작성, 특이사항 기록, 응급상황 대처 매뉴얼 마련 등은 고객과 미용사 간 신뢰를 강화하는 핵심 요소다. 특히, 분쟁 상황에서는 감정적 대립을 피하고, 문제를 성실히 해결하려는 태도가 중요하다. 이를 통해 미용사는 고객과의 관계를 단순한 서비스 제공자를 넘어 신뢰받는 전문가로 발전시킬 수 있다.

결론적으로 애견미용사는 고객과 반려동물 모두에게 안전하고 긍정적인 경험을 제공하는 데 책임을 다해야 하며, 이를 통해 애견미용 업계의 품질과 신뢰를 더욱 높이는 데 기여할 수 있다.

CHAPTER

09

자격증 3급 준비

I. 필기시험 대비

II. 실기시험 대비

CHAPTER

09 자격증 3급 준비

I 필기시험 대비

1 안전위생관리

1 안전 관리

1) 안전 교육

① 작업장과 미용 숍의 차이

- **작업장**: 반려동물을 실제로 미용하는 공간으로, 작업 도구와 기자재가 있는 장소를 의미한다.
- **미용 숍**: 작업장 외의 공간으로, 반려동물 관련 용품을 전시하거나 판매하고, 고객 상담 및 반려동물이 대기하는 공간을 포함한다.

② 작업자의 안전 수칙과 고객의 안전 교육

- 작업자는 동물과 장시간 작업하며, 다양한 미용 도구와 기자재를 사용하므로 본인과 동물의 안전을 항상 염두에 두어야 한다.
- 작업장 내에서의 사고를 예방하기 위해 고객에게도 안전 수칙을 사전에 교육해야 한다.

③ 작업자 관련 안전 수칙

- 작업 도구와 시설을 주기적으로 점검한다.
- 작업장과 미용 숍의 환경을 항상 청결히 유지한다.

- 안전을 위해 정해진 복장을 착용한다.
- 작업 중 음주나 흡연을 하지 않는다.
- 동물과 작업에만 집중하며 장난이나 부주의를 삼가한다.

④ 전기 및 화재 안전 수칙

- 전기 고장 발생 시 즉시 상위자나 전문가에게 수리 요청한다.
- 물기가 있는 손으로 전기 기구를 만지지 않는다.
- 전선의 피복이 벗겨진 경우 즉시 전원을 차단한다.
- 소화기의 위치와 사용 방법을 숙지하며 비상 탈출구는 항상 개방 상태를 유지한다.
- 작업장 내 흡연을 금지하며, 인화성 물질 취급 시 주의한다.

수행 TIP

- 작업장 출입문 앞에 안전문을 설치한다.
- 고객에게 안전 교육 관련 인쇄물을 제공하여 간접 교육 효과를 높인다.

2) 안전사고의 종류 파악 및 대처

① 작업자에게 발생할 수 있는 안전사고

- **동물에 의한 교상**: 물린 상처는 감염 위험이 높으므로 예방 접종 기록을 확인하고, 의심 사례는 즉시 신고한다.
- **전염성 질환**: 광견병, 백선증 등 다양한 질환에 노출될 수 있으므로 개인위생과 예방 조치가 중요하다.
- **미용 도구에 의한 상처**: 상처 부위가 클 경우 즉시 병원을 방문한다.
- **화상**: 화상의 심각도(1~4도)에 따라 응급 처치를 달리해야 한다.

분류	내용
1도 화상	표피 손상, 발적, 물집 없음, 통증 2~3일 지속
2도 화상	진피 손상, 물집과 강한 통증, 흉터 가능성
3도 화상	피부 전 층 손상, 색 변화, 통증 없을 수도 있음
4도 화상	근육·뼈 손상, 피부 검게 변함, 치료 어려움

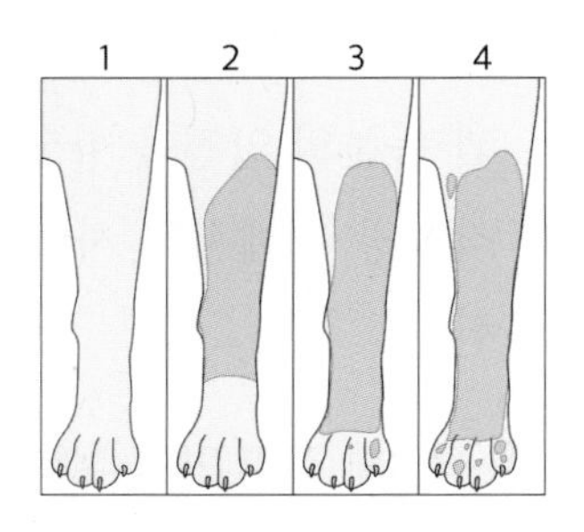

수행 TIP

- 동물의 돌발 행동을 예방하기 위해 상태를 주의 깊게 관찰한다.
- 화학 제품이 눈에 들어갔을 경우 즉시 흐르는 물로 씻어낸다.
- 상처 부위에 얼음을 직접 대지 않으며, 2차 감염 방지를 위해 장갑을 착용하고 처치한다.

② 동물에게 발생할 수 있는 안전사고

- **낙상**: 높은 작업대나 목욕조에서 주의한다.
- **미용 도구에 의한 상처**: 뾰족한 도구 사용 시 집중한다.
- **화상**: 드라이어, 온수, 화학제품 사용 시 온도를 조절한다.
- **도주**: 작업 공간에서 도주하지 않도록 목줄 및 안전문을 활용한다.
- **이물질 섭취**: 작업 공간에 작은 물건을 두지 않는다.
- **다른 동물에 의한 교상**: 동물 간 거리를 충분히 유지한다.
- **감전**: 전기선 관리에 주의하며 물기 있는 환경에서 사용하지 않는다.

수행 TIP

- 동물을 작업대에 목줄로 고정한 상태로 자리를 비우지 않는다.
- 상처 부위는 맨손으로 만지지 않으며, 알코올 소독은 피한다.
- 화상을 방지하기 위해 물의 적정 온도를 유지한다.

③ 작업장에서 발생할 수 있는 안전사고

- **화재**: 전선 합선, 인화성 물질 취급 부주의로 발생할 수 있다.
- **누전**: 전기 기구의 절연 불량과 습기로 인해 감전 위험이 있다.
- **누수**: 물과 전기가 접촉하지 않도록 관리한다.

수행 TIP

- 화재 시 물 사용을 피하고, 적합한 소화 방법을 선택한다.
- 전기 기구의 상태를 주기적으로 점검한다.
- 겨울철 수도 동파 방지를 위해 보온재를 활용한다.

④ 심폐 소생술

심폐 정지 상황에서 호흡과 혈액순환을 유지하기 위한 응급 처치로, 동물의 생명을 구할 수 있는 중요한 방법이다.

수행 TIP

- 화재 시 물에 적신 천으로 코와 입을 가리고 이동한다.
- 전기 화재의 경우 물을 사용하지 않는다.
- 동물 응급 처치 도구를 항상 준비한다.

3) 안전 장비 점검하기

① 대기 장소의 안전 장비

- 안전문: 동물의 도주를 예방하기 위해 충분히 촘촘한 안전문을 사용하며, 잠금 장치가 튼튼하고 동물이 물리력을 가하여 열 수 없는 방향으로 제작된 것을 선택한다. 대기하는 동물의 크기에 따라 충분히 높고, 출입문 주변에는 안전문을 이중으로 설치하며, 항상 닫힌 상태를 유지한다.
- 울타리: 동물의 몸높이에 비해 충분히 높고 튼튼하며 촘촘한 울타리를 사용한다. 대기 공간은 동물마다 독립된 공간으로 조성하며, 분리가 어려운 경우 연령, 성별, 크기가 비슷한 동물끼리 분리한다. 어린 동물, 노령 동물, 불안감을 보이는 동물, 공격적인 동물은 반드시 따로 분리한다.
- 이동장: 예민하거나 공격적인 동물, 특히 고양이는 이동장에서 대기하도록 한다. 동물이 익숙한 이동장을 사용하는 것이 심리적 안정에 좋으며, 여러 동물이 사용한 이동장은 피한다.
- 케이지: 케이지는 동물의 출입과 퇴실 시 위생 관리에 신경 써야 하며, 공격적이거나 대형 동물은 울타리 대신 케이지를 사용하는 것이 좋다. 질병이 있는 동물은 따로 대기하도록 하고 철저히 소독한다.

② 미끄러짐과 낙상 방지를 위한 안전 장비

- 테이블 고정 암(arm): 동물의 움직임을 제한하며, 허리와 배를 받쳐줄 수 있는 장치를 사용한다. 동물의 체중을 지탱할 수 있도록 튼튼한 것을 사용하며, 목줄과 하네스는 적절한 여유를 두어 조절한다.
- 바닥재: 미끄럽지 않은 소재를 사용하거나 깔개를 깔아 미끄러짐과 낙상을 방지한다.

③ 물림 방지를 위한 안전 장비: 물림 방지를 위해 엘리자베스 칼라와 입마개를 사용한다. 입마개는 체온 조절이 어려운 환경에서는 피하고, 엘리자베스 칼라를 대신 사용한다.

수행 TIP

- 고양이는 울타리 대신 별도의 대기실을 사용하는 것이 좋다.
- 입마개 착용 시간은 최소화하며, 엘리자베스 칼라를 권장한다.

2 위생 관리

1) 청결 상태 점검 항목

① 바닥의 청결 상태

작업장의 바닥은 미용 작업으로 인해 발생한 털이나 동물이 대기하는 동안 발생한 배설물 등으로 쉽게 오염될 수 있다. 이러한 오염물은 사람과 동물에게 질병을 전파할 수 있으므로, 바닥은 항상 청결하게 유지해야 한다. 작업 후 털과 배설물을 즉시 제거하고 정기적으로 소독제를 사용하여 청결 상태를 점검한다.

② 작업 테이블의 청결 상태

작업 테이블은 동물이 장시간 대기하거나 미용 작업이 이루어지는 공간으로, 이물질과 미용 도구가 흩어지지 않도록 관리가 필요하다. 가위, 클리퍼, 발톱깎이 등 날카로운 도구는 정리하여 사고를 방지하고, 테이블은 소독제로 자주 닦아 위생을 철저히 유지한다.

③ 목욕조의 청결 상태

목욕 작업은 많은 물을 사용하기 때문에 목욕조와 주변 바닥이 미끄러워질 수 있다. 사용 후에는 물기와 관련 없는 도구를 정리하고, 바닥과 목욕조를 마른걸레로 닦아 안전사고를 예방해야 한다. 목욕 작업 후에도 청결 상태를 점검하여 위생을 유지한다.

④ 케이지의 청결 상태

케이지는 동물이 대기하는 동안 오염될 가능성이 높다. 배설물이 발견되면 즉시 제거하고, 퇴실 후에는 바닥과 벽면, 잠금 장치를 소독하여 항상 위생적으로 유지한다. 특히 질병이 있는 동물이 사용한 경우에는 더욱 철저히 소독해야 한다.

⑤ 울타리와 안전문의 청결 상태

울타리와 안전문은 동물이 대기하는 동안 배설물이나 털로 인해 오염될 수 있다. 배설물은 즉시 제거하고, 울타리와 안전문은 부분적으로라도 청소와 소독을 실시하여 깨끗한 상태를 유지한다.

2) 미용 도구의 소독 상태 점검

미용 도구는 동물의 피부에 직접 접촉하므로 철저히 소독해야 한다. 사용 전후로 소독하여 위생 상태를 유지하며, 특히 피부 질환이 있는 동물을 다룬 후에는 더욱 신경 써야 한다. 도구에 이물질이나 부식된 부분이 있는지 정기적으로 점검하여 청결하게 관리한다. 사용 후 미용 도구를 세척하고 완전히 건조시켜 부식을 방지한다.

3) 미용 숍 위생 관리

① 소독(disinfection)

질병의 감염이나 전염을 예방하기 위해 아포를 제외한 대부분의 유해한 미생물을 파괴하거나 불활성화시키는 것을 말한다. 비병원성 미생물을 파괴하지 않으므로, 모든 미생물을 사멸시키는 것은 아니다.

② 멸균(sterilization)

아포를 포함한 모든 미생물을 사멸하는 것을 의미한다. 소독은 일반적인 오염 물질들을 제거하기 위해 사용되며, 멸균은 식품 보존이나 의약품 및 수술 도구에 주로 사용된다.

③ 소독 방법

- **화학적 소독**: 특정 화학 제품을 사용하여 소독하는 것을 말한다. 동물에게 위해를 주지 않는 화학적 소독제 중 적합한 제품을 선택하여 사용한다.
- **자비 소독**: 100℃의 끓는 물에 소독 대상을 넣어 소독하는 방법이다. 100℃ 이상으로는 올라가지 않으므로, 일부 아포와 바이러스에는 효과가 제한적일 수 있다. 소독 방법은 100℃에서 10~30분 정도 충분히 끓이는 것이다. 의류, 금속 제품, 유리 제품 등에 적합하며, 금속 제품은 탄산나트륨 12%를 추가하여 녹 발생을 방지할 수 있다. 유리 제품은 찬물에 넣은 후 끓기 시작하면 10~20분간 유지하며, 나머지 제품은 물이 끓기 시작한 후 넣는다.
- **일광 소독**: 직사광선에 노출하여 소독하는 방법으로, 가장 간단한 소독법이다. 그러나 두꺼운 대상은 깊은 부분까지 소독 효과가 미치지 않으며, 계절이나 날씨에 따라 효과가 달라질 수 있다. 맑은 날 오전 10시에서 오후 2시 사이에 소독 대상을 충분

히 햇빛에 노출시킨다.

- **자외선 소독법**: 2,500~2,650Å의 자외선을 조사하여 소독하는 방법이다. 자외선 소독기는 대상의 변화를 최소화하며 내성이 생기지 않는 장점이 있다. 10cm 거리에서는 12분, 50cm 거리에서는 10분 정도 자외선을 조사한다.
- **고압 증기 멸균법**: 포화된 고압 증기를 이용하여 아포를 포함한 모든 미생물을 사멸하는 방법이다. 고압 증기 멸균기(autoclave)를 사용하여 소독 대상을 깨끗이 닦고, 증기가 침투하기 쉽도록 뚜껑을 열어둔다. 천이나 알루미늄 포일로 싸고, 15파운드의 수증기압과 121℃에서 15~20분간 소독한다. 금속 날은 무뎌질 수 있으므로 주의해야 한다.

④ **화학적 소독제의 종류**

- **계면활성제**: 계면활성제는 물과 기름에 잘 녹는 특성이 있다. 종류에는 음이온 계면활성제(비누, 샴푸), 양이온 계면활성제(4급 암모늄, 역성 비누)가 있다. 양이온 계면활성제는 대부분의 세균, 진균, 바이러스를 불활화하지만, 아포나 일부 병원균에는 효과가 없다.
- **과산화물**: 과산화물계 소독제(과산화수소, 과산화초산)는 산화력을 통해 소독하며, 사용 후 산소와 물로 분해되어 잔여물이 남지 않는다. 자극성과 부식성이 있으므로 2.5~3.5% 농도로 사용한다.
- **알코올**: 알코올은 70%로 희석하여 사용할 때 소독 효과가 가장 높다. 세균, 바이러스, 진균을 불활화하지만, 아포에는 효과가 없다. 상처 부위에는 사용을 피하고, 화재 위험성이 있으므로 주의가 필요하다.
- **차아염소산나트륨**: 차아염소산나트륨(락스)은 강력한 소독제로 파보, 디스템퍼 등 바이러스에 효과적이다. 사용 시 환기에 유의하고, 금속 기구에는 부식을 방지하기 위해 사용을 주의해야 한다.
- **페놀류(석탄산)**: 페놀류는 저렴하고 넓은 공간 소독에 적합하다. 그러나 점막과 피부에 자극을 줄 수 있으며, 고양이에게 독성을 보인다. 3~5% 농도로 사용한다.
- **크레졸**: 크레졸은 페놀보다 소독 효과가 3~4배 강하다. 주로 비눗물과 혼합하여 사용하며, 냄새가 강하고 금속에 부식성이 있어 사용 시 주의가 필요하다.

수행 TIP

- 청소와 소독은 깨끗한 곳에서 더러운 곳으로 진행한다.
- 배설물은 즉시 제거하여 질병 전파를 방지한다.
- 먼지 제거는 높은 곳에서 낮은 곳으로 진행한다.
- 금속 도구는 물에 오래 담그지 말고, 세척 후 완전히 건조시킨다.
- 브러시의 털은 콤을 이용해 제거하며, 클리퍼 내부는 소독용 클리너로 청소한다.

4) 작업자 위생 관리

① 작업자의 위생 관리 점검 항목

- **손과 손톱**: 손과 손톱의 위생은 매우 중요하다. 손톱 밑에는 이물질이 끼어 세균이 쉽게 번식하고, 동물에게 상처를 입힐 수 있으므로 손톱은 항상 짧고 깨끗하게 유지해야 한다. 작업 특성상 여러 동물을 직접 다루기 때문에 작업자 자신의 보호와 전염병 예방을 위해 손과 손톱 위생에 철저히 신경 써야 한다.
- **입냄새 및 체취**: 동물은 후각이 매우 예민하므로 작업자의 체취와 입냄새에 민감하게 반응할 수 있다. 자극적인 냄새는 동물에게 스트레스를 주고 알레르기를 유발할 수 있으므로 강한 화장품, 향수 사용과 흡연은 피해야 한다. 흡연 후에는 냄새 제거를 철저히 해야 하며, 동물 보호자와의 상담을 위해서도 입냄새 관리가 필요하다.
- **헤어**: 작업 중 머리카락이 끼거나 동물이 물어뜯는 사고를 예방하기 위해 머리를 단정히 묶는 것이 좋다. 동물 보호자와 직접 대면하는 만큼 머리는 항상 청결하게 유지해야 한다.
- **장신구**: 목걸이, 귀걸이, 팔찌 등 과도하게 늘어지는 장신구는 동물과의 접촉 시 안전사고를 유발할 수 있으므로 착용하지 않는 것이 좋다.
- **작업복과 신발**: 작업자는 동물의 털, 침, 배설물 등 오염 물질에 노출되기 쉬우므로 별도의 작업복과 신발을 구비해 착용한다. 작업복은 방수 소재로 된 긴 형태가 적합하며, 신발은 발을 완전히 감싸고 굽이 낮으며 발의 피로감을 줄이는 제품을 선택한다.

② 접촉에 의한 주요 인수 공통 전염병

- **광견병**(Rabies): 광견병 바이러스는 급성 뇌염을 유발하며, 감염된 동물의 교상이나 상처를 통해 전염된다. 예방 백신 접종이 필수적이다.
- **백선증**(Ringworm): 곰팡이 감염으로 인한 피부 질환으로, 감염된 동물이나 오염된 미용 기구, 목욕조 등을 통해 전염된다.
- **개선충**(Sarcoptic Mange): 개선충은 피부 표피에 굴을 파고 서식하며 심한 소양감을 유발한다. 동물과의 직접 접촉으로 감염될 수 있다.
- **회충, 지알디아, 캄필로박터, 살모넬라균, 대장균**: 동물의 배설물을 통해 전염되며, 입을 통해 감염되어 사람과 동물 모두에게 장염 등의 소화기 질병을 일으킨다.

③ 피부 소독제의 종류

- **알코올**: 피부 소독에 주로 사용되며, 60~80% 농도로 희석해 사용하는 것이 가장 효과적이다. 점막에 자극적일 수 있어 상처 부위에는 사용을 피해야 한다.
- **클로르헥시딘**: 손과 상처 소독에 적합하며, 광범위한 소독 효과를 가진다. 0.5% 농도로 물이나 생리 식염수에 희석해 사용하며, 고농도 사용 시 피부 자극이 있을 수 있다.
- **과산화수소**: 산화력이 강하며, 도포 시 거품이 발생해 호기성 세균 번식을 억제한다. 2.5~3% 농도로 사용하며, 피부 자극 가능성에 주의해야 한다.
- **포비돈**: 상처 소독 및 수술 전 소독에 사용되며, 광범위한 살균력을 가진다. 알코올과 함께 사용하면 효과가 상승하며, 1~10% 농도로 사용한다.

④ 작업복과 신발을 소독하는 방법

소독 전 세정 작업을 통해 오염 물질을 제거한 후, 소재에 따라 적합한 소독 방법을 선택한다. 열에 강한 소재는 자비 소독이나 일광 소독이 가능하며, 열에 약한 재질은 화학적 소독제를 사용한다.

2 기자재 관리

1 미용 도구 관리하기

1) 미용 도구의 종류

① 가위(scissors)

- **블런트 가위**(blunt scissors): 민 가위라고도 하며, 동물의 털을 자르는 데 사용한다. 가위의 크기와 길이는 용도에 따라 다양하다.
- **시닝 가위**(thinning scissors): 숱 가위로도 불리며, 털의 숱을 조절하는 데 사용한다. 발수와 홈의 모양에 따라 절삭률이 다르므로, 사용 목적에 맞는 가위를 선택한다.
- **커브 가위**(curve scissors): 가윗날이 곡선 형태로 되어 있어, 곡선을 자르는 작업에 적합하다.
- **텐텐 가위**(tenten scissors): 요술 가위라고도 하며, 시닝 가위와 비슷하지만 절삭률이 더 높다. 가위마다 절삭률이 다르므로 사용 전 제품의 특성을 숙지해야 한다.

② 클리퍼(clipper)

- **전문가용 클리퍼**: 동물의 전신 클리핑에 사용되며, 다양한 클리퍼 날을 장착해 사용할 수 있다.
- **소형 클리퍼**: 크기가 작고 가벼우며, 세밀한 부위의 표현에 적합하다. 부착된 날은 한 가지 종류이며, 제품에 따라 날의 길이를 조절할 수 있다.
- **클리퍼 날**(clipper blade): 털의 길이를 조절하기 위해 클리퍼에 부착한다. 번호가 클수록 털을 짧게 깎을 수 있으며, 번호와 mm 표시는 제조사에 따라 약간의 차이가 있을 수 있다.
- **클리퍼 콤**(clipper comb): 1mm 길이의 클리퍼 날에 부착하여 사용하며, 덧끼운 콤에 따라 클리핑 길이를 조절한다.

③ 빗(comb)

- **슬리커 브러시**(slicker brush): 엉킨 털을 빗거나 드라이 시 빗질에 사용되며, 다양한 크기와 핀 간격을 선택해 사용할 수 있다.
- **핀 브러시**(pin brush): 장모종의 엉킨 털 제거와 오염물 제거에 적합하다. 둥근 핀 형

태로, 피부 자극이 적다.

- **브리슬 브러시**(bristle brush): 말, 멧돼지 등의 동물 털로 만들어진 빗으로, 마사지와 오일 도포 등에 사용된다.
- **콤**(comb): 엉킨 털 제거, 가르마 정리 등 다양한 용도로 사용된다.
- **오발빗**(5-toothed comb): 볼륨 표현을 위해 사용된다.
- **꼬리빗**(pointed comb): 털을 가르거나 래핑 작업 시 사용된다.

④ 스트리핑 나이프(stripping knife)

- **코스 나이프**(coarse knife): 언더코트를 제거하는 데 사용한다.
- **미디엄 나이프**(medium knife): 꼬리, 목 등 중간 부위의 털을 제거한다.
- **파인 나이프**(fine knife): 귀, 눈, 볼 등 세밀한 부위를 다듬는 데 사용한다.
- **코트킹**(coat king): 언더코트를 제거하는 데 사용되며, 날의 촘촘한 정도에 따라 선택해 사용할 수 있다.

⑤ 그 밖의 도구

- **발톱깎이**(nail clipper): 집게형, 니퍼형 등 다양한 종류가 있다.
- **발톱갈이**(nail file): 절단된 발톱의 날카로운 부분을 다듬는다.
- **밴딩 가위**(banding scissors): 래핑이나 밴딩 작업 시 고무밴드를 자를 때 사용한다.
- **겸자**(mosquito forceps): 귓속 털을 뽑거나 다듬는 데 사용한다.
- **도그 위그**(dog wig): 미용 연습용 견체 모형으로 사용된다.
- **엘리자베스 칼라**: 물림을 방지하기 위해 동물의 목에 착용하며, 플라스틱이나 천으로 제작된다.
- **입마개**: 동물이 물지 못하도록 입에 씌우며, 동물의 종류에 따라 다양한 형태가 있다.

2) 미용 도구의 성능 점검과 보관

① 가위 관리

- **볼트 조절**: 가위가 너무 느슨하거나 꽉 조여 있지 않도록 적정하게 조절한다.
- **유지**: 엉키거나 굵은 털을 한꺼번에 자르지 않도록 주의한다.
- **보관**: 사용 전후 윤활제를 뿌리고, 전용 천으로 닦아 보관한다.
- **연마**: 가윗날이 마모되었을 경우 A/S를 통해 복구한다.

② 클리퍼 관리

- **사용 전**: 기름을 충분히 바르고 공회전을 실시한다.
- **유지**: 청결을 유지하며, 사용 후 윤활제를 뿌린다.
- **관리**: 물기가 묻은 클리퍼는 반드시 건조한다.
- **연마**: 숙련된 전문가에게 연마를 의뢰한다.
- **보관**: 깨끗이 닦아 윤활제를 뿌린 후 보관한다.

③ 빗 관리

- **핀 브러시**: 비눗물로 닦고 뜨겁지 않은 바람으로 건조한다.
- **슬리커 브러시**: 콤으로 이물질 제거 후 세척한다.
- **브리슬 브러시**: 전용 세정제를 사용해 세척하고 직사광선을 피해 건조한다.

(수행 TIP)

- 미용 도구의 특성을 파악하여 적합한 세척 및 관리 방법을 사용한다.
- 자외선 멸균법과 고압 증기 멸균법을 적절히 활용한다.
- 동일한 도구에는 번호를 표기해 관리 시간을 단축한다.

2 미용 소모품 관리

1) 미용 소모품의 종류 및 점검

① 기자재

- **소독제**: 작업자의 손, 작업복, 도구, 기자재, 작업장 등의 소독에 사용된다. 사용 후 적정 용량으로 보관하며, 유효기간을 확인하여 사용한다.
- **윤활제**: 미용 도구나 기자재의 성능 유지 및 보호를 위해 사용된다. 도구에 뿌리거나 담가 보관하며, 잔여 윤활제는 닦아낸 후 보관한다.
- **냉각제**: 장시간 사용 시 열이 발생하는 미용 도구의 냉각에 사용된다. 제품에 따라 부식 성분이 포함될 수 있으므로 반드시 닦아낸 후 보관한다.

② 목욕 용품

- **샴푸, 린스, 모발 영양제**: 동물의 모질, 모색, 코트 상태에 맞는 제품을 선택한다. 몰티즈는 장모의 싱글 코트로, 백모용 샴푸와 싱글 코트 전용 제품을 사용한다.

- **구강 관리 제품**(치약, 칫솔): 동물의 구강 건강을 유지하는 데 사용된다. 삼켜도 안전한 성분의 치약과 뿌리거나 바르는 제품도 시판되고 있다.

③ 기본미용, 일반미용, 응용미용 용품

- **지혈제**: 발톱 관리 중 출혈 시 사용한다.
- **이어파우더**: 귓속 털을 쉽게 뽑을 수 있도록 도와 준다.
- **이어클리너**: 귀의 이물질 제거 및 소독을 위한 제품이다.

④ 염색 용품

- **염모제**: 다양한 색으로 동물의 털을 염색하는 데 사용한다.
- **컬러믹스**: 밝은 색을 표현할 때 사용되며, 색상 혼합이 가능하다.
- **이염 방지제**: 염색하지 않을 부위에 바르는 방지제이다.
- **일시적 염색 용품**: 컬러 페이스트, 컬러 초크, 블로펜 등을 이용한 제품이다. 목욕으로 쉽게 제거 가능하다.
- **부가 용품**
  - 알루미늄 포일: 염색 시 염모제가 털에 스며들도록 돕는다.
  - 장갑: 염색약으로부터 손을 보호한다.
  - 이염 방지 테이프: 염색약이 번지는 것을 방지한다.

⑤ 장모 관리 용품

- **브러싱 스프레이**: 브러싱 시 마찰로 인한 모발 손상을 줄이고 부드럽게 관리할 수 있도록 도와준다.
- **워터리스 샴푸**: 물 없이 털의 오염을 제거하는 데 사용된다.
- **정전기 방지 컨디셔너**: 정전기 발생을 줄이고 털의 손상을 방지하는 기능이 있다.
- **엉킴 제거 제품**: 엉킨 털을 쉽게 풀어주는 데 사용된다.
- **래핑지**: 장모종 개의 털을 보호하는 용도로 사용된다. 저가 제품 사용 시 백모에 색이 들 수 있으므로 주의한다.
- **고무밴드**: 털 묶기 및 래핑지 고정 용도로 사용된다.

⑥ 쇼 도그 용품

- **헤어스프레이**: 털을 세우거나 풍성하게 표현하는 데 사용한다.

- **초크**: 흰 털을 더욱 하얗게 표현하는 데 사용한다.

⑦ **위그**(미용 연습용 털): 견체 모형에 위그를 씌워 실제 동물처럼 미용 연습이 가능하다.
- **전체 위그**: 펫클립 및 쇼클립 연습에 활용할 수 있다.
- **부분 위그**: 얼굴, 다리 등 특정 부위의 연습에 적합하다.

수행 TIP
- 소모품 선택 시 동물의 특성과 사용 목적에 맞는 제품을 선정한다.
- 염색 및 장모 관리 용품 사용 시 알레르기 유발 가능성을 고려해야 한다.
- 소독제와 냉각제는 제품 설명서를 참고해 적절히 사용하고, 소모품은 정기적으로 유효기간과 상태를 점검한다.

3 미용 장비 관리

1) 미용 장비의 종류 및 관리 방법

① **미용 테이블**: 동물을 미용하는 데 사용하는 테이블로, 동물의 활동을 제한하고 작업자의 자세를 편안하게 유지하기 위해 사용한다.
- **접이식 미용 테이블**: 가볍고 휴대성이 뛰어나 이동식 미용 테이블로 적합하지만 견고함은 다소 부족하다.
- **수동 미용 테이블**: 접었다 펼 수 있는 구조로, 작업자의 키와 작업 스타일에 맞게 수동으로 높낮이를 조절할 수 있다. 가격이 저렴하고 이동이 가능하지만, 사용 전 수동 조절이 필요하다.
- **유압식 미용 테이블**: 발로 버튼을 눌러 높낮이를 조절하는 방식으로 편리하고 가격이 비교적 저렴하다.
- **전동식 미용 테이블**: 전력을 이용해 높낮이를 조절하는 방식으로 부피가 크고 가격이 높지만 조절이 매우 편리하다.

② 테이블 고정 암과 바구니
- **테이블 고정 암**: 테이블 위에서 동물의 추락을 방지하는 장치이다.
- **테이블 바구니**: 테이블 아래에 설치되어 미용 도구를 보관하는 데 사용된다.

③ 드라이어

- 개인용 드라이어: 가정용 드라이어로, 바람 세기가 약하고 단계 조절이 어려워 미용 작업에 잘 사용하지 않는다.
- 스탠드 드라이어: 바람 세기와 각도 조절이 용이하여 동물 미용에 적합하다.
- 룸 드라이어: 박스 형태로 동물을 넣고 자동으로 털을 말리는 장치이다. 미용사가 직접 말릴 필요가 없어 편리하다.
- 블로 드라이어: 강한 바람으로 털을 말리는 드라이어로 호스나 스틱형 관을 부착하여 사용하며, 각도 조절이 가능하다.

④ 샤워 장비

- 목욕조(수도꼭지 및 샤워기): 동물 목욕에 필수적인 기본 장비이다.
- 스파 기기: 노폐물과 냄새 제거 효과가 탁월하여 목욕 시 사용된다.
- 온수기: 온수를 공급하는 장치로, 전기온수기와 가스온수기 두 종류가 있다. 전기온수기는 설치가 간편하지만 저장된 물을 모두 사용하면 재가열 시간이 길어 대량 사용에는 부적합하다. 가스온수기는 설치가 까다롭지만 많은 양의 물을 빠르게 데울 수 있다.
- 소독 기기: 자외선을 이용한 살균 장치로 소독과 건조 기능을 갖춘 제품이 편리하며, 가열 살균이나 약제 소독보다 사용 시간이 짧아 효율적이다.

수행 TIP

- 동물이 핥을 수 있는 부위에는 유해한 소독제를 사용하지 않는다.
- 소독 후에는 충분히 환기하여 동물이 호흡에 불편함을 느끼지 않도록 한다.

3 고객상담

1 고객 응대

1) 상담 환경 조성과 응대

① 고객 응대의 태도와 요령

- 유니폼: 깨끗한 상태로 착용하며 불쾌한 냄새가 나지 않도록 관리한다.
- 화장과 액세서리: 단정하고 깔끔한 이미지를 위해 짙은 화장은 피하며, 작은 귀걸이

외에 목걸이, 팔찌 등 작업에 방해되는 액세서리는 착용하지 않는다.

- **복장과 손톱**: 단정한 근무복을 착용해 전문적인 이미지를 제공한다. 맨발이나 슬리퍼, 짧은 바지, 치마는 피하며 손톱은 짧게 유지하고 부착물은 하지 않는다.

② 인사 예절과 화법

- **표정**: 고객의 눈을 마주 보고 밝은 미소로 인사하여 신뢰감을 준다.
- 상황별 인사 요령

상황	인사요령
고객 방문 시	"안녕하세요?"라는 인사말과 함께 미소로 맞이한다.
작업 중	"안녕하세요? 잠시만 기다려 주세요. 미용 중입니다."와 같은 말로 양해를 구한다.
전화 응대 또는 다른 고객 응대 중	목례나 눈인사로 고객을 맞이한다.

- **호칭**: 고객에게는 "고객님" 또는 "○○ 보호자님"과 같은 적절한 호칭을 사용한다.
- **목소리**: 밝고 생기 있는 목소리로 응대한다.
- **긍정적 화법**: 고객 요구를 충족하지 못할 경우 대안을 제시하며 응대한다(예: "오늘 예약은 종료되었습니다. 내일 이 시간은 가능하십니다. 괜찮으실까요?").
- **불만 고객 응대**: 불만 고객은 빠르게 응대하지 않으면 더 큰 불만을 호소하거나 부정적인 후기를 남길 수 있다. 따라서 고객의 요구 사항을 최대한 경청하고 해결 방법을 제시해야 한다.
- **대응 츠로세스**: 문제 경청 → 동감 및 이해 → 해결 방법 제시 → 동감 및 이해

③ 고객 응대 매뉴얼 제작

- **기본 응대 매뉴얼**: 서비스 품질을 높이고 불만 고객을 줄이기 위해 표준 응대 매뉴얼을 제작한다.
- **상황별 응대 매뉴얼**: 불만 고객이나 돌발 상황에 대한 최적 대응 방법과 금기사항을 포함한 매뉴얼을 제작한다.

2) 상담실과 대기 환경

① **위생 관리**: 배변 봉투와 위생용품을 잘 보이는 곳에 비치하며, 쓰레기통은 자주 비

운다.

② **청결:** 대기 공간에 털이 날리지 않도록 청소기를 사용하고, 아로마 발향으로 편안한 분위기를 조성한다.

③ **대기 시간 관리:** 읽을거리(미용 스타일북, 관련 정보지 등)를 제공하고 차나 다과를 준비한다.

④ **음악:** 잔잔한 선율의 음악으로 안정감을 주며 외부 소음을 차단한다.

⑤ **긍정적 조건 형성:** 대기 공간에서 간식을 주거나 놀이를 통해 긍정적인 기억을 형성하도록 고객에게 안내한다.

⑥ **고양이 대기 공간:** 조용하고 가려진 공간을 마련하며, 필요시 캣닙과 같은 박하류 허브를 활용한다.

3) 위험한 식물 관리

식물명	독성 증상
아스파라거스 고사리 (asparagus fern)	열매 섭취 시 구토, 설사, 복통 발생. 지속 노출 시 알레르기성 피부염 유발
옥수수식물(com plant)	구토, 식욕 감퇴, 동공 확대 증상 발생. 고양이의 경우 동공 확대
디펜바키아(dieffenbachia)	구강 간지러움, 침 흘림, 음식 삼키기 어려움, 구토 유발
백합(lily)	고양이에게 독성이 강하며, 신장 손상 및 사망 가능성 있음
시클라멘(cyclamen)	구토, 설사, 심장 마비 유발 가능
몬스테라(monstera)	구토, 삼키기 어려움, 침 흘림 증상 발생
알로에(aloe vera)	구토, 붉은 소변 등 증상 유발
아이비(ivy)	설사, 위장 장애, 근육 쇠약, 호흡 곤란 증상 발생

수행 TIP

- 라벤더: 동물의 신경 안정, 진통, 살균 효과가 있다.
- 재스민: 긴장 완화와 우울증 개선에 도움을 준다.
- 금기사항: 초콜릿과 커피에 함유된 테오브로민과 카페인은 동물에게 흥분, 설사, 발작을 유발할 수 있으므로 주의해야 한다.

2 동물 상태 확인하기

1) 개체 특성 파악

① 기초 신체검사

- **눈으로 관찰하기**: 동물이 보이는 행동, 피모 상태, 눈, 귀, 구강 상태, 걸음걸이 등을 관찰하여 신체 건강 상태를 확인한다.
- **만져보며 확인하기**: 동물을 직접 만져서 신체 이상 유무와 피모 상태를 점검한다.
- 신체 상태 확인

• 체중 측정: 정확한 체중 측정을 위해 사람이 함께 올라갈 수 있는 체중계를 사용하며, 움직임이 심하거나 경계심이 많은 동물의 경우 고객 또는 작업자가 안고 측정하거나 이동장을 활용한다.

• 전신 상태 확인: 마름, 비만, 기침, 콧물, 헐떡임, 불규칙한 호흡, 다리 절뚝임 등 이상 증상이 있으면 고객에게 안내하며, 필요시 미용 작업을 중단한다.

• 눈, 귀, 구강 상태 확인

눈	충혈, 분비물, 안구 돌출, 눈물로 인한 피부 발적 여부 확인
귀	귀지, 부종, 발적, 진드기 유무 확인
구강	구취, 치석, 흔들리는 치아, 잇몸 발적, 출혈 여부 점검

② 피모 상태 확인

털 엉킴, 피부 종양, 궤양, 홍반, 부스럼, 딱지, 수포, 색소 침착, 가려움증 등이 있는지 확인하고 고객에게 안내한다.

③ 미용 동의서 작성 요령

- **접종 및 건강 검진 확인**: 동물이 필요한 예방 접종 및 건강 검진을 받았는지 확인한다.
- **병력 기록**: 과거와 현재의 병력을 상세히 기록한다.
- **작업 후 스트레스 안내**: 미용 작업 후 스트레스로 인해 2차 증상이 나타날 가능성을 충분히 설명한다.
- **불가항력적 상황 설명**: 미용 작업 중 발생할 수 있는 예측 불가능한 사고나 상황(예: 쇼크, 경련)에 대해 미리 안내한다.
- **물림 방지 도구 사용 안내**: 경계심이 강하거나 사나운 동물의 경우, 물림 방지 도구를

사용할 수 있음을 고객에게 설명한다.

(수행 TIP)

- 이상 증상 안내: 불안정한 자세, 걸음걸이, 심리 상태 등에서 발견되는 이상은 고객에게 미리 알리고 적절한 대처 방법을 제안한다.
- 상태 기록: 동물의 상태는 지속적으로 변화할 수 있으므로, 정기적으로 고객과 소통하며 기록을 갱신한다.

2) 동물 행동 이해

① 개와 친밀감 형성하기

- **개의 인사법**: 개에게 접근하기 전, 고객에게 "만져도 될까요?"라고 묻는다. 공격성이 있는 개라면 고객이 사전에 알려줄 것이다.
- **개를 안아서 받기**: 개가 낯선 환경에서 불안해할 경우, 고객에게 개를 안아서 작업자에게 건네달라고 요청한다. 고객은 개의 얼굴이 자신의 쪽을 향하도록 안고, 작업자는 개의 등쪽을 받는다.
- **개의 움직임 중지시키기**: 개를 안정시키기 위해 개를 향해 똑바로 서서 목줄을 가볍게 당기며 고개를 숙인다.
- **부드러운 어루만짐**: 고객과 개의 허락을 받은 후에도, 갑작스럽게 머리를 만지지 않는다. 손을 눈높이보다 낮게 유지하고 개가 냄새를 맡도록 하며 천천히 접근해 부드럽게 어루만진다.
- **간식을 이용하여 친해지기**: 간식을 통해 개의 경계를 낮춘다. 단, 간식 제공 전 고객에게 사전 동의를 받는다.
- **놀이를 이용하여 친해지기**: 활동적인 개나 어린 개는 놀이를 통해 작업자와 친밀감을 형성할 수 있다.

② 고양이 이해하기

- **고양이 안기**: 고양이를 들어 올릴 때는 앞다리 뒤쪽의 가슴과 배를 받쳐 들고, 엉덩이와 뒷다리를 지지해 안정감을 준다.
- **고양이 쓰다듬기**: 고양이가 작업자에게 다가왔을 때, 조심스럽고 부드럽게 얼굴을 만지며 천천히 관계를 형성한다. 만지기를 거부하면 강요하지 않는다.

- **고양이 페로몬 제품 사용**: 스트레스를 줄이기 위해 이동장이나 대기 공간에 페로몬 제품을 사용한다.

③ 그 밖의 동물

- **페럿**: 호기심이 많고 활동적인 페럿은 대기 공간이 철장일 경우 탈출 위험이 있으므로 막힌 이동장을 사용하는 것이 좋다.
- **원숭이**: 사회적 동물인 원숭이는 새로운 환경에 스트레스를 받을 수 있다. 고객과 함께 작업하면 안전하다.
- **햄스터**: 목욕 대신 전용 모래를 사용해 몸의 습기를 제거하도록 한다.

수행 TIP

- 신체 장애나 이상 징후가 보일 경우, 이를 고객에게 알리고 적절한 조치를 권장한다.
- 불안정한 심리 상태로 인해 발생할 수 있는 사고 가능성을 고객에게 안내한다.

3 고객 상담

1) 고객 관리 차트 작성하기

① 고객 정보 기록하기

고객 정보는 개인정보보호법에 따라 철저히 관리되어야 한다. 서비스 제공에 꼭 필요한 정보만 받으며, 고객의 정보는 동물 숍 내부에서만 활용하고 외부 유출이 없도록 한다.

② 동물 정보 기록하기

동물의 이름, 품종, 나이, 중성화 여부, 수술 이력, 과거 병력 등을 간단히 기록한다. 이는 미용 스타일 결정 및 제품 선택에 중요한 자료가 된다. 첫 방문 시 사진 촬영이 필요한 경우 고객의 동의를 받는다.

③ 미용 스타일 기록하기

미용 스타일은 날짜별로 기록하거나 전자 차트를 활용해 저장한다. 이를 통해 이전 작업 이력을 확인하고, 고객과의 원활한 소통을 돕는다.

④ 기록 정리와 갱신하기

고객의 개인 정보와 동물의 건강 상태는 변동될 수 있으므로, 작업 전 반드시 확인하고 필요시 갱신한다.

⑤ 미용 관리 차트 작성하기

고객 정보와 동물 정보를 수기 또는 전자 차트를 이용해 정리하고 보관한다.

2) 전화 응대 요령

전화 응대는 동물 숍의 첫인상을 결정짓는 중요한 요소이다. 다음 네 가지 원칙을 기본으로 한다.

① 전화를 받을 때 요령

- 메모지와 예약 장부를 전화기 옆에 준비한다.
- 전화벨이 3번 이상 울리기 전에 받는다.
- 밝은 목소리와 미소를 유지한다.
- 인사와 함께 소속과 성명을 밝힌다.
- 고객의 말을 경청하며 필요한 정보를 제공한다.
- 정중하게 대응하고 고객보다 먼저 전화를 끊지 않는다.

② 쿠션 화법 사용하기

고객과 대화 시 단답형 응대는 피하고, "죄송하지만", "바쁘시겠지만" 등 쿠션어를 사용해 부드럽고 만족스러운 대화를 이끈다.

3) 스타일 상담하기

① 미용 디자인과 요금 상담

- 스크랩북 제작
  - 고객이 원하는 미용 스타일을 정확히 파악하기 위해 예시 자료를 준비한다.
  - 인터넷 활용: 품종별, 스타일별 사진을 수집하되 저작권을 확인한다.

• 사진 촬영: 작업 후 촬영한 사진을 활용하면 상담 시 오차를 줄일 수 있다.
• 스마트 기기 활용: 스마트 기기로 사진을 검색, 스크랩하여 다양한 스타일을 보여줄 수 있다.

- 제품 안내표

• POP 광고: 제품 정보를 고객이 한눈에 이해하고 선택할 수 있도록 제작한다.
• 제품 사진 스크랩: 제품별 특징과 장단점을 정리하여 고객에게 안내한다.

② **요금표 제작: 미용 방법별 요금, 품종별 요금**

- **비용 책정**: 체중, 품종, 털 길이, 미용 기법, 엉킴 정도를 기준으로 책정한다.
- **게시 방법**: 요금표를 눈에 잘 띄는 곳에 게시하고 보호자에게 명확하게 설명한다.

③ **요금 안내**

미용 전 요금 안내를 통해 불필요한 마찰을 방지한다. 추가 비용 발생 가능성을 사전에 설명하고 고객의 동의를 구한다.

4) 작업 후 고객 상담하기

① **작업 직후 확인**: 고객에게 의견을 묻고 즉시 보완하여 만족도를 높인다.

② **전화 확인**: 미용 후 다음 날 고객에게 전화를 걸어 건강 및 피모 상태를 확인하고, 다음 방문일정을 안내한다.

③ **설문 조사**: 고객 만족도 및 요청 사항을 확인하기 위해 설문지나 온라인 도구를 활용한다.

④ **동물 상태표 작성**: 미용 작업 중 발견된 건강 이상을 기록하고 고객에게 알기 쉽게 설명한다. 필요시 수의사 진료를 권한다.

⑤ **사고 발생 시 대처**

- 미용 작업 중 불가피한 사고에 대비하여 응급 처치 요령을 숙지한다.
- 위급한 경우 수의사 진료를 권하고, 고객에게 상황을 투명하게 설명한다.
- 동물 간 공격 시 안전한 방법으로 분리한다.

수행 TIP

• 불안정한 신체 상태나 심리적 요인으로 생길 수 있는 사고에 대해 사전 안내한다.
• 고객과의 소통 기록은 지속적으로 갱신하여 서비스 품질을 높인다.

4 목욕

1 브러싱

1) 브러싱의 효과

① **피부 자극과 혈액순환 촉진**: 피부에 적당한 자극을 주어 신진대사를 돕고 혈액순환을 촉진해 건강한 털을 유지한다.

② **건강 관리**: 털과 피부의 상태, 기생충이나 이물질의 유무를 확인한다.

③ **털갈이 관리**: 털갈이 시기 죽은 털을 제거해 체온 유지와 피부 건강을 돕는다.

④ **동물과 친밀감 형성**: 빗질을 통해 작업자와 동물 사이의 친숙함을 형성한다.

2) 목욕 전에 빗질해야 하는 이유

빗질이 충분히 이루어지지 않으면 겉털은 정리된 것처럼 보여도 속털이 엉켜 있는 경우가 많다. 산책 후 털에 묻은 풀, 씨앗, 음식물 찌꺼기, 눈과 항문 주변의 분비물이 엉킴을 유발한다. 목욕 시 엉킨 털은 더 단단해져 드라이 시간이 길어지고 작업자와 동물 모두에게 스트레스를 줄 수 있다. 빗질을 충분히 하면 드라이 시간을 단축하고 미용을 더욱 수월하게 진행할 수 있다.

3) 브러싱 순서

① **개체의 특징 파악**: 개체의 성격과 사육 환경을 확인하여 교상(물림) 위험과 스트레스를 최소화한다.

② **피부와 털의 상태 점검**: 빗질 전 털과 피부 상태를 점검하여 질병이나 이상 부위를 확인하고 고객에게 안내한다.

③ **피부 손상 최소화**: 엉킨 털은 강하게 당기지 않도록 주의하며, 컨디셔너를 사용해 털의 손상과 끊김을 방지한다.

④ **찰과상 주의**: 뼈가 돌출된 부위(얼굴, 눈 주변, 귀, 관절)와 움직임이 많은 부위(목, 겨드랑이, 서혜부, 항문, 생식기)를 세심하게 브러싱한다.

⑤ **콤으로 마무리 점검**: 브러싱 후 콤을 사용하여 털의 흐름을 따라 엉킨 부위가 없는지 확인한다.

수행 TIP

- 슬리커 브러시: 거의 모든 털에 사용되며 죽은 털과 엉킨 털을 제거한다.
- 점검과 교체: 핀 부분이 꺾이거나 부식되면 피부 손상을 유발할 수 있으므로 정기 점검 후 교체한다.
- 루버 브러시: 고무 재질로 만들어져 단모종의 죽은 털 제거와 피부 마사지에 효과적이며 목욕 시에도 사용된다.
- 보관: 브러시와 도구는 건조하고 습기가 없는 곳에 보관해 부식을 방지한다.

2 샴핑

1) 샴푸의 목적

피부는 피지선에서 분비된 피지와 외부 오염 물질이 결합해 보호막을 형성한다. 그러나 피지와 오염 물질이 과도하게 쌓이면 피부와 털의 건강이 악화될 수 있다. 샴핑은 이를 제거하고 청결한 피부와 털을 유지하며, 건강한 털의 발육과 피부 관리를 돕는다. 단, 과도한 세정은 정상적인 피부 보호막을 약화시킬 수 있으므로 주의가 필요하다.

2) 샴푸의 기능과 특징

샴푸는 외부 먼지, 피지, 오염 물질을 제거하여 털을 부드럽고 윤기 있게 만들어준다. 잔류물이 남지 않도록 사용하며, 눈에 자극을 주지 않아야 한다. 대부분의 샴푸는 계면활성제, 향, 영양 성분, 보습 물질 등을 포함한다. 개의 피부는 중성에 가까운 pH 7~7.4로 사람의 피부(pH 4.5~5.5)와 다르므로, 반려동물 전용 샴푸를 사용해야 한다.

3) 항문낭 관리

항문낭은 개의 항문 양쪽에 위치하며, 체취를 포함한 타르 형태의 액체를 분비한다.

① **문제 증상**: 핥기, 엉덩이 끌기, 앉을 때 놀라는 행동 등을 한다.

② **주의 사항**: 항문낭이 붓거나 막힌 경우 방치하면 염증이 생길 수 있으므로, 수의사의 진료를 받아야 한다.

4) 어린 동물의 목욕

처음 손질할 때 놀라지 않도록 주의하며, 부드럽게 접근한다. 빗질과 손질에 익숙해지도록 손길에 길들이는 과정이 중요하다. 발바닥, 생식기, 항문 주변 털을 짧게 정리하여 목욕 빈도를 줄인다. 온수를 사용하며, 호흡기에 물이 들어가지 않도록 주의한다. 드라이 시 소음과 브러시 사용에 유의하며 부드럽게 작업한다.

5) 샴푸의 종류와 기능

① **모질과 모색에 따른 샴푸**: 화이트닝, 블랙 코트용, 컬러 코트용이 있다. 와이어 코트용 샴푸는 털을 눕히고 정리하는 데 도움을 준다.

② **털 상태에 따른 샴푸**: 영양 강화, 민감 피부용, 보습 기능, 외부 기생충 퇴치용, 드라이 샴푸 등이 있다.

> 수행 TIP
> - 항문낭액을 배출할 때 주변 환경이나 작업복에 튀어 오염되지 않도록 각별히 유의한다.
> - 항문낭이 부풀어 있거나 배출이 원활하지 않을 경우 무리한 자극을 피하고 수의사 진료를 권장한다.

3 린싱

1) 린싱의 목적

샴푸로 인해 알칼리화된 피부를 중화하며, 과도한 세정으로 인한 피부 자극을 완화하는 것이 주요 목적이다. 린스는 털과 피부의 손상을 회복시키며, 농축된 제품은 적절히 희석하여 사용해야 한다.

2) 린스의 기능

린스는 정전기 방지, 보습, 윤기 부여 및 털 손상을 예상하는 역할을 한다. 드라이로 인한 열 손상을 줄이는 전 처리제 역할도 한다.

> 수행 TIP
> - 린스 사용법을 숙지하여 과도하거나 부족한 사용을 피한다.
> - 개체의 특징과 털 상태에 따라 적합한 제품을 선택한다.

4 드라잉

1) 드라이 작업 목적

드라잉은 털을 건조시키는 작업으로, 풍향, 풍량, 온도 조절과 브러시 사용 타이밍이 중요하다. 피부에서 털 바깥으로 바람을 조정하며 반복적으로 빗질하여 털의 곱슬거림을 방지한다.

2) 드라이 방법

① 타올링

목욕 후 타월로 수분 제거를 먼저 한다. 수분 제거가 잘되면 드라이 시간이 단축되며, 과도한 제거는 털이 건조해질 수 있다. 와이어 코트는 타월링만으로도 드라이를 대체할 수 있다.

② 새킹

털의 곱슬거림을 방지하고 최상의 상태로 드라이하기 위해 타월로 몸을 감싸 건조한다. 드라이 중 바람이 건조할 부위만 집중하도록 유도하고, 컨디셔너 스프레이를 활용해 수분을 보충한다.

③ 플러프 드라이

장모종보다 짧은 이중모를 가진 품종(페키니즈, 포메라니안 등)은 핀 브러시를 사용해 털을 세우며 풍성하게 드라이한다.

④ 켄넬 드라이

켄넬 박스를 사용해 드라이어 바람으로 털을 건조시킨다. 박스 안에서 체온이 상승하거나 화상을 입지 않도록 주기적으로 상태를 확인한다.

⑤ 룸 드라이어

다양한 기능을 갖춘 공간형 드라이어로, 타이머, 바람 세기, 음이온, 자외선 소독 기능을 활용한다. 작업 중 동물을 방치하지 않도록 주의하며, 전체적으로 털 상태를 점검한다.

수행 TIP

- 드라이 시 풍향과 온도 조절로 피부 자극을 최소화한다.
- 켄넬 또는 룸 드라이어 사용 시 동물의 상태를 수시로 점검하여 화상과 스트레스를 예방한다.

5 기본미용

1 미용 도구 활용하기

1) 콤의 종류와 용도

콤은 핀의 길이, 간격, 크기에 따라 사용 부위와 용도가 달라진다.

① 넓은 핀 간격의 긴 콤: 전체적으로 엉킨 털을 제거하거나 털을 세울 때 사용한다.

② 넓은 면과 좁은 면이 함께 있는 콤: 엉킨 털은 넓은 면으로 풀고, 섬세한 작업은 좁은 면으로 진행한다.

③ 길고 짧은 핀이 섞인 콤: 다양한 피모 상태에 활용한다.

- 페이스 콤: 핀 길이가 짧아 눈 주변, 얼굴, 풋 라인 작업에 적합하다.
- 푸들 콤: 핀이 길고 간격이 넓어 파상모(곱슬 털)를 정리할 때 사용한다.
- 실키 콤: 부드러운 피모를 빗을 때 사용하며, 엉킴을 방지한다.

2) 가위의 종류와 용도

① 블런트 가위(민 가위/스트레이트 시저): 털의 길이를 자르고 다듬는 데 사용하며, 주로 초벌 미용에 활용된다.

② 시닝 가위(숱 가위): 자연스러운 연결이 필요할 때 사용하며, 가위 자국 없이 깔끔하게 정리할 수 있다.

③ 보브 가위: 작은 크기(5.5인치)로 눈앞, 풋 라인, 귀끝 등 섬세한 부분을 다듬을 때 사용한다.

④ 커브 가위: 가윗날이 곡선으로 휘어져 있어 볼륨감을 주거나 몸통, 다리 등 곡선 작업에 적합하다.

⑤ 가위의 각 부분별 명칭

부위별 명칭	내용
가위끝(edge point)	정날과 동날 양쪽의 뾰족한 앞쪽 끝
날끝(cutting edge)	정날과 동날의 안쪽 면의 자르는 날 끝
동날(moving blade)	엄지손가락의 움직임으로 조작되는 움직이는 날
정날(still blade)	약지 손가락의 움직임으로 조작되는 움직이지 않는 날

선회축(pivot point)	가위를 느슨하게 하거나 조이는 역할을 하며 양쪽 날을 하나로 고정시켜 주는 중심축
다리(shank)	선회축 나사와 환 사이의 부분
약지환(finger grip)	정날에 연결된 원형의 고리로 약지 손가락을 끼워 조작함
엄지환(thumb grip)	동날에 연결된 원형의 고리로 어미 손가락을 끼워 조작함
소지걸이 (finger brace)	정날과 약지환에 이어져 있으며 정날과 동날의 양쪽에 있는 가위도 있음

3) 클리퍼 날의 사이즈와 종류

① 클리퍼 날의 mm수가 작을수록 핀 간격이 좁아져 정밀한 작업에 적합하다.

② 클리퍼 날의 mm수가 클수록 피부에 상처를 입힐 위험이 있으므로 주의가 필요하다.

수행 TIP

- 관절 부위나 피부가 약한 부위(겨드랑이, 발가락 사이, 귀끝)를 빗질할 때 주의한다.
- 클리퍼 날이 제대로 끼워지지 않으면 진동과 소음이 불안정하므로 점검 후 사용한다.

2 발톱 관리하기

1) 발톱의 구조와 역할

개와 고양이의 앞발에는 다섯 개, 뒷발에는 네 개의 발톱이 있다. 발톱은 발가락뼈를 보호하고 보행 시 힘을 지탱하는 역할을 한다.

2) 발바닥의 역할

발바닥의 패드는 미끄럼 방지와 충격 완화 기능을 한다. 신경과 혈관이 많아지면 상태를 감지하는 중요한 역할을 한다.

3) 발톱 관리 방법

① 혈관이 보이는 발톱: 혈관 앞까지 발톱을 조심스럽게 자른다.

② 혈관이 보이지 않는 발톱: 멜라닌 색소로 인해 검게 보이므로 발톱 끝부터 조금씩 잘라 나간다.

수행 TIP

- 제때 발톱을 관리하지 않으면 발톱이 옆으로 휘어 이상 보행을 유발할 수 있다.
- 산책이 잦은 동물의 경우 자연스럽게 발톱이 닳지만 며느리발톱은 별도로 관리해야 한다.

3 귀 관리하기

1) 귀의 구조

① 외이: 수직 이도와 수평 이도로 구성되며, 소리를 고막으로 전달한다.

② 중이: 고막, 이소골, 고실, 유스타키오관으로 구성되며, 소리를 내이로 전달한다.

③ 내이: 반고리관, 전정기관, 달팽이관으로 이루어져 회전 감지와 청각을 담당한다.

2) 귀 청소

귓속 털이 자라지 않는 견종은 이어클리너와 탈지면을 사용해 청소한다. 귓속 털이 자라는 견종은 이어파우더와 겸자를 사용해 털을 뽑아 관리한다.

3) 귀 관리 필수용품

① 이어파우더: 미끄럼 방지, 모공 수축에 필요하다.

② 이어클리너: 귀지 용해, 악취 제거, 이물질 제거, 세균 번식 억제에 필요하다.

수행 TIP

- 귀 청소는 목욕 전에 진행해야 하며, 귓속 털에 수분이 남지 않도록 관리한다.

4 기본 클리핑하기

1) 클리핑의 이해

클리핑은 클리퍼를 사용해 발바닥, 항문, 복부, 귀, 꼬리 등 특정 부위의 털을 제거하는 작업이다.

2) 클리퍼 날의 사용법

클리퍼를 사용할 때는 피부와 평행하게 작업해야 하며, 클리퍼를 세우면 피부에 상처를 입힐 수 있다.

3) 주요 클리핑 부위

① 발바닥과 발등: 발톱과 패드가 보이도록 정리한다.

② 복부: 암컷은 U자, 수컷은 V자 형태로 클리핑한다.

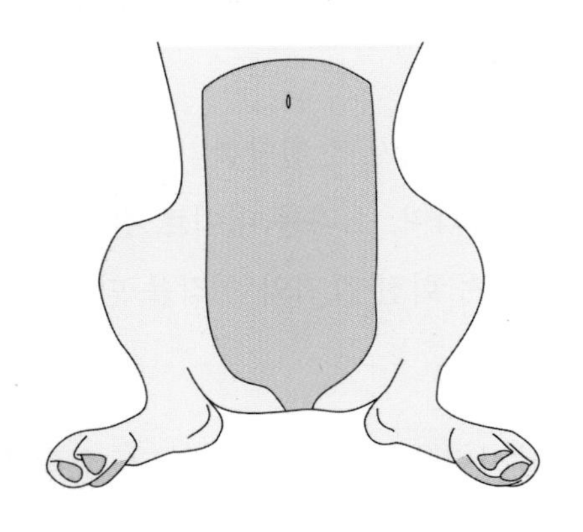

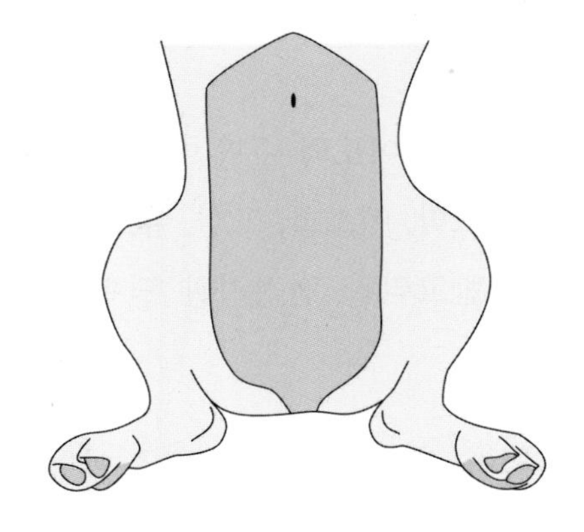

③ 귀: 견종에 따라 클리핑 범위를 조정한다.

클리핑의 범위	견종
귀 시작부의 1/2 클리핑	코커 스패니얼
귀의 장식 털끝만 남기고 클리핑	베들링턴 테리어, 댄디디몬드 테리어
귀의 전체를 클리핑	슈나우저, 케리블루 테리어
귀끝의 1/3 클리핑	요크셔 테리어, 스코티시 테리어, 화이트 테리어

④ 주둥이: 머즐의 길이에 맞게 섬세하게 클리핑한다.

수행 TIP

- 클리핑 시 젖꼭지와 민감 부위를 주의해서 작업해야 한다.

5 기초 시저링

1) 주요 시저링 부위

① 발 주변: 발바닥 패드를 가리고 있는 털을 동그랗게 정리한다.

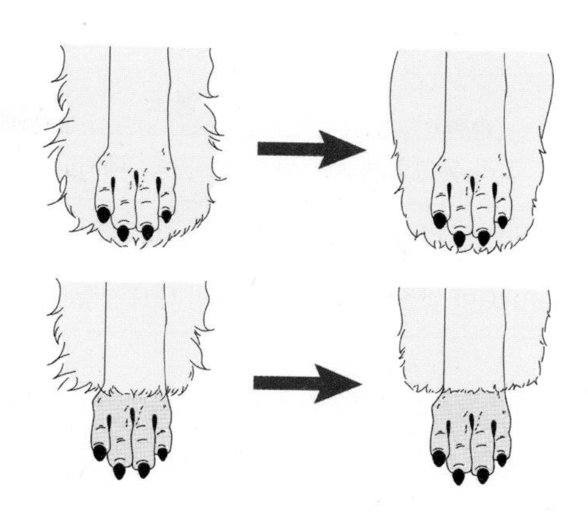

② **눈 주변**: 눈이 찔리지 않도록 눈앞과 눈위 털을 정리한다.
③ **항문 주변**: 청결 유지와 악취 방지를 위해 털을 제거한다.
④ **언더라인**: 복부 클리핑 라인을 따라 털을 정리한다.
⑤ **꼬리**: 견종과 필요에 따라 길이와 모양을 정리한다.

종류	용도
직립 테일	대표 견종: 비글
컬드 테일	꼬리 끝 털 길이 시저링. 대표 견종: 페키니즈
스냅 테일	꼬리 끝 털 길이를 전체적으로 부채꼴 모양으로 시저링. 대표 견종: 포메라니안

2) 귀 털 시저링

귀끝을 일직선 또는 라운드로 정리하며, 견종에 따라 조정한다.

종류	용도
쫑끗 선 귀	요크셔 테리어, 슈나우저, 화이트 테리어 등
늘어진 귀	코커 스패니얼, 몰티즈 등
앞으로 꺽인 귀	폭스 테리어 등

3) 발의 미용 종류

종류	용도
동그란 발	발 모양을 따라 동그랗게 시저링. 대표 견종: 페키니즈, 슈나우저
푸들 발	발등과 발바닥 클리핑 후 풋 라인을 시저링. 대표 견종: 푸들
포메라이언 발	동그란 발이지만 발톱이 보이게 시저링. 대표견종: 포메라니안

수행 TIP

- 클리핑과 시저링은 견종 특성과 개체 상태에 맞게 진행한다.
- 민감 부위는 상처가 나지 않도록 주의하며 작업한다.

6 일반미용

1 개체 특성 파악하기

1) 대상에 맞는 미용 스타일 선정 방법

① 몸의 구조에 문제가 있을 때

동물의 몸 구조에 문제가 있는 경우, 해당 부위의 털을 활용하여 단점을 보완하는 미용 스타일을 완성한다. 이상적인 체형에 대한 지식을 바탕으로, 단점을 보완할 수 있는 미용 방법을 선택하여 작업한다.

② 신체에 장애 부위가 있는 경우

장애 부위를 감추거나, 개성으로 부각시킬 것인지 결정한 후 미용 스타일을 선택한다.

③ 털 길이가 짧으나 고객이 긴 스타일을 원할 때

털이 자라날 때까지 틀을 잡아주는 미용을 진행한다. 고객에게 털 성장 예상 시간과 관리 방법을 안내한다.

④ 털에 오염된 부위가 있을 때

오염이 일시적인 경우 털을 제거하여 다시 관리한다. 지속적인 착색 가능성이 있다면 원인을 해결하거나 스트레스 요인을 제거하도록 조치한다.

⑤ 동물이 예민하거나 사나운 경우

동물의 상태를 파악하고 미용 가능 여부를 판단한다. 물림 방지 도구 사용 여부를 고객에게 알리고 동의를 얻는다.

⑥ 특정 부위 미용 거부 시

발, 얼굴 등 예민한 부위는 시간을 최소화하거나 대체 방법(예: 시저링)으로 스트레스를 줄인다.

⑦ 날씨나 온도에 영향을 받는 환경에서 생활할 때

추운 곳에서는 털이 너무 짧은 스타일을 피하고, 더운 곳에서는 피부가 드러나지 않도록 보호한다.

⑧ 미끄러운 곳에서 생활할 때

발바닥 아래 털을 짧게 유지하여 미끄러짐을 방지한다.

⑨ 고객의 시간적 여유가 없을 때

손질이 간단한 미용 스타일을 제안한다. 예를 들어, 얼굴 부위를 짧게 깎아 음식 오염을 방지하고 빗질 시간을 최소화한다.

⑩ 노령이거나 질병이 있는 경우

노령견이나 질병이 있는 경우, 작업 시간을 줄이고 피부 상처나 체력 저하를 방지하는 스타일을 선택한다.

2) 미용 스타일 제안하기

① 고객의 의견을 우선적으로 반영하기

고객의 요구 사항을 정확히 파악하고 경청한다. 고객의 취향과 개성을 존중하며 미용 스타일을 제안한다.

② 제안하는 스타일의 필요성을 고객이 이해하기 쉽게 설명하기

어려운 전문 용어 대신 고객이 쉽게 이해할 수 있는 표현을 사용하고 유행하는 미용 스타일 명칭을 숙지하여 고객과 원활하게 의사소통한다.

③ 스타일북 활용하기

사진이나 그림을 활용하여 고객과 미용사의 의견 차이를 줄인다.

④ 미용 요금 안내하기

털 상태(엉킴, 오염도)와 동물의 협조 정도에 따른 추가 요금을 미리 안내한다.

2 클리핑

1) 클리퍼 선택 및 사용

전문가용 클리퍼를 사용하며, 클리퍼 날의 사이즈와 방향(정방향/역방향)에 따라 털 길이가 달라진다.

① 역방향 클리핑: 더 짧은 털 길이를 남긴다.

② 정방향 클리핑: 털이 더 길게 남아 피모 손상이 적다.

2) 전체 클리핑의 목적

고객 요청, 털 엉킴, 피부 질환 관리, 치료 보조, 털 오염 등의 이유로 전체 클리핑을 수행한다.

3) 이미지너리 라인 만들기

클리핑 전 가상선을 설정하여 작업 정확도를 높인다.

4) 부위별 보정 방법

등, 다리, 얼굴 등 각 부위를 고정하고 피부를 당겨 주름이 생기지 않도록 한다.

수행 TIP

- 겨드랑이, 귀 안쪽 등 민감 부위는 1mm 클리퍼 날을 사용한다.
- 꼬리털을 클리핑할 때는 털의 방향을 확인하고 신중히 작업한다.

3 시저링하기

1) 시저링의 이해

시저링은 블런트 가위를 이용해 신체의 단점을 보완하고 개체의 모양을 다듬는 작업이다.

2) 모질에 따른 가위 선택

① 블런트 가위: 모질이 굵고 건강한 경우에 사용한다.

② 시닝 가위: 부드럽고 힘이 없는 모질, 얼굴 라인 정리 시 적합하다.

③ 커브 가위: 아치형 커트나 동그란 형태 연출에 사용한다.

3) 체형별 보정 방법

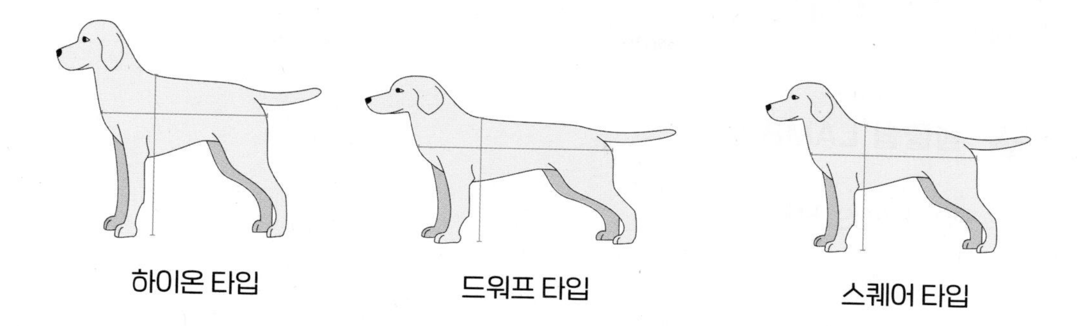

① 하이온 타입(high-on type): 다리를 짧아 보이게, 백라인을 짧게 커트한다.

② 드워프 타입(dwarf type): 몸길이를 짧아 보이게, 언더라인을 짧게 커트한다.

③ 스퀘어 타입(square type): 1:1 비율로 이상적인 체형이다.

4) 푸들의 램클립

램클립은 어린 양의 모습을 본뜬 푸들의 대표적인 미용 스타일이다. 얼굴, 머리, 백라인, 언더라인, 앞가슴, 다리, 꼬리 등 부위를 단계적으로 시저링한다.

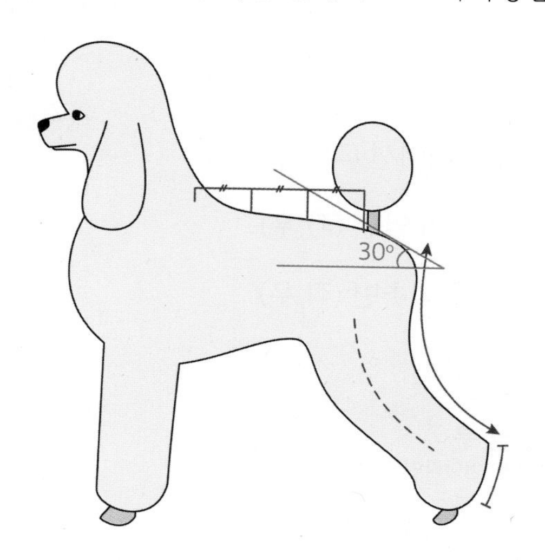

수행 TIP

- 각 부위를 가위로 다듬을 때 이미지너리 라인을 참고하여 균형감 있게 작업한다.

실기시험 대비

1 램클립 LAMB CLIP

1 PROCESS 작업순서

램클립(LAMB CLIP)
PROCESS 미용순서

초벌 60분

- 머즐 & 넥 클리핑
- 풋라인
- 체장
  앞가슴 > 엉덩이
- 체고 & 좌골
- 뒷다리 외측면 (좌,우)
- 뒷다리 내측면
- 비절 & 앵귤레이션 (좌,우)
  뒷다리 라운딩
- 앞가슴, 앞다리 앞면 (좌,우)
- 견갑, 앞다리 외측면 (좌,우)
- 앞다리 내측면
- 좌측면 중부
  앞다리 뒷면>언더라인>뒷다리 앞면
- 우측면 중부
  뒷다리 앞면>언더라인>앞다리 뒷면
- 크라운
- 기갑라인
- 이어 프린지

초벌 종료

재벌 60분

- 좌측 면처리
- 우측 면처리
- 크라운
- 폼폰
- 이어 프린지

시험 종료

2 KNOWHOW 수행방법

랩클립은 푸들의 기본적인 미용 스타일 중 하나로, 전체적으로 둥글고 양(Lamb)을 연상시키는 형태를 표현하는 클립이다. 이 스타일은 푸들의 이상적인 체형인 정사각형 비율을 돋보이게 하는 데 중점을 둔다. 초벌 작업은 약 1시간 동안 진행되며, 미리 정해진 작업 순서에 따라 체계적으로 이루어져야 한다. 이후 재벌 작업에서는 1시간 동안 세부적인 다듬기와 표면 처리에 집중하여 마무리한다.

01. 위그 준비

위그를 견체에 올바르게 세팅한 후, 견체를 똑바로 세운다. 이후 전체적으로 털을 꼼꼼히 빗질하여 정리하며, 브러싱과 코밍 상태가 충분히 양호해야 시저링 작업이 원활해지고 작업 시간 또한 효과적으로 단축할 수 있다.

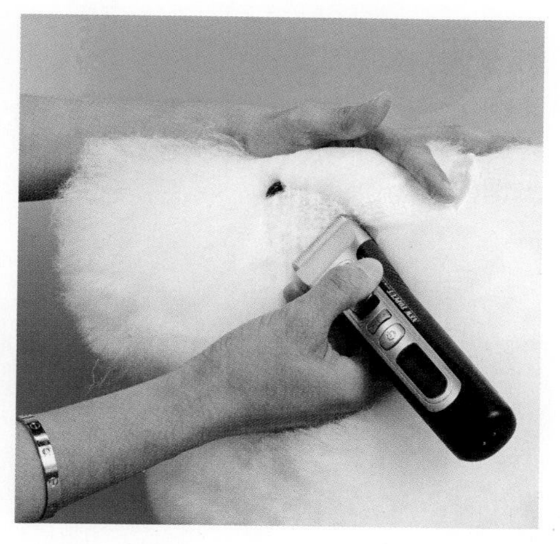

02. 얼굴 클리핑

콧등에서 스톱(Stop) 방향으로 클리핑하여 시야를 확보한 뒤, 귀뿌리 아래쪽에서 눈의 외안각까지 이어지는 가상의 선 이미지너리 라인(imaginary line)을 따라 직선으로 클리핑 작업을 진행한다.

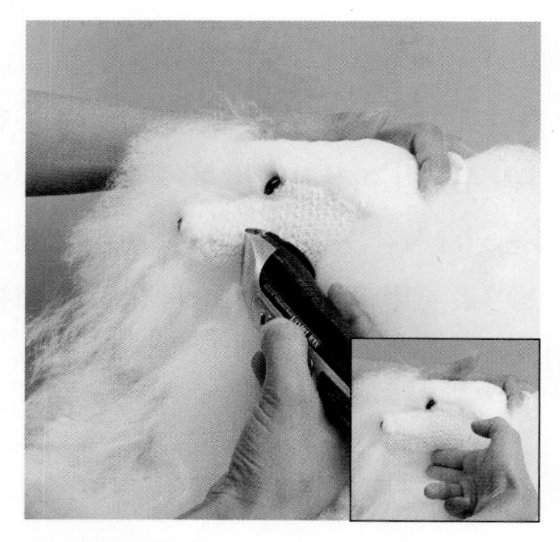

03. 목부분 클리핑

귀뿌리 끝에서 턱 아래 약 3cm까지 사선으로 클리핑 한 후, 좌우 클리핑 라인이 알파벳 V형태로 만나도록 클리핑한다.

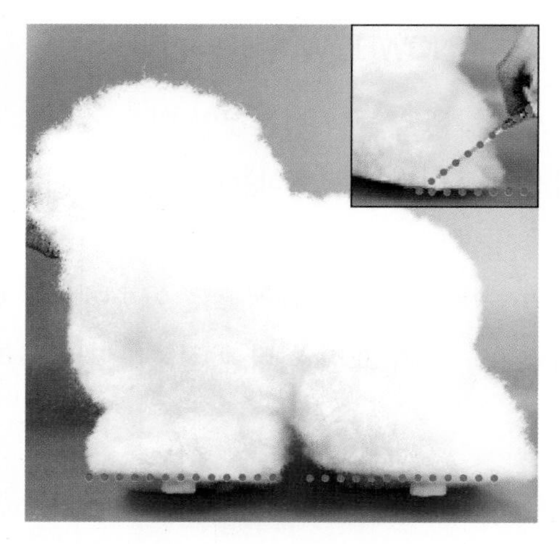

04. 풋라인

좌측 뒷발부터 반시계 방향으로 커트를 진행하며, 네 개의 발등 높이가 균일하게 보이도록 직선을 유지한다. 호크는 지면에서 45°각도를 주어 직선으로 커트한다.

05. 체장(앞가슴)

몸 길이를 결정할 때 먼저 체장 앞면을 커트하며, 머즐의 중간 지점을 기준으로 앞가슴을 수직으로 커트한다.

06. 체장(엉덩이)

체장 뒷면을 커트할 때 엉덩이를 기준으로 약 2cm를 남겨 수직으로 커트하고, 앵귤레이션(angulation) 작업을 위해 가랑이 약1cm 지점까지만 커트한다.

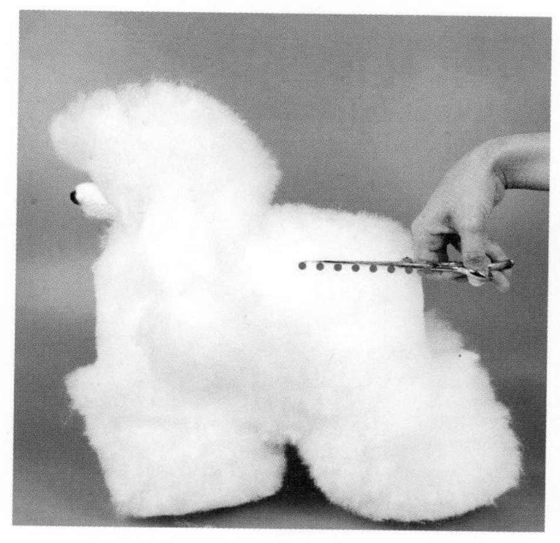

07. 체고(등)

몸 높이를 결정할 때 백라인(back line)을 약 2cm를 남기고 수평으로 커트하며, 위더스(withers)부분의 털은 남겨두어야 한다.

08. 좌골(엉덩이 기울기)

견체 꼬리 구멍에서 지면과 30°각을 주어 직선으로 커트한다.

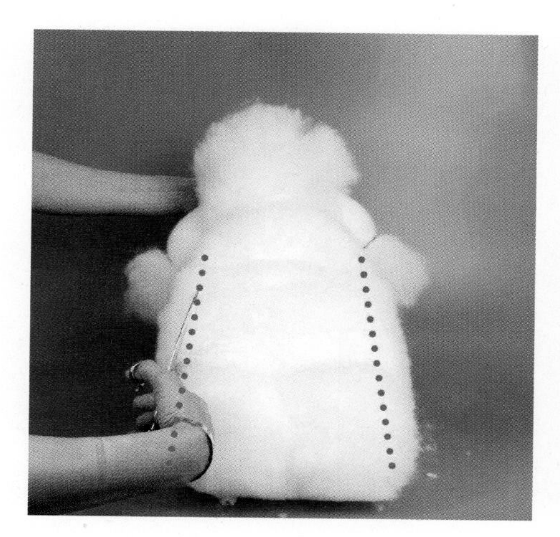

09. 뒷다리 외측면

좌우 뒷다리 외측면은 견체를 후면에서 보았을 때 알파벳 A자 형태로 아래로 내려갈수록 살짝 길어지게 커트한다. 또한, 파팅라인(parting line)을 좌우 대칭으로 커트한다.

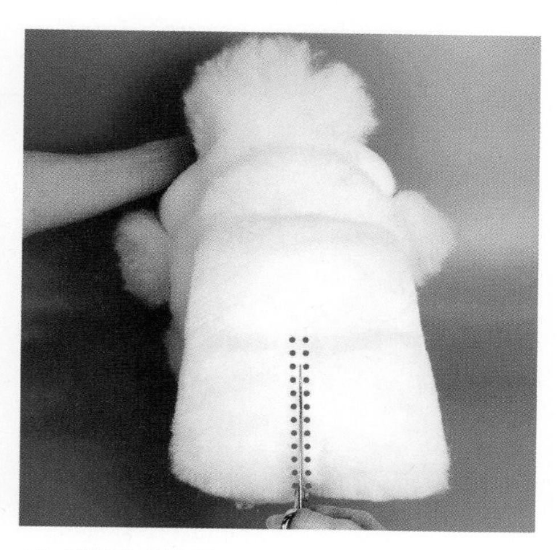

10. 뒷다리 내측면

뒷다리 내측면은 꼬리 구멍 기준의 중심선에 따라 가랑이 아래 약 1cm 지점에서 좌, 우 뒷다리 사이 간격을 2cm 정도 유지하며, 11자 형태로 수직이 되도록 커트한다.

11. 비절

좌우 풋라인이 비절과 자연스럽게 연결되도록, 약 4cm를 남겨 수직으로 커트한다. 이때, 풋라인 각도는 45°를 유지하며 작업한다.

12. 앵귤레이션

좌,우 앵귤레이션은 대퇴와 하퇴가 120°각도를 이루도록 설정하며, 부드러운 곡선 형태로 비절까지 라운딩한다.

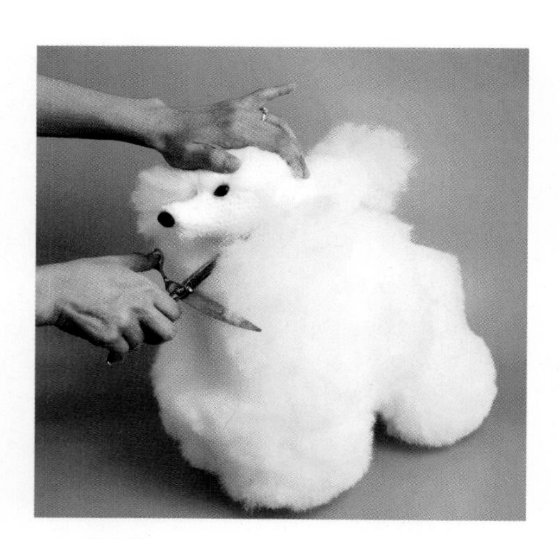

13. 넥라인

앞가슴 들어가기 전에 넥라인 주변의 불필요한 털을 제거한 후 가위 등을 넥라인에 맞추고 안에서 바깥쪽으로 커트한다.

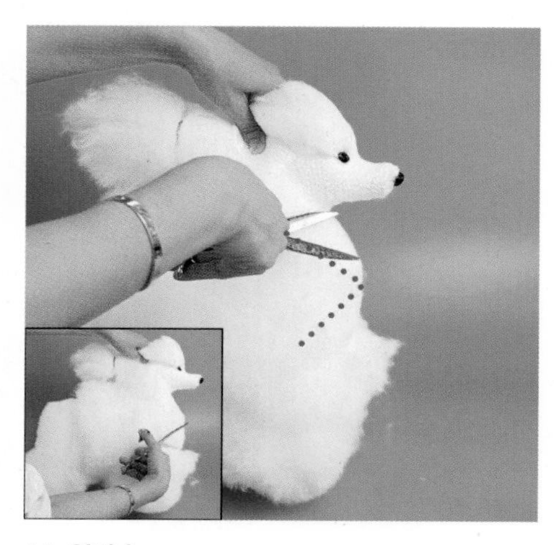

14. 앞가슴

앞가슴은 먼저 견갑을 45°각도로 설정한 후, 넥라인에서 흉골단 앞까지 커트한다. 상완은 견갑과 90°각도를 이루도록 하며, 흉골단 앞에서 전완까지는 사선으로 커트한다.

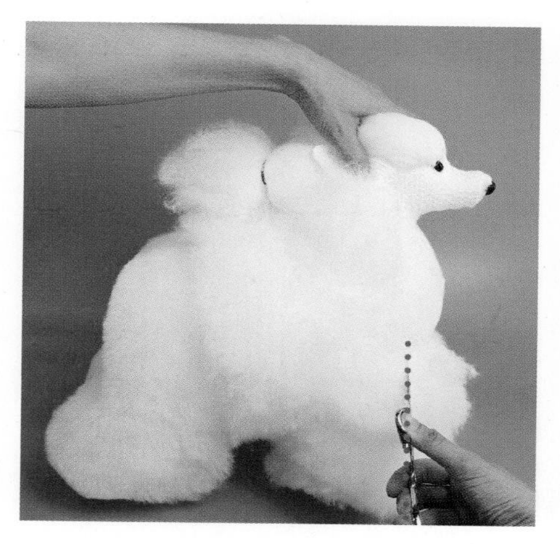

15. 앞다리 앞면

앞다리의 앞면은 약 3cm길이를 남기고, 아래쪽을 향해 수직으로 커트한다.

16. 견갑

견갑은 목옆에서 약 2cm 지점부터 흉골단높이까지 사선으로 커트한다.

17. 앞다리 외측면

앞다리 외측면은 약 4cm를 남기고 수직으로 커트한다.

18. 앞다리 내측면

앞다리의 내측은 코를 기준으로 한 중심선을 따라 가랑이에서 약 1cm 아래를 시작점으로 설정한다. 좌우 앞다리 사이의 간격은 1cm를 유지하며, 11자 형태로 수직 커트한다.

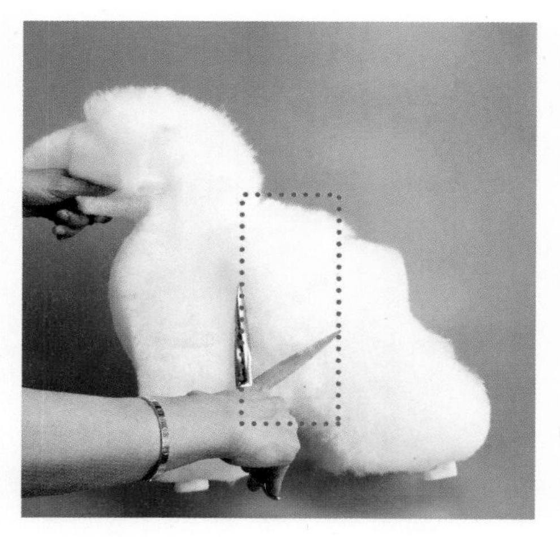

19. 중구 외측면

좌측면의 중구에서 불필요한 털을 제거한 후, 윗면에서 보았을 때 견갑 외측면과 엉덩이 외측면이 연결되도록 커트한다.

20. 앞다리 뒷면

앞다리 뒷면은 약 4cm를 남기고 엘보부터 아래방향으로 수직 커트한다.

21. 언더라인

엘보에서 턱업까지 사선으로 커트한다.

22. 뒷다리 앞면

뒷다리 앞면은 턱업에서 아래 방향으로 수직 커트한다.

23. 뒷다리 앞면

남은 뒷다리 앞면은 스타이플(stifle) 높이에서 발끝을 향해 사선으로 커트한다.

24. 크라운

먼저 불필요한 털을 45°각을 주어 눈이 보이도록 커트한다.

25. 크라운 정면

크라운의 정면은 머즐 1/2 지점에서 수직으로 커트하며, 좌우 측면은 이미지너리 라인(imaginary line)과 귀뿌리 경계선이 명확히 드러나도록 커트한다.

26. 크라운 측면

크라운의 측면 아래 부분은 45°각도를 주어 직선으로 커트한다.

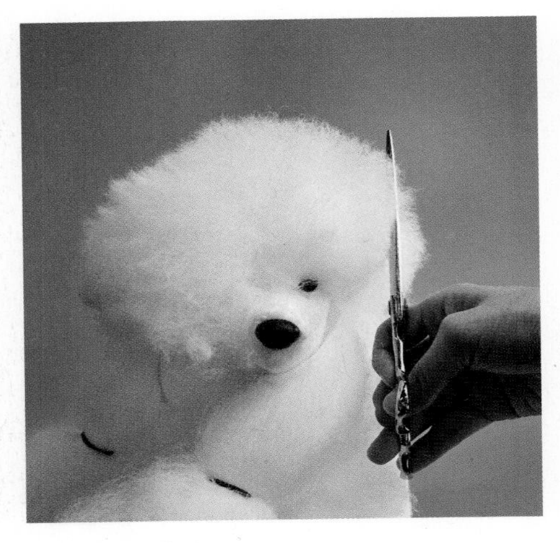

27. 크라운 측면

크라운의 좌우 측면에서 불필요한 털은 전체 털 길이의 1/3을 기준으로 하여 수직으로 커트한다.

28. 크라운 상면

크라운의 윗면을 자연스럽게 라운딩한다.

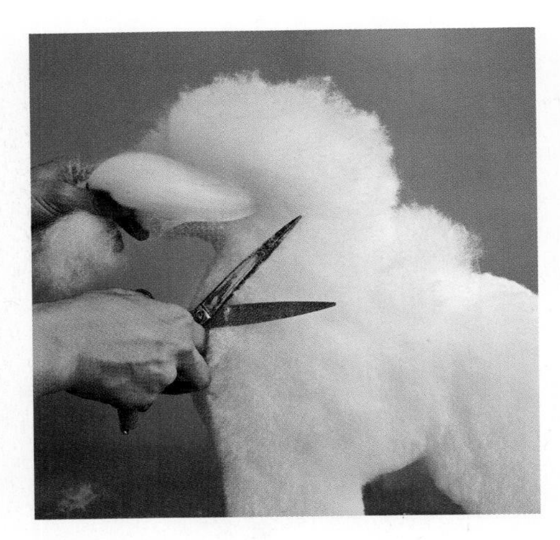

29. 탑라인

넥라인과 위더스라인을 곡선으로 자연스럽게 연결하며, 입체적으로 작업한다.

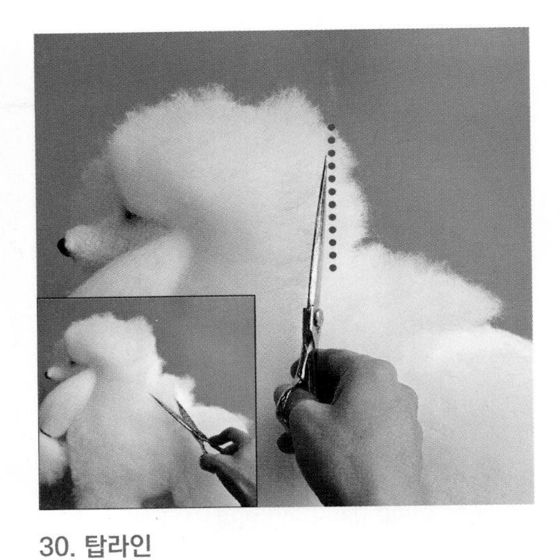

30. 탑라인

옥시풋(occiput)에서 위더스까지는 일자로 커트한 뒤, 위더스에서 백라인까지는 곡선 형태로 작업한다.

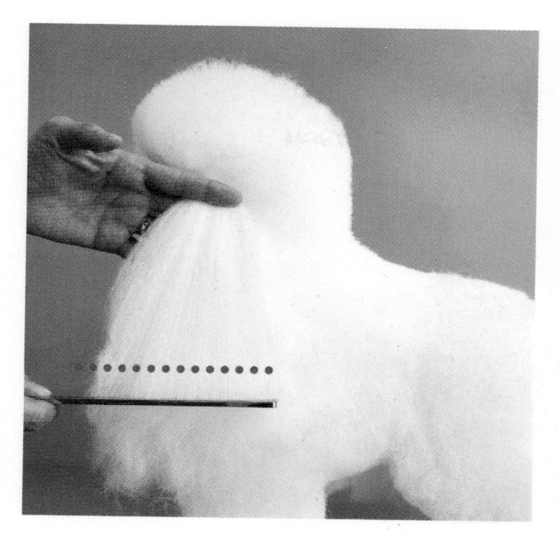

31. 이어 프린지

이어 프린지는 귀 털을 커트하기 전에 밴딩 가위를 사용하여 밴드를 완전히 제거한 후, 흉골단을 기준으로 수평선을 따라 직선으로 커트한다.

32. 램클립 초벌 완성

초벌 작업은 60분 이내에 완료한 후 재벌 작업을 진행한다.

33. 좌반신 재벌

재벌 작업은 정해진 순서 없이 진행되지만, 반시계 방향으로 상체에서 하체 순으로 작업하면 시간 효율을 높일 수 있다.

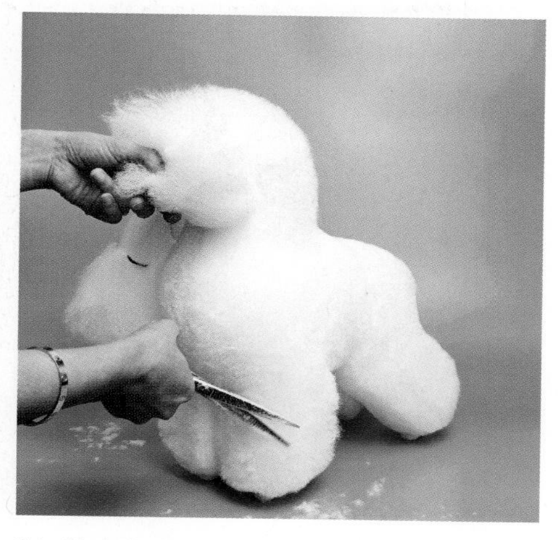

34. 앞다리 재벌

앞다리는 원통형으로 표현하며, 표면을 매끄럽게 정리하여 마무리한다.

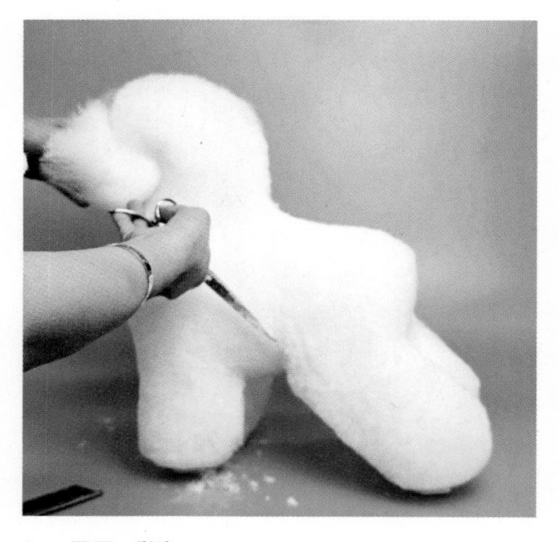

35. 중구 재벌

흉곽은 둥글게 정리하며, 파팅 라인은 6:4 비율로 설정해 잘록하게 표현하고 매끄럽게 면처리한다.

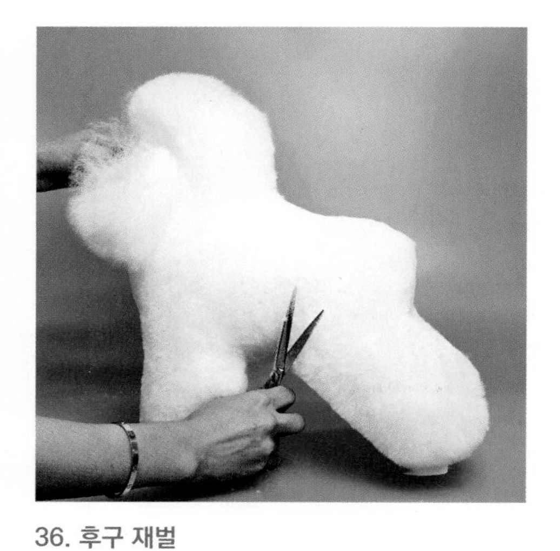

36. 후구 재벌

뒷다리는 후면에서 보았을 때 알파벳 A 라인으로 표현하며, 표면을 매끄럽게 정리한다.

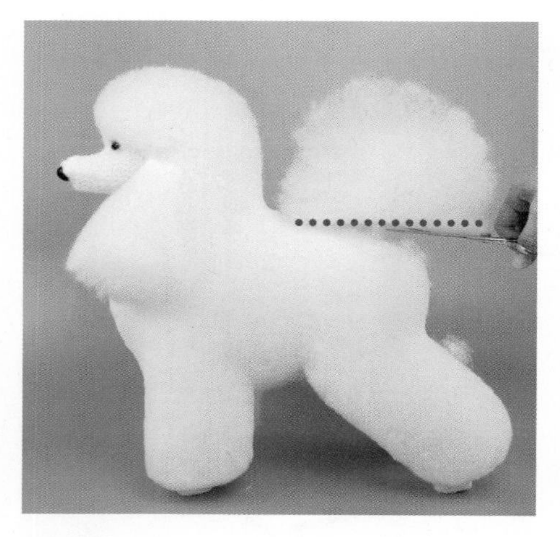

37. 폼폰

폼폰은 먼저 꼬리 털의 하단을 수평으로 꼬리가 보이도록 커트한다.

38. 폼폰

폼폰의 세로 길이는 하단 기준에서 약 8cm가 되도록 커트한다.

39. 폼폰

꼬리 털의 좌, 우측을 대칭으로 맞추어 수직으로 커트한다.

40. 폼폰

폼폰은 모서리를 제거하면서 구의 형태로 라운딩한다.

3 COMPLETED 완성본

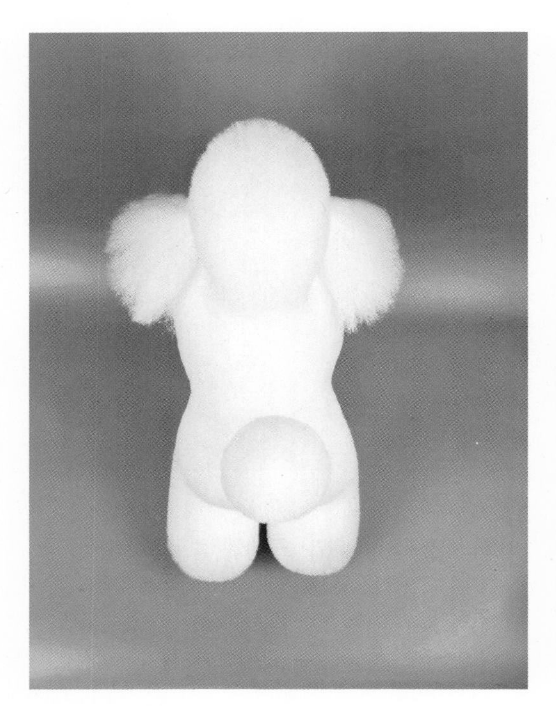

CHAPTER 10

자격증 2급 준비

CHAPTER

10 자격증 2급 준비

I 필기시험 대비

1 반려동물 응용미용

1 응용 스타일 구상

1) 포메라니안 곰돌이 컷

포메라니안 곰돌이 컷은 귀여운 이미지를 강조하는 스타일로, 얼굴과 몸을 둥글고 깔끔하게 정리하는 것이 핵심이다.

① 스타일 특징

얼굴은 둥근 형태로 커트하여 부드럽고 조화로운 인상을 준다. 귀는 얼굴과 자연스럽게 연결되도록 커트하며, 끝 부분은 둥글게 정리해 부드러운 느낌을 살린다. 몸통은 짧고 둥글게 정리해 깔끔하고 단정한 이미지를 강조한다. 다리는 고양이 발처럼 동그랗게 커트하여 귀여운 발 모양을 연출하고, 꼬리는 부채형으로 자연스럽게 정리해 전체적인 균형감을 높인다.

② 작업 순서

작업은 발부터 시작하여 발바닥과 발등의 털을 둥글게 정리한다. 이후 몸통으로 이동해 블런트 가위를 사용하여 짧고 균형감 있게 커트하며 전체적인 틀을 잡는다. 다리는 둥근 형태로 균형 잡히게 커트하여 안정감 있는 라인을 만든다. 얼굴은 시닝 가위와 커브 가위를 활용해 부드럽고 둥근 형태를 표현하며, 귀는 끝부분을 약 120°각도로 부드럽게 정리해 자연스러움을 강조한다. 마지막으로 꼬리를 부채형으로 깔끔하게 마무리하며 작업을 완료한다.

③ 주의사항

포스트 클리핑 신드롬을 예방하기 위해 털의 손상에 주의하며 작업을 진행한다. 털을 너무 짧게 자르지 않도록 신경 쓰고, 작업 후에는 동물을 따뜻하게 유지하여 모낭 손상을 방지한다.

2) 몰티즈 판탈롱 스타일

몰티즈 판탈롱 스타일은 다리의 장식 털을 강조하여 마치 바지(판탈롱)를 입은 듯한 모습을 연출하는 스타일이다. 몸은 깔끔하게 정리하고 다리는 풍성하게 볼륨을 살리는 것이 포인트이다.

① 스타일 특징

얼굴은 둥글고 부드럽게 커트하여 귀여운 인상을 강조한다. 귀는 길게 늘어뜨리거나 얼굴과 자연스럽게 연결되도록 정리하여 전체적인 조화를 맞춘다. 몸통은 짧고 단정하게 클리핑해 깔끔한 느낌을 준다. 다리는 장식 털을 풍성하게 남겨 판탈롱 형태로 볼륨감을 살리고, 다리의 라인을 강조하며 균형 잡힌 모습을 연출한다. 꼬리는 자연스럽게 길게 남기되 끝부분은 가볍게 정리하여 전체적으로 우아하고 정돈된 이미지를 완성한다.

② 작업 순서

작업은 발바닥 정리부터 시작한다. 클리퍼를 사용해 발바닥 털을 깨끗하게 제거한 후, 발등은 둥글게 정리하여 다리 끝이 자연스럽게 연결되도록 한다. 이후 몸통 클리핑으로 넘어가 클리퍼를 사용해 몸통 털을 짧고 균형 있게 정리하며, 이미지너리 라인을 기준으로 다리와 몸통의 경계를 명확히 한다.

다리 장식 털은 블런트 가위와 커브 가위를 사용해 풍성하게 볼륨감을 준다. 다리 상단부터 하단으로 내려오며 둥글고 볼륨 있는 형태를 만들고, 발끝은 동그란 라인을 유지하며 깔끔하게 마무리한다.

다음으로 얼굴 커트 작업에 들어가 시닝 가위와 커브 가위를 사용해 얼굴 라인을 둥글고 부드럽게 표현한다. 눈 주변은 깔끔하게 정리하며, 얼굴 전체를 자연스럽게 연결한다. 귀는 얼굴 라인과 자연스럽게 연결하거나 길게 내려오도록 스타일링한다.

마지막으로 꼬리 정리를 진행하며, 꼬리 털은 자연스럽게 길게 남기되 끝 부분은 가볍게 다듬어 전체적으로 균형 잡힌 모습을 완성한다.

③ 주의사항

작업 시 다리의 볼륨을 유지하기 위해 장식 털을 과도하게 자르지 않도록 신중하게 진행한다. 다리의 풍성한 느낌을 살리면서도 전체적인 균형을 유지할 수 있도록 장식 털을 정리한다.

3) 비숑 프리제 펫 스타일

비숑 프리제의 펫 스타일은 귀여운 인상과 동글동글한 볼륨감을 살려 풍성한 얼굴과 몸을 연출하는 미용 스타일이다. 일상 관리가 쉬우면서도 비숑 프리제의 고유한 매력을 강조한다.

① 스타일 특징

얼굴은 둥근 형태를 강조하여 동그란 구름 모양으로 정리한다. 이 작업은 얼굴 라인을 부드럽게 다듬어 귀여운 이미지를 강조하는 데 중점을 둔다. 귀는 얼굴 라인과 자연스럽게 연결되도록 정리하며, 얼굴과 조화를 이루는 길이와 형태로 깔끔하게 마무리한다. 몸통은 적당한 길이로 균일하게 다듬어 깔끔한 이미지를 유지하며 털의 길이를 적절히 조절하여 전체적으로 단정하고 세련된 느낌을 준다. 다리는 원통형으로 정리하여 볼륨감을 유지한다. 이때 다리의 각도를 고려해 자연스럽게 이어지도록 작업하며, 견체의 균형감을 살리는 것이 중요하다. 꼬리는 자연스럽게 길게 남기며 볼륨감을 살려 표현하고 끝은 부드럽게 다듬어 전체 스타일과 조화롭게 어우러지도록 마무리한다.

② 작업 순서

발바닥과 발톱 주변의 털은 클리퍼를 사용하여 깔끔하게 정리한다. 발바닥 윤곽이 명확히 드러나도록 작업하며, 미끄럼 방지를 위해 꼼꼼히 다듬는다. 몸통의 털은 짧고 균일하게 클리핑하여 깔끔한 외형을 유지하고, 자연스러운 라인이 드러나도록 주의한다. 다리의 털은 블런트 가위와 커브 가위를 사용해 원통형으로 커트하며, 상단에서 하단으로 볼륨감을 점진적으로 살려 다리의 둥근 형태를 강조한다.

얼굴은 시닝 가위와 커브 가위를 사용해 구름처럼 동그란 형태로 커트하며, 눈과 코 주변을 깔끔하게 정리해 시야를 확보한다. 귀는 얼굴 라인과 자연스럽게 연결되도록 부드럽게 정리하며, 균형 잡힌 형태를 유지한다. 꼬리는 볼륨을 살리며 둥글게 다듬어 전체 스타일과 조화를 이루도록 마무리한다. 작업 전체에서 자연스러운 연결과 균형을 유지하며, 개체의 특징을 돋보이게 하는 것이 중요하다.

③ 주의사항

얼굴과 다리의 대칭을 유지하며 정리하여 전체적으로 깔끔하고 균형 잡힌 외형을 만든다. 얼굴과 다리의 볼륨감은 풍성하게 살리면서 정리하여 자연스럽고 세련된 스타일을 연출한다. 가위를 사용할 때는 각진 부분 없이 부드러운 곡선을 유지하며 작업하여, 자연스러운 라인이 돋보이도록 마무리한다.

4) 푸들 스포팅 클립

푸들의 스포팅 클립은 견종 표준에 맞춘 전문적인 스타일로, 스포팅한 이미지를 강조하면서 우아하고 깔끔하게 표현하는 스타일이다. 다리와 가슴의 근육을 돋보이게 하는 것이 특징이다.

① 스타일 특징

얼굴은 머즐 부분을 깔끔하게 클리핑하여 정리하며, 귀는 길게 남기되 끝부분은 자연스럽게 다듬어 부드러운 연결감을 준다. 몸통은 전체적으로 짧게 클리핑하여 근육 라인을 돋보이게 하며 균형 잡힌 외형을 연출하고 다리에는 장식 털을 남겨 원통형으로 정리하여 볼륨감과 우아함을 살린다. 꼬리는 끝부분에 퍼프 모양의 장식 털을 남겨 독특하고 개성 있는 스타일을 표현한다.

② 작업 순서

발바닥과 발등은 클리퍼를 사용해 깨끗하게 클리핑하여 깔끔하게 정리한다. 몸통은 클리퍼를 활용해 전체적으로 짧게 정리하며, 근육 라인이 돋보이도록 세심하게 작업하고 불필요한 털은 제거한다. 다리의 장식 털은 블런트 가위와 커브 가위를 사용해 원통형으로 남기며, 끝부분은 부드럽고 둥글게 표현하여 자연스러운 볼륨감을 살린다. 얼굴은 머즐 부분을 클리퍼로 깨끗하게 클리핑하고, 이미지너리 라인을 기준으로 얼굴 주변을 정돈하여 정리한다. 귀는 길게 남기되 끝부분만 부드럽게 정리하여 자연스럽게 마무리하고, 꼬리의 끝부분은 퍼프 모양의 장식 털을 동그랗게 시저링하여 독특한 스타일을 완성한다.

③ 주의사항

클리핑 작업 시에는 피부가 얇은 겨드랑이와 복부 부위를 특히 주의하며 세심하게 작업한다. 다리와 꼬리의 장식 털은 스타일을 유지하기 위해 과도하게 자르지 않도록 신중히 관리하고 작업 전체에서는 대칭을 유지하고 부드럽고 자연스러운 라인이 표현되도록 정리하며, 스타일의 균형과 완성도를 높인다.

수행 TIP

- 각 견종의 모질과 신체 구조를 고려하여 적합한 스타일을 선택한다.
- 개체의 상태에 따라 유연하게 스타일링 기술을 적용한다.
- 최신 트렌드를 반영하면서도 실용성과 편안함을 유지한다.

2 미용 스타일

1) 맨해튼 클립(파자마더치 클립)

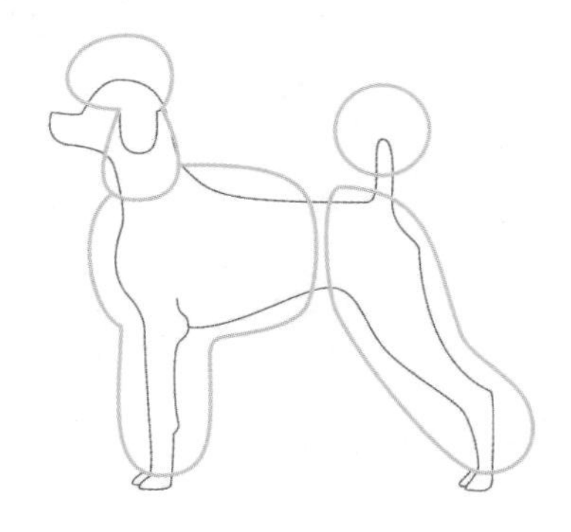
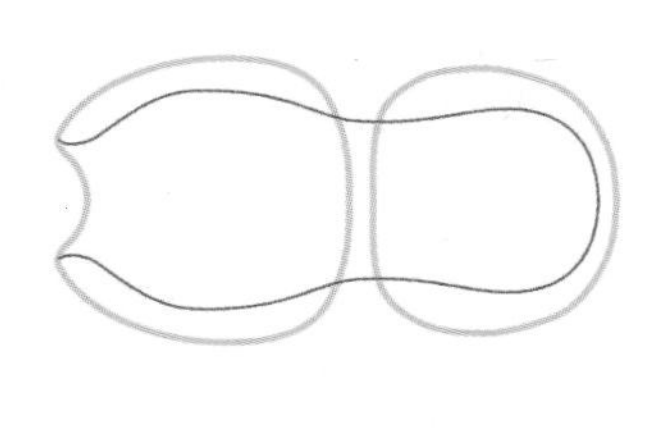

맨해튼 클립(파자마더치 클립)은 푸들의 허리와 목 부분을 클리핑하여 깔끔하면서도 우아한 라인을 강조하는 스타일이다. 허리선을 강조하여 체형의 균형을 살리고, 목을 길어 보이게 하는 효과가 있다.

● **작업 방법**

① 허리선은 최종 늑골 0.5cm 뒤를 기준으로 1.5~2cm 부분까지 클리핑한다.

② 목 부분은 후두부 0.5cm 뒤에서 기갑부 1~2cm 윗부분까지 자연스럽게 클리핑한다.

③ 몸통은 자연스러운 둥근 원형으로 시저링한다.

④ 다리는 원통형이 되도록 커트하며, 뒷다리는 곡선을 강조한다.

⑤ 머리의 크라운은 둥글고 균형감 있게 마무리한다.

● **유의 사항**

작업 시 클리핑 라인이 선명하게 표현되어야 하며 전체적인 스타일이 조화롭게 이어지도록 한다.

2) 퍼스트 콘티넨털 클립

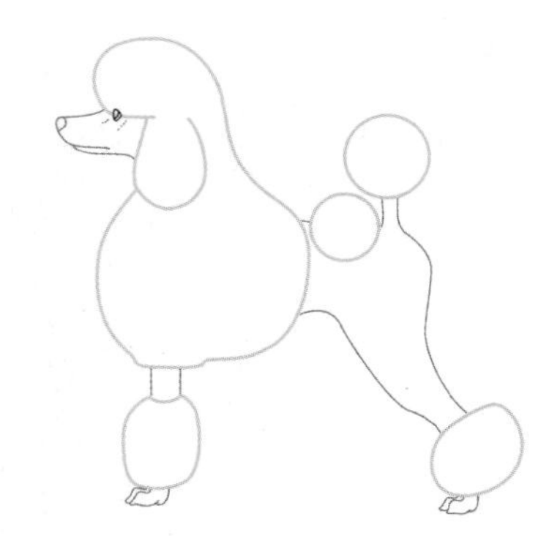

퍼스트 콘티넨털 클립은 쇼클립을 간소화한 형태로, 허리의 로제트와 다리의 브레이슬릿이 균형감 있게 어우러진 스타일이다.

● **작업 방법**

① 로제트와 브레이슬릿의 위치를 정확히 설정하고 클리핑한다.

② 다리의 브레이슬릿은 원형으로 표현하며, 폼폰을 꼬리 시작점에서 클리핑한다.

③ 전체적인 라인은 둥글고 볼륨감 있게 정리한다.

● **유의 사항**

로제트와 브레이슬릿이 비대칭되지 않도록 세심하게 커트해야 한다.

3) 밍크 칼라 클립

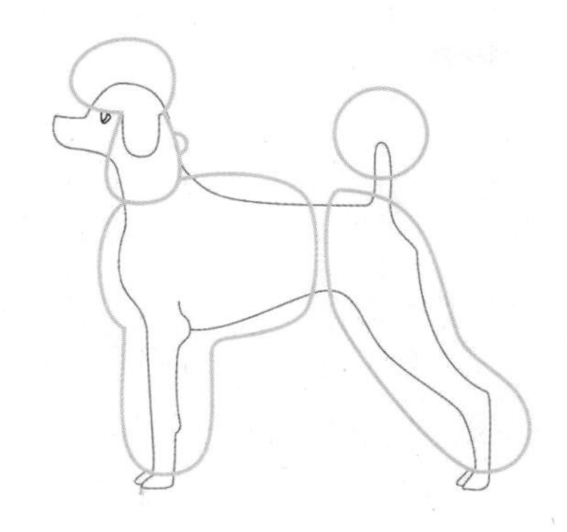

밍크 칼라 클립은 맨해튼 클립을 변형한 스타일로, 목 부분에 칼라를 넣어 체형의 단점을 보완하며 우아함을 강조한다.

● **작업 방법**

① 목 부분을 3등분하여 칼라 라인을 클리핑한다.

② 칼라의 길이를 일정하게 정리하고, 몸통과 자연스럽게 연결되도록 시저링한다.

● **유의 사항**

목 부분의 칼라가 과도하게 부풀지 않도록 균형을 유지해야 한다.

4) 볼레로 맨해튼 클립

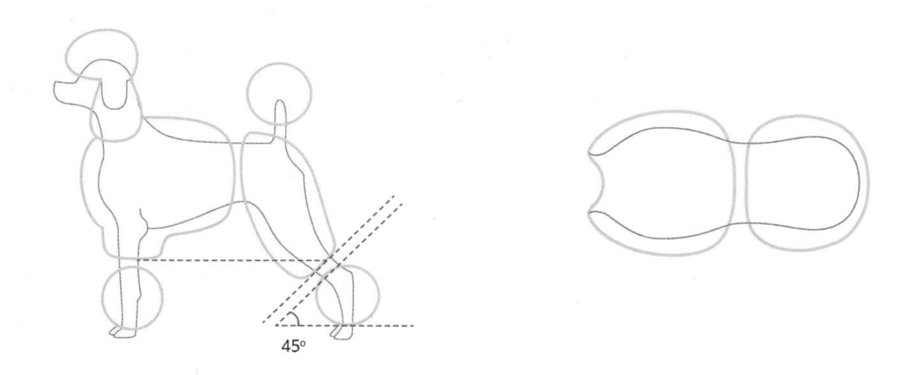

볼레로 맨해튼 클립은 맨해튼 클립에서 응용된 스타일로, 다리 부분에 브레이슬릿을 추가하여 화려함을 강조한다.

● 작업 방법

① 뒷다리와 앞다리에 브레이슬릿을 만들기 위해 파팅 라인을 설정한다.

② 브레이슬릿을 둥근 원형으로 시저링하며, 밴드와 균형감을 맞춘다.

● 유의 사항

브레이슬릿의 높이가 좌우 균형을 이루어야 하며 전체적으로 조화를 이루어야 한다.

5) 다이아몬드 클립

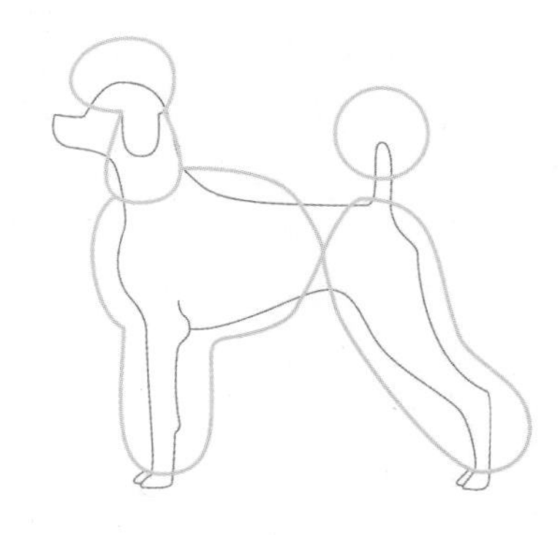

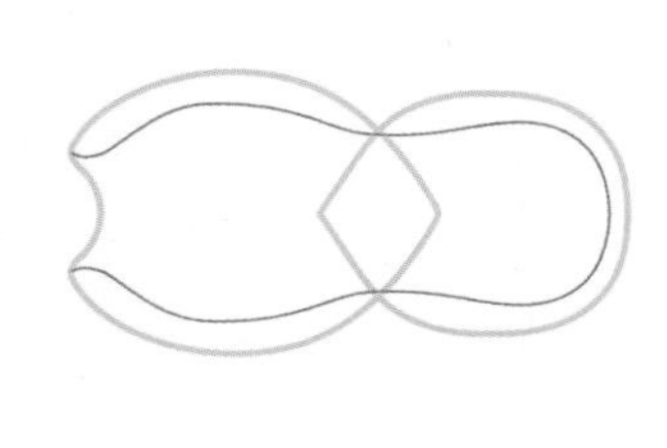

다이아몬드 클립은 다이아몬드 형태의 포인트를 목이나 허리 부분에 연출하여 독특한 스타일을 완성한다.

● 작업 방법

① 다이아몬드 형태를 명확히 설정한 후 시저링으로 모양을 만든다.

② 허리 부분의 밴드를 강조하고, 주변 라인은 깨끗하게 정리한다.

● 유의 사항

다이아몬드 형태가 정교하고 선명하게 표현되도록 세심하게 작업한다.

6) 마이애미 클립

마이애미 클립은 몸 전체를 짧게 클리핑하고 다리 부분에 볼륨감을 준 스타일로, 간결하면서도 우아한 느낌을 준다.

● **작업 방법**

① 몸통은 클리퍼를 사용해 짧게 클리핑한다.

② 다리털은 원통형으로 시저링하여 볼륨감을 준다.

③ 꼬리는 타원형 또는 둥근 형태로 정리한다.

● **유의 사항**

다리 부분이 과도하게 부풀지 않도록 균형감을 맞춘다.

7) 더치 클립(로얄더치 클립)

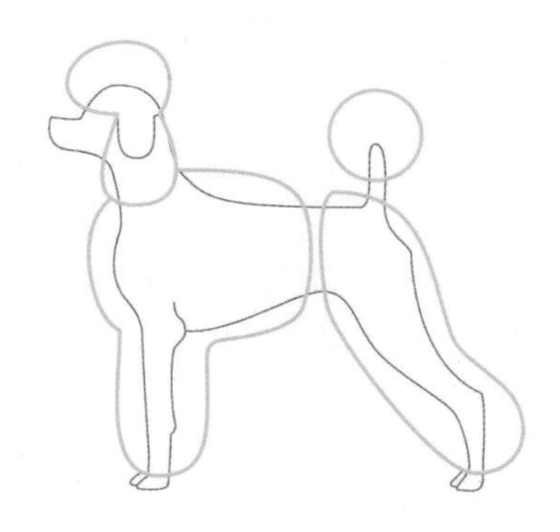
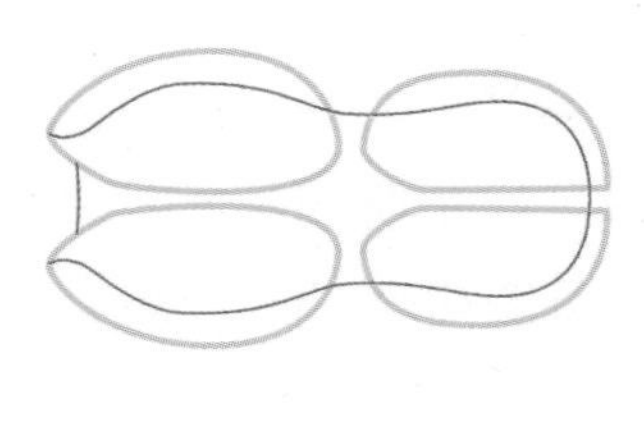

더치 클립(로얄더치 클립)은 몸통과 다리를 부분적으로 클리핑하여 심플하면서도 개성 있는 이미지를 강조하는 스타일이다.

● **작업 방법**

① 허리와 목 부분을 클리핑하여 깨끗한 라인을 만든다.

② 다리털은 자연스러운 원형으로 시저링하고, 뒷다리의 앵귤레이션을 강조한다.

③ 꼬리는 균형감 있는 원형으로 마무리한다.

● **유의 사항**

클리핑 라인이 부드럽고 자연스럽게 연결되도록 작업해야 한다.

3 응용 스타일 완성

1) 액세서리 및 의상

① 헤어핀

반려동물의 털 양과 스타일에 따라 다양한 디자인을 연출할 때 사용한다. 얼굴, 귀, 목 주변에 포인트를 주는 용도로 활용된다.

② 목걸이

미용 스타일이나 의상의 콘셉트에 맞는 디자인을 선택한다. 목걸이는 불편하지 않도록 가볍고 안전하게 제작해야 하며, 이름을 새겨 이름표로도 활용할 수 있다.

③ 봄·가을 의상

보온과 스타일 연출을 목적으로 사용된다. 털이 갑자기 짧아진 경우 몸을 보호하기 위해 입히며, 활동량이 많은 반려동물은 신축성이 좋은 원단으로 선택한다. 수컷의 경우 배 부분이 넓게 파인 의상을 고려한다.

④ 겨울 의상

주로 보온을 위해 사용하며, 추위를 많이 타는 개체나 산책 시 활용도가 높다. 미용 스타일과 조화를 이루도록 의상을 선택하는 것이 중요하다.

2) 용품

① 하네스(Harness)

목줄을 불편해하는 개에게 사용되며, 안전하고 편안한 산책을 도와준다. 다양한 디자인과 컬러를 선택할 수 있어 고객의 취향에 맞게 제안한다.

② 스누드(Snood)

얼굴 주변 털이 길거나 귀가 늘어진 견종에서 오염을 방지하기 위해 사용된다. 특히 식사 시 털이 음식에 닿거나 산책 중 오염되는 것을 막기 위해 유용하다. 세수하거나 눈곱을 떼어낼 때에도 활용할 수 있다.

③ 매너 벨트(Manner Belt)

영역 표시를 방지하기 위해 수컷의 생식기에 패드를 고정하는 용품이다. 공공장소나 애견 카페에서 사용되며, 원단은 부드러운 면으로 제작해 불편함을 최소화해야 한다. 패드는 자주 교체하여 청결을 유지한다.

④ 드라이빙 키트(Driving Kit)

차 안에서 반려동물의 안전과 편안함을 돕는 용품이다. 산만하거나 불안한 개에게 적합하며, 사방이 막힌 케이지를 두려워하는 경우 대안으로 사용한다.

3) 미용 스타일 체크 방법

① 완성된 미용 스타일을 체크하는 방법

- 콤을 활용한 균형 확인: 콤을 털 깊숙이 넣어 빗질하면서 커트된 털의 흐름이 고르게 연결되었는지 확인한다.

- 신체 부위별 점검
- 풋 라인 및 다리: 원형이 잘 커트되었는지 확인하고 빗질을 통해 엘보와 턱 업 안쪽까지 마무리한다.
- 몸 전체: 등선과 가슴에서 배로 이어지는 라인이 자연스럽게 연결되었는지 체크한다.
- 얼굴 및 목: 얼굴 양쪽 길이가 대칭인지 확인하고 귀 뒷면까지 꼼꼼히 살핀다.
- 꼬리 부분: 시작점에서 끝까지 원하는 모양이 되었는지 확인하고 튀어나온 부분은 다듬는다.

② 개체별 미용 스타일 체크 방법

- **장모종**: 털이 약하고 처지기 쉬우므로 힘을 약하게 조절해 천천히 빗질하면서 균형을 확인한다.
- **중장모종**: 언더코트가 많은 더블 코트인 경우 콤을 피모 깊숙이 넣어 털의 볼륨감을 고려하면서 빗질한다.
- **권모종**: 웨이브가 잘못 드라이되면 털이 튀어나올 수 있으므로 전체적으로 넓게 빗질해 균형을 잡는다.

③ 잔여물 체크 방법

- **드라이어 활용**: 드라이어의 온도를 낮춰 전체적으로 드라이하면서 잔여 털을 제거한다.
- **브러시 활용**: 피모 바깥쪽 방향으로 부드럽게 브러싱하여 잔여물을 정리한다.
- **콤 활용**: 피모를 빗질하며 균형미를 살리고 다리 안쪽까지 꼼꼼히 체크한다.

④ 고객 피드백 응대 방법

고객에게 스타일을 확인한 후 의견을 수렴한다. 수정 요청이 있을 경우 불편 사항을 경청하고 적극적으로 해결책을 제시한다. 상해나 문제가 발생한 경우 신속하게 사과하고 후속 절차를 상의하여 고객 만족을 높인다.

2 아트미용(염색)

1 염색 준비하기

1) 위그 털 준비

① 빗질

위그 털을 빗질하여 엉킴을 제거하고 정리한다. 작업 전에 깨끗한 상태로 만들어야 염색이 고르게 진행된다.

② 고정

위그 털을 작업대에 고정하여 움직이지 않도록 한다. 작업 중 흔들리지 않게 밴드나 고정 기구를 활용한다.

2) 염색제 준비

① 염색 제품 종류

- 일회성 염색제: 겔 타입, 초크형, 스프레이형
- 지속성 염색제: 페인트형, 염료형
- 이염 방지제: 크림, 테이프, 부직포

② 테스트

염색제를 사용하기 전에 작은 부위에 테스트하여 색감과 결과를 확인한다. 염색제가 위그 털에 적합한지 확인한다.

3) 도구 준비

① 염색 도구

- 블로펜(blow pen): 공기압을 사용해 그라데이션 효과를 연출한다.
- 페인트펜(paint pen): 세밀한 작업 및 포인트 디자인에 사용한다.
- 스탬프(stamp): 패턴을 손쉽게 표현할 때 활용한다.
- 스텐실(stencil): 모양이 선명하게 표현되도록 사용한다.
- 도안지(pattern paper): 작업 전에 디자인을 구상하거나 염색 시 가이드로 활용되는 도구이다.

② 작업 공간

작업대에 보호 커버를 깔아 염색제가 바닥에 묻지 않게 한다. 작업 조명을 준비하여 섬세한 디자인이 가능하도록 한다.

2 염색 작업하기

1) 디자인 구상

① 도안 활용

도안지와 스텐실을 사용하여 전체적인 디자인을 구체화한다. 미리 색 배합을 확인하고 작업 순서를 결정한다.

② 부분 염색 계획

작업 부위를 나누어 순서대로 염색한다. 기본 색상부터 시작하여 패턴이나 포인트 색상을 추가한다.

2) 염색 도포

① 염색 도구 사용

- 블로펜: 정밀한 디자인 작업 시 유리하며, 곡선과 작은 패턴을 표현하기 적합하다.
- 페인트펜: 선명한 색감과 정교한 패턴 작업에 유리하다.
- 스탬프: 도안지를 밑에 깔거나 위치를 미리 조정해 정확한 위치에 스탬핑한다.
- 스텐실: 원하는 위치에 스텐실을 고정하고, 블로펜이나 브러시를 사용해 틀 안에 색을 채운다.
- 글리터 파우더: 반짝이는 입자로 포인트를 주는 장식 도구이다.
- 스티커 장식: 다양한 모양과 색상으로 쉽게 붙이고 뗄 수 있는 데코레이션이다.
- 크리스털 스톤: 작은 크기의 인조 보석으로 반짝이는 효과를 준다.
- 리본 장식: 염색과 조화롭게 어울리도록 맞춤 제작이 가능하다.

3) 염색제 도포

털의 방향을 따라 염색제를 도포하며, 여러 도구를 조합해 완성한다. 색이 겹치지 않도록 부분별로 충분히 건조 후 다양한 방법으로 염색을 작업한다.

① **투톤 염색**: 비슷한 계열의 색상을 사용하여 부드럽고 자연스러운 변화를 주는 염색 기법이다.

- 서로 다른 두 색상을 사용하여 섹션별로 나누어 염색한다.
- 이염 방지 테이프나 보호 필름을 경계 부위에 부착하여 색상 번짐을 방지한다.
- 경계선은 브러시로 부드럽게 블렌딩하여 자연스럽게 연결한다.

② **그라데이션 염색**: 색상이 점차 변화하며 자연스럽게 이어지는 효과를 만드는 염색 기법이다.

- 한 가지 색상에서 밝은 톤에서 어두운 톤(또는 반대)으로 자연스럽게 연결한다.
- 브러시로 색상을 점진적으로 도포하며 경계선 없이 부드럽게 블렌딩한다.
- 드라이어를 사용하여 빠르게 건조하며 컬러를 고정한다.

③ **부분 염색**: 특정 부위만 염색하여 포인트를 주는 기법이다.

- 특정 부위(귀, 꼬리, 발 등)만 염색한다.
- 염색 부위 외에는 이염방지테이프로 보호한다.
- 원하는 디자인에 따라 색상을 도포하며 균일한 결과를 위해 브러시로 꼼꼼히 작업한다.

4) 염색 중 주의사항

색이 번지지 않도록 작업 부위를 분리하여 진행한다. 염색제 양을 조절하며 작업하며, 너무 많은 염료가 털에 묻지 않도록 한다.

3 염색 마무리하기

1) 건조 작업

① **드라이어 사용**: 저온의 바람으로 위그 털을 부드럽게 말린다. 필요하면 손으로 털을 정리하며 모양을 고정한다.

② **고정제 도포**: 작업이 끝난 후 이염 방지제를 뿌려 색이 고정되도록 한다. 색상이 오래 유지되도록 코팅 스프레이를 활용한다.

2) 잔여 염색제 제거

① 브러시 사용: 털에 남은 잔여 염색제를 부드럽게 빗어 제거한다.

② 콤 사용: 잔여물을 꼼꼼히 제거하며, 털의 결을 따라 빗질하여 마무리한다.

3) 최종 점검

① 디자인 확인: 전체적인 색상 조화와 균형을 확인하여 미흡한 부분을 수정한다.

② 완성품 정리: 필요에 따라 블로펜이나 페인트펜을 활용해 세부적인 보완 작업을 진행한다. 완성된 위그 털을 고정하여 작품을 보관하거나 전시 준비를 한다.

수행 TIP

- 작업 중 번짐 방지를 위해 스텐실과 마스킹 테이프를 적절히 활용한다.
- 도구는 사용 후 즉시 세척하여 다음 작업에 대비한다.
- 디자인과 색상 배치는 사전에 충분히 연습하여 완성도를 높인다.

실기시험 대비

1 2급 실기시험 안내

2급 실기시험은 2시간 내에 미용 작업을 완성하는 것이 목표다. 시험 과정은 초벌과 재벌 작업으로 구성되며, 미용사는 자신의 기술과 편의에 따라 작업 방식을 선택할 수 있다. 초벌 방식에는 신속 초벌 방식과 라인 완성 초벌 방식이 있다. 본 교재에서는 신속 초벌 방식을 중심으로 안내한다.

1 초벌과 재벌 작업 방식

1) 신속 초벌 방식

① 작업 순서: 초벌 〉 1차 재벌 〉 밴드 작업 〉 2차 재벌 및 마무리

② 특징: 초벌 단계에서 작업 시간을 단축하고, 1차 재벌과 밴드 작업에 더 많은 시간

을 배분한다.

③ **장점**: 면과 라인을 빠르게 정리한 후, 밴드 작업에서 세부적인 조정을 통해 최종 완성도를 높일 수 있다.

2) 라인 완성 초벌 방식

① **작업 순서**: 초벌 〉 밴드 작업 〉 재벌

② **특징**: 초벌 단계에서 라인을 명확히 잡고, 밴드 작업 이후 재벌로 최종 마무리한다.

③ **장점**: 초벌 과정에서 높은 완성도를 이루므로 이후 작업 시간이 단축된다.

3) 신속 초벌 방식의 선택 이유

본 교재에서는 신속 초벌 방식을 중심으로 안내한다. 이 방식은 효율적인 시간 관리와 결과물의 완성도를 동시에 만족시키기 때문이다. 초벌에서 기본 틀을 빠르게 잡아 1차 재벌과 밴드 작업에 시간을 집중할 수 있어, 시험 시간 내 작업을 마무리하기에 적합하다.

2 작업 가이드

① 블런트 가위와 커브 가위를 상황에 맞게 선택하여 사용한다.

② 밴드 작업 시 라인의 균형과 면의 조화를 이루는 것이 완성도의 핵심이다.

③ 시간 배분을 잘 계획하여 각 작업 단계에 적절한 시간을 할당한다.

3 PROCESS 작업순서

2급 실기시험
PROCESS 미용순서

초벌 30분

- 머즐 클리핑
- 넥 밴드 & 클리핑
- 크라운 설정
- 풋 라인
- 체고
- 체장 (앞가슴, 상완)
- 앞다리 앞면 (우, 좌)
- 견갑, 앞다리 외측면 (우, 좌)
- 앞다리 내측면
- 체장 (엉덩이, 좌골)
- 뒷다리 외측면 (좌,우)
- 뒷대리 내측면
- 앵귤레이션, 비절
- 중구 몸통
- 언더라인

초벌 종료

1차 재벌 30분

- 좌측면처리
- 우측 면처리

허리 밴드 10분

- 좌측 밴드
- 우측 밴드

2차 재벌 50분

- 좌측 전체 면처리
- 우측 전체 면처리
- 크라운
- 폼폰
- 이어프린지

시험 종료

4 KNOWHOW 수행방법

2급 실기시험의 초벌 작업은 전체 미용의 완성도를 좌우하는 핵심 단계이다. 초벌 방식으로는 신속 초벌 방식과 라인 완성 초벌 방식이 있다. 신속 초벌 방식은 작업 시간을 단축하고 1차 재벌에서 면과 라인을 정리하는 데 중점을 둔다. 반면, 라인 완성 초벌 방식은 초벌 단계에서 라인을 완벽히 잡아 밴드 작업 후 재벌을 통해 세부 조정을 진행한다.

01. 위그 세팅

위그를 견체에 올바르게 세팅한 후, 견체를 똑바로 세운다. 이후 전체적으로 털을 꼼꼼히 빗질하고 정리하여 브러싱과 코밍 상태가 충분히 양호해야 시저링 작업이 원활해지고, 작업 시간 또한 효과적으로 단축할 수 있다.

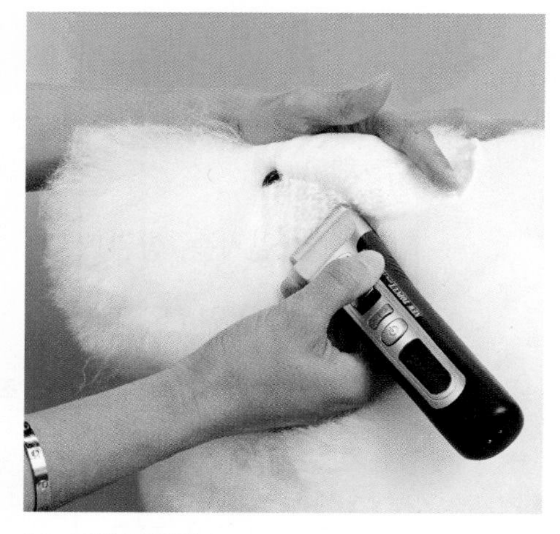

02. 얼굴 클리핑

콧등에서 액단 방향으로 클리핑하여 시야를 확보한 뒤, 귀뿌리 아래쪽에서 눈의 외안각까지 이어지는 가상의 선(Imaginary Line)을 따라 직선으로 클리핑 작업을 진행한다.

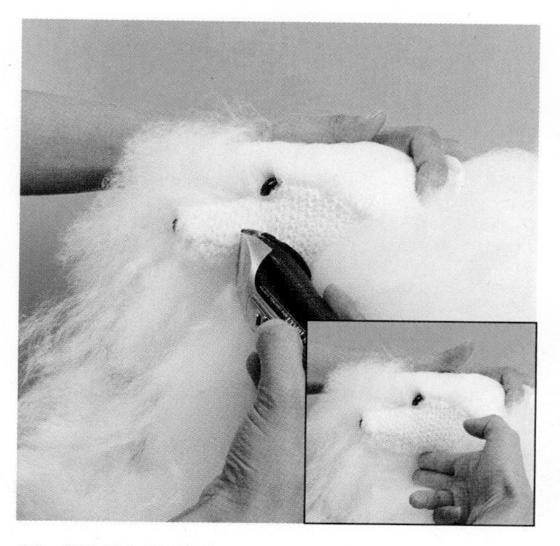

03. 목부분 클리핑

귀뿌리 끝에서 턱 아래 3cm까지 사선으로 클리핑한 후 좌우 클리핑 라인이 알파벳 V형태로 만나도록 클리핑한다.

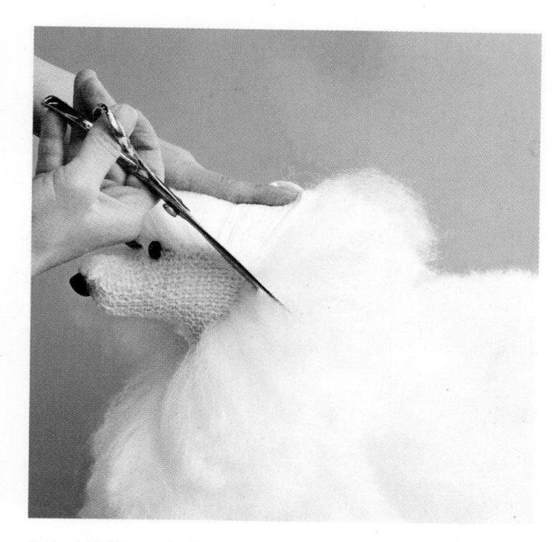

04. 넥밴드 설정

넥밴드를 클리핑하기 전에 귀를 들어 올리고, 귀 뿌리 뒤쪽에서 약 45°각도로 설정하여 자른다.

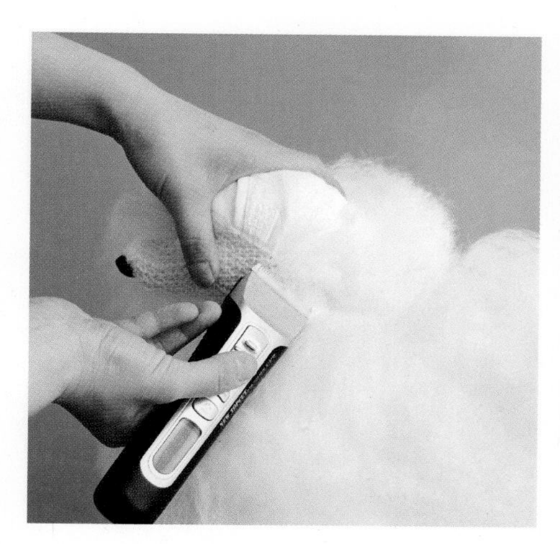

05. 넥밴드 클리핑

아래의 기준선을 기갑라인 높이 약 4cm에 맞춰서 35° 가량 사선으로 클리핑한다.

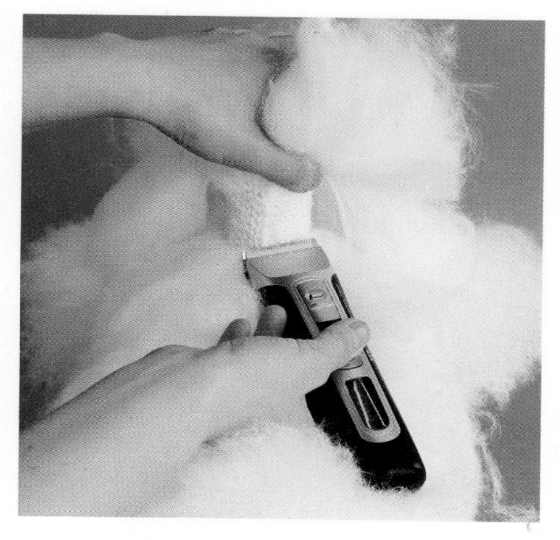

06. 후두부 클리핑

양쪽 귀뿌리 뒤끝을 연결한 선보다 약간 아래쪽(1cm 정도)에 기준을 잡고, 그 선을 따라 부드러운 U자 모양이 되도록 클리핑한다.

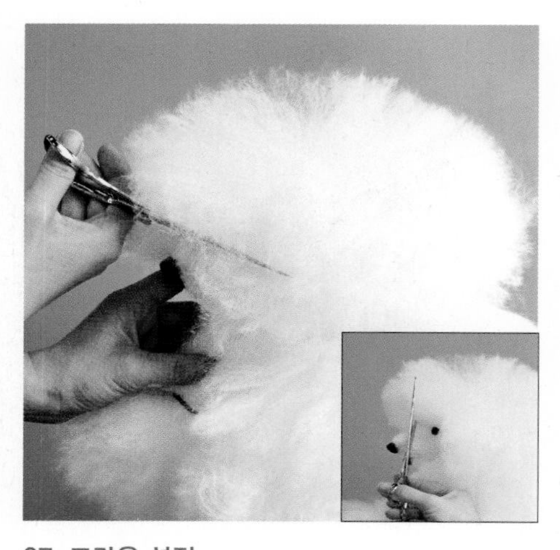

07. 크라운 설정

크라운의 앞부분 측면을 45°각도를 주어 커트하고 둥글게 자른다. 크라운 앞부분은 머즐의 1/2 지점까지 자른다.

08. 크라운 측면 설정

크라운의 좌, 우 측면은 눈 중심을 기준으로 반을 나누어 1/2 지점을 수직으로 자른다.

09. 크라운 후면 설정

귀뿌리 1cm 아래에서 사선으로 커트하여 라운딩한다.

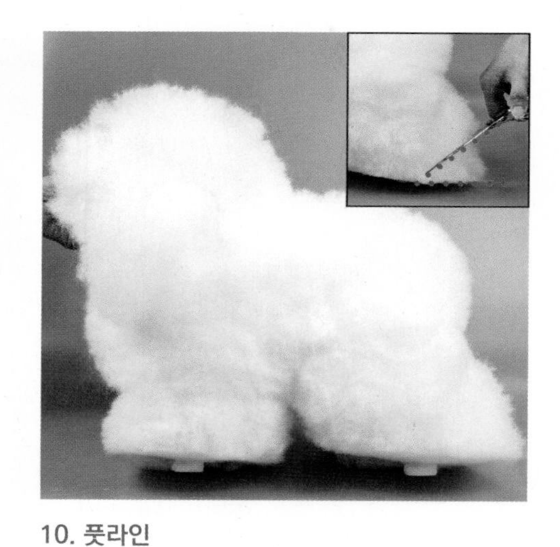

10. 풋라인

좌측 뒷발부터 반시계 방향으로 자른다. 네 개의 발등 높이가 균일하게 보이도록 직선을 유지한다. 호크는 지면에서 45°각도를 주어 직선으로 자른다.

11. 백라인

백라인을 약 2cm 정도의 길이로 수평으로 레벨 백으로 자른다.

12. 체고(등)

체고는 약 4cm 정도의 길이로 사선으로 자른다.

13. 넥라인 블랜딩

넥 클리핑 라인을 따라 양쪽 넥라인을 코밍하고 체장 앞부분의 기준점을 설정하여 넥 라인 주변을 45°각도로 블랜딩한다.

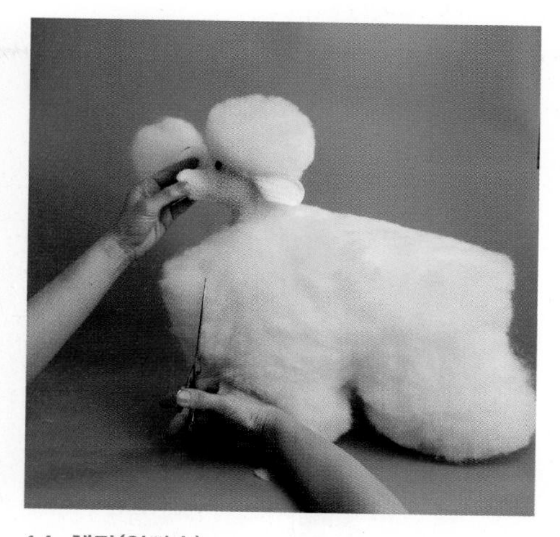

14. 체장(앞가슴)

체장 앞면인 앞가슴을 머즐의 1/2 지점을 지면과 수직으로 자른다.

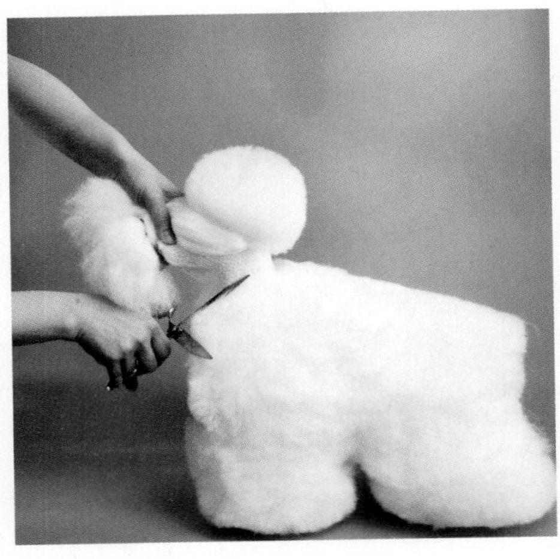

15. 좌, 우 견갑

견갑골 부위를 측면에서 보아 45°각도로 넥라인에서 흉골단 앞까지 윗가슴을 자른다.

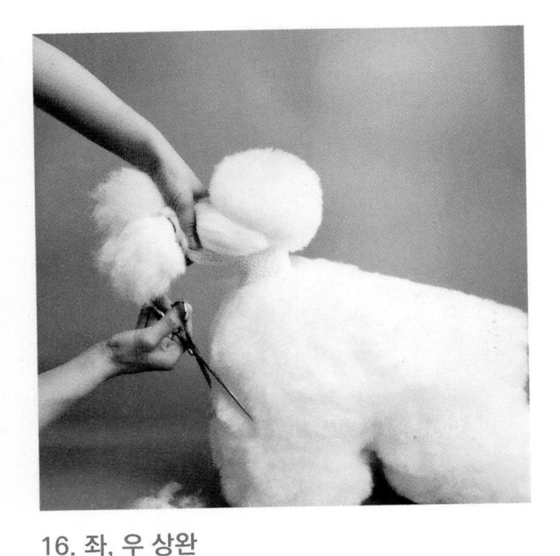

16. 좌, 우 상완

상완골 부위를 측면에서 보아 45°각도로 아래가슴을 커트하여 상완과 견갑이 90°각도를 이루도록 하고 둥근 가슴 형태를 고려하여 가슴 중심이 뾰족하지 않게 설정한다.

17. 좌, 우 앞다리 앞면

가슴 아래 일직선이 되도록 수직으로 자른다. 이때, 두께는 발끝에서 약 3cm 두께로 자른다.

18. 우측 견갑, 앞다리 외측면

어깨 측면을 흉골단을 기준으로 사선으로 설정하고 앞다리 외측면은 흉골단을 기준으로 약 4cm를 두께로 지면과 수직이 되도록 자른다.

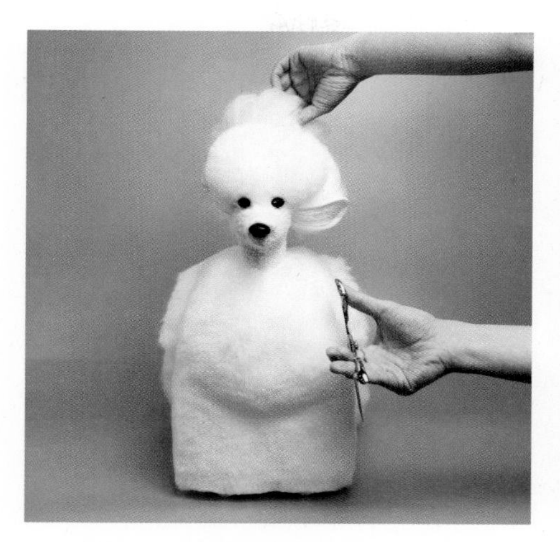

19. 좌측 견갑, 앞다리 외측면

우측 설정 후 좌측을 동일한 방법으로 자른다.

20. 앞다리 내측면

코를 기준으로 중심선을 따라서 가랑이 아래쪽에서 1cm 아래 지점에서부터 시작점을 자른다.

21. 앞다리 내측면

좌우 대칭을 고려하여 앞다리 안쪽 사이 약 1cm 간격으로 틈이 생기도록 지면과 수직이 되도록 자른다.

22. 체장(엉덩이)

좌골단 끝부분을 기준으로 약 2cm 두께로 지면과 수직으로 자른다.

23. 좌골(엉덩이 기울기)

좌골단 윗부분을 30°각도로 자른다.

24. 뒷다리 외측면

꼬리를 중심으로 좌우 대칭을 맞춰 살짝 A라인 형태로 외측면을 약 4cm 남기고 자른다.

25. 뒷다리 내측면

뒷다리 내측면은 꼬리 구멍 기준의 중심선에 따라 가랑이 아래 약 1cm 지점에서 좌, 우 뒷다리 사이 간격을 2cm 정도 11자 형태로 수직이 되도록 자른다.

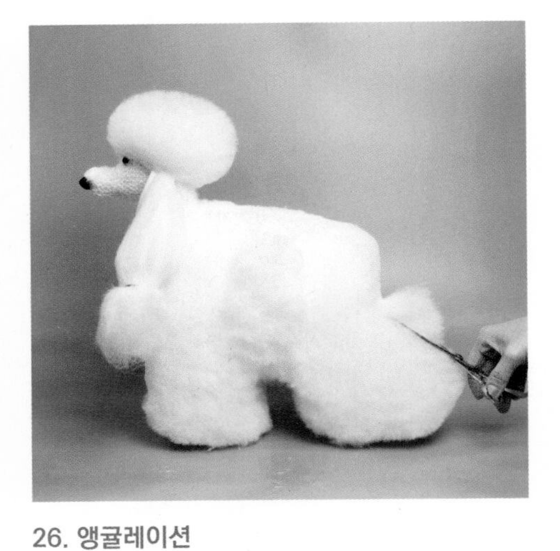

26. 앵귤레이션

좌, 우 앵귤레이션은 대퇴와 하퇴가 120°각도를 이루도록 설정하며, 부드러운 곡선 형태로 자른다.

27. 비절 블렌딩

지면과 45°각도, 풋 라인 각이 45°각도가 되도록 라운딩한다.

28. 중구 외측면

몸통 측면 부위의 털은 앞에서 완성한 어깨 측면에서부터 파팅라인까지 자연스럽게 이어지도록 자른다.

29. 앞다리 뒷면

엘보 포인트를 중심으로 지면과 수직이 되도록 약 4cm 두께로 자른다.

30. 언더라인

엘보 포인트와 턱업을 잇는 지점으로, 사선으로 자른다. 이때 각도는 15~45°각도로 자른다.

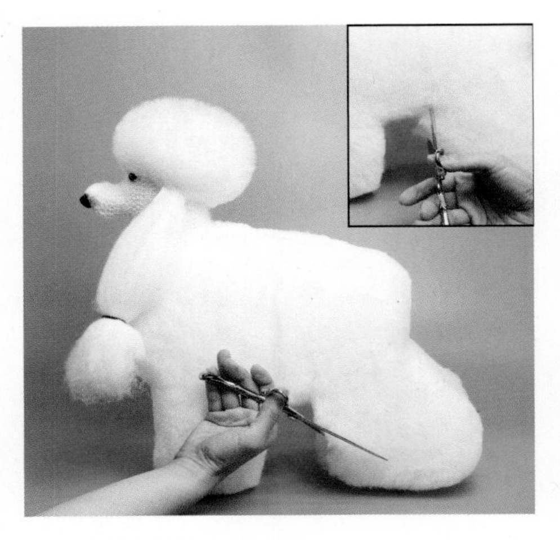

31. 뒷다리 앞면(스타이플)

턱업 포인트에서 지면과 수직으로 커트하고 스타이플 즉, 앞뒤 무릎 기준으로 부드러운 커브가 되도록 자른다.

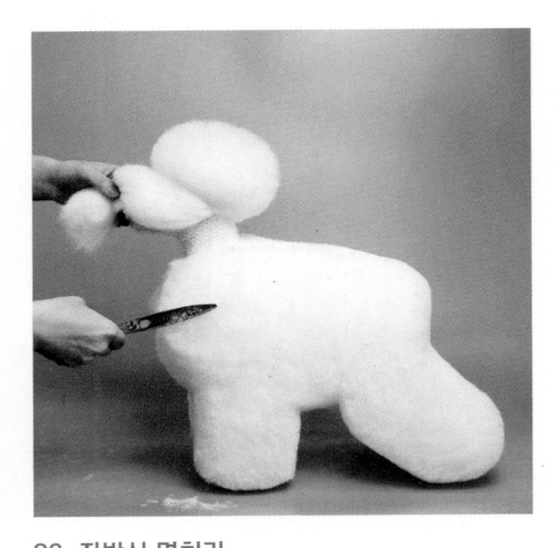

32. 좌반신 면처리

초벌작업이 끝나면 좌측부터 반시계 방향으로 재벌 커트를 진행한다.

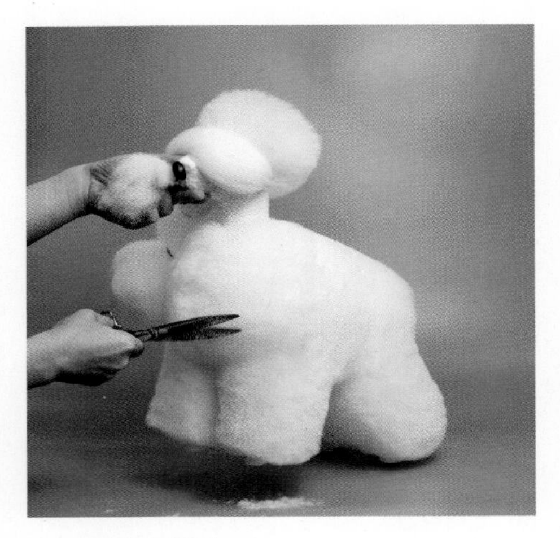

33. 앞가슴 면처리

앞가슴을 둥글게 볼륨감 있게 면처리하고 상완과 전완을 자연스럽게 표현한다.

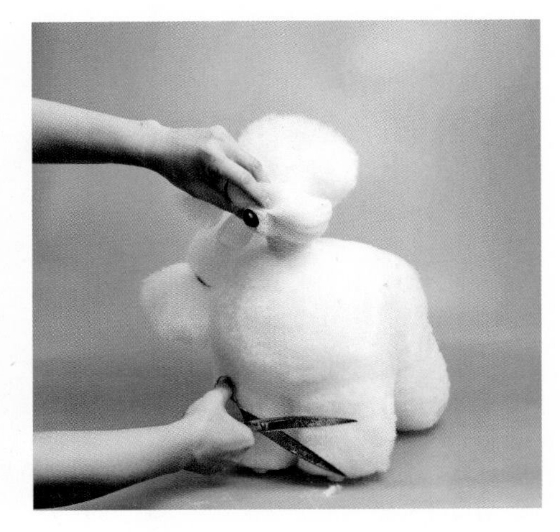

34. 앞다리 재벌

앞다리 앞, 뒤, 옆면을 일직선의 원통형으로 자른다.

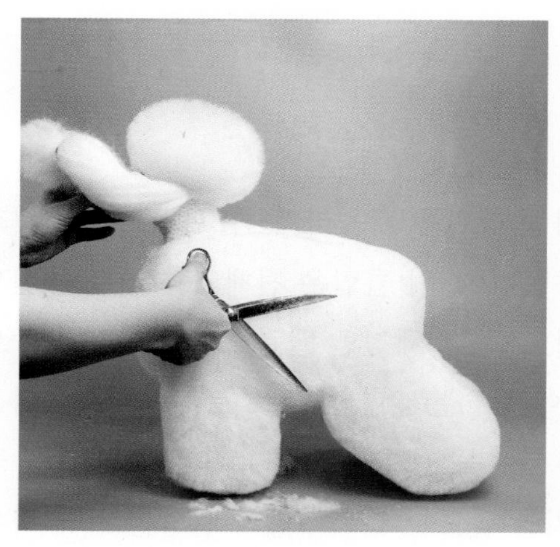

35. 중구 재벌

자연스러운 중구 라인이 되도록 모서리를 정리하면서 자른다.

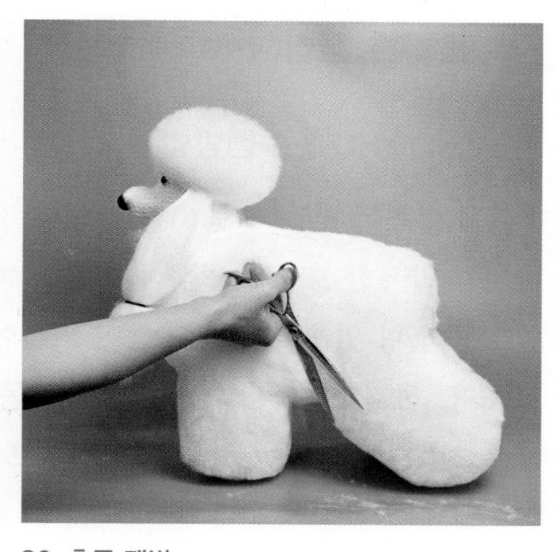

36. 후구 재벌

뒷다리와 스타이플의 모서리를 둥글게 정리하면서 면 처리한다.

1차 재벌 완성

2 맨해튼 클립(파자마더치 클립)

1 KNOWHOW 수행방법

맨해튼 클립(파자마더치 클립)은 칵테일 잔의 곡선미를 떠올리게 하고 긴소매 재킷과 긴 바지를 착용한 모습을 연상하게 하는 미용법이다. 이 클립은 견체의 허리를 중심으로 앞뒤를 균형 있게 나누는 작업이 기본이며, 이는 전체적인 밸런스를 형성하는 중요한 요소다. 허리와 목의 클리핑 라인을 돋보이게 하는 것이 특징으로, 허리선을 기준으로 부드럽게 이어지는 라인을 이해하고 목 부분을 섬세히 다듬어 신체의 장점을 극대화하는 데 초점을 맞춘다. 허리 밴드의 위치는 옆모습에서 체형의 인상을 크게 좌우하므로, 클리핑 작업 시 각별한 주의가 필요하다. 작업은 대체로 세 단계로 진행된다. 푸들의 장점을 돋보이게 하면서도 자연스럽고 둥글게 커트하여 세련된 외형을 구현하는 데 중점을 둔다.

01. 1차 재벌 완성

초벌과 1차 재벌 작업을 완료한 후, 맨해튼 클립(파자마더치 클립)을 진행한다.

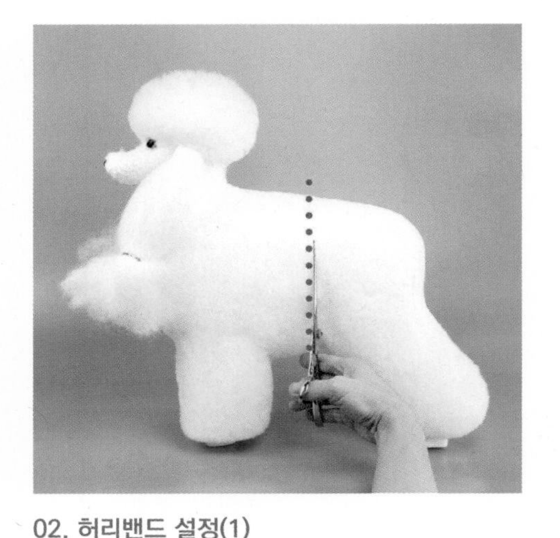

02. 허리밴드 설정(1)

허리밴드는 재킷 라인과 팬츠 라인으로 구분된다. 재킷 라인은 라스트립 뒤 약 0.5cm 지점에서 수직선을 기준으로 설정하며, 팬츠 라인은 턱업을 기준으로 수직선을 설정한다.

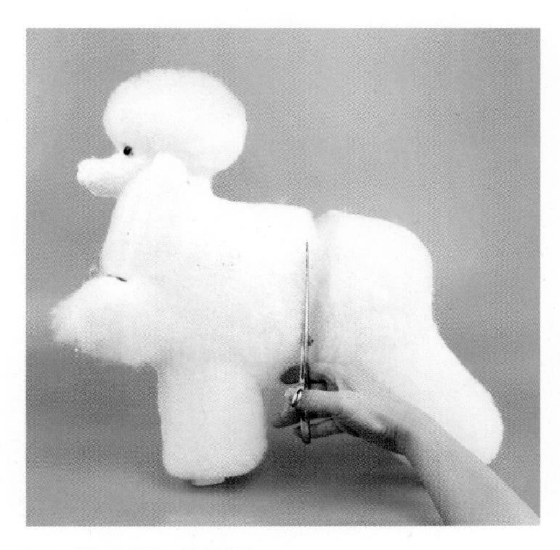

03. 허리밴드 설정(2)

팬츠 라인을 밴드의 시작점으로 설정한 뒤, 약 1.5cm 앞부분에 재킷 라인선을 정리한다.

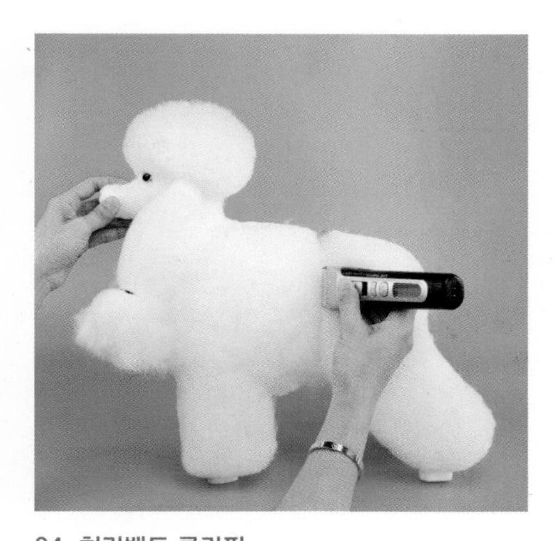

04. 허리밴드 클리핑

밴드 폭이 약 1.5cm가 되도록 재킷 라인과 팬츠 라인선을 클리핑으로 마무리한다.

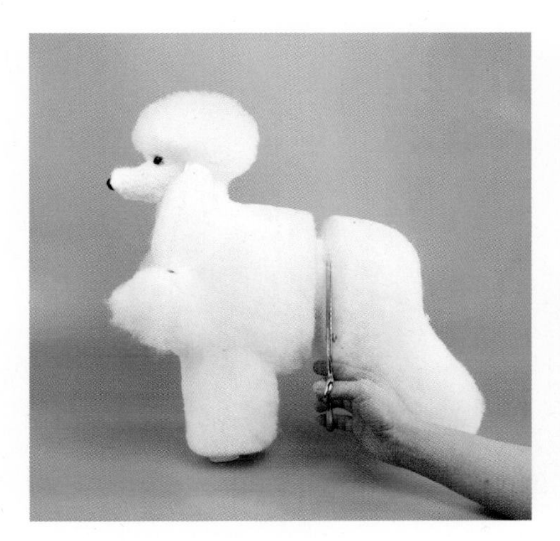

05. 허리밴드 재벌(1)

허리밴드 주변 모서리를 둥글게 다듬어 준다.

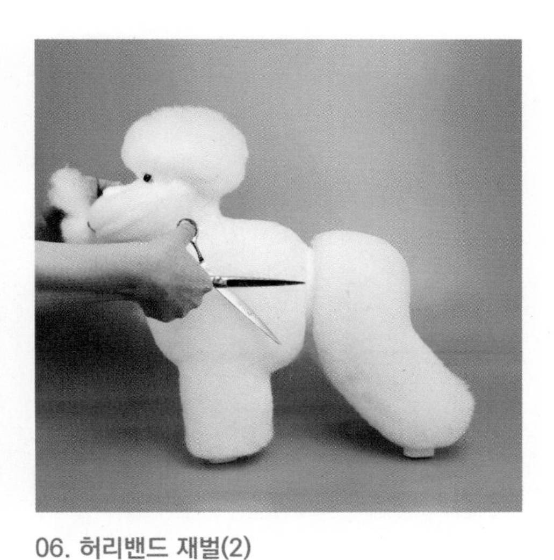

06. 허리밴드 재벌(2)

밴드 주변을 둥글게 다듬어 재킷 라인과 팬츠 라인이 뚜렷하게 보이도록 자른다.

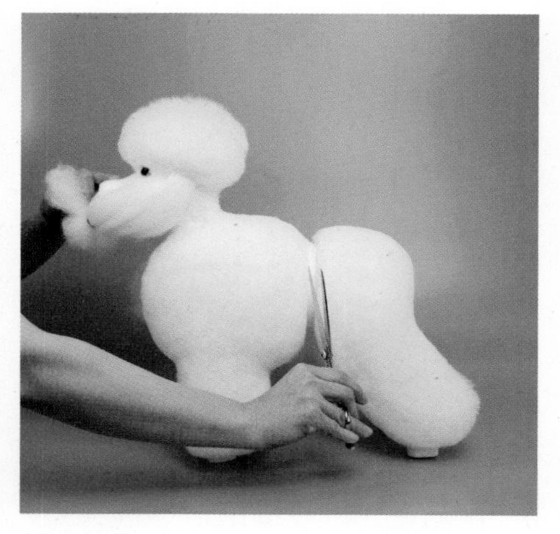

07. 2차 재벌

좌우 대칭을 유지하며 상체에서 하체로 이동하면서 좌측은 반시계 방향, 우측은 시계 방향으로 면을 정리한다.

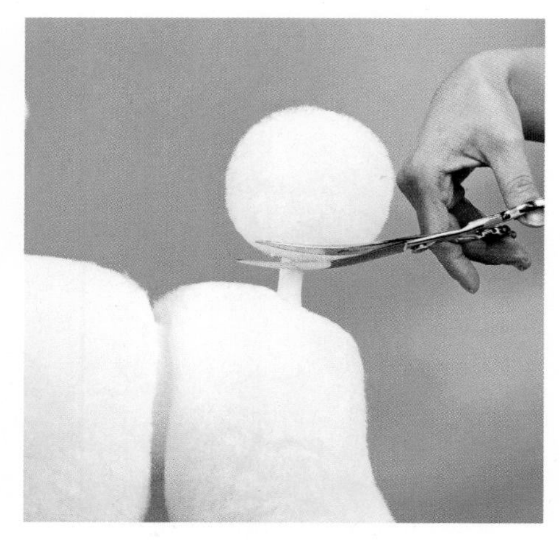

08. 폼폰

폼폰은 모서리를 제거하면서 지름이 약 8cm가 되는 구의 형태로 라운딩한다.

09. 이어 프린지

이어 프린지는 귀 털을 자르기 전에 밴드를 완전히 제거한 후, 흉골단보다 2cm 높게 설정하고 수평선을 따라 둥글게 자른다.

2 COMPLETED 완성본

3 더치 클립(로얄더치 클립)

1 KNOWHOW 수행방법

더치 클립(로얄더치 클립)은 네덜란드 전통 의상의 특징에서 영감을 받은 스타일로, 조각적인 아름다움과 체형의 조화로운 흐름을 강조한다. 이 스타일은 꼬리에서 목까지 이어지는 등선을 중심으로 십자 형태를 이루며, 허리를 중심으로 선의 간격을 정교하게 나누는 것이 중요하다. 맨해튼 클립(파자마더치)처럼 허리선을 부각하기보다는, 더치 클립(로얄더치 클립)은 몸의 윤곽을 더 섬세하고 입체적으로 표현한다. 피츠버그 더치 클립이나 맨해튼 클립(로얄더치 클립)보다 복잡한 디자인을 가지고 있으며, 클리핑 라인과 연결된 선의 흐름을 잘 이해하고, 경계선을 명확히 잡아야 완성도 높은 스타일링이 가능하다.

01. 1차 재벌 완성

초벌과 1차 재벌 작업을 완료한 후, 더치 클립(로얄더치 클립)을 진행한다.

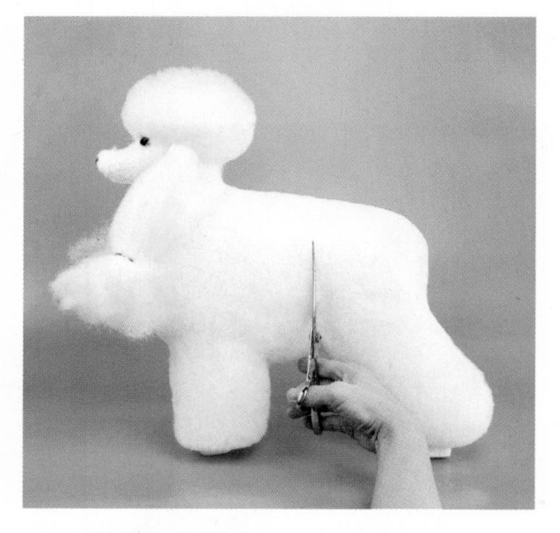

02. 허리밴드 설정(1)

턱업을 기준점으로 뒷부분 라인을 먼저 설정하여 커트한다.

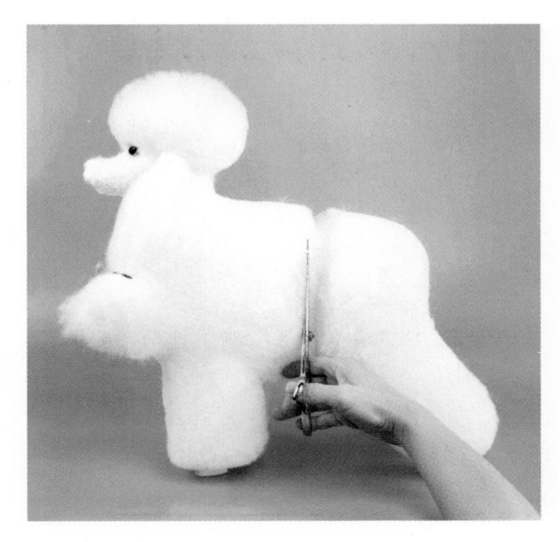

03. 허리밴드 설정(2)

밴드의 시작점을 잡고 약 1.5cm 앞부분의 라인선을 커트한다.

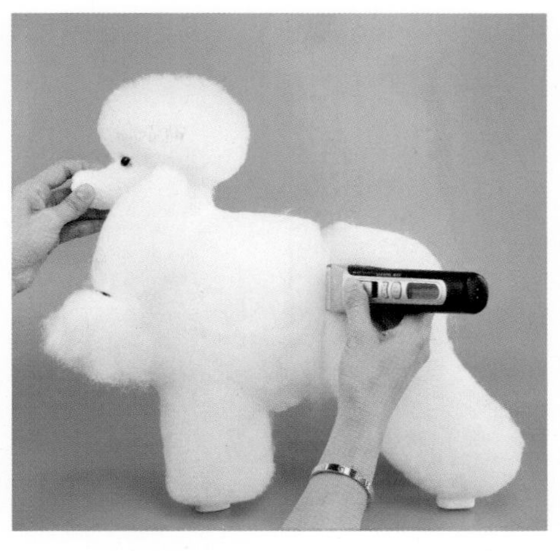

04. 허리밴드 클리핑

밴드 라인선을 클리핑으로 마무리한다.

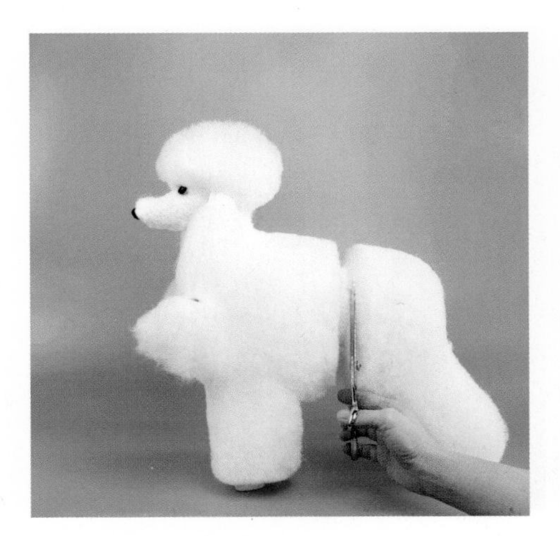

05. 허리밴드 재벌(1)

허리밴드 주변 모서리를 둥글게 다듬어 준다.

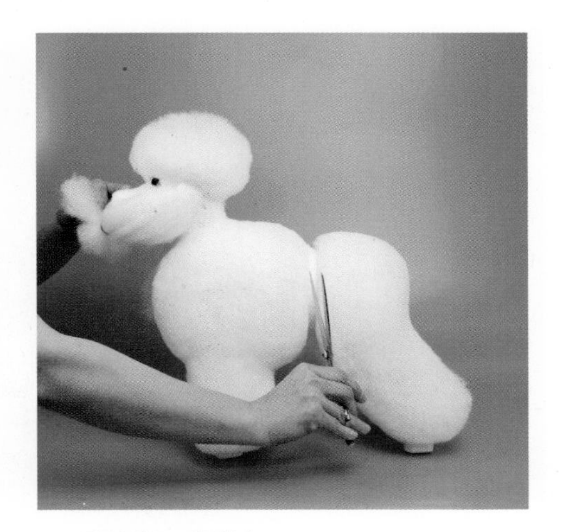

06. 허리밴드 재벌(2)

밴드 주변을 둥글게 다듬어 재킷 라인이 뚜렷하게 보이도록 커트한다.

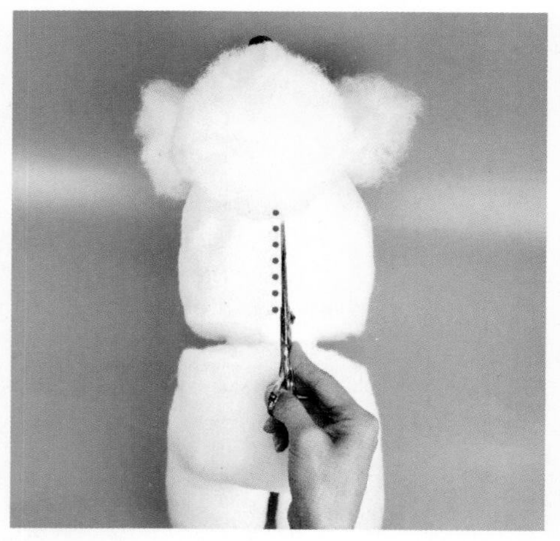

07. 재킷 상단 밴드(1)

재킷 윗면에서 커트할 밴드 라인을 설정한다.

8. 재킷 상단 밴드(2)

중심선을 따라서 약 1.5cm 폭으로 평행하게 직선으로 커트한다.

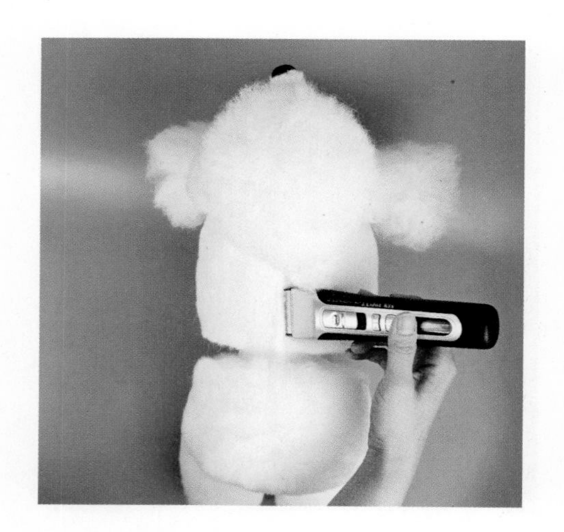

09. 재킷 상단 밴드 클리핑

밴드 라인을 클리핑하여 밴드를 확정하고 폭은 꼬리 두께 기준으로 설정한다. 이때, 스킨이 찢어지지 않도록 하며, 백라인이 낮아지지 않도록 주의한다.

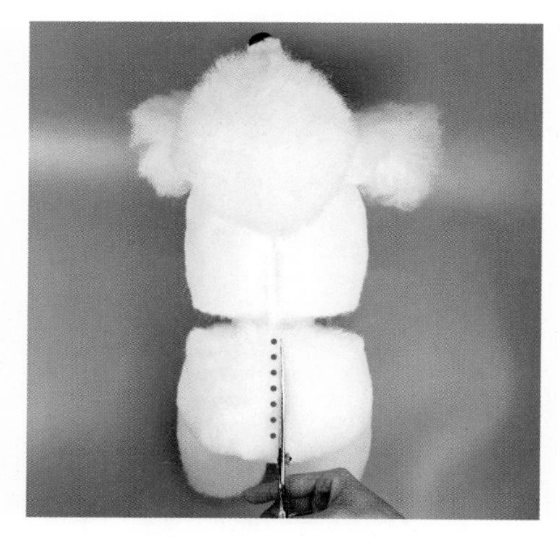

10. 팬츠 상단 밴드(1)

팬츠 중앙에 약 1.5cm 폭으로 밴드 라인을 설정한다.

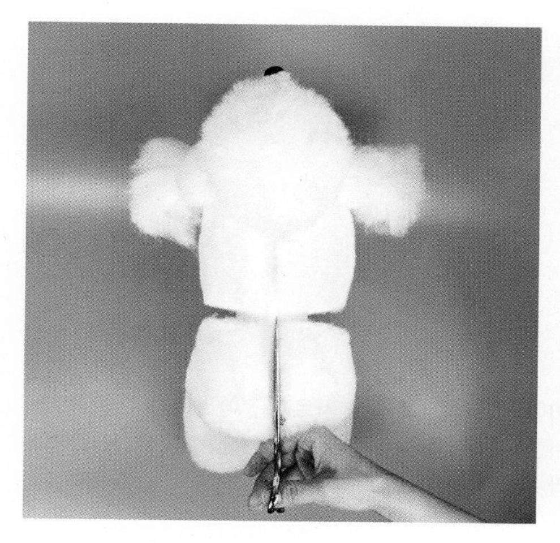

11. 팬츠 상단 밴드(2)

꼬리 구멍을 포함하여 중심선을 평행하게 직선으로 커트한다. 이때, 허리 견체의 중앙 부위를 교차 확인한다.

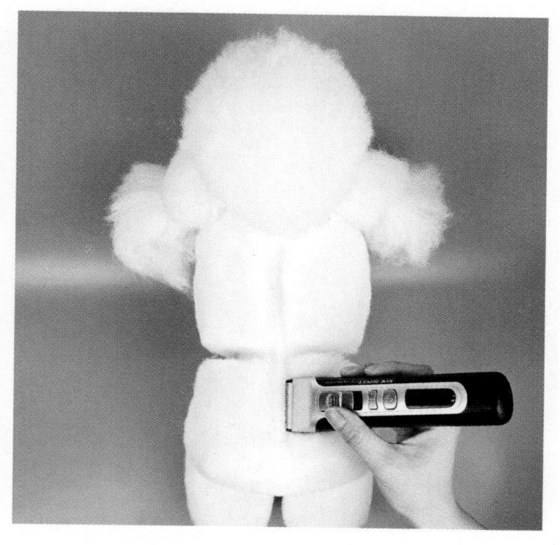

12. 팬츠 상단 밴드 클리핑

밴드 라인이 폭 1.5cm가 되도록 클리핑한다.

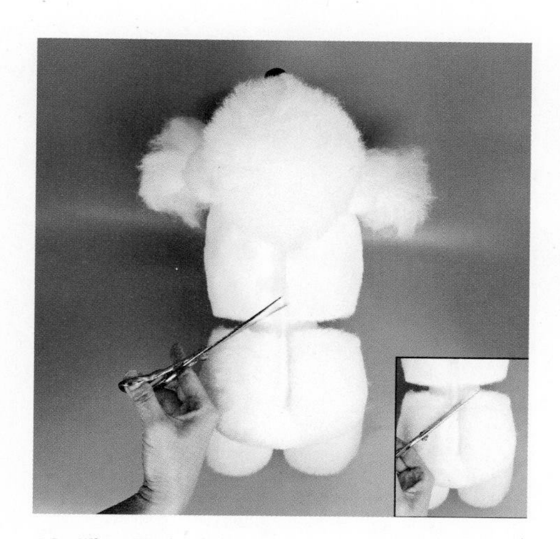

13. 밴드 주변 재벌

밴드 주변부를 클리핑 라인이 잘 보이도록 모서리를 둥글게 커트하고, 등이 낮아지지 않도록한다.

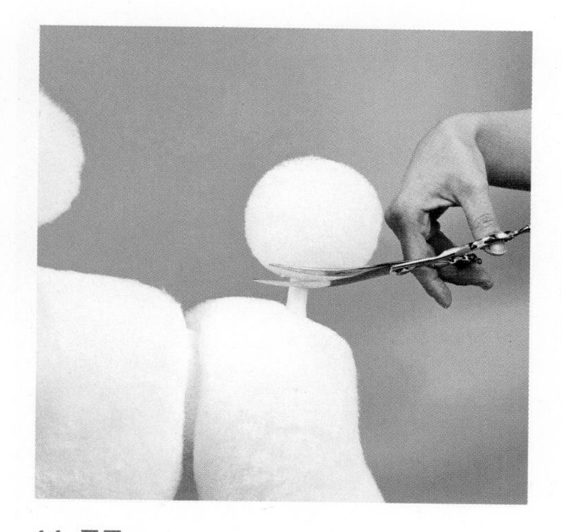

14. 폼폰

폼폰은 모서리를 제거하면서 지름이 약 8cm가 되는 구의 형태로 라운딩한다.

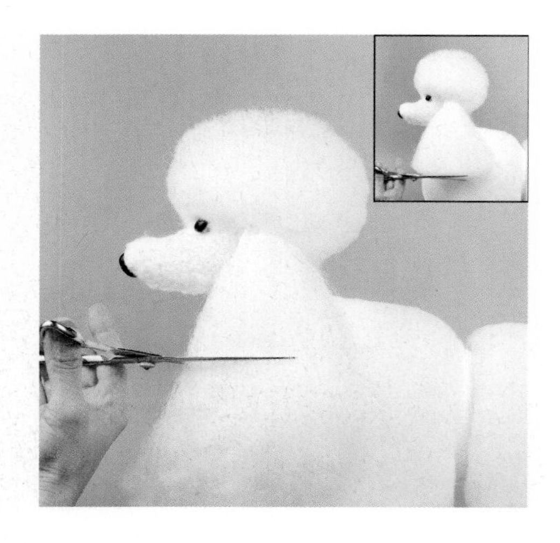

15. 이어 프린지

이어 프린지는 귀 털을 자르기 전에 밴드를 완전히 제거한 후, 흉골단보다 2cm 높게 설정하고 수평선을 따라 둥글게 자른다.

2 COMPLETED 완성본

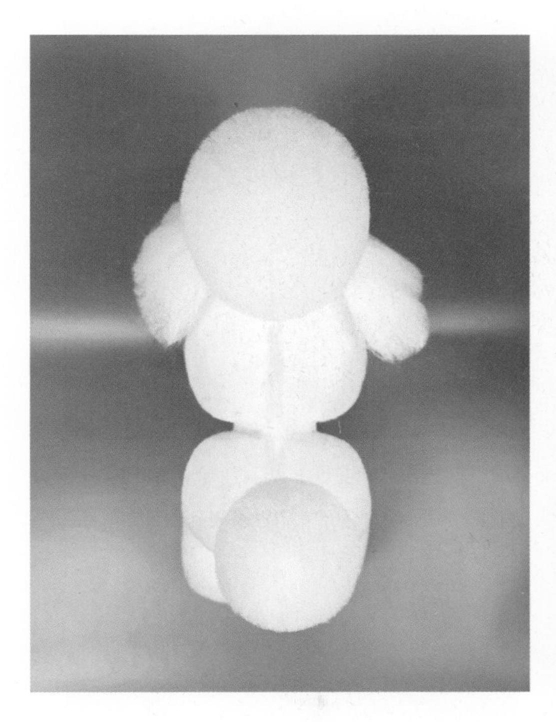

4 피츠버그 더치 클립

1 KNOWHOW 수행방법

피츠버그 더치 클립은 더치 클립(로얄더치 클립)의 변형으로, 피츠버그 지역의 강이 합류하는 모습을 연상시키는 디자인이 특징이다. 허리선에서 등선으로 자연스럽게 이어지는 라인을 강조한다. 맨해튼 클립(파자마더치 클립)이 견체의 허리 라인을 중요하게 여기는 것과 달리, 피츠버그 더치 클립은 허리에서 목선까지 이어지는 등선을 중심으로 T자 형태의 세련된 스타일을 선보이며, 조화로운 어깨선의 흐름을 돋보이게 한다. 핵심은 재킷 부분과 선의 흐름을 명확히 구분하여 앞, 뒤, 옆의 비율을 균형 있게 나누는 것이다. 클리핑 라인을 기준으로 전체적인 형태를 이해하고, 깔끔한 경계선을 만들어야 완성도 높은 스타일을 구현할 수 있다.

01. 1차 재벌 완성

초벌과 1차 재벌 작업을 완료한 후, 피츠버그 더치 클립을 진행한다.

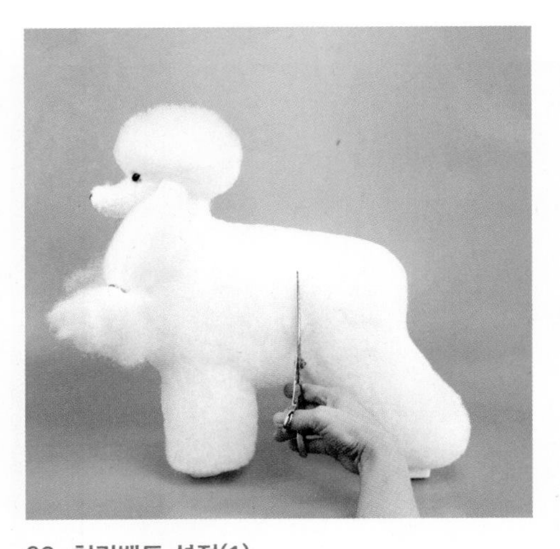

02. 허리밴드 설정(1)

턱업을 기준점으로 뒷부분 라인을 먼저 설정하여 커트한다.

03. 허리밴드 설정(2)

밴드의 시작점을 잡고 약 1.5cm 앞부분의 라인선을 커트한다.

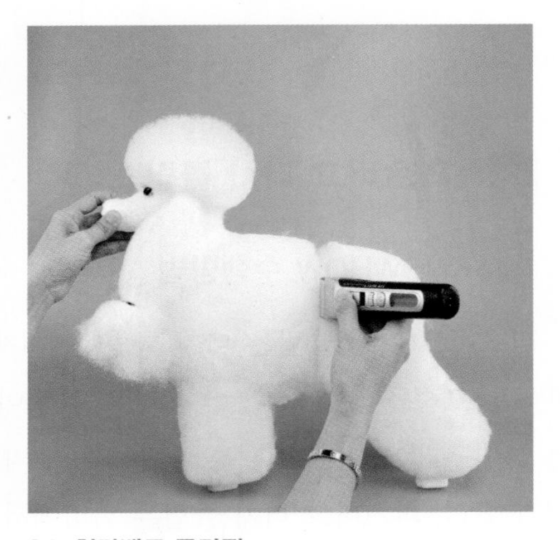

04. 허리밴드 클리핑

밴드 라인선을 클리핑으로 마무리한다.

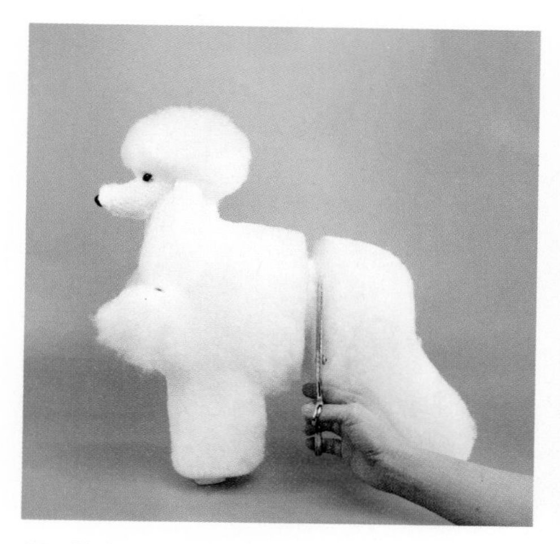

05. 허리밴드 재벌(1)

허리밴드 주변 모서리를 둥글게 다듬어 준다.

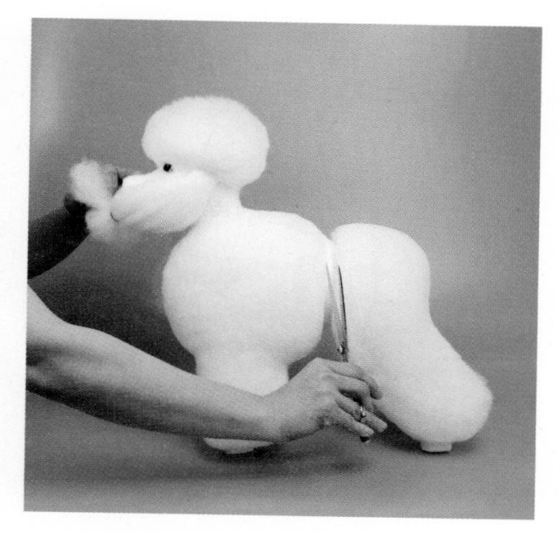

06. 허리밴드 재벌(2)

밴드 주변을 둥글게 다듬어 재킷 라인이 뚜렷하게 보이도록 커트한다.

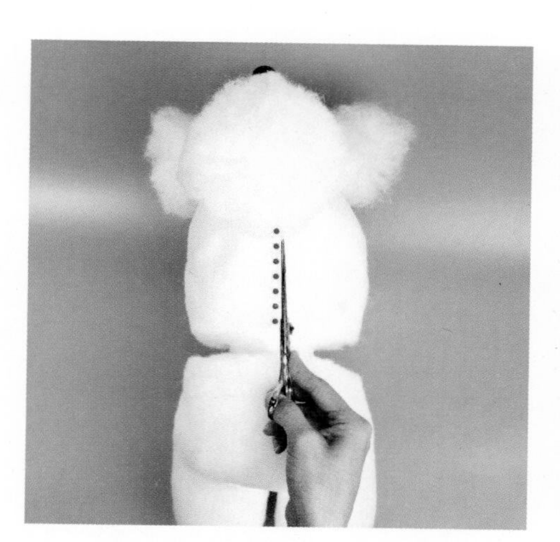

07. 재킷 상단 밴드(1)

재킷 윗면에서 커트할 밴드 라인을 설정한다.

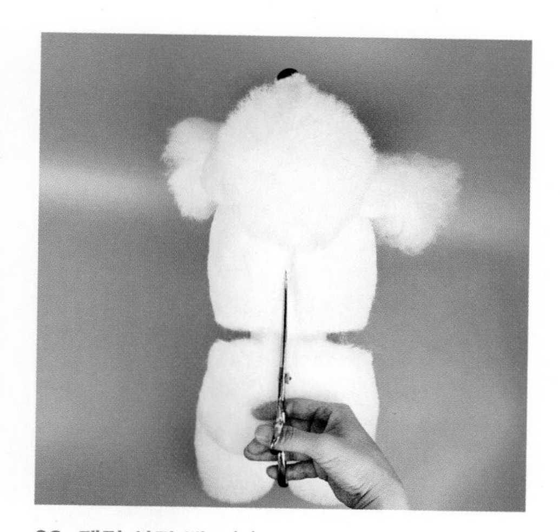

08. 재킷 상단 밴드(2)

중심선을 따라서 약 1.5cm 폭으로 평행하게 직선으로 커트한다.

09. 재킷 상단 밴드 클리핑

밴드 라인을 클리핑하여 밴드를 확정하고 폭은 꼬리 두께 기준으로 설정한다. 이때, 스킨이 찢어지지 않도록 하며, 백라인이 낮아지지 않도록 주의한다.

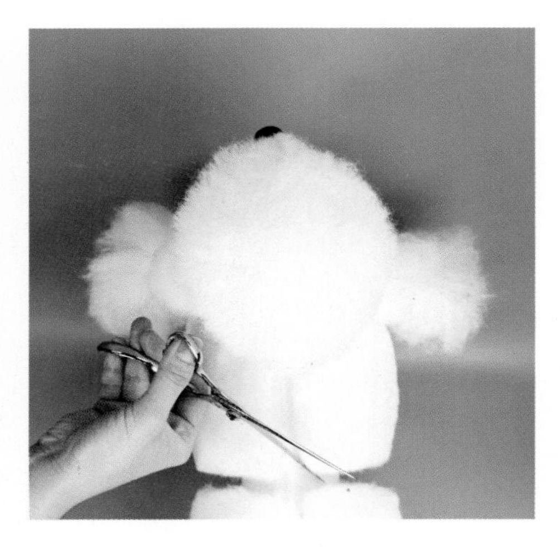

10. 밴드 주변 재벌

밴드 주변부를 클리핑 라인이 잘 보이도록 모서리를 둥글게 커트하고, 등이 낮아지지 않도록 한다.

11. 폼폰

폼폰은 모서리를 제거하면서 지름이 약 8cm가 되는 구의 형태로 라운딩한다.

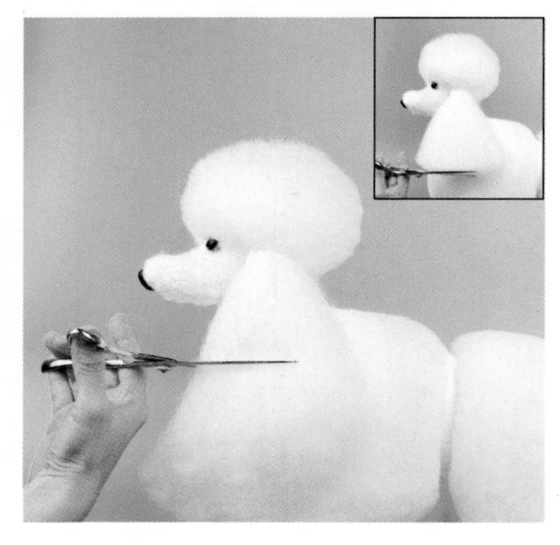

12. 이어 프린지

이어 프린지는 귀 털을 자르기 전에 밴드를 완전히 제거한 후, 흉골단보다 2cm 높게 설정하고 수평선을 따라 둥글게 자른다.

2 COMPLETED 완성본

5 볼레로 맨해튼 클립

1 KNOWHOW 수행방법

볼레로 맨하튼 클립은 짧은 상의를 뜻하는 '볼레로'에서 유래된 클립 스타일로, 민소매 형태의 디자인을 연상한다. 목과 허리라인을 강조하며, 동시에 다리 라인의 곡선과 다리 끝에 방울 모양을 만들어 주는 것이 특징이다. 허리 라인을 기준으로 앞다리 팔꿈치가 드러나지 않도록 하면서, 앞뒤 다리의 클리핑 라인이 깔끔하게 드러나도록 다듬어야 한다. 또한, 네 다리에 방울 모양이 전체적으로 균형을 이루도록 크기를 조정해 커트해야 하며, 네 다리에 밴드를 클리핑해 동일한 높이로 브레이슬릿을 만들어야 한다. 크라운, 볼레로, 허리밴드의 비율을 잘 맞춰 전체적으로 이상적인 스퀘어를 완성하는 것이 핵심이다.

01. 1차 재벌 완성

초벌과 1차 재벌 작업을 완료한 후, 볼레로 맨해튼 클립을 진행한다.

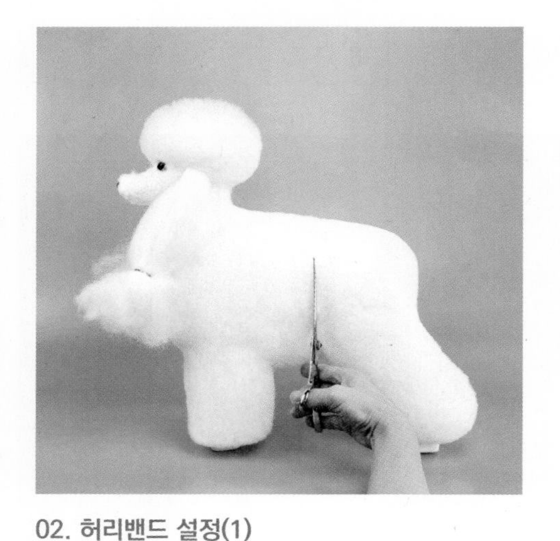

02. 허리밴드 설정(1)

허리밴드는 재킷 라인과 팬츠 라인으로 구분된다. 재킷 라인은 라스트립 뒤 약 0.5cm 지점에서 수직선을 기준으로 설정하며, 팬츠 라인은 턱업을 기준으로 수직선을 설정한다.

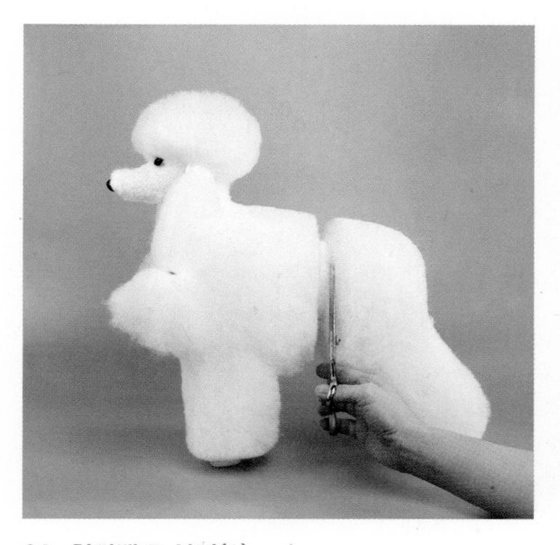

03. 허리밴드 설정(2)

팬츠 라인을 밴드의 시작점으로 설정한 뒤, 약 1.5cm 앞부분에 재킷 라인선을 정리한다.

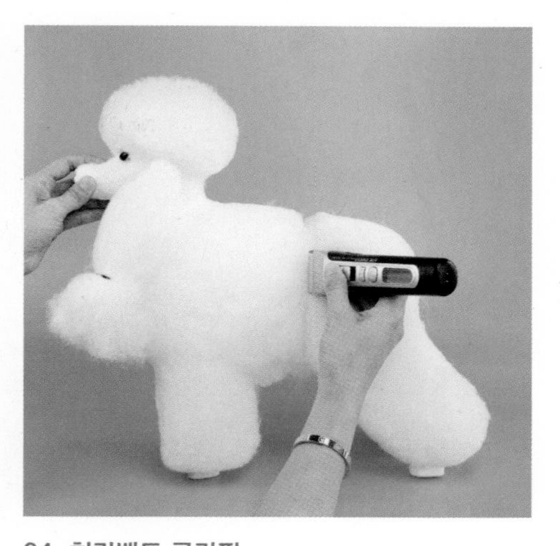

04. 허리밴드 클리핑

밴드 폭이 약 1.5cm가 되도록 재킷 라인과 팬츠 라인선을 클리핑으로 마무리한다.

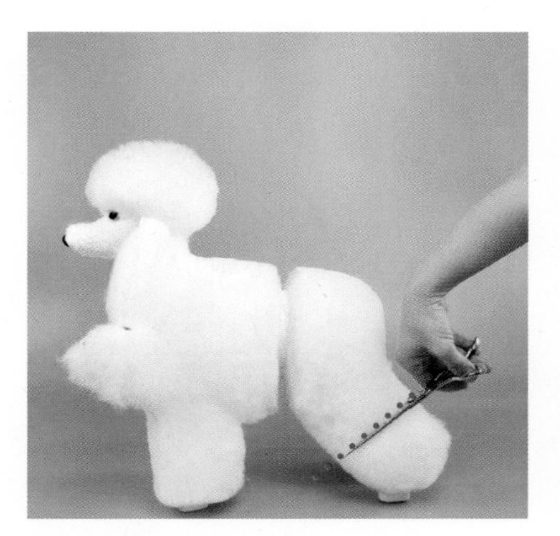

05. 리어 브레이슬릿 밴드

비절에서 약 4cm 위에 밴드 라인을 설정한 뒤, 측면에서 보아 45°각도가 되도록 가위선을 넣는다.

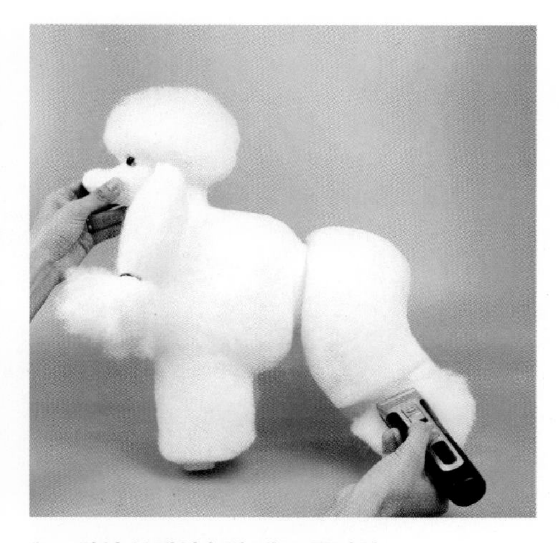

06. 리어 브레이슬릿 밴드 클리핑

밴드 라인 사이를 약 1.5cm 폭으로 클리핑한다.

07. 프런트 브레이슬릿 밴드

프론트 브레이슬릿 라인은 리어 브레이슬릿의 높이에 맞춰 밴드 상단과 하단을 수평으로 자른다.

08. 프런트 브레이슬릿 클리핑

밴드의 폭을 1.5cm로 유지하며 클리핑하고, 이 과정에서 리어 브레이슬릿의 높이를 확인하며 작업을 진행한다.

09. 2차 재벌

좌우 대칭을 유지하며 재킷, 팬츠 면처리를 먼저하고 클리핑 라인이 정확하게 보이도록 커트한다. 상체 라인과 다리 라인이 연결이 되도록 면처리한다.

10. 폼폰

폼폰은 모서리를 제거하면서 지름이 약 8cm가 되는 구의 형태로 라운딩한다.

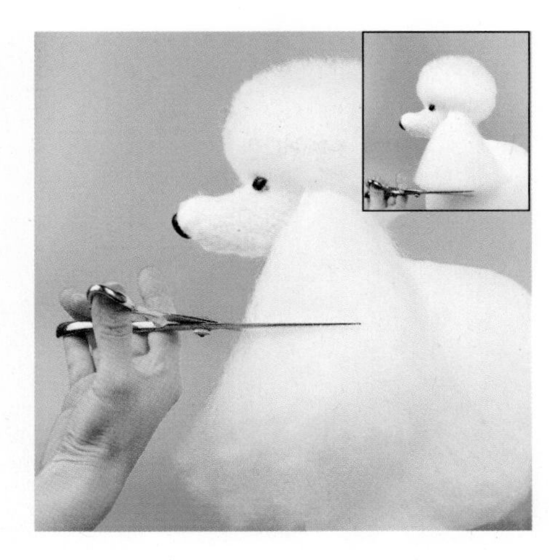

11. 이어 프린지

이어 프린지는 귀 털을 자르기 전에 밴드를 완전히 제거한 후, 흉골단보다 2cm 높게 설정하고 수평선을 따라 둥글게 자른다.

2 COMPLETED 완성본

6 소리터리 클립

1 KNOWHOW 수행방법

소리터리 클립은 "보석"을 의미하는 독특한 디자인으로, 등선 중앙에 정사각형 또는 마름모 형태의 패턴을 만들어 고급스러운 이미지를 강조한다. 중앙 패턴은 목 클리핑의 시작점과 꼬리 시작점 사이에 위치하며, 몸의 비율과 조화를 이루도록 정확하게 설계한다. 네 변은 균일한 간격으로 정리해 대칭을 유지하며, 작업 과정에서 깔끔한 라인을 만드는 것이 핵심이다.

01. 1차 재벌 완성

초벌과 1차 재벌 작업을 완료한 후, 소리터리 클립을 진행한다.

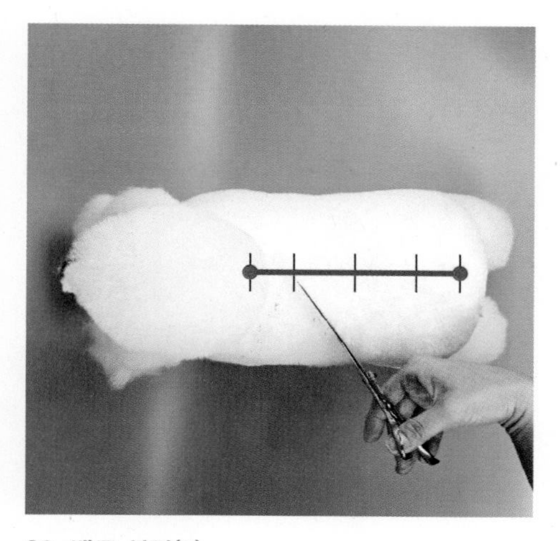

02. 밴드 설정(1)

기갑(목 클리핑) 지점에서 꼬리까지 4등분을 나눈다.

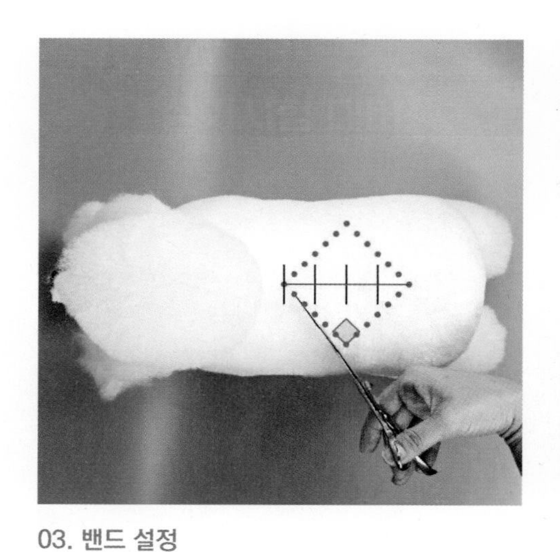

03. 밴드 설정

소리터리 패턴은 정마름모 형태로 먼저 좌측면에서 등을 내려다보며 외곽선(바깥 테두리)을 자른다. 이때 패턴 작업의 시작점은 몸통 둘레의 중앙보다 약간 위쪽에 위치한 지점으로 설정한다.

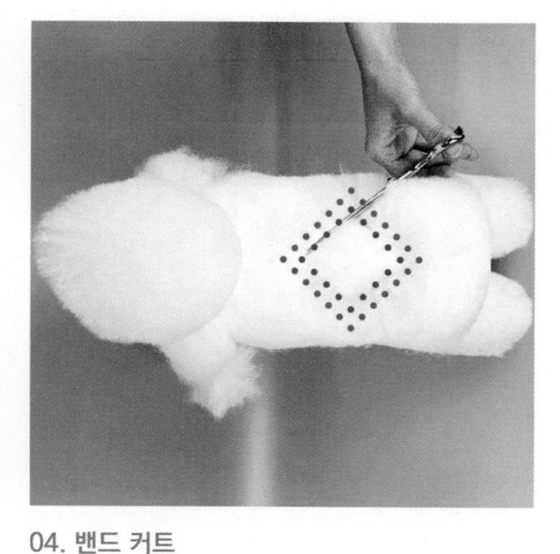

04. 밴드 커트

외곽선(빨강 점선)에서 약 1cm씩 안쪽으로 평행하게 내곽선(파랑 점선)을 자른다.

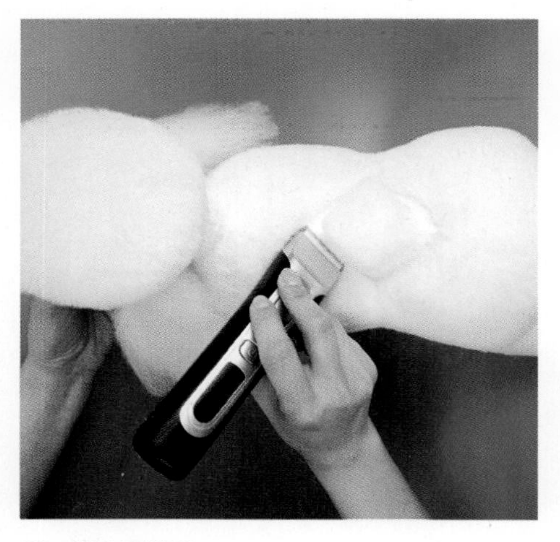

05. 밴드 클리핑

클리핑은 외곽선부터 시작하여 바깥에서 안쪽으로 약 1cm 폭으로 진행하며, 불필요한 털을 깔끔하게 정리한다.

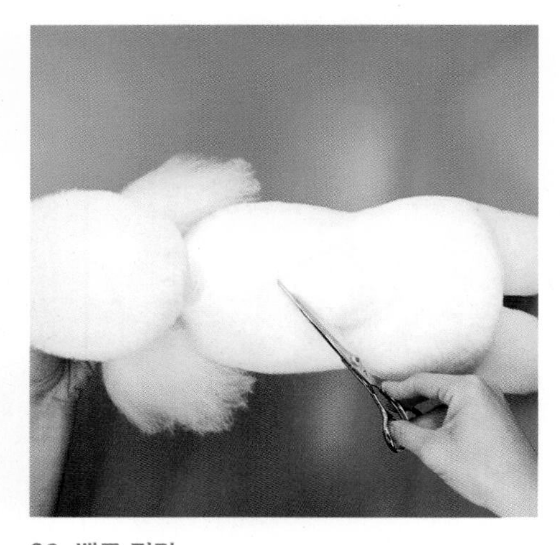

06. 밴드 정리

클리핑 라인(외곽선)과 소리터리 패턴이 명확하게 보이도록 주변을 면처리한다.

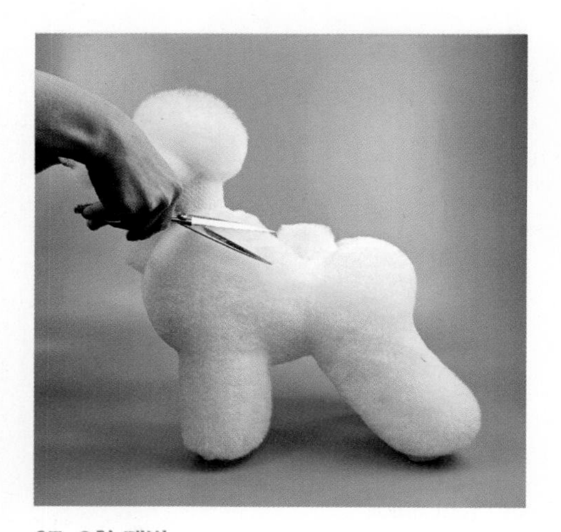

07. 2차 재벌

좌우 대칭을 유지하며 상체에서 하체로 이동하면서 좌측은 반시계 방향, 우측은 시계 방향으로 면을 정리한다.

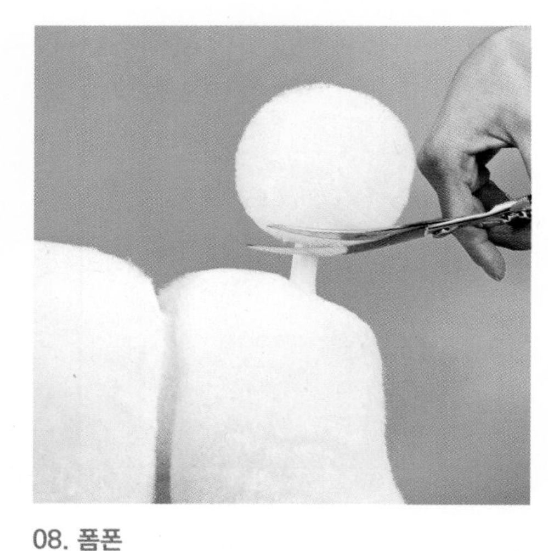

08. 폼폰

폼폰은 모서리를 제거하면서 지름이 약 8cm가 되는 구의 형태로 라운딩한다.

09. 이어 프린지

이어 프린지는 귀 털을 자르기 전에 밴드를 완전히 제거한 후, 흉골단 보다 2cm 높게 설정하고 수평선을 따라 둥글게 자른다.

2 COMPLETED 완성본

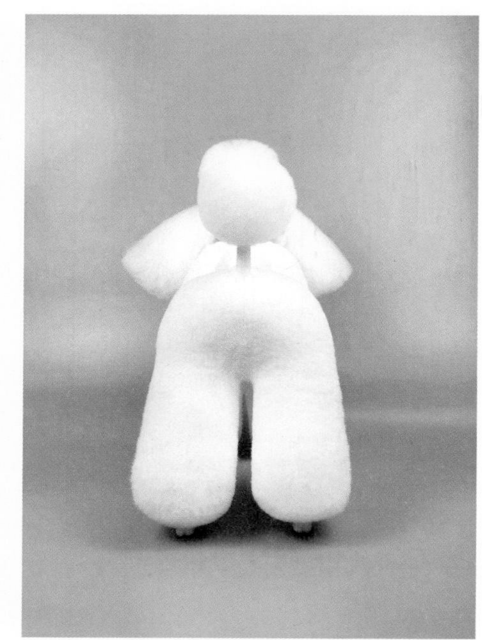

7 다이아몬드 클립

1 KNOWHOW 수행방법

다이아몬드 클립은 등 중앙에 다이아몬드 모양의 패턴을 강조하는 스타일로, 정확한 대칭과 정교함이 요구된다. 등선 중앙의 다이아몬드는 각 변의 길이와 각도를 균일하게 클리핑하여 세밀하게 완성한다. 측면에서 중심점을 기준으로 X자 형태의 패턴을 만들어 앞뒤 밸런스가 자연스럽게 연결되도록 작업하며, 복부 아랫면은 깔끔하고 선명하게 정리한다.

01. 1차 재벌 완성

초벌과 1차 재벌 작업을 완료한 후, 다이아몬드 클립을 진행한다.

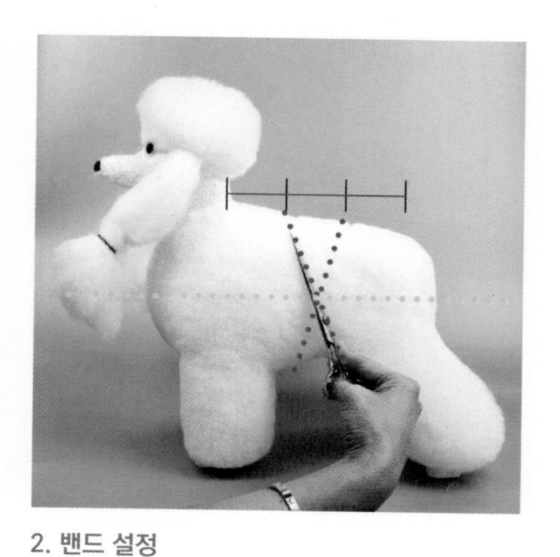

2. 밴드 설정

다이아몬드 클립은 백라인(넥클리핑 라인에서 꼬리 구멍)을 3등분을 하고 좌측면에서 X자 형태로 몸통의 중심을 설정한다.

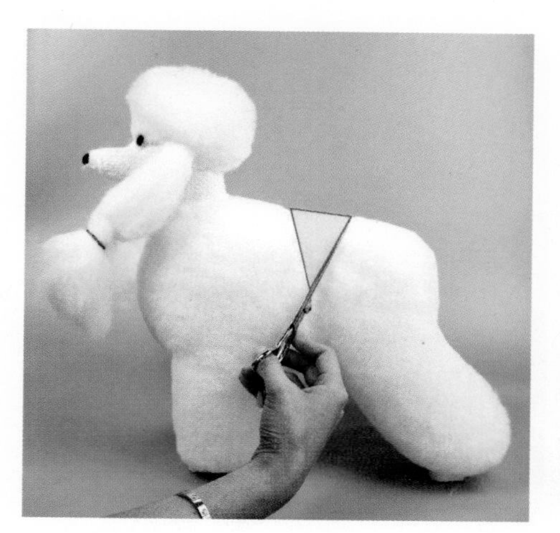

03. 밴드 커트(1)

클리핑 전에 음영 부분의 털을 먼저 제거한다.

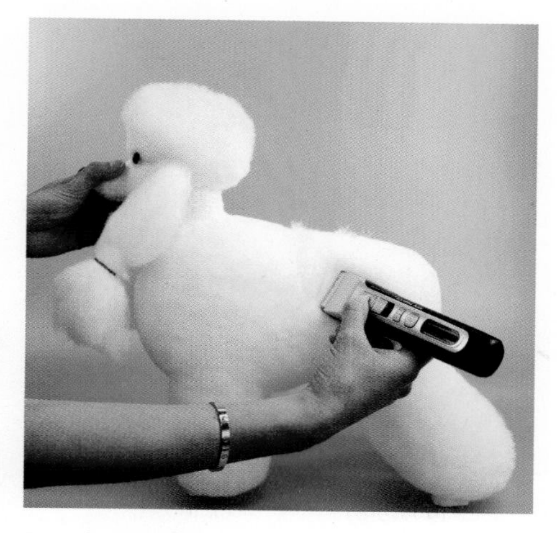

04. 밴드 클리핑(1)

클리퍼 날 모서리를 이용하여 좁은 면도 깔끔하게 클리핑한다.

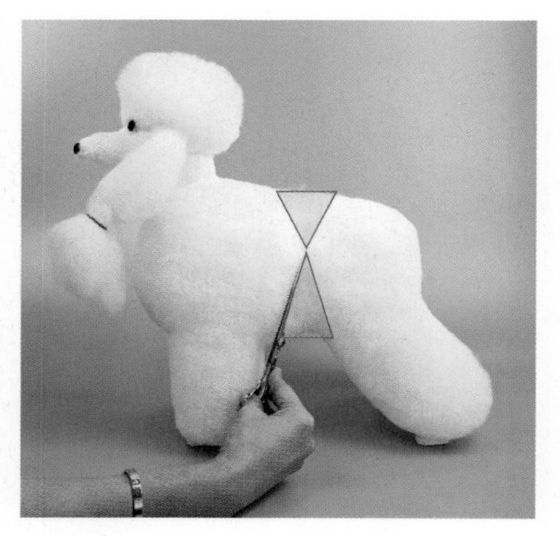

05. 밴드 커트(2)

몸통 아랫부분의 불필요한 털을 먼저 제거한다. 이때 위와 아래가 관통되지 않도록 자른다.

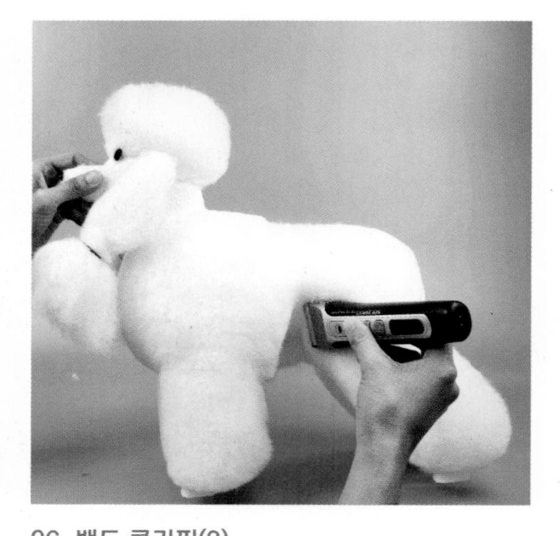

06. 밴드 클리핑(2)

넓은 곳부터 클리핑하고 좁아지는 곳은 클리퍼 모서리를 이용하여 깔끔하게 클리핑한다.

07. 밴드 클리핑(3)

견체 상방에서 좌우 대칭을 확인하며, 다이아몬드 라인을 정교하게 클리핑하여 양쪽 대칭을 맞춘다.

08. 밴드 정리

다이아몬드 라인의 마름모 네 모서리 각을 좌우 대칭에 맞게 라운딩한다.

09. 2차 재벌

좌우 대칭을 유지하며 상체에서 하체로 이동하면서 좌측은 반시계 방향, 우측은 시계 방향으로 면을 정리한다.

10. 폼폰

폼폰은 모서리를 제거하면서 지름이 약 8cm가 되는 구의 형태로 라운딩한다.

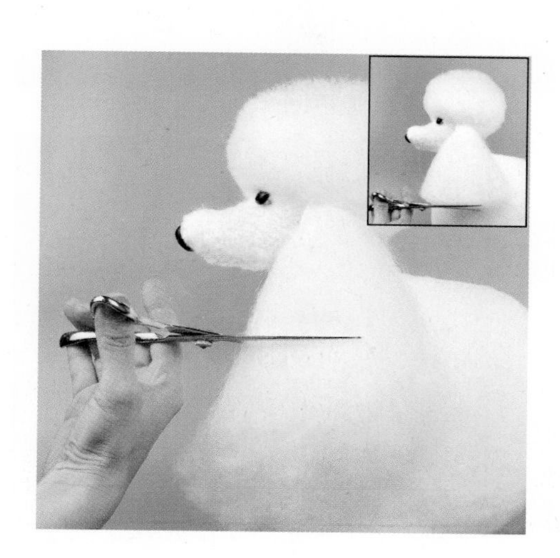

11. 이어 프린지

이어 프린지는 귀 털을 자르기 전에 밴드를 완전히 제거한 후, 흉골단보다 2cm 높게 설정하고 수평선을 따라 둥글게 자른다.

2 COMPLETED 완성본

부록

부록

I 자격증 시험 안내

1 개요

애견미용사 자격증은 반려견 미용 및 스타일링을 전문적으로 수행하는 능력을 검증하기 위한 자격증이다. 반려동물 산업의 성장과 함께 미용사의 수요가 증가하면서 관련 자격증 취득이 전문성과 진로 확장의 중요한 요소로 자리 잡고 있다.

2 수행직무

애견미용사는 반려견의 건강과 미용을 위해 다양한 작업을 수행한다. 주요 직무는 다음과 같다.

① 반려견의 신체 상태 확인 및 건강 점검
② 털 엉킴 제거 및 클리핑, 스타일링
③ 위생 관리 및 기본적인 피부 관리
④ 고객 상담 및 미용 후 관리 방법 안내

3 진로와 전망

반려동물미용사는 애견미용실, 반려동물 관련 업체, 동물병원 등 다양한 분야에서 활동할 수 있다. 반려동물 산업의 지속적인 성장과 고급화로 인해 전문적인 기술을 갖춘 미용사의 수요가 증가하고 있으며, 프리랜서 활동이나 창업의 기회도 많다.

4 자격검정별 및 대회 안내

1 애견미용사 자격증

1) 시행처

한국애견연맹

2) 응시자격

등급	자격
3급	본 연맹 정회원이며 해당 양성기관에서 소정의 과정을 이수하거나, 그에 상응하는 실력을 갖춘 자
2급	본 연맹 정회원이며 애견미용사 3급 자격 또는 펫 트리머 자격을 취득하고, 1년이 경과한 자
1급	본 연맹 정회원이며 애견미용사 2급 자격을 취득하고, 2년이 경과한 자

3) 시험과목

① 애견미용사 3급

구분	1차 필기시험	2차 실기시험	비고
과목	견의 역사와 특성 그루밍의 기초 이론 트리밍의 기초 이론 견체학 기초 기초 수의 위생관리학	펫클립 또는 쇼클립 중에 선택	

② 애견미용사 2급

구분	1차 필기시험	2차 실기시험	비고
과목	애견클립의 이해 그루밍의 실무 이론 트리밍의 실무 이론 수의 위생관리학 견체학 기초	펫클립 또는 쇼클립 중에 선택. 단, 위그로 응시할 경우 켄넬 & 램 클립은 신청 불가	

③ 애견미용사 1급

구분	1차 필기시험	2차 실기시험	비고
과목	그루밍의 고급 이론 트리밍의 고급 이론 견종학 견체학 실무 수의 위생관리학 반려동물 개론 및 심리	쇼클립 중에 선택	

4) 모델견

모델견은 다음 트리밍 견종으로 생후 10개월 1일 이상인 견으로 하고, 수험자가 각자 준비하는 것으로 한다.

① **시저링 견종**: 푸들, 비숑 프리제, 베들링턴 테리어, 케리블루 테리어, 위그(자격검정 3급 및 2급, 콘테스트 3급에 한함)

② **시닝 견종**: 아메리칸 코커 스패니얼, 잉글리시 코커 스패니얼, 잉글리시 스프링거 스패니얼

③ **플러킹 견종**: 미니어처 슈나우저, 에어데일 테리어, 레이크랜드 테리어, 노퍽 테리어, 노리치 테리어, 스코티쉬 테리어, 실리햄 테리어, 웰시 테리어, 웨스트 하이랜드 화이트 테리어, 폭스 테리어(와이어)

④ **푸들의 클립 구분**

- **쇼클립**: 잉글리시 새들 클립, 콘티넨털 클립, 퍼피 클립, 세컨 퍼피 클립, 스칸디나비아 클립

- 펫클립: 켄넬 & 램클립, 파자마더치 클립, 로얄더치 클립, 볼레로 맨해튼 클립, 마이애미 클립, 퍼스트 콘티넨털 클립

5) 검정방법 및 합격기준

애견미용사 자격의 취득시험은 1차 필기시험, 2차 실기시험으로 구분하여 실시한다.

등급	합격기준
3급	필기시험: 60점, 총 20문항 실기시험: 위그 또는 실견 중에 선택 60점
2급	필기시험: 70점, 총 20문항 실기시험: 위그 또는 실견 중에 선택 70점
1급	필기시험: 80점, 총 20문항 실기시험: 실견 80점

※ 기타 자세한 사항은 한국애견연맹(www.thekkf.or.kr)에서 확인 가능.

2 FCI 애견미용대회 관련 규정

1) 시행처

세계애견연맹(FCI:Federation Cynologique Internationale)

2) 분류

대회는 5개의 카테고리로 구성되며 각 카테고리에는 3개의 class로 나눈다.

카테고리 1	카테고리 2	카테고리 3	카테고리 4	카테고리 5
핸드 스트리핑	스패니얼과 세터	푸들	기타 순수 혈통견 시저링	펫
레벨 A: 고급				
레벨 B: 중급				
레벨 C: 초급				

3) FCI 공인 견종(애견미용대회 참가 승인)

카테고리	CLASS	FCI 공인 견종
1	스몰	아펜핀셔, 케언 테리어, 보더 테리어, 댄디 딘몬트 테리어, 그리폰 벨주, 그리폰 브뤼셀루아, 잭 러셀 테리어, 미니어처 슈나우저, 노리치 테리어, 노퍽 테리어, 실리엄 테리어, 파슨 러셀 테리어, 스코티쉬 테리어, 웨스트 하이랜드 화이트 테리어, 와이어헤어드 닥스훈트 · 모든 크기
	미디엄	아이리쉬 테리어, 레이크랜드 테리어, 스탠더드 슈나우저, 웰시 테리어, 와이어 폭스 테리어, 그랑 바셋 그리폰 방데엔, 아이리시 글렌 오브 이말 테리어, 쁘띠 바셋 그리폰 방데엔
	라지	에어데일 테리어, 자이언트 슈나우저, 디어하운드, 드롯죄리 마자르 비즐라, 도이치 드라트하르, 그랑 그리폰 방데엔, 코르탈스 와이어헤어드 그리폰, 아이리시 울프하운드, 스피노네 이탈리아노, FCI 그룹 7의 다른 와이어헤어드 품종
2		아메리칸 코커 스패니얼, 잉글리쉬 코커 스패니얼, 잉글리쉬 스프링거 스파니엘, 아이리쉬 세터, 잉글리쉬 세터, 고든 세터
3	스몰	토이 푸들, 미니어처 푸들
	미디엄	미디엄 푸들
	라지	스탠더드 푸들
4		비숑 프리제, 베들링턴 테리어, 케리블루 테리어, 블랙 러시안 테리어, 부비에 데 플랑드르, 아이리쉬 소프트 코티드 휘튼 테리어, 바르베, 포르투갈 워터 독, 체스키 테리어, 아일랜드 워터 스패니얼, 라고토 로마뇰로
5		미용이 필요한 모든 FCI 공인 견종이 해당된다. 이 카테고리의 참가자는 주로 스트리핑(stripping)이나 시저링(scissoring)이 요구되는 견종으로 출전할 수 있다. 살롱 클립(salon-clip) 스타일링은 참가자의 창의력에 따라 다양하게 연출될 수 있다. 스타일에 특별한 제한은 없으나, 염색은 허용되지 않는다. 애견의 아름다움을 최대한 살리는 예술적인 클립이 심사 기준이 된다. 또한, 액세서리를 진행시, 애견의 건강을 해치지 않아야 하며 영구적이어서는 안된다.

※ 공인 견종은 변경될 수 있으므로, 최신 정보와 세부 사항은 공식 홈페이지 한국애견연맹(www.thekkf.or.kr), 세계애견연맹(http://fci.be)에서 확인 가능.

4) 등급 분류

등급	자격
레벨 C(초급)	경력이 6개월 미만인 자. 도그쇼 경험도 경력 사항으로 고려될 수도 있다. 자국과 타국에서 모두 1년에 걸쳐 해당 등급의 참가 자격을 갖는다. 참가자는 2년 차부터 초급 클래스를 통과해야 중급 클래스로 진급할 수 있다. 레벨 C에서 85점 이상의 높은 점수를 받은 경우, 레벨 B로 승급하기 위한 12개월의 대기 조건이 면제된다.
레벨 B(중급)	레벨C를 통과한 후보자가 신청 가능. 클립은 FCI 견종 표준에 따라 요구되는 쇼클립으로 진행된다. 2년 차부터 참가자는 중급 클래스를 통과해야 고급 클래스로 진급할 수 있다. 클리퍼 사용은 얼굴, 발, 귀, 카테고리 3의 푸들 콘티넨털 클립에만 허용. 참가자는 자신에게 적합한 카테고리에 등록하기 위해, 자국 애견 기관(FCI 회원 단체)에서 승인된 미용 자격을 증명해야 하며, 해당 클럽의 정회원 자격을 보유하고 있어야 한다.
레벨 A(고급)	레벨 C-초급, 레벨 B-중급을 모두 취득, 다른 카테고리에서 레벨 A 자격을 받은 후보자가 신청 가능. 신청자는 12개월 전에 레벨 B-중급을 통과해야 한다. 단, 레벨 B-중급에서 85점 이상의 높은 점수를 받은 경우, 12개월 대기 조건이 면제된다. 신청자는 국가 애견 클럽(NCO) 또는 FCI 정회원, 준회원, 약정회원이 주최하는 세미나에 최소 3회 참석해야 한다. 클리퍼 사용은 얼굴, 발, 귀, 카테고리 3 푸들 콘티넨털 클립에 한해 허용한다. 자신에게 적합한 카테고리를 신청하려면, 참가자는 자국 애견 기관(FCI 회원 단체)에서 승인된 미용 자격을 증명해야 하며, 해당 클럽의 정회원 자격을 갖추고 있어야 한다.
마스터 애견미용사	3개의 카테고리에서 레벨 A 자격을 취득한 자: 실버 마스터 애견미용사 4개의 카테고리에서 레벨 A 자격을 취득한 자: 골드 마스터 애견미용사 5개의 카테고리에서 레벨 A 자격을 취득한 자: 플래티넘 마스터 애견미용사

* 특정 카테고리에서 레벨 A를 취득하고 나면 신청자는 다른 카테고리의 레벨 A 자격 취득 시험에 응시할 수 있다. 각 레벨의 합격 점수는 70점이다.

3 반려견스타일리스트 자격증

1) 시행처

한국애견협회

2) 응시자격

등급	자격
3급	연령, 학력, 기타: 제한 없음
2급	연령, 학력: 제한 없음 기타: 3급 자격 취득 후 6개월 이상의 실무경력 또는 교육 훈련을 받은 자
1급	연령, 학력: 제한 없음 기타: 2급 자격 취득 후 1년 이상의 실무경력 또는 교육 훈련을 받은 자

3) 시험과목

① 반려견스타일리스트 3급

구분	1차 필기시험	2차 실기시험	비고
과목	1. 반려견 미용 관리(20) 2. 반려견 기초미용(10) 3. 반려견 일반미용1(20)	1. 반려견 일반미용 2. 기술시현(120분) : 램클립	

② 반려견스타일리스트 2급

구분	1차 필기시험	2차 실기시험	비고
과목	1. 반려견 일반미용2(25) 2. 반려견 특수미용(25)	1. 반려견 응용미용 2. 기술시현(120분) : 맨해튼 클립 볼레로 맨해튼 클립 소리터리 클립 다이아몬드 클립 더치 클립 피츠버그 더치 클립 6가지 중 랜덤	

③ 반려견스타일리스트 1급

구분	1차 필기시험	2차 실기시험	비고
과목	1. 반려견일반미용3(25) 2. 반려견고급미용(25)	1. 반려견 쇼미용 2. 기술시현(120분) 잉글리쉬 새들 클립 콘티넨털 클립 퍼피 클립 3가지 중 랜덤	

4) 검정방법 및 합격기준

반려견스타일리스트 자격의 취득시험은 1차 필기시험, 2차 실기시험으로 구분하여 실시한다.

등급	합격기준
필기	• 5지선다형 객관식(OMR카드 이용) • 100점 만점에 과목별 40점 이상 취득, 전 과목 평균 60점 이상 취득 • 필기시험 합격은 합격자 발표일로부터 만 1년간 유효함
실기	• 위그를 이용한 기술시현 • 100점 만점에 60점 이상 취득

※ 기타 자세한 사항은 한국애견협회(www.pskkc.or.kr)에서 확인 가능.

Ⅱ 모의고사

3급 실전 예상 문제

1. 다음 중 작업자 안전 수칙과 관계 없는 내용을 고르시오.

① 미용 숍에 방문하는 고객에게도 사전에 안전 교육을 하여, 작업장 내에서 불의의 사고가 일어나지 않도록 한다.
② 작업자는 작업 중 안전사고를 방지하기 위해 반드시 동물과 작업에만 집중한다.
③ 작업자는 물기가 있는 손으로 전기 기구를 만지지 않는다.
④ 작업자는 반려동물을 미용할 때, 음주와 흡연을 적게 한다.
⑤ 작업자는 미용 숍과 작업장 안의 환경을 항상 청결하게 유지한다.

2. 다음 중 안전사고의 화상에 대한 설명으로 올바르지 않은 것을 고르시오.

① 1도 화상은 피부의 표피층에만 손상이 있다.
② 1도 화상은 수포는 생기지 않고, 통증은 일반적으로 3일 정도 지속된다.
③ 2도 화상은 피부의 전체 층에 손상이 있다.
④ 2도 화상은 손상 부위에 종종 수포와 통증이 나타나며, 흉터가 남을 수 있다.
⑤ 3도 화상은 피부의 전체 층에 손상이 있으며 피부색이 변한다.

3. 다음 중 안전 장비 중에서 아래의 설명이 나타내는 것을 고르시오.

> 동물의 도주를 예방하기 위해 사용하는 것을 선택할 때에는 충분히 촘촘한 것을 선택한다. 대기하는 동물의 크기에 따라 충분히 높고, 특히 잠금 장치가 튼튼해야 하며, 동물이 물리력을 가하여 열 수 없는 방향으로 제작되어야 한다.

① 울타리　② 이동장　③ 안전문
④ 케이지　⑤ 테이블 고정 암

4. 다음 중 자비 소독에 대한 설명으로 올바르지 않은 것을 고르시오.

① 자비 소독은 100℃의 끓는 물에 소독 대상을 넣어 소독하는 것을 말한다.

② 100℃ 이상으로는 올라가지 않으므로 미생물 전부를 사멸시키는 것은 불가능하여 아포와 일부 바이러스에는 효과가 없다.

③ 소독 방법은 100℃에서 10~30분 정도 충분히 끓이는 것이다.

④ 금속 제품은 탄산나트륨 10~20%를 추가하면 녹스는 것을 방지할 수 있다.

⑤ 유리 제품은 찬물에 넣은 다음, 끓기 시작하면 10~20분간 두고, 유리 제품을 제외하고는 끓기 시작하면서 넣으면 된다.

5. 다음 중 화학적 소독제 중 알코올에 대한 설명으로 관계가 없는 것을 고르시오.

① 알코올은 주로 에탄올을 사용하며, 알코올은 물과 70%로 희석하였을 때 넓은 범위의 소독력을 가진다.

② 세균, 결핵균, 바이러스, 진균을 불활성화시키지만, 아포에도 효과가 탁월하다.

③ 알코올은 손이나, 피부 및 미용 기구 소독에 가장 적합하다.

④ 가격이 비싸고, 고무나 플라스틱에 손상을 일으킬 수 있으며, 상처가 난 피부에 사용하면 매우 자극적이다.

⑤ 인화성이 있어 화재의 위험성이 있으므로 보관할 때 주의해야 한다.

6. 다음 중 접촉에 의한 주요 인수 공통 전염병에 대한 설명으로 올바르지 않은 것을 고르시오.

① 광견병: 광견병 바이러스로 인해 급성 바이러스성 뇌염을 일으키는 질병이다.

② 백선증: 곰팡이 감염으로 인한 피부 질환이다.

③ 개선충: 옴진드기로 생기는 피부 질환으로 대부분 동물과 직접 접촉하여 감염된다.

④ 개선충: 피부 표피에 굴을 파고 서식하므로 소양감이 매우 심하다.

⑤ 회충, 지알디아, 캄필로박터, 살모넬라균, 대장균: 동물의 교상과 상처 부위를 통해 감염된다.

7. 다음 중 피부 소독제로서 올바르지 않은 것을 고르시오.

① 알코올 ② 클로르헥시딘 ③ 과산화 수소
④ 차아염소나트륨 ⑤ 포비돈

8. 다음 중 가위와 클리퍼에 대한 설명으로 올바르지 않은 것을 고르시오.

① 블런트 가위는 숱 가위라고도 부르며 털을 자르는 데 사용한다.
② 시닝 가위는 발수와 홈에 따라 절삭률이 달라지므로 용도에 맞는 가위를 선택하여 사용한다.
③ 커브 가위는 가윗날의 모양이 휘어져 있어 곡선 부분을 자를 때 좋다.
④ 전문가용 클리퍼는 몸체나 얼굴, 발 등 전반적인 클리핑을 하는 데 다양하게 사용한다.
⑤ 소형 클리퍼는 크기가 작고 가벼운 장점이 있으나, 날의 길이가 제한적이다.

9. 다음 중 빗에 대한 설명으로 올바르게 짝지어진 것을 고르시오.

① 슬리커 브러시 - 포크 콤(fork comb)이라고도 부르며 반려동물의 볼륨을 표현하기 위해 털을 부풀릴 때 사용한다.
② 핀 브러시 - 오일이나 파우더 등을 바르거나 피부를 자극하는 마사지 용도로 사용된다.
③ 브리슬 브러시 - 장모종의 엉킨 털을 제거하고 오염물을 탈락시키는 용도로 사용된다.
④ 콤 - 엉키거나 죽은 털의 제거, 가르마나 누기 털을 세우거나 방향 만들기 등 다양한 용도로 사용된다.
⑤ 오발빗 - 엉킨 털을 빗거나 드라이를 위한 빗질 등에 사용하는 빗이다.

10. 다음 중 물림 방지 도구 중에서 아래의 설명이 나타내는 것을 고르시오.

> 원래는 동물이 수술을 마치고 수술 부위를 핥지 못하게 하기 위해 동물의 목에 착용시켜 얼굴을 감싸는 용도로 만들어졌으나 물지 못하게 하기 위해서도 유용하게 사용된다. 플라스틱으로 된 것과 천으로 된 것 등 다양한 종류가 있다.

① 엘리자베스 칼라 ② 입마개 ③ 겸자
④ 코트킹 ⑤ 스트리핑 나이프

11. 다음 중 가위와 클리퍼의 관리 방법에 대한 설명으로 올바르지 않은 것을 고르시오.

① 가윗날의 예리함을 길게 유지하기 위해서는 가위의 소독 관리 보관이 중요하다.

② 가위를 사용하기 전후에 윤활제를 뿌리는 것이 좋으며 가위를 닦을 때는 전용 가죽이나 천을 사용한다.

③ 클리퍼는 기름을 충분히 바른 상태에서 2~3분 정도 충분히 공회전을 한 후에 분사되는 윤활제를 주입하여 생산 과정에서 날에 묻은 이물질을 제거한 다음 사용한다.

④ 클리퍼 날은 미용 작업 중 또는 소독할 때 물기가 묻은 경우에는 빠르게 사용한다.

⑤ 클리퍼 날은 기름을 뿌린 후에는 마른 수건이나 휴지로 윤활제를 닦아낸 후 사용한다.

12. 다음 중 미용 소모품에 대한 설명으로 올바르지 않은 것을 고르시오.

① 지혈제는 발톱 관리 시 출혈이 발생했을 때 지혈하는 데 사용한다.

② 지혈제는 장시간 사용할 때 열이 발생하는 미용 도구의 냉각에 사용한다.

③ 이어파우더는 귓속의 털을 뽑을 때 털이 잘 잡히도록 하기 위해 사용한다.

④ 이어클리너는 귀 세정제로 귀의 이물질을 제거하거나 소독하는 데 사용한다.

⑤ 소독제는 미용사의 손이나 작업복, 미용 도구 기자재 작업장 등의 소독에 사용한다.

13. 다음 중 장모관리 제품에 대한 설명이다. 올바르지 않은 것을 고르시오.

① 브러싱 스프레이는 장모종의 개를 브러싱할 때 생기는 마찰로 모발의 손상을 덜어주어 브러싱을 쉽게 하는 데 사용한다.

② 워터리스 샴푸는 물이 없이 오염을 제거하는 데 사용한다. 액상과 파우더 형태가 있으며 사용 용도와 상황에 적절한 제품을 선택하여 사용한다.

③ 정전기 방지 컨디셔너는 정전기로 코트가 날리는 현상을 줄여 주어 모질 손상을 방지하는 데 사용하는 컨디셔너이다.

④ 엉킴 제거 제품은 엉킨 털을 쉽게 풀 수 있도록 하는 데 사용한다.

⑤ 래핑지는 동물의 털을 높이 세우거나 풍성해 보이게 하기 위해 사용한다.

14. 다음 중 블로 드라이어에 대한 설명으로 올바르지 않은 것을 고르시오.

① 강한 바람으로 털을 말리는 드라이어이다.

② 박스 형태의 룸 안에 동물을 넣고 작동시키면 바람이 나온다.

③ 스탠드 위에 올려 각도를 조절하며 사용하기도 한다.

④ 호스나 스틱형 관을 끼워 사용한다.

⑤ 바닥이나 테이블 위에 올려놓고 사용하기도 한다.

15. 다음 중 고객 응대의 태도와 요령에 대한 설명으로 올바르지 않은 것을 고르시오.

① 유니폼은 항상 깨끗한 상태로 착용해야 하며 불쾌한 냄새가 나지 않도록 관리한다.

② 단정하고 깔끔한 이미지를 위하여 위화감을 주는 짙은 화장은 하지 않는다.

③ 귀에 부착된 작은 크기의 귀걸이 외에 단정해 보이지 않는 귀걸이와 작업복 위에 목걸이, 팔찌 등도 착용하지 않는다.

④ 작업 외의 시간에는 단정한 근무복을 착용하여 고객에게 전문적으로 보일 수 있도록 한다.

⑤ 더운 여름철에는 맨발에 슬리퍼를 신고, 짧은 바지나 치마를 입는다.

16. 다음 중 불만 고객 응대 과정을 단계별로 올바르게 나열한 것을 고르시오.

(가) 문제경청	(나) 동감 및 이해
(다) 해결 방법 제시	(라) 동감 및 이해

① (가)-(나)-(다)-(라)　② (가)-(나)-(라)-(다)　③ (다)-(나)-(가)-(라)

④ (다)-(나)-(라)-(가)　⑤ (라)-(다)-(나)-(가)

17. 다음 중 개와 고양이에게 위험한 식물에 대한 설명으로 올바르지 않은 것을 고르시오.

① 아스파라거스 고사리는 고양이에게 독성이 있다. 몇 가지는 개에게도 독성이 있다고 알려져 있다. 일반적으로 고양이의 증상은 구토, 무기력증, 식욕감퇴이지만 빨리 치료하지 않으면 심각한 신장 손상과 죽음에 이를 수 있다.

② 옥수수식물은 옥수수나무, 행운목, 드라세나, 리본식물로 불리며 개와 고양이에게 모두 독성이있는 식물이다.

③ 디펜바키아는 개와 고양이 모두가 섭취할 경우 구강에 간지럼증이 일어나는데 주로 혀와 입술에 집중된다.

④ 시클라멘은 풍접초(족두리꽃)로 알려진 아름다운 식물로 개와 고양이에게 모두 위험하다. 섭취할 경우 타액 분비가 증가하고 구토와 설사 증세를 보인다.

⑤ 알로에는 개와 고양이에게 독성이 있는 식물 중 흔한 편이며 즙이 아주 많다. 섭취 시 구토, 소변이 붉어지는 현상을 보인다.

18. 다음 중 전화 응대 요령으로 단계별로 올바르게 나열한 것을 고르시오.

(가) 메모지와 미용 예약 장부를 전화기 옆에 늘 준비한다.
(나) 전화벨이 3번 이상 울리기 전에 받는다.
(다) 고객의 말을 적극적으로 경청한다.
(라) 고객의 입장과 상황을 배려하여 정중히 받는다.
(마) 고객보다 먼저 끊지 않는다.

① (가)-(나)-(다)-(마)-(라)
② (가)-(나)-(마)-(라)-(다)
③ (가)-(나)-(다)-(라)-(마)
④ (나)-(가)-(다)-(라)-(마)
⑤ (나)-(가)-(마)-(라)-(다)

19. 다음 중 미용 동의서 작성 요령에 대해서 올바르지 않은 것을 고르시오.

① 접종과 건강 검진의 유무를 확인한다.

② 과거 또는 현재의 병력을 기록한다.

③ 미용 후 스트레스로 인한 2차적인 증상이 나타날 수 있음을 안내한다.

④ 미용 작업 중 불가항력적인 가능성을 충분히 설명한다.

⑤ 사납거나 무는 동물의 경우에는 물림 방지 도구를 사용할 수 있음을 사전 안내 없이 진행한다.

20. 다음 중 사고 발생 시 대처와 고객 안내에 대한 설명으로 올바르지 않은 것을 고르시오.

① 작업자가 주의하더라도 발생하는 불가피한 사고에 대한 응급 처치 요령을 반드시 숙지한다.

② 위급한 상황에는 반드시 수의사에게 진료를 받을 수 있도록 한다.

③ 고객에게는 상세한 경위와 반려동물의 상태를 설명하고 수의사에게 진료를 받도록 안내한다.

④ 털 엉킴이 있거나 피부의 종양, 궤양, 홍반, 부스럼과 딱지, 수포, 색소, 침착, 가려움 등이 있는지 확인하여 고객에게 안내한다.

⑤ 반려동물이 서로 공격할 때에는 안전한 방법을 사용하여 떨어뜨린다.

21. 다음 중 브러싱의 효과로 관계가 없는 것을 고르시오.

① 신진대사와 혈액순환이 촉진된다.

② 털의 관리 상태를 관리할 수 있다.

③ 기생충과 이물질의 점검할 수 없다.

④ 작업자 사이에 친숙함이 형성된다.

⑤ 건강한 털을 유지하는 데 도움을 준다.

22. 다음 중 브러싱 순서, 방법에 대한 설명으로 올바르지 않은 것을 고르시오.

① 개체의 성격과 사육 환경 등의 정보를 알아두면 교상의 위험이 극대화할 수 있다.

② 개체의 특징을 파악한다.

③ 빗질로 털과 피부의 질병과 관리 상태를 점검할 수 있으며, 이에 따라 고객과 개체의 상태에 대한 상담이 가능하다.

④ 피부 손상과 털의 끊김에 주의하여 빗질한다.

⑤ 엉킨 털 풀기에 도움이 되는 컨디셔너를 도포하여 털의 손상을 최소화해야 한다.

23. 다음 중 피부와 털의 구조와 특징으로 올바르지 않은 것을 고르시오.

① 주모 - 길고 굵으며 뻣뻣하다.

② 표피- 피부의 외층 부분으로 개와 고양이의 표피는 털이 있는 부위가 얇다.

③ 입모근 - 불수의근으로 추위, 공포를 느꼈을 때 털을 세울 수 있는 근육이다.

④ 부모 - 짧은 털로 주모가 바로 설 수 있게 도와주며 보온 기능과 피부 보호의 역할을 한다.

⑤ 모낭 - 피부 밑과 근육 사이의 지방으로 피부 밑과 근육 사이에 분포한다.

24. 다음 중 샴푸의 목적과 기능에 대한 설명으로 올바르지 않은 것을 고르시오.

① 정기적으로 샴핑을 하면 건강한 피부와 털을 점검하고 관리할 수 있다.

② 오염된 피부와 털을 청결히 하고 털의 발육과 피부의 건강을 위해 관리하는 것이다.

③ 때와 피지를 제거하고 모질을 부드럽고 빛나게 하여 빗질하기 쉽도록 해준다.

④ 잔류물을 남기지 않고 눈에 자극이 없으며 오물을 잘 제거할 수 있어야 한다.

⑤ 주로 pH가 산성에 가까운 샴푸를 사용해야 한다.

25. 다음 중 린싱의 목적과 기능으로 올바르지 않은 것을 고르시오.

① 샴핑으로 알칼리화 된 상태를 중화시키는 것이 린스의 가장 큰 목적이다.

② 과도한 세정 때문에 생긴 피부와 털의 손상을 적절히 회복시켜 줄 수 있다.

③ 농축 형태로 된 것을 용기에 적당한 농도로 희석하여 사용한다.

④ 윤기와 광택을 주고 정전기를 방지하기가 어렵다.

⑤ 드라이로 인한 열의 손상을 막기 위한 전처리제 역할도 한다.

26. 다음 중 드라잉 방법 중 아래의 설명이 나타내는 것을 고르시오.

> 이중모를 가진 페키니즈, 포메라니안, 러프 콜리 등의 경우에 핀 브러시를 사용하여 모근에서부터 털을 세워 가며 모량을 풍성하게 드라이해야 한다.

① 타월링　　② 새킹　　③ 플러프 드라이

④ 켄넬 드라이　　⑤ 룸 드라이어

27. 다음 중 콤의 활용과 종류에 대한 설명으로 올바르지 않은 것을 고르시오.

① 핀의 간격에 따라 사용하는 부위와 용도가 다양하다.

② 페이스 콤은 핀의 길이가 짧아 얼굴, 눈앞과 풋 라인을 자를 때 주로 사용한다.

③ 푸들 콤은 파상모의 피모를 빗을 때 사용한다.

④ 실키 콤은 부드러운 피모를 빗을 때 사용한다.

⑤ 핀 간격이 넓은 면은 섬세하게 털을 세울 때 사용하고, 핀 간격이 좁은 면은 세우거나 엉킨 털을 제거할 때 사용한다.

28. 다음 중 가위의 각 부분별 명칭으로 올바르지 않은 것을 고르시오.

① 가위끝(edge point) - 정날과 동날 양쪽의 뾰족한 앞쪽 끝

② 날끝(cutting edge) - 정날과 동날의 안쪽 면의 자르는 날 끝

③ 동날(moving blade) - 엄지손가락의 움직임으로 조작되는 움직이는 날

④ 정날(still blade) - 넷째 손가락의 움직임으로 조작되는 움직이지 않는 날

⑤ 선회축(pivot point) - 선회측 나사와 환 사이의 부분

29. 다음 중 귀의 구조에 대한 설명으로 올바르지 않은 것을 고르시오.

① 반려동물의 귀는 외이, 중이, 내이로 나뉜다.

② 사람과 다르게 L자형의 구조로 되어 있다.

③ 고막을 보호하기에 좋은 구조이다.

④ 공기가 쉽게 통하는 구조이므로 세균의 번식이 낮다.

⑤ 외이는 소리를 고막으로 전달하는 기능을 한다.

30. 다음 중 발톱의 구조와 역할에 대한 설명으로 올바르지 않은 것을 고르시오.

① 발톱에는 혈관과 신경이 연결되어 있다.

② 발톱이 자라면서 혈관과 신경은 자라지 않는다.

③ 발톱은 지면으로부터 발을 보호하기 위해 단단하게 되어 있다.

④ 발의 발가락뼈(지골)는 반려동물이 보행할 때 힘을 지탱해 준다.

⑤ 발가락뼈를 보호하며 발가락뼈의 역할을 보조해 준다.

31. 다음 중 몸의 구조에 문제가 있을 때 미용 스타일을 선정하는 방법으로 올바르지 않은 것을 고르시오.

① 이상적인 체형에 대한 지식이 필요하다.

② 이상적인 체형에서 벗어난 단점을 보완하는 미용 방법을 선택한다.

③ 신체에 장애 부위가 있는 경우에 그 부위가 안 보이도록 보완한다.

④ 장애 부위를 개성으로 부각시킬 것인지를 결정한다.

⑤ 장애와 상관없이 모든 부위의 털 길이를 일정하게 결정하여 커트한다.

32. 다음 중 반려동물이 노령이거나 지병이 있을 경우 미용 스타일을 선정하는 방법으로 올바르지 않은 것을 고르시오.

① 미용이 질병을 악화시킬 가능성이 있어도 미용을 해준다.

② 피부에 탄력이 없고 주름이 있으므로 클리핑할 때 상처가 나지 않게 주의해야 한다.

③ 체력이 저하된 경우가 많으므로 시간이 오래 걸리는 미용 스타일은 바람직하지 않다.

④ 청각이나 시각을 잃은 경우에는 예민할 수 있으므로 주의한다.

⑤ 신체적으로 건강하지 못할 경우에는 시간이 오래 걸리는 미용 스타일은 피한다.

33. 다음 중 미용 스타일의 제안에 대한 설명으로 올바르지 않은 것을 고르시오.

① 고객의 의견을 우선적으로 반영한다.

② 고객이 이해할 수 있는 용어를 활용하여 설명한다.

③ 새로운 미용 용어를 이해하도록 노력한다.

④ 스타일북을 활용하여 고객과 미용사 간에 생길 수 있는 생각의 오차를 줄인다.

⑤ 미용 스타일의 제안하고 미용 요금은 미용 후에 안내한다.

34. 다음 중 포스트 클리핑 신드롬에 대한 설명으로 올바르지 않은 것을 고르시오.

① 앨러피시어(alopecia)라고도 한다.

② 털을 깎은 자리에 털이 다시 자라나지 않는 증상 때문에 피부병으로 오해하기도 한다.

③ 보통 포메라니안, 스피츠 등 이중모 개에게서 발견된다.

④ 단모종 개에게서도 흔히 볼 수 있다.

⑤ 털을 짧게 미용하는 고양이는 발생되지 않는다.

35. 다음 중 전체 클리핑에 대한 설명으로 올바르지 않은 것을 고르시오.

① 역방향으로 클리핑은 미용 주기가 더 길어지고 피모에 손상을 줄 우려가 있다.
② 정방향으로 클리핑은 미용 주기가 더 짧아지고 피모에 손상을 줄 우려가 적다.
③ 고객의 요청, 개체의 특성, 상황 등에 따라 전체 클리핑을 한다.
④ 개체의 털이 심하게 오염됐을 경우에는 부분 클리핑을 한다.
⑤ 겨드랑이는 상처가 잘 나는 부위이므로 1mm 클리퍼 날을 사용해도 좋다.

36. 다음 중 개의 신체를 머리와 몸통, 다리로 구분할 때 머리 부분으로 알맞은 것을 모두 고르시오.

(가) 후두부(occiput)	(나) 이마 단(stop)
(다) 상완(upperarm)	(라) 전완(upperarm)
(마) 하퇴부(second thigh)	(바) 비절(hock)

① (가), (다)　② (가), (마)　③ (가), (나)
④ (나), (라)　⑤ (나), (바)

37. 다음 중 모질에 따른 가위 선택 방법으로 올바르지 않은 것을 고르시오.

① 블런트 가위 - 모질이 굵고 건강하여 콤으로 빗질하였을 때 털이 잘 서는 모질에 사용한다.
② 블런트 가위 - 전반적인 커트에 사용하고 마무리 작업에 사용한다.
③ 시닝 가위 - 모질이 부드럽고 힘이 없어 빗질하였을 때 처지는 모질에 사용한다.
④ 시닝 가위 - 아치형 또는 동그랗게 커트할 때 쉽고 간단하게 연출할 수 있다.
⑤ 커브 가위 - 얼굴의 머리 부분이나 다리 장식 털을 커트할 때 많이 사용한다.

38. 다음 중 하이온 타입에 맞는 미용 스타일에 대한 설명으로 올바르지 않은 것을 고르시오.

① 몸길이가 몸높이보다 긴 체형이다.
② 몸에 비해 다리가 길다.
③ 긴 다리를 짧아 보이게 커트한다.
④ 백 라인을 짧게 커트하여 키를 작아 보이게 한다.
⑤ 언더라인의 털을 길게 남겨 다리를 짧아 보이게 한다.

39. 다음 중 드워프 타입에 맞는 미용 스타일에 대한 설명으로 올바르지 않은 것을 고르시오.

① 몸길이가 몸높이보다 긴 체형이다.

② 다리에 비해 몸이 길다.

③ 긴 몸의 길이를 길어 보이게 커트한다.

④ 가슴과 엉덩이 부분의 털을 짧게 커트하여 몸길이를 짧아 보이게 한다.

⑤ 언더라인의 털을 짧게 커트하여 다리를 길어 보이게 한다.

40. 다음 중 푸들의 램클립에 대한 설명으로 알맞지 않은 것을 고르시오.

① 얼굴은 눈끝과 귀의 끝을 일직선으로 시저링한다.

② 백라인은 꼬리에서 엉덩이(좌골단)은 40°각도로 각을 주어 시저링한다.

③ 언더라인은 턱업에서 뒷다리를 잇는 아치형으로 시저링한다.

④ 뒷다리는 비절에서 지면까지 일직선으로 시저링한다.

⑤ 앞다리는 원통형으로 시저링한다.

41. 다음 중 트리밍 용어에 대한 설명으로 올바르지 않은 것을 고르시오.

① 그루머(groomer) - 반려동물미용사이다.

② 그루밍(grooming) - 피모에 대한 일상적인 손질을 모두 포함하는 포괄적인 것이다.

③ 그리핑(gripping) - 발톱 손질이다.

④ 듀플렉스 쇼튼(duplex-shorten) - 듀플렉스 트리밍(duplex trimming) 스트리핑 후 일정 기간 새털이 자라날 때까지 들뜬 오래된 털을 다시 뽑는 것이다.

⑤ 드라잉(drying) - 드라이어로 코트를 말리는 과정이다.

42. 다음 중 아래의 설명이 나타내는 가장 알맞은 용어를 고르시오.

피부를 자극하여 마사지 효과를 주고 노폐모와 탈락모를 제거한다. 피부의 혈액순환을 좋게 하고 신진대사를 촉진하여 건강한 피모가 되도록 한다. 엉킨 털 뭉치를 제거하고 피모를 청결하게 한다.

① 브러싱　② 블렌딩　③ 밴드
④ 밥 커트　⑤ 린싱

43. 다음 중 아래의 설명이 나타내는 가장 알맞은 용어를 고르시오.

외부에 설정하는 가상의 선.

① 시닝(thinning) ② 스펀징(sponging) ③ 스웰(swell)
④ 이미지너리 라인(imaginary line) ⑤ 세트업(set up)

44. 다음 중 아래의 설명이 나타내는 가장 알맞은 용어를 고르시오.

냄새나 더러움을 제거하기 위해 흰색 털에 흰색을 표현할 수 있는 제품을 문질러 바르는 것.

① 치핑(chipping) ② 초킹(chalking) ③ 카딩(carding)
④ 코밍(combing) ⑤ 타월링(toweling)

45. 다음 중 트리밍 용어에서 시저링과 관계가 없는 것을 고르시오.

① 치핑(chipping) ② 시저링(scissoring) ③ 블렌딩(blending)
④ 밥 커트(bob cut) ⑤ 오일 브러싱(oil brushing)

46. 다음 중 트리밍 용어에서 알맞지 않게 연결된 것을 고르시오.

① 카딩(carding) - 가위나 클리퍼로 털을 잘라 원하는 형태를 만들어 내는 것
② 피킹(picking) - 듀플렉스 쇼트와 같은 작업, 주로 손가락을 사용하여 오래된 털을 정리함
③ 페이킹(faking) - 눈속임
④ 파팅(parting) - 털을 좌우로 분리시키는 것
⑤ 화이트닝(whitening) - 견체의 하얀 털 부분을 더욱 하얗게 보이게 하기 위한 작업

47. 다음 중 트리밍 용어 중 새킹(sacking)에 대한 설명으로 가장 알맞은 것을 고르시오.

① 톱 노트를 형성시키기 위해 두부의 코트를 밴딩하고 세트 스프레이를 하는 작업
② 베이싱 후 털이 튀어나오거나 뜨는 것을 막아 가지런히 하기 위해 신체를 타월로 싸놓는 것
③ 드레서나 나이프를 이용하여 털을 베듯이 자르는 기법
④ 우묵한 패임을 만드는 것. 푸들의 스톱에 역 V형 표현
⑤ 클리퍼를 사용하여 스타일 완성에 불필요한 털을 잘라 내는 것

48. 다음 중 그루머(groomer)에 대한 설명으로 가장 알맞은 것을 고르시오.

① 동물의 피모 관리를 전문적으로 하는 사람이다.
② 면도날로 털을 잘라 내는 작업이다.
③ 털을 가위로 잘라 일직선으로 가지런히 하는 작업이다.
④ 브러시를 이용하여 빗질하는 작업이다.
⑤ 털의 길이가 다른 곳의 층을 연결하여 자연스럽게 하는 것이다.

49. 다음 중 아래의 설명이 나타내는 가장 알맞은 용어를 고르시오.

> 털을 자르거나 뽑거나 미는 등의 모든 미용 작업을 일컫는 말. 불필요한 부분의 털을 제거하여 스타일을 만듦.

① 파팅(parting) ② 펫 클립(pet clip) ③ 페이킹(faking)
④ 트리밍(trimming) ⑤ 타월링(toweling)

50. 다음 중 트리밍 용어 중 베이싱과 관계가 없는 것을 고르시오.

① 샴핑(shampooing) ② 린싱(rinsing) ③ 레이저 커트(razor cut)
④ 스펀징(sponging) ⑤ 새킹(sacking)

정답 및 해설(3급)

1	④	6	⑤	11	④	16	①	21	③	26	③	31	⑤	36	③	41	③	46	①
2	③	7	④	12	②	17	①	22	③	27	⑤	32	①	37	④	42	①	47	②
3	③	8	①	13	⑤	18	③	23	⑤	28	⑤	33	⑤	38	①	43	④	48	①
4	④	9	④	14	②	19	⑤	24	⑤	29	④	34	⑤	39	③	44	②	49	④
5	②	10	①	15	⑤	20	④	25	④	30	②	35	④	40	②	45	⑤	50	③

1. ④

작업자는 반려동물을 미용할 때, 음주와 흡연을 하지 않는다.
작업자의 흡연은 개인적인 건강 문제뿐만 아니라 간접흡연으로 인해 반려동물의 건강에도 부정적인 영향을 미칠 수 있다.

2. ③

화상은 피부의 손상 정도에 따라 1~ 4도로 분류되며, 2도 화상은 피부의 진피층까지 손상이 있다.

3. ③

안전문은 동물의 도주를 예방하기 위해 사용하는 안전문을 선택할 때에는 충분히 촘촘한 것을 선택한다.

4. ④

의류, 금속 제품, 유리 제품 등에 적당하고, 금속 제품은 탄산나트륨 1~2%를 추가하면 녹스는 것을 방지할 수 있다.

5. ②

세균, 결핵균, 바이러스, 진균을 불활성화시키지만, 아포에는 효과가 없다.

6. ⑤

동물의 배설물 등에 의해 옮겨지며, 주로 입으로 감염되어 사람과 동물에게 장염과 같은 소화기 질병을 일으킨다.

7. ④

차아염소산나트륨은 락스의 구성 성분으로 기구 소독, 바닥 청소, 세탁, 식기 세척 등 다양한 용도로 쓰인다.

8. ①

블런트 가위는 민 가위라고 불린다.

9. ④

① 오발빗을 뜻한다. ② 브리슬 브러시에 대한 설명이다. ③ 핀 브러시의 설명이다. ⑤ 슬리커 브러시에 대한 설명이다.

10. ①

엘리자베스 칼라의 동물이 수술을 마치고 수술 부위를 핥지 못하게 하기 위해 동물의 목에 착용시켜 얼굴을 감싸는 용도로 만들어졌으나 물지 못하게 하기 위해서도 유용하게 사용된다.

11. ④

클리퍼 날은 미용 작업 중 또는 소독할 때 물기가 묻은 경우에는 반드시 건조시켜 사용하고 보관한다.

12. ②

냉각제는 장시간 사용할 때 열이 발생하는 미용 도구의 냉각에 사용한다. 제품에 따라 도구를 부식시키는 성분이 포함된 것도 있으므로 반드시 닦아서 보관해야 한다.

13. ⑤

래핑지는 장모종 개의 털을 보호하기 위해 사용한다. 종이로 된 것, 비닐로 된 것 등 소재가 다양하다. 털의 성질에 따라 두께나 소재를 선택하여 사용하고 저가 제품의 경우에는 백모견종의 털에 색이 염색되는 경우가 있으므로 주의하여 사용해야 한다.

14. ②

룸 드라이어는 박스 형태의 룸 안에 동물을 넣고 작동시키면 바람이 나오는 장치가 부착되어 미용사가 직접 동물을 말리지 않아도 되는 자동 드라이 시스템이다.

15. ⑤

복장은 맨발에 슬리퍼를 신지 않고, 짧은 바지나 치마를 입지 않는다. 손톱은 짧게 유지하는 것이 좋고, 과도한 부착물은 하지 않는다.

16. ①

불만 고객은 빠르게 응대하지 않으면 더 큰 불만을 호소하거나 나쁜 소문을 퍼뜨리는 계기가 되므로 최대한 고객의 요구 사항을 귀 기울여 듣고 해결 방법을 제시해준다. 문제경청 → 동감 및 이해 → 해결 방법 제시 → 동감 및 이해 순으로 진행한다.

17. ①

아스파라거스 고사리는 개와 고양이에게 모두 독성이 있으며 열매를 먹으면 구토와 설사, 복통이 일어날 수도 있다. 지속적으로 노출되면 알레르기성 피부염이 생길 수도 있다.

18. ③

전화 응대의 원칙은 친절, 정확, 신속, 예의이다. 메모지와 미용 예약 장부를 전화기 옆에 늘 준비한다. 전화벨이 3번 이상 울리기 전에 받는다. 고객의 말을 적극적으로 경청한다. 고객의 입장과 상황을 배려하여 정중히 받는다. 고객보다 먼저 끊지 않는다는 순으로 진행한다.

19. ⑤

사납거나 무는 동물의 경우에는 물림 방지 도구를 사용할 수 있음을 미리 안내하고, 경계심이 강하고 예민한 동물에게는 쇼크나 경련 등의 증상이 나타날 수 있음을 안내한다.

20. ④

피모 상태를 확인하는 방법으로, 털 엉킴이 있거나 피부의 종양, 궤양, 홍반, 부스럼과 딱지, 수포, 색소, 침착, 가려움 등이 있는지 확인하여 고객에게 안내한다.

21. ③

털의 관리 상태, 건강, 상태, 기생충과 이물질의 점검 등을 관리할 수 있다.

22. ①

개체의 성격과 사육 환경 등의 정보를 알아 두면 교상의 위험과 반려동물의 스트레스 반응을 최소화할 수 있으며 빗질 작업에 도움이 된다.

23. ⑤

모낭은 모근을 싸고 있는 주머니 형태의 구조물로 털을 보호하고 단단히 지지한다.

24. ⑤

개의 피부(pH 7~7.4)는 중성에 가까우며 사람 피부(pH 4.5~5.5)와는 다르다.

25. ④

털에 윤기와 광택을 주고 정전기를 방지해 엉킴을 방지하며, 빗질로 발생한 손상에서 털을 보호해 주는 역할을 한다.

26. ③

플러프 드라이는 몰티즈, 요크셔 테리어와 같은 장모에 비해 비교적 짧은 이중모를 가진 페키니즈, 포메라니안, 러프 콜리 등의 경우에 핀 브러시를 사용하여 모근에서부터 털을 세워 가며 모량을 풍성하게 드라이해야 한다.

27. ⑤

콤은 핀 간격이 넓은 면은 털을 세우거나 엉킨 털을 제거할 때 사용하고, 핀의 간격 좁은 면은 섬세하게 털을 세울 때 사용한다.

28. ⑤

선회축은 가위를 느슨하게 하거나 조이는 역할을 하며 양쪽 날을 하나로 고정시켜 주는 중심축을 뜻한다.

29. ④

사람과 다르게 L자형의 구조로 되어 있어 고막을 보호하기에 좋은 구조이나 공기가 쉽게 통하는 구조가 아니기 때문에 세균이 번식하거나 염증이 일어나기도 하며 악취가 발생하기 쉽다.

30. ②

발톱에는 혈관과 신경이 연결되어 있고 발톱이 자라면서 혈관과 신경도 같이 자란다.

31. ⑤

반려동물의 몸 구조에 문제가 있을 때에는 단점을 보완할 수 있는 미용 스타일을 완성해야 한다.

32. ①

미용이 질병을 악화시킬 가능성이 있다면 미용하지 않는다.

33. ⑤

미용 스타일의 제안과 동시에 미용 요금도 함께 안내한다. 털의 오염도, 젖은 상태, 엉킴 정도, 반려동물의 미용 협조 정도 등에 따라 추가적으로 요금이 발생할 수 있다. 이러한 부분은 반려동물의 개체 특성을 파악하여 미용 스타일을 제안할 때 함께 안내해야 한다.

34. ⑤

클리핑 시 주로 털을 짧게 미용하는 고양이에게서도 자주 발생된다.

35. ④

개체의 털이 심하게 오염(씹다 버린 껌이나 쥐잡이용 끈끈이 등)됐을 경우에 전체 클리핑을 한다.

36. ③

머리에는 코, 주둥이, 입술, 이마단, 눈, 두개부, 후두부, 귀, 아래턱, 뺨, 인후가 있다.

37. ④

시닝 가위는 모량이 많은 털을 가볍게 할 때 사용하고, 털의 단사를 자연스럽게 연결할 때 사용한다. 또한 얼굴 라인을 자를 때 좋다. 라인 작업을 할 때, 실수를 해도 라인이 뚜렷하지 않기 때문에 수정이 가능하다.

38. ①

몸높이가 몸길이보다 긴 체형으로, 몸에 비해 다리가 길다.

39. ③

몸길이가 몸높이보다 긴 체형으로, 긴 몸의 길이를 짧아 보이게 커트한다.

40. ②

백라인은 꼬리에서 엉덩이(좌골단)은 30°각도로 각을 주어 시저링한다.

41. ③

그리핑(gripping)은 트리밍 나이프로 소량의 털을 골라 뽑는 것이다.

42. ①

브러싱은 브러시를 이용하여 빗질하는 것이다. 피부를 자극하여 마사지 효과를 주고 노폐모와 탈락모를 제거한다. 피부의 혈액순환을 좋게 하고 신진대사를 촉진하여 건강한 피모가 되도록 한다. 엉킨 털 뭉치를 제거하고 피모를 청결하게 한다.

43. ④

이미지너리 라인(imaginary line)은 외부에 설정하는 가상의 선이다.

44. ②

초킹은 냄새나 더러움을 제거하기 위해 흰색 털에 흰색을 표현할 수 있는 제품을 문질러 바르는 것이다.

45. ⑤

오일 브러싱(oil brushing)은 피모에 오일을 발라 브러싱하는 것이다.

46. ①

카딩(carding)은 빗질하거나 긁어내어 털을 제거하는 미용 방법이다.

47. ②

① 세트업, ③ 셰이빙, ④ 인덴테이션 ⑤ 클리핑 내용이다.

48. ①

반려동물미용사이며 동물의 피모 관리를 전문적으로 하는 사람으로 트리머라고 부르기도 한다.

49. ④

트리밍(trimming)은 털을 자르거나 뽑거나 미는 등의 모든 미용 작업을 일컫는 말이다. 불필요한 부분의 털을 제거하여 스타일을 만든다.

50. ③

레이저 커트(razor cut)는 면도날로 털을 잘라 내는 것이다.

2급 실전 예상 문제

1. 다음 중 견체 용어 중 아래의 설명으로 알맞은 것을 고르시오.

두부에 각이 지거나 펑퍼짐하게 퍼져 길이에 비해 폭이 매우 넓은 네모난 모양의 각진 머리형이다. 견종은 보스턴 테리어가 있다.

① 블로키 헤드(blocky head) ② 스니피 페이스(snipy face) ③ 몰레라(molera)
④ 디시 페이스(dish face) ⑤ 드라이 스컬(dry skull)

2. 다음 중 견체 용어 중 아래의 설명으로 알맞은 것을 고르시오.

주둥이가 뾰족해 약한 느낌의 얼굴.

① 스톱(stop) ② 애플 헤드(apple head) ③ 와안(frog face)
④ 스니피 페이스(snipy face) ⑤ 장두형(長頭型)

3. 다음 중 견체 용어 중 대표 견종과 알맞지 않게 이어진 것을 고르시오.

① 클린 헤드(clean head) - 살루키
② 폭시(foxy) - 포메라니안
③ 플랫 스컬(flat skull) - 스탠더드 슈나우저
④ 애플 헤드(apple head) - 치와와
⑤ 페어 셰이프트 헤드(pear-shaped head) - 도베르만 핀셔

4. 다음 견체 용어 중 눈에 대한 대표 견종과 알맞지 않게 이어진 것을 고르시오.

① 라운드 아이(round eye) - 몰티즈
② 아몬드 아이(almond eye) - 도베르만 핀셔
③ 오벌 아이(oval eye) - 비숑 프리제
④ 트라이앵글러 아이(triangular eye) - 아프간하운드
⑤ 차이나 아이(china eye) - 시베리안 허스키

5. 다음 견체 용어 중 눈에 대한 아래의 설명으로 알맞은 것을 고르시오.

> 눈꺼풀의 바깥쪽이 올라가 삼각형 모양을 이루는 눈.

① 트라이앵글러 아이(triangular eye) ② 차이나 아이(china eye) ③ 풀 아이(full eye)
④ 아이라인(eye line) ⑤ 아이리드(eyelid)

6. 다음 견체 용어 중 입에 대한 아래의 설명으로 알맞은 것을 고르시오.

> 과리 교합. 위턱의 앞니가 아래턱 앞니보다 전방으로 돌출되어 맞물린 것.

① 언더숏(undershot) ② 오버숏(overshot) ③ 이븐 바이트(even bite)
④ 정상 교합 ⑤ 시저스 바이트(scissors bite)

7. 다음 중 개의 치아에 대한 설명으로 올바르지 않은 것을 고르시오.

① 개의 유치는 28개이다.
② 절치(앞니, 문치, incisor teeth) 6개, 견치(송곳니, canine tooth) 2개, 구치(어금니, molar tooth) 6개로 구성된다.
③ 성견의 영구치는 44개이다.
④ 윗니 20개이다.
⑤ 아랫니 22개이다.

8. 다음 견체 용어 중 귀에 대한 아래의 설명으로 알맞은 것을 고르시오.

> 파피용의 늘어진 타입은 그 수가 매우 적다. 틀어진 타입의 파피용의 경우 완전하게 늘어져야만 한다.

① 크롭트 이어(cropped ear) ② 세미프릭 이어(semiprick ear) ③ 벨 이어(bell ear)
④ 펜던트 이어(pendant ear) ⑤ 파렌 이어(phalene ear)

9. 다음 견체 용어 중 귀에 대한 대표 견종과 알맞지 않게 이어진 것을 고르시오.

① 드롭 이어(drop ear) - 바셋하운드

② 로즈 이어(rose ear) - 불도그, 휘핏

③ 버터플라이 이어(butterfly ear) - 파피용

④ V형 귀(V-shaped ear) - 러프 콜리, 폭스 테리어

⑤ 크롭트 이어(cropped ear) - 복서, 도베르만 핀셔

10. 다음 중 치와와가 가진 귀 형태로 가장 알맞은 것을 고르시오.

① 플레어링 이어(flaring ear)
② 필버트 타입 이어(fillbert shaped ear)
③ 하이셋 이어(highset ear)
④ 프릭 이어(prick ear)
⑤ 배트 이어(bat ear)

11. 다음 견체 용어 중 몸통에 대한 아래의 설명으로 알맞은 것을 고르시오.

등선이 허리로 향하여 부드럽게 커브한 모양.

① 로인(loin)
② 레이시(racy)
③ 레벨 백(level back)
④ 로치 백(roach back)
⑤ 리브케이지(ribcage)

12. 다음 견체 용어 중 몸통에 대한 설명으로 알맞지 않게 이어진 것을 고르시오.

① 슬로핑 숄더(sloping shoulder) - 견갑골이 뒤쪽으로 길게 경사를 이루어 후방으로 경사진 어깨

② 아웃 오브 숄더(out of shoulder) - 전구가 매우 넓어진 상태. 두드러지게 벌어진 어깨

③ 언더라인(under line) - 뼈와 뼈가 연결되는 각도

④ 에이너스(anus) - 항문

⑤ 오벌 체스트(oval chest) - 계란 모양의 가슴

13. 다음 견체 용어 중 다리에 대한 설명으로 알맞지 않게 이어진 것을 고르시오.

① 세컨드 사이(second thigh) - 로어 사이(lower thigh) 하퇴부

② 스트레이트 호크(straight hock) - 각도가 없는 관절

③ 프런트(front) - 앞다리, 앞가슴, 가슴, 어깨 목 등을 포함한 개 전반부

④ 호크(hock) - 팔꿈치가 바깥쪽으로 굽은 프런트. 발가락도 밖으로 향함

⑤ 와이드 프런트(wide front) - 앞발 간격이 넓은 프런트

14. 다음 견체 용어 중 꼬리에 대한 대표 견종과 알맞지 않게 이어진 것을 고르시오.

① 게이 테일(gay tail) - 스코티시 테리어

② 브러시 테일(brush tail) - 시베리안 허스키

③ 스냅 테일(snap tail) - 알래스칸 맬러뮤트

④ 스쿼럴 테일(squirrel tail) - 파피용

⑤ 오터 테일(otter tail) - 폭스 테리어

15. 다음 견체 용어 중 꼬리에 대한 설명으로 알맞지 않게 이어진 것을 고르시오.

① 휩 테일(whip tail) - 곧고 길며 끝이 가늘고 뾰족한 꼬리

② 판 테일(fan tail) - 선천적으로 꼬리가 없는 경우

③ 플룸 테일(plume tail) - 깃털 모양의 장식 털이 아래로 늘어진 꼬리

④ 훅 테일(hook tail) - 갈고리 모양 꼬리

⑤ 크랭크 테일(crank tail) - 짧고 아래를 향한 꼬리로 말단이 위쪽으로 꼬부라짐

16. 다음 중 푸들의 맨해튼 클립에 대한 특징 및 유의 사항에 대하여 알맞지 않은 것을 고르시오.

① 허리와 목 부분의 클리핑 라인이 강조되는 스타일이다.

② 허리선은 최종 늑골 1.5cm 뒤를 기준점으로 잡는다.

③ 클리핑 선이 완벽하게 되어야 하고 전체 커트로 이어지는 선이 매끄럽게 표현되어야 한다.

④ 힙의 각도는 30°이다.

⑤ 허리선을 만들고 목 부분을 클리핑하여 신체적인 장점을 살릴 수 있는 미용의 기술이다.

17. 다음 중 푸들의 퍼스트 콘티넨털 클립에 대한 특징 및 유의 사항에 대하여 알맞지 않은 것을 고르시오.

① 쇼 클립에 가장 가까운 스타일이다.

② 허리의 로제트, 꼬리의 폼폰, 다리의 브레이슬릿 커트의 균형미와 조화가 좋은 미용이다.

③ 리어 브레이슬릿의 클리핑 라인은 비절 1.5cm 위에서 35°각도 앞으로 기울어야 한다.

④ 프런트 브레이슬릿의 클리핑 라인은 리어 브레이슬릿과 같은 높이에 위치해야 한다.

⑤ 폼폰은 꼬리 시작 부분부터 2~2.5cm 정도를 클리핑한다.

18. 다음 중 권모종의 특징과 털 관리 방법에 대한 설명으로 올바르지 않은 것을 고르시오.

① 슬리커 브러시를 이용하여 귀를 제외한 나머지 부분은 털의 결 방향대로 빗질하여 준다.

② 견종으로는 푸들, 비숑 프리제, 베들링턴 테리어가 있다.

③ 오버코트와 언더코트가 자연스럽게 서로 얽혀 새끼줄 모양으로 된 털이다.

④ 귓속의 털이 너무 많이 자라지 않도록 정기적으로 제거해 준다.

⑤ 털이 엉켜 보이지 않는다고 해서 너무 오래 방치하면 심하게 뭉칠 수도 있으니 주의해야 한다.

19. 다음 중 반려동물의 신체적 특징에 대해 설명으로 올바르지 않은 것을 고르시오.

① 푸들 - 몸의 형태가 짧고 다리와 얼굴이 긴 품종이다.

② 푸들 - 신체의 모든 부위에 라인을 넣어 시저링하기 때문에 애견미용의 정점이라 할 수 있다.

③ 몰티즈 - 흰색 털의 장방향 몸을 가진 품종이다.

④ 몰티즈 - 털의 방향과 가위의 각도를 잘 활용하여 매끄러운 표면을 구현한다.

⑤ 포메라니안 - 단일 코트를 가진 품종으로 체형이 작고 목과 머즐이 길다.

20. 다음 맨해튼 클립의 변형 미용 중 밍크칼라 클립과 볼레로 클립의 특징에 대해 설명으로 올바르지 않은 것을 고르시오.

① 맨해튼 클립 - 허리와 다리 부분의 파팅 라인을 넣어 체형의 단점을 보완하는 미용이다.

② 맨해튼 클립 - 머리와 목의 재킷을 분리하는 칼라를 넣어 줌으로써 목이 길어 보이게 한다.

③ 볼레로 클립 - 맨해튼의 변형 클립 중 하나이다.

④ 볼레로 클립 - 볼레로란 짧은 상의를 의미한다.

⑤ 볼레로 클립 - 다리에 브레이슬릿을 만드는 클립이다.

21. 다음 중 아트 미용에 필요한 도구 및 재료에 대한 설명으로 올바르지 않은 것을 고르시오.

① 헤어스프레이 - 머리 위 털이나 등 털을 세워 주는 세팅 작업용으로 사용한다.

② 헤어스프레이 - 반려동물의 눈과 호흡기, 피부에 닿지 않도록 주의한다.

③ 헤어스프레이 - 코트를 고정시키는 정도로 너무 과하게 분사한다.

④ 글리터 젤 - 털과 장식 털 등에 포인트를 주어 화사한 이미지를 표현할 수 있다.

⑤ 글리터 젤 - 뿌린 부분에 헤어스프레이를 사용하면 고정시키는 효과가 있다.

22. 다음 아래의 설명 중 올바른 것을 고르시오.

얼굴 주변의 털이 길거나 귀가 늘어져 있는 개에게 털이 오염되는 것을 방지하기 위한 용도로 얼굴에 씌워 사용한다. 귀가 늘어진 경우에는 귀가 더렵혀지는 것을 방지하고 귀 털이 길어서 음식을 먹을 때나 입 안으로 털이 들어갈 경우, 산책 시 얼굴 주변의 털이 땅에 끌리는 경우, 눈곱을 떼거나 세수를 할 때에도 주변의 털이 물에 젖는 것을 방지하기 위해도 사용하며 그밖에 필요할 때에 사용한다.

① 스누드(snood) ② 하네스(harness) ③ 매너 벨트(manner belt)
④ 드라이빙 키트(driving kit) ⑤ 목줄

23. 다음 중 염색 작업 전의 피부 트러블 가능성 여부의 설명 중 올바르지 않은 것을 고르시오.

① 피부가 예민하여 사소한 자극에 이상 반응이 있었는지 미리 확인한다.
② 이전에 미용이나 염색 작업 시 피부 트러블이 발생한 적이 있었는지 확인한다.
③ 클리핑 후 이상 반응을 확인한다.
④ 샴푸 교체 후 이상 반응을 확인한다.
⑤ 드라이 방향에 따라 이상 반응이 있었는지 확인한다.

24. 다음 중 이염 방지제의 설명 중 올바르지 않은 것을 고르시오.

① 이염 방지 크림 - 수분감이 많은 크림 타입이다.
② 이염 방지 크림 - 염색제를 도포할 부분에 조금이라도 묻어 있으면 염색이 되지 않는다.
③ 이염 방지 테이프 - 발, 다리, 꼬리 부위에 사용하기 편하다.
④ 이염 방지 테이프 - 반려동물의 털에는 접착이 잘 되지 않으며, 물에 닿으면 쉽게 제거할 수 있다.
⑤ 부직포 - 일회성 염색이나 간단한 염색에 사용하기 좋다.

25. 다음 중 투 톤 이상의 염색의 설명 중 올바르지 않은 것을 고르시오.

① 투 톤 염색 - 두 가지 컬러의 염색제로 한 부위에 동시에 발색하는 것이다.
② 투 톤 염색 - 피부와 가까운 부위의 염색이 더 진하게 나오므로 피부와 가까운 곳에 더 연한 컬러로 염색하는 것이 좋다.
③ 그러데이션 염색 - 두 가지 컬러의 염색제로 한 부위에 동시에 발색하는 것이다.
④ 그러데이션 염색 - 두 가지 컬러 이상의 색 번짐과 겹침을 이용하는 것이다.
⑤ 부분(블리치) 염색 - 염색을 할 부위(귀, 꼬리, 발) 전체에 컬러를 입히는 것이다.

26. 다음 중 염색 도구 준비의 설명 중 올바르지 않은 것을 고르시오.

① 블로펜 - 일회성 염색제이며 펜을 입으로 불어서 사용한다.

② 블로펜 - 작업 후 목욕으로 제거할 수 없다.

③ 페인트펜 - 일회성 염색제이며 펜 타입이어서 원하는 부위에 정교한 작업이 가능하다.

④ 글리터 젤 - 장식용 반짝이로 반짝이를 사용하여 장식할 경우에 쉽게 활용할 수 있다.

⑤ 글리터 젤 - 사용할 때 반짝이 가루의 날림을 줄이고 접착력이 있다.

27. 다음 아래의 설명으로 올바른 것을 고르시오.

도안을 만들어 오려 낸 후 오려 낸 자리에 물감 등으로 칠하고 그림이 완성되면 도안지를 떼어 내는 작업이다.

① 스탬프 ② 스텐실 ③ 도안지

④ 글리터 젤 ⑤ 초크

28. 다음 중 염색 작업 후 반려동물을 안정적인 자세로 목욕시키는 방법의 설명 중 올바르지 않은 것을 고르시오.

① 귀 - 귓속에 물이 들어가지 않게 한 손은 계속 보정한다.

② 꼬리 - 꼬리를 흔들거나 올리면 다른 부위에 이염될 수 있다.

③ 꼬리 - 항문 부위는 반려동물이 놀라지 않게 조심스럽게 천천히 샤워기를 댄다.

④ 발과 다리 - 발바닥이 모두 지면에 닿은 상태에서 시작하고 네 발 모두 한번에 천천히 세척한다.

⑤ 볼 - 물티슈를 사용할 때에는 털이 한 올씩 당기지 않게 한꺼번에 부드럽게 닦아낸다.

29. 다음 중 영양 보습제의 설명 중 올바르게 연결되지 않은 것을 고르시오.

① 크림 타입 - 수분이 남아 있는 상태에서 고르게 펴서 발라 준다.

② 로션 타입 - 크림보다 수분 함량이 많아서 발림성이 좋으며 목욕 후 드라이한 후 발라 준다.

③ 로션 타입 - 피모가 많이 건조한 반려동물에게 효과적이다.

④ 액상 타입 - 스프레이가 많으며 수시로 분사해 준다.

⑤ 액상 타입 - 미용 전후에 가볍게 많이 쓰이는 타입이다.

30. 다음 중 염색제 컬러의 발색의 설명 중 올바르지 않은 것을 고르시오.

① 염색제 고유의 컬러로 두드러지게 잘 나타내는 정도를 말한다.

② 발색력의 최대치는 이염되거나 오염되지 않은 선명한 컬러이다.

③ 반려동물의 브러싱, 샴핑, 꼼꼼한 드라이 작업 등을 해주면 컬러 발색에 도움이 된다.

④ 염색제의 용량과 염색제 도포 후에 소요 시간, 염색 제의 세척 방법 등을 기준치에 맞춰야 한다.

⑤ 염색제의 세척 작업 시 물의 온도가 낮으면 염색제의 컬러가 쉽게 빠지기 때문에 물의 온도를 목욕할 때보다 조금 높게 한다.

<애견연맹 모의고사>

31. 다음 종자골에 대한 설명을 보고 괄호 안에 들어갈 알맞은 말을 고르시오.

관절부근의 힘줄과 인대 속에 형성된 2mm 이하의 작은 뼈로 슬개골의 종자골만은 특이하게 크게 되어 있으며 (　　　　　　)하는 뼈이다.

① 성장을 촉진

② 염증을 방지

③ 내장을 보호

④ 힘줄의 마찰을 방지

32. 개의 뼈의 성분에 대한 설명으로 맞지 않는 것을 고르시오.

① 뼈의 1/3은 유기물질이다.

② 뼈의 1/3은 무기물질이다.

③ 뼈의 무기질 모체는 칼슘염의 결정체이다.

④ 골질의 단단함은 염산석탄이 대부분이며 탄산석탄과 염산마그네슘도 소량 포함돼 있다.

33. 다음 중 평활근에 대한 설명 중 맞지 않는 것은 무엇인지 고르시오.

① 평활근은 호흡, 소화, 비뇨, 생식기관 등의 긴장과 유지의 역할을 하고 있다.

② 의지에 따라 움직일 수 없으므로 불수의근이라고 불린다.

③ 자율신경에 의해 통제되어 있다.

④ 주로 얼굴 피부에 분포되어 있어서 표정을 만든다.

34. 다음 개의 피부 분류에 대한 설명을 보고 각 괄호 안에 들어갈 알맞은 용어를 고르시오.

> 피부는 바깥쪽부터 (A), (B), (C)으로 나눠지고, 각각의 층은 더욱더 세세하게 분류된다.

① A - 표피층, B - 진피층, C - 피하지방층

② A - 표피층, B - 진피층, C - 피하조직층

③ A - 각질층, B - 진피층, C - 피하지방층

④ A - 각질층, B - 진피층, C - 피하조직층

35. 다음 털의 수분에 대한 설명을 보고 괄호 안에 들어갈 알맞은 말을 고르시오.

> 개의 털은 그 중량의 35% 정도의 물을 흡수하고 있으나, 가장 좋은 수분함유량은 (   )이며, 수분 부족이 되면 털, 피부, 발톱 등의 각질 조직이 약해지게 된다.

① 10~12%　　② 12~15%

③ 15~17%　　④ 17~20%

36. 다음 중 그루밍 시 수컷의 관리 요령 중 옳지 않은 것을 고르시오.

① 고환의 피부는 매우 얇고, 콤의 이빨과 브러시 핀에 당겨지게 되면 쉽게 상처를 입게 된다.

② 고온에도 매우 약하기 때문에 샴푸할 때 물 온도에 주의해야 한다.

③ 클리핑할 때는 날이 닿는 면을 확인해 가며 작업한다.

④ 장모견은 트리밍 시 음경 전방의 털을 암컷보다 좁은 범위로 클리핑한다.

37. 다음 개의 미용 도구에 대한 설명을 보고 알맞은 도구를 고르시오.

> 고무 부분에 핀이 심어져 있으며, 개의 몸을 브러시의 무게로 자극하면서 브러싱 할 수 있다

① 수모 브러시 ② 콤

③ 핀 브러시 ④ 슬리커브러시

38. 다음 펫클립에 대한 설명을 보고 알맞은 클립을 고르시오.

> 켄넬 & 램클립에 4개의 브레이슬릿과 로제트를 넣은 스타일로써, 펫클립 중에서 가장 쇼클립에 가까운 클립

① 로얄더치 클립 ② 마이애미 클립

③ 퍼스트 콘티넨털 클립 ④ 볼레로 맨해튼 클립

39. 비숑 프리제의 그루밍 방법으로 가장 옳은 것을 고르시오.

① 시저링(scissoring) ② 클리핑(clipping)

③ 플러킹(plucking) ④ 스트리핑(stripping)

40. 다음 베들링턴 테리어의 미용에 대한 설명을 보고 괄호 안에 들어갈 알맞은 말을 고르시오.

> (   ) 은/는 가장 포인트가 되는 부분으로, 삼각의 정점(頂点)은 귀 폭을 중심으로 설정하고, 아래 2개의 각은 귀가 굽어지기 시작하는 곳을 기준으로 한다.

① 로뷰라 ② 타셀

③ 블룸 ④ 이어 프린지

41. 슈나우저의 체형 타입으로 가장 적절한 것을 고르시오.

① 스퀘어타입 ② 드워프타입
③ 하이온타입 ④ 버피타입

42. 다음 중 웰쉬 테리어의 트리밍 포인트에 대한 설명으로 옳은 것을 고르시오.

① 단미를 한 경우에는 꼬리 끝을 가늘게 만든다.
② 체고와 체장을 연결했을 때 사각형이 되는 이미지로 완성한다.
③ 코비타입일수록 스컬과 치크의 폭이 좁다.
④ 가슴에서 발끝까지 완만한 곡선으로 보이도록 완성한다.

43. 노퍽 테리어의 두부 트리밍에 대한 설명으로 옳은 것을 고르시오.

① 눈꼬리의 조금 뒤쪽부터 귀뿌리 앞쪽을 연결한 라인까지 클리핑해 준다.
② 눈썹 사이는 시닝 가위로 정리해 준다.
③ 스톱 부분은 위에서 봤을 때 V자 모양이 나오도록 만들어 준다.
④ 눈꼬리에서 귀뿌리 앞쪽을 연결한 라인과 장식털의 경계를 블랜딩한다.

44. 스트리핑한 부위에 언더코트가 오버코트보다 먼저 자라났을 경우 언더코트를 뽑아주는 작업을 고르시오.

① 플러킹(plucking) ② 레이킹(raking)
③ 듀파(duffer) ④ 블러킹(blocking)

45. 다음 설명을 보고 알맞은 개체 용어를 고르시오.

후두부. 스컬의 뒤쪽 윗부분의 튀어나온 부분.

① 스컬(skull) ② 옥시풋(occiput)
③ 다운페이스(downface) ④ 디쉬페이스(dishface)

46. 잎사귀 모양의 귀를 고르시오.

① 로즈이어(roseear)
② 튤립이어(tulipear)
③ 플라잉이어(flyingear)
④ 로뷰라(lobular)

47. 측면에서 봤을 때 위를 향한 코를 고르시오.

① 로만노우즈(roman nose)
② 윈터노우즈(winter nose)
③ 업노우즈(up nose)
④ 더들리노우즈(dudleynose)

48. 안 좋은 냄새나 더러움을 줄이기 위해서 또는 털을 보호하거나 털에 탄력을 주기 위해 개의 몸에 도포하는 블록이나 파우더 타입의 물건을 고르시오.

① 코밍(combing)
② 스이닝(thinning)
③ 쵸크(chalk)
④ 시저링(scissoring)

49. 털의 좌우를 나눴을 때 생기는 분리선을 고르시오.

① 테리어 라인(terrier line)
② 컬러 라인(color line)
③ 재킷 라인(jacket line)
④ 파팅 라인(parting line)

50. 팬터룬(또는 큐롯트)을 만들 때의 윗부분 또는 그 탑라인을 고르시오.

① 풋라인(foot line)
② 이미지너리 라인(imaginary line)
③ 머즐라인(muzzle line)
④ 힙패드(hip pad)

정답 및 해설(2급)

1	①	6	②	11	④	16	②	21	③	26	②	31	④	36	④	41	①	46	④
2	④	7	③	12	③	17	③	22	①	27	②	32	②	37	③	42	②	47	③
3	⑤	8	⑤	13	④	18	①	23	⑤	28	④	33	④	38	③	43	③	48	③
4	③	9	④	14	⑤	19	⑤	24	①	29	③	34	②	39	①	44	③	49	④
5	①	10	①	15	②	20	①	25	⑤	30	⑤	35	①	40	②	45	②	50	④

1. ①

블로키 헤드(blocky head)는 두부에 각이 지거나 펑퍼짐하게 퍼져 길이에 비해 폭이 매우 넓은 네모난 모양의 각진 머리형이다.

2. ④

스니피 페이스(snipy face)는 주둥이가 뾰족해 약한 느낌의 얼굴이다.

3. ⑤

페어 셰이프트 헤드(pear-shaped head)는 서양배 형의 머리이다. 대표적인 견종은 베들링턴 테리어가 있다.

4. ③

오벌 아이(oval eye)는 일반적인 모양의 타원형, 계란형 눈이다. 대표 견종은 푸들, 살루키가 있다.

5. ①

트라이앵글러 아이(triangular eye)는 눈꺼풀의 바깥쪽이 올라가 삼각형 모양을 이루는 눈이고, 대표 견종은 아프간하운드가 있다.

6. ②

오버숏(overshot)은 과리 교합으로써 위턱의 앞니가 아래턱 앞니보다 전방으로 돌출되어 맞물린 것이다.

7. ③

성견의 영구치는 42개이다. 윗니 20개, 아랫니 22개로 구성되어 있다.

8. ⑤

파렌 이어(phalene ear)는 늘어진 귀 타입이고, 파피용의 늘어진 타입은 그 수가 매우 적다. 틀어진 타입의 파피용의 경우 완전하게 늘어져야만 한다.

9. ④

V형 귀(V-shaped ear)는 삼각형 모양의 귀로써, 늘어진 귀와 선 귀 두 가지 타입이 있다. 대표 견종으로는 불마스티프, 에어데일 테리어(늘어진 귀), 시베리안 허스키(선 귀)가 있다.

10. ①

플레어링 이어(flaring ear)는 나팔꽃 모양 귀이다. 대표 견종으로는 치와와가 있다.

11. ④

로치 백(roach back)은 잉어 등, 등선이 허리로 향하여 부드럽게 커브한 모양이다.

12. ③

언더 라인(under line)은 가슴 아랫부분에서 배를 따라 만들어진 아랫면의 윤곽선이다.

13. ④

호크(hock)는 비절이며 아랫다리와 패스턴 사이의 뒷다리 관절이다.

14. ⑤

오터 테일(otter tail)은 수달 꼬리 모양으로써 뿌리 부분이 두껍고 둥글며 끝은 가는 꼬리이다. 대표 견종으로는 래브라도 리트리버가 있다.

15. ②

판 테일(fan tail)은 풍부한 모량의 장모 꼬리를 등위로 말아 올리고 있거나 부채를 편 것 같은 형태의 꼬리이다. 대표 견종으로는 포메라니안이 있다.

16. ②

허리선을 만들고 목 부분을 클리핑하여 신체적인 장점을 살릴 수 있는 미용의 기술이다. 허리선은 최종 늑골 0.5cm 뒤를 기준점으로 1.5~2cm 부분에 위치해야 한다.

17. ③

리어 브레이슬릿의 클리핑 라인은 비절 1.5cm 위에서 45° 앞으로 기울어야 한다.

18. ①

슬리커 브러시를 이용하여 귀를 제외한 나머지 부분은 털의 결 방향과 반대로 빗질하여 준다. 털이 자라는 속도가 빠르기 때문에 주기적인 손질이 필요하다.

19. ⑤

포메라니안은 더블 코트를 가진 품종으로 체형이 작고 목과 머즐이 짧다. 시저링으로 다양한 스타일을 창작할 수 있고, 우리나라에서는 몸통과 다리, 얼굴과 꼬리를 짧게 커트하는 곰돌이 컷이 인기가 있다.

20. ①

맨해튼 클립에서 허리와 목 부분의 파팅 라인을 넣어 체형의 단점을 보완하는 미용 방법이다.

21. ③

고정시키는 정도로 너무 과하지 않게 분사한다. 신체에 직접적으로 적용되므로 사용하기 전에 재료의 유해성 여부를 반드시 확인해야 한다.

22. ①

스누드는 반려동물의 귀를 보호하여 외부 자극이나 손상으로부터 귀를 보호한다.

23. ⑤

드라이 온도에 따라 이상 반응이 있었는지 확인한다.

24. ①

수분감이 거의 없는 크림 타입이다. 수분이 많으면 크림을 도포한 후 염색제가 도포될 부분까지 흘러내려서 염색 작업에 지장을 주게 된다. 염색제를 도포할 부분에 조금이라도 묻어 있으면 염색이 되지 않는다. 이염 방지 크림은 목욕으로 제거할 수 있다.

25. ⑤

염색을 할 부위(귀, 꼬리, 발) 전체에 컬러를 입히는 것이 아니라 원하는 컬러로 조금씩 포인트를 주는 방법으로, 염색제 도포 시 피부와 1cm 정도 떨어진 곳에서부터 시작한다. 염색 작업 후 컬러의 발색이 마음에 안들면 염색한 털만 커트해 준다. 염색 작업 전에 컬러의 발색을 미리 보기 위해 테스트용으로도 활용할 수 있다. 염색을 하고 싶은데 피부가 예민한 반려동물에게 이용하면 좋다.

26. ②

일회성 염색제이며 펜을 입으로 불어서 사용한다. 분사량과 분사 거리에 따라 발색력이 다르기 때문에 작업을 하기 전에 분사량과 분사 거리를 미리 연습해 본다. 작업 후 목욕으로 제거할 수 있으며 털 길이가 긴 반려동물에게 활용할 수 있다.

27. ②

스텐실에 대한 설명이다.

28. ④

발바닥이 모두 지면에 닿은 상태에서 시작한다. 발바닥을 지면에서 뗄 때에는 천천히 올려야 한다. 발은 한 쪽씩 천천히 세척한다. 발바닥과 발가락 사이는 아프지 않게 부드럽게 마사지하듯이 한다.

29. ③

크림 타입은 피모가 많이 건조한 반려동물에게 효과적이며 목욕 후 타월링한 후 드라이하기 전에 수분이 남아 있는 상태에서 고르게 펴서 발라 주거나 드라이한 후에 건조된 상태에서 발라 준다. 평소에도 피모가 심하게 건조하면 매일 발라 주고 브러싱을 해준다.

30. ⑤

염색제는 피부에서 멀리 있는 털의 경우에는 용량을 늘려 도포한다. 염색제의 세척 작업 시 물의 온도가 높으면 염색제의 컬러가 쉽게 빠지기 때문에 물의 온도를 목욕할 때보다 조금 낮게 한다.

32. ②

뼈를 만드는 물질의 약 1/3은 유기물질이며, 약 2/3은 무기물질이다.

33. ④

특수근은 근육의 일부분이 얼굴피부에 분포되어 있어서 근육의 수축에 따라 종종 표정을 만든다.

36. ④

장모견종의 경우는 트리밍할 때 음경 전방(복부의 털)의 청결함을 위해 암컷보다 넓은 범위로 클리핑한다.

37. ③

핀 브러시는 고무부분에 핀이 심어져 있는 브러시다. 개의 몸을 브러시의 무게로 가볍게 자극하면서 브러싱할 수 있다. 핀의 길이에 차이가 있기 때문에 개의 털의 길이에 맞춰서 개의 피부에 닿을 면을 선택한다.

40. ②

타셀은 가장 포인트가 되는 부분이다. 타셀의 길이는 귀를 전방으로 가지고 와서 코끝에서 나오지 않는 길이로 설정한다.

42. ②

코비타입으로 짧은 몸통에 단단한 체형의 견종으로 체장과 체고의 비율이 비슷한 스퀘어 타입으로 보이게 완성한다.

43. ③

눈꼬리의 조금 뒤쪽부터 귀뿌리 앞쪽을 연결한 라인까지 두부의 털을 스트리핑 한다. 눈썹사이는 스트리핑 해준다.

44. ③

다시 한번 손을 덧댄다는 느낌의 작업은 듀파즈라고 한다.

Ⅲ 용어

1 3급 용어

트리밍 용어		
1	**그루머(groomer)**	반려동물미용사. 동물의 피모 관리를 전문적으로 하는 사람으로 트리머(trimmer)라고 부르기도 함.
2	**그루밍(grooming)**	피모에 대한 일상적인 손질을 모두 포함하는 포괄적인 것. 몸을 청결하게 하고 건강하게 하기 위한 브러싱, 베이싱, 코밍, 트리밍 등의 피모에 대한 모든 작업을 포함.
3	**그리핑(gripping)**	트리밍 나이프로 소량의 털을 골라 뽑는 것.
4	**네일 트리밍 (nail trimming)**	발톱 손질.
5	**듀플렉스 쇼튼 (duplex-shorten)**	듀플렉스 트리밍(duplex trimming) 스트리핑 후 일정 기간 새털이 자라날 때까지 들뜬 오래된 털을 다시 뽑는 것.
6	**드라잉(drying)**	드라이어로 코트를 말리는 과정. 모질이나 품종의 스탠더드에 따라 여러 가지 드라이 방법을 달리 활용할 수 있음.
7	**래핑(wrapping)**	장모종의 긴 털을 보호하기 위해 적당한 양의 털을 나누어 래핑지로 감싸주는 작업. 동물의 보행에 불편함이 없어야 하며 털을 보호할 수 있도록 해야 함.
8	**레이저 커트(razor cut)**	면도날로 털을 잘라 내는 것.
9	**레이킹(raking)**	스트리핑 후 남은 오버코트나 언더코트를 일정 간격으로 제거해 주는 것.
10	**린싱(rinsing)**	샴푸 후 린스를 뿌려 코트를 마사지하고 헹구어 내는 작업. 털을 부드럽게 하여 정전기를 방지하고 샴푸로 인한 알칼리 성분을 중화하는 작업.
11	**밥 커트(bob cut)**	털을 가위로 잘라 일직선으로 가지런히 하는 것.
12	**밴드(band)**	띠 모양으로 형태를 잡아 깎아 들어간 부분.
13	**베이싱(bathing)**	목욕. 입욕. 물로 코트를 적셔 샴푸로 세척하고 충분히 헹구어 내는 작업.

14	**브러싱(brushing)**	브러시를 이용하여 빗질하는 것. 피부를 자극하여 마사지 효과를 주고 노폐모와 탈락모를 제거함. 피부의 혈액순환을 좋게 하고 신진대사를 촉진하여 건강한 피모가 되도록 함. 엉킨 털 뭉치를 제거하고 피모를 청결하게 함.
15	**블렌딩(blending)**	털의 길이가 다른 곳의 층을 연결하여 자연스럽게 하는 것.
16	**블로 드라잉 (blow drying)**	드라이어를 사용하여 코트를 말리는 작업.
17	**새킹(sacking)**	베이싱 후 털이 튀어나오거나 뜨는 것을 막아 가지런히 하기 위해 신체를 타월로 싸놓는 것.
18	**샴핑(shampooing)**	샴푸를 이용하여 씻기는 것. 몸을 따뜻한 물로 적시고 손가락으로 마사지하여 세척한 후 헹구어 내는 작업.
19	**세트 스프레이 (set spray)**	톱 노트 부분의 코트를 세우기 위해 스프레이 등을 뿌리는 작업.
20	**세트업(set up)**	톱 노트를 형성시키기 위해 두부의 코트를 밴딩하고 세트 스프레이를 하는 작업.
21	**셰이빙(shaving)**	드레서나 나이프를 이용하여 털을 베듯이 자르는 기법.
22	**쇼클립(show clip)**	쇼에 출진하기 위한 그루밍으로 쇼에서 요구하는 타입의 미용 스타일을 완성해야 함. 보통 각 견종의 표준에 맞는 그루밍 방법이 정해져 있으며, 출진할 시기에 맞추어 출진견이 최고의 상태로 돋보일 수 있도록 쇼 당일에 초점을 맞추어 계획적으로 피모를 정돈해 두어야 함.
23	**스웰(swell)**	두부를 부풀려 볼륨 있게 모양을 낸 것.
24	**스테이징(staging)**	미니어처 슈나우저 등에게 하는 스트리핑 방법의 순서.
25	**스트리핑(stripping)**	트리밍 나이프를 사용해 노폐물 및 탈락된 언더코트를 제거하거나 과도한 언더코트 양을 줄이기 위해 털을 뽑아 스타일을 만들어 내는 미용 방법.
26	**스펀징(sponging)**	샴핑할 때 스펀지를 이용하는 것.
27	**시닝(thinning)**	빗살 가위로 과도하게 많은 부분의 털을 잘라 내어 모량을 감소시키고 형태를 만드는 것.
28	**시저링(scissoring)**	가위로 털을 잘라 내는 것.
29	**오일 브러싱 (oil brushing)**	피모에 오일을 발라 브러싱하는 것.

30	이미지너리 라인 (imaginary line)	외부에 설정하는 가상의 선.
31	인덴테이션(indentation)	우묵한 패임을 만드는 것. 푸들의 스톱에 역 V형 표현.
32	초킹(chalking)	냄새나 더러움을 제거하기 위해 흰색 털에 흰색을 표현할 수 있는 제품을 문질러 바르는 것.
33	치핑(chipping)	가위나 빗살 가위를 사용하여 털끝을 잘라 내는 미용 방법.
34	카딩(carding)	빗질하거나 긁어내어 털을 제거하는 미용 방법.
35	커팅(cutting)	가위나 클리퍼로 털을 잘라 원하는 형태를 만들어 내는 것.
36	코밍(combing)	털을 가지런하게 빗질하는 것. 보통 털의 방향으로 일정하게 정리하는 것이 기본적인 의미임.
37	클리핑(clipping)	클리퍼를 사용하여 스타일 완성에 불필요한 털을 잘라 내는 것.
38	타월링(toweling)	베이싱 후 타월을 감싸 닦아 내는 것.
39	토핑오프(topping-off)	스트리핑 후 완성된 아웃코트 위에 튀어나오는 털을 뽑아 정리하는 것.
40	트리밍(trimming)	털을 자르거나 뽑거나 미는 등의 모든 미용 작업을 일컫는 말. 불필요한 부분의 털을 제거하여 스타일을 만듦.
41	파팅(parting)	털을 좌우로 분리시키는 것. 분리한 선은 파팅 라인이라고 함.
42	페이킹(faking)	눈속임. 여러 기법으로 모색 및 모질에 대한 눈속임을 하는 것.
43	펫클립(pet clip)	쇼클립을 제외한 나머지 미용을 대부분 펫클립이라고 함. 가정에서 애완견으로 키우기 위하여 털을 청결하게 관리해 건강을 유지할 수 있어야 하며, 견종에 따른 피모의 특성, 생활 환경, 개체의 성격과 보호자의 생활 방식이나 취향 등을 고려하여 다양한 스타일을 연출함.
44	플러킹(plucking)	트리밍 칼로 털을 뽑아 원하는 미용 스타일을 만드는 것.
45	피킹(picking)	듀플렉스 쇼트와 같은 작업, 주로 손가락을 사용하여 오래된 털을 정리함.
46	핑거 앤드 섬 워크 (finger and thumb work)	엄지손가락과 집게손가락을 이용해 털을 제거하는 것. 기구로 하는 방법보다 자연스러운 표현이 가능.
47	화이트닝(whitening)	견체의 하얀 털 부분을 더욱 하얗게 보이게 하기 위한 작업.

2 2급 용어

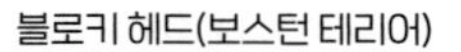

밸런스트 헤드(고든 세터)

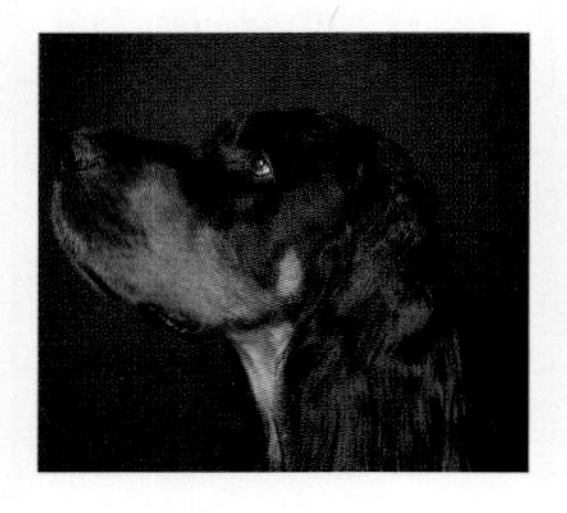

블로키 헤드(보스턴 테리어)

애플 헤드(치와와)

클린 헤드(살루키)

페어 셰이프트 헤드(베들링턴 테리어)

폭시(포메라니안)

플랫 스컬(스탠더드 슈나우저)

머리		
1	**노즈 브리지** (nose bridge)	비량, 사람의 콧등과 같은 부분.
2	**다운 페이스**(down face)	디시 페이스의 반대. 두개에서 코끝 아래쪽으로 경사진 얼굴.
3	**단두형**(短頭型)	짧고 넓은 두개.
4	**돔 헤드**(dome head)	애플 헤드와 동일한 의미.
5	**드라이 스컬**(dry skull)	얼굴 피부가 밀착해 주름이 없는 얼굴. 클린 헤드와 같은 의미.
6	**디시 페이스**(dish face)	접시 모양의 얼굴. 스톱보다 콧대가 높아 옆에서 보면 코가 휘어져 접시 모양을 띤 것.
7	**링클**(wrinkle)	주름. 앞머리 부분이나 얼굴의 이완된 피부. 예) 바센지의 전두부 주름, 샤페이, 블러드하운드
8	**몰레라**(molera)	치와와 두개의 패임으로 부드러운 부분.
9	**밸런스트 헤드** (balanced head)	균형 잡힌 머리, 스톱을 중심으로 머리 부분과 얼굴 부분의 길이가 동일하게 균형 잡힌 것. 예) 고든 세터

10	블로키 헤드 (blocky head)	두부에 각이 지거나 펑퍼짐하게 퍼져 길이에 비해 폭이 매우 넓은 네모난 모양의 각진 머리형. 예) 보스턴 테리어
11	스니피 페이스 (snipy face)	주둥이가 뾰족해 약한 느낌의 얼굴.
12	스컬(skull)	두개. 앞머리의 후두골, 두정골, 전두골, 측두골 등을 포함한 머리부 뼈 조직.
13	스톱(stop)	액단. 눈 사이의 패인 부분.
14	애플 헤드(apple head)	사과 모양의 머리, 뒷머리 부분이 부풀어 올라와 있는 모양. 예) 치와와
15	옥시풋(occiput)	후두부 뒷부분, 양 귀 사이의 주먹 모양의 뼈.
16	와안(frog face)	개구리 모양 얼굴. 아래턱이 들어가고 코가 돌출된 얼굴. 오버숏이 됨.
17	장두형(長頭型)	길고 좁은 형태의 머리.
18	전안부(fore face)	두부의 앞면으로 눈에서 앞쪽, 주둥이 부위.
19	중두형(中頭型)	길이와 폭이 중간 정도의 두개.
20	치즐드(chiselled)	눈 아래가 건조하고 살집이 없어 윤곽이 도드라지는 형태의 얼굴.
21	치키(cheeky)	볼이 발달해서 팽창되고 불거진 얼굴, 발달이 현저해서 둥근 느낌을 주거나 근육이 두껍게 발달된 것, 얼굴 뼈가 돌출된 것. 스탠포드셔 불테리어에 한해 바람직한 표현임.
22	크라운(crown)	두부의 가장 높은 정수리 부분. 두정부, 톱 스컬(top skull)이라고 함.
23	클린 헤드(clean head)	주름이 없고 앙상한 머리형. 예) 살루키
24	타입 오브 스컬 (type of skull)	두개(頭蓋)의 타입.
25	투 앵글드 헤드 (tow angled head)	옆에서 보았을 때 두개면과 주둥이의 평면이 평행하지 않고 각도가 있는 것.
26	퍼로(furrow)	세로 주름. 스컬 중앙에서 스톱 방향으로 세로로 가로지르는 이마 부분의 주름.
27	페어 셰이프트 헤드 (pear-shaped head)	서양배 형의 머리. 예) 베들링턴 테리어
28	폭시(foxy)	전안부가 짧고 코끝이 뾰족한 것. 여우의 표정을 띠는 것. 예) 포메라니안
29	플랫 스컬(flat skull)	앞이나 옆에서 보아서 평평한 두개. 예) 에어데일테리어, 스탠더드 슈나우저

라운드 아이(몰티즈)

마블 아이(웰시코기 카디건)

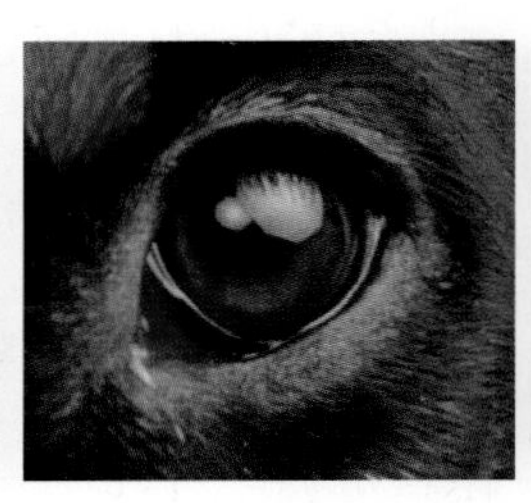
아몬드 아이(도베르만 핀셔)

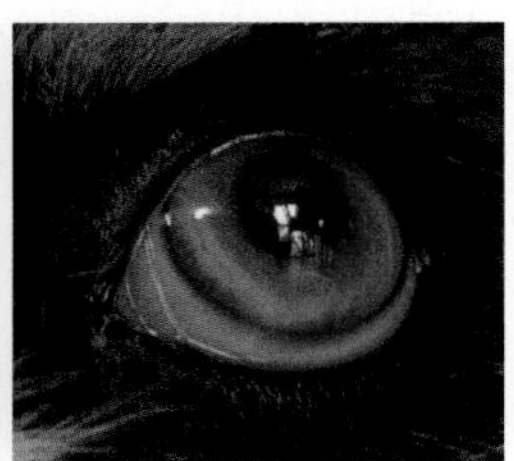
차이나 아이(시베리안 허스키)

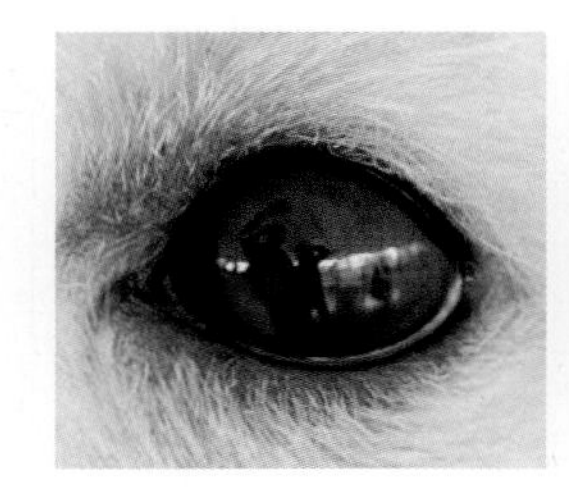
오벌 아이(푸들)

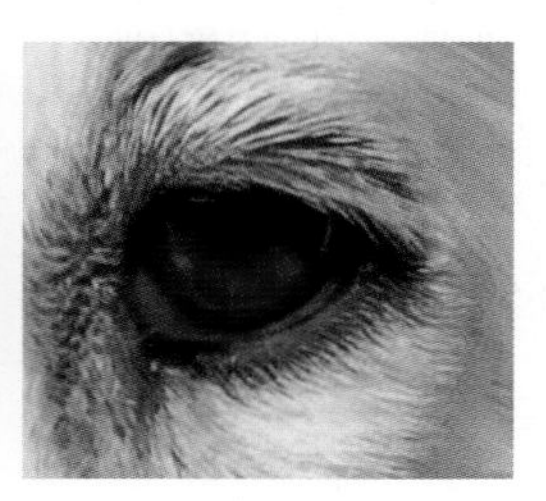
트라이앵글러 아이(아프간하운드)

눈		
1	**라운드 아이**(round eye)	동그란 눈. 예) 몰티즈
2	**마블 아이**(marble eye)	대리석 색상의 눈. 예) 블루멀 콜리, 웰시코기 카디건
3	**벌징 아이**(bulging eye)	튀어나와 볼록하게 보이는 눈
4	**아몬드 아이**(almond eye)	아몬드 모양 눈. 눈 양끝이 뾰족한 아몬드 모양의 눈. 예) 저먼 셰퍼드, 도베르만 핀셔
5	**아이 스테인**(eye stain)	눈물 자국.
6	**아이라인**(eye line)	눈꺼풀 가장자리.
7	**아이리드**(eyelid)	눈꺼풀.
8	**오벌 아이**(oval eye)	일반적인 모양의 타원형, 계란형 눈. 예) 푸들, 살루키
9	**차이나 아이**(china eye)	밝은 청색의 눈. 마루색 유전자를 가진 견종에게서 나타나는 불완전한 눈으로 보통은 결점으로 간주되나 모색과 관계해 허용되는 견종도 있음. 예) 시베리안 허스키, 블루멀 콜리, 웰시코기 카디건
10	**트라이앵글러 아이**(triangular eye)	눈꺼풀의 바깥쪽이 올라가 삼각형 모양을 이루는 눈. 예) 아프간하운드
11	**풀 아이**(full eye)	둥글게 튀어나온 눈.

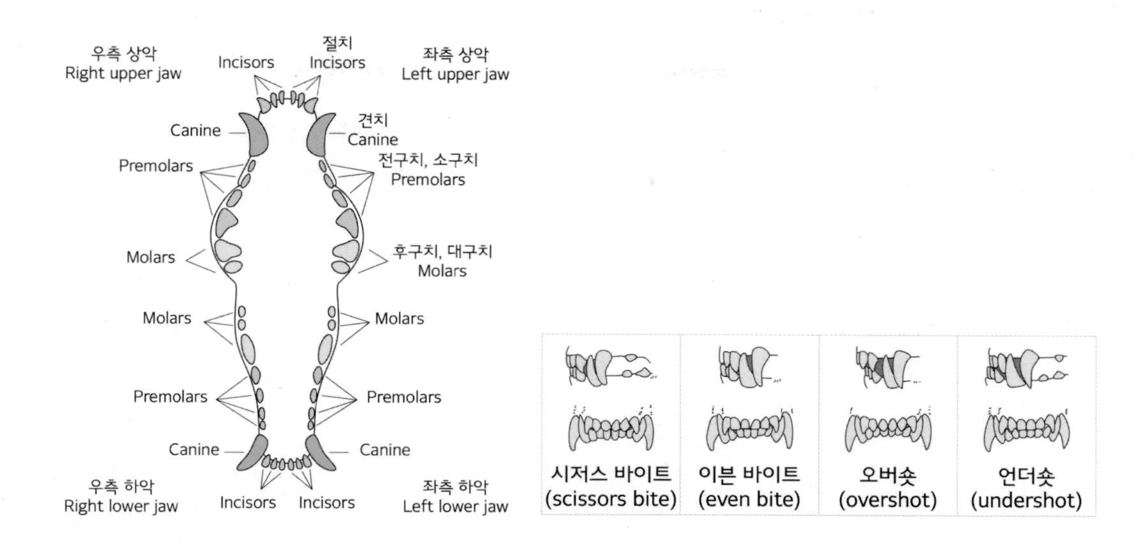

입		
1	**결치**	선천적으로 정상 치아 수에 비해 치아 수가 없는 것. 단두종에게 많음. 제1 전구치에 많이 발생함.
2	**과리치**	결치의 반대말. 표준 치아 수보다 많은 것.
3	**라이 마우스(wry mouth)**	뒤틀려 삐뚤어진 입.
4	**리피(lippy)**	아래로 늘어진 입술, 턱이 밀착되지 않은 입술.
5	**머즐(muzzle)**	주둥이. 입. 얼굴부
6	**부정 교합**	견종 표준이 요구하는 교합 외의 교합.
7	**손상치**	후천적으로 파손된 치아.
8	**스니피 머즐(snipy muzzle)**	날카롭고 좁으며 뾰족한 주둥이.
9	**시저스 바이트 (scissors bite)**	협상 교합. 위턱 앞니와 아래턱 앞니가 조금 접촉되어 맞물린 것.
10	**실치**	후천적으로 상실한 치아.
11	**언더숏(undershot)**	반대 교합. 아래턱 전출. 아래턱 앞니가 위턱 앞니보다 앞쪽으로 돌출되어 맞물린 것.

12	오버숏(overshot)	과리 교합. 위턱의 앞니가 아래턱 앞니보다 전방으로 돌출되어 맞물린 것.
13	이븐 바이트(even bite)	절단 교합. 위턱과 아래턱이 맞물린 것.
14	정상 교합	견종 표준에서 요구하는 교합. 각 견종에 따라 정상 교합이 다름. 일반적으로 시저스 바이트를 정상 교합으로 하는 견종이 많으나, 견종의 목적에 따라 정상 교합이 다름.
15	조(jaw)	턱.
16	조율(jowel)	두터운 입술과 턱. 춉과 같은 말.
17	춉(chop)	두터운 입술과 턱. 예) 불도그
18	치아의 수	• 개의 유치: 28개
		• 생후 3~4주경에 절치, 견치, 구치의 순서로 나오기 시작해 생후 6주 정도에 모두 완성.
		• 절치(앞니, 문치, incisor teeth) 6개, 견치(송곳니, canine tooth) 2개, 구치(어금니, molar tooth) 6개
		• 성견의 영구치: 42개
		• 생후 4~8개월이 되면 유치의 치근이 융해되면서 영구치가 유치를 밀어내어 빠지고 이갈이를 하는데 7~8개월쯤이면 거의 모두 영구치로 바뀜. 영양 상태가 좋지 않거나 단두종의 경우 다소 늦을 수 있음. 전구치와 후구치는 유치 없이 나옴.
		• 윗니 20개: 절치(앞니, 문치, incisor teeth) 3개, 견치(송곳니, canine tooth) 1개, 전구치(어금니, 소구치, molar tooth) 4개, 후구치(어금니, 대구치, molar tooth) 2개가 좌우로 위치함.
		• 아랫니 22개: 절치(앞니, 문치 incisor teeth) 3개, 견치(송곳니, canine tooth) 1개, 전구치(어금니, 소구치, molar tooth) 4개, 후구치(어금니, 대구치, molar tooth) 3개가 좌우로 위치함.
19	쿠션(cushion)	윗입술이 두껍고 풍만한 것. 예) 페키니즈
20	템퍼치	디스템퍼나 고열에 의해 변화되어 변색된 치아.
21	플루즈(flews)	늘어진 윗입술.
22	피그 조(pig jow)	과도한 오버숏.

코		
1	**노즈 밴드(nose band)**	주둥이를 둘러싼 흰색의 띠를 이룬 반점.
2	**노즈 브리지(nose bridge)**	스톱에서 코까지 주둥이 면. 코 근육.
3	**더들리 노즈(dudley nose)**	색소가 부족한 살빛의 코, 빨간 코.
4	**로만 노즈(roman nose)**	독수리 코. 매부리코. 예) 보르조이
5	**리버 노즈(liver nose)**	간장색 코.
6	**버터플라이 노즈** **(butterfly nose)**	반점 모양의 코. 살색 코에 검은 반점이 있거나 검은 코에 살색 반점이 있는 것.
7	**스노 노즈(snow nose)**	평소에는 코가 검은색이나 겨울철에 핑크색 줄무늬가 생기는 코.
8	**프레시 노즈(fresh nose)**	살색 코.

드롭 이어
(바셋하운드)

로즈 이어
(불도그)

배트 이어
(웰시코기)

버터플라이 이어
(파피용)

버튼 이어
(보더 테리어)

V형 귀
(시베리안 허스키)

세미프릭 이어
(그레이하운드)

크롭트 이어
(도베르만 핀셔)

펜던트 이어
(닥스훈트)

프릭 이어
(저먼 셰퍼드)

플레어링 이어
(치와와)

필버트 타입 이어
(베들링턴 테리어)

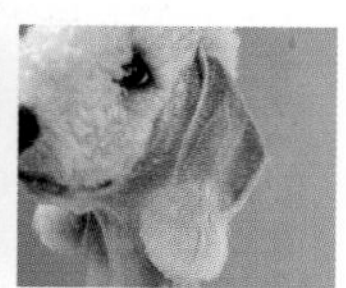

귀		
1	**드롭 이어**(drop ear)	아래로 늘어진 귀. 예) 바셋하운드
2	**로즈 이어**(rose ear)	귀의 안쪽이 보이며 뒤틀려 작게 늘어진 귀. 예) 불도그, 휘핏
3	**배트 이어**(bat ear)	귀 아랫부분이 넓고 박쥐 날개같이 둥글게 선 귀. 예) 프렌치불도그, 웰시코기
4	**버터플라이 이어** (butterfly ear)	나비 모양 귀, 긴 장식 털에 서 있는 큰 귀가 두개 바깥쪽으로 약 45° 기운 나비 모양 귀. 예) 파피용
5	**버튼 이어**(button ear)	아래 부위는 직립해 있고 귓불이 두개 앞쪽으로 v 모양으로 늘어진 귀. 예) 보더 테리어, 폭스 테리어
6	**벨 이어**(bell ear)	종 모양의 귀. 끝이 둥근 벨과 같은 형태의 둥근 귀.
7	**V형 귀**(V-shaped ear)	삼각형 모양의 귀, 늘어진 귀와 선 귀 두 가지 타입이 있음. 예) 불마스티프, 에어데일 테리어(늘어진 귀), 시베리안 허스키(선 귀)
8	**세미프릭 이어** (semiprick ear)	반직립형 귀. 직립한 귀의 끝부분이 앞으로 기울어진 것. 예) 폭스 테리어, 러프 콜리, 그레이하운드
9	**이렉트**(erect)	귀나 꼬리를 위쪽으로 세운 것.
10	**이어 프린지**(ear fringe)	길게 늘어진 귀 주변의 장식 털. 예) 세터
11	**캔들 프레임 이어** (candle flame ear)	촛불 모양의 귀. 예) 잉글리시토이 테리어
12	**크롭트 이어**(cropped ear)	귀를 세우기 위해 자른(크로핑-cropping) 귀. 예) 복서, 도베르만 핀셔
13	**파렌 이어**(phalene ear)	늘어진 귀 타입. 파피용의 늘어진 타입은 그 수가 매우 적음. 틀어진 타입의 파피용의 경우 완전하게 늘어져야만 함.
14	**펜던트 이어**(pendant ear)	늘어진 귀. 예) 닥스훈트, 바셋하운드
15	**프릭 이어**(prick ear)	직립 귀, 앞쪽 끝부분이 뾰족하게 선 귀. 귀를 잘라 인위적으로 만든 직립 귀와 자연적인 직립 귀가 있음. 예) 저먼 셰퍼드(자연적인 직립 귀), 도베르만 핀셔, 복서, 그레이트데인(귀를 잘라 세운 귀)
16	**플레어링 이어**(flaring ear)	나팔꽃 모양 귀. 예) 치와와
17	**필버트 타입 이어** (fillbert shaped ear)	개암나무 열매 형태의 귀. 예) 베들링턴 테리어
18	**하이셋 이어**(highset ear)	높은 위치에 귀가 있는 것. 반대로 낮은 위치에 귀가 있는 것은 로셋 이어(lowset ear)라고 함.

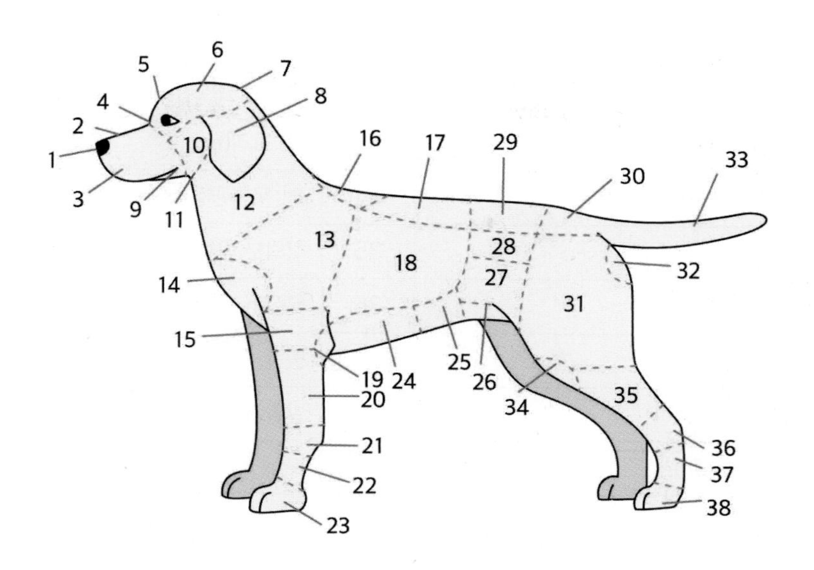

머리			
구분	명칭	구분	명칭
1	비, 코(nose)	7	후두부(occiput)
2	주둥이(muzzle)	8	이, 귀(ear)
3	구진(입술)	9	하악, 아래턱
4	액단, 이마 단(stop)	10	협, 볼, 뺨(cheek)
5	안, 눈(eye)	11	인후(throat)
6	두부, 두개부(skull)		
몸통			
구분	명칭	구분	명칭
12	목(neck)	26	턱업(tuck up)
13	견, 어깨(shoulder)	27	겸, 옆구리(flank)
14	견단, 어깨점(pointofshoulder)	28	커플링(coupling, 늑골과 관골 연결부)
15	상완, 위팔(upperarm)	29	요, 허리(loin)
16	기갑(withers)	30	십자부, 엉덩이(croup)

17	등(back)	31	대퇴부, 넓적다리(thigh)
18	갈비(rib)	32	좌골단, 엉덩이점(point of buttock)
19	팔꿈치(elbow)	33	미, 꼬리(tail)
20	전완, 앞다리(upper arm)	34	슬, 무릎관절(stifle)
21	무릎((knee)	35	하퇴부, 아래넓적다리(second thigh)
22	중수, 발목(pastern)	36	비절(hock)
23	발(foot)	37	중족, 뒷발허리(pastern)
24	흉, 앞가슴(brisker)	38	발(foot)
25	복부(abdomen)		

몸통		
1	**구스 럼프(goose rump)**	근육 발달이 불충분해 엉덩이 골반의 경사가 급한 것. 보통 꼬리가 낮게 자리 잡음.
2	**다운힐(downhill)**	등선이 허리로 갈수록 낮아지는 모양.
3	**듀클로(dewclaw)**	다리 안쪽 엄지발톱. 낭조. 며느리발톱.
4	**럼프(rump)**	엉덩이. 골반 상부의 근육이 연결된 부위.
5	**레벨 백(level back)**	수평한 등. 기갑에서 허리에 걸쳐 평편한 모양. 바람직한 등의 모양.
6	**레이시(racy)**	껑충하게 긴 다리. 등이 높고 비교적 가는 체구의 몸통 타입. 균형 잡히고 세련된 모양.
7	**레인지(rangy)**	흉심이 얕은 긴 몸통의 타입.
8	**로인(loin)**	허리, 요부.
9	**로치 백(roach back)**	잉어 등. 등선이 허리로 향하여 부드럽게 커브한 모양.
10	**롱 바디(long body)**	긴 몸통. 예) 닥스훈트
11	**리브(rib)**	늑골. 갈비뼈. 13대로 흉추에 연결됨.
12	**리브케이지(ribcage)**	흉곽. 심장이나 폐 등을 수용하는 바구니 형태의 골격.
13	**바디(body)**	몸통.
14	**배럴 체스트 (barrel chest)**	술통 모양의 가슴.

15	**백 라인**(back line)	등선. 기갑에서 시작해 꼬리 뿌리 부분까지의 등선.
16	**백**(back)	등.
17	**버톡**(buttock)	엉덩이.
18	**보시**(bossy)	어깨 근육이 과도하게 발달해 두꺼운 몸통 타입.
19	**브리스킷**(brisket)	하흉부. 몸통 앞쪽의 가슴 아랫부분.
20	**비피**(beefy)	근육이나 살이 과도하게 발달해 비만인 몸통 타입.
21	**쇼트 백**(short back)	기갑의 높이보다 짧은 등.
22	**쇼트커플드** (short-coupled)	라스트 리브에서 둔부까지 거리가 짧은 것.
23	**숄더**(shoulder)	어깨.
24	**스웨이 백**(sway back)	캐멀 백의 반대. 등선이 움푹 파인 모양.
25	**스트레이트 숄더** (straight shoulder)	어깨 전출, 어깨가 전방으로 기울어짐.
26	**슬로핑 숄더** (sloping shoulder)	견갑골이 뒤쪽으로 길게 경사를 이루어 후방으로 경사진 어깨.
27	**아웃 오브 숄더** (out of shoulder)	전구가 매우 넓어진 상태. 두드러지게 벌어진 어깨. 예) 불도그
28	**앵귤레이션**(angulation)	뼈와 뼈가 연결되는 각도.
29	**언더 라인**(under line)	가슴 아랫부분에서 배를 따라 만들어진 아랫면의 윤곽선.
30	**에이너스**(anus)	항문.
31	**오벌 체스트**(oval chest)	계란 모양의 가슴.
32	**위더스**(withers)	기갑. 목 아래에 있는 어깨의 가장 높은 점. 키를 이 위치에서 측정.
33	**위디**(weedy)	골량 부족으로 가느다란 모양. 골격이 가늘고 왜소한 모양. 미발육의 신체 상태.
34	**인 숄더**(in shoulder)	등뼈와 평행하지 않은 어깨 끝. 어깨가 앞으로 나온 모양.
35	**체스트**(chest)	가슴. 흉부.
36	**캐멀 백**(camel back)	낙타 등. 어깨쪽이 낮고 허리 부분이 둥글게 올라가고 엉덩이가 내려간 모양.
37	**캣 풋**(cat foot)	고양이 발.

38	**커플링(coupling)**	요부. 늑골과 관골 사이를 연결하는 몸통 부위. 흉부와 엉덩이의 중간 부위.
39	**코비(cobby)**	몸통이 짧고 간결한 모양의 몸통 타입. 예) 몰티즈
40	**크루프(croup)**	엉덩이.
41	**클로디(cloddy)**	등이 낮고 몸통이 굵어 무겁게 느껴지는 몸통의 타입.
42	**턱 업(tuck up)**	허리 부분에서 복부가 감싸 올려진 상태.
43	**톱 라인(top line)**	기갑 직후부터 뿌리까지의 등선.
44	**파텔라(patella)**	슬개골.
45	**페이퍼 풋(paper foot)**	종이발. 발바닥이 너무 얇아 움직임이 빈약함.
46	**플랭크(flank)**	옆구리. 라스트 리브와 엉덩이 사이의 몸통 측면.
47	**헤어 풋(hare foot)**	토끼발. 긴 발가락.
48	**흉심**	가슴의 깊이. 기갑부 최고점에서 가슴 아래에 이르는 수직 거리.
49	**힙 본(hip bone)**	관골. 장골, 좌골, 치골로 이루어지며 고관절을 형성함. 장골이 가장 큼.
50	**힙 조인트(hip joint)**	고관절.

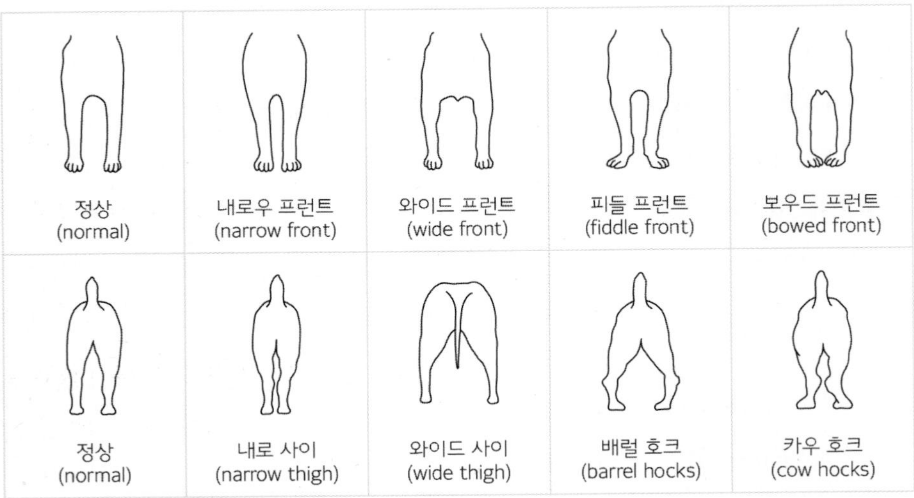

정상 (normal)
내로우 프런트 (narrow front)
와이드 프런트 (wide front)
피들 프런트 (fiddle front)
보우드 프런트 (bowed front)

정상 (normal)
내로 사이 (narrow thigh)
와이드 사이 (wide thigh)
배럴 호크 (barrel hocks)
카우 호크 (cow hocks)

다리		
1	**내로 사이**(narrow thigh)	폭이 좁은 대퇴부.
2	**내로 프런트**(narrow front)	앞가슴 폭이 좁은 프런트. 앞다리 간격이 좁음. 예) 보르조이
3	**다운 인 패스턴** (down in pastern)	패스턴이 앞쪽으로 경사진 것. 지구력이 결여되어 결점.
4	**배럴 호크**(barrel hock)	발가락 부분이 안쪽으로 굽어 밖으로 돌아간 비절.
5	**보우드 프런트** (bowed front)	활 모양의 전반부. 팔꿈치가 바깥쪽으로 굽은 안짱다리.
6	**사이**(thigh)	어퍼 사이(upper thigh) 대퇴부. 후지 엉덩이에서 무릎 관절까지의 부위.
7	**세컨드 사이**(second thigh)	로어 사이(lower thigh) 하퇴부. 후지 무릎 관절부터 비절까지의 부위.
8	**스타이플**(stiffle)	무릎 관절. 대퇴골과 하퇴골을 연결하는 부위.
9	**스트레이트 프런트** (straight front)	테리어의 프런트. 일직선상의 프런트.
10	**스트레이트 호크** (straight hock)	각도가 없는 관절.
11	**스팁 프런트**(steep front)	어깨가 높아서 깎아지는 듯한 프런트.
12	**시클 호크**(sickle hock)	비절이 낮아 낫 모양 관절.
13	**아웃 앳 엘보**(out at elbow)	팔꿈치가 밖으로 돈 것.
14	**어퍼 암**(upper arm)	상완부.
15	**엘보**(elbow)	팔꿈치.
16	**와이드 프런트**(wide front)	알발 간격이 넓은 프런트. 예) 불도그
17	**웰 벤트 호크** (well bent hock)	이상적인 각도의 비절.
18	**카우 호크**(cow hock)	뒷다리 양쪽이 소처럼 안쪽으로 구부러진 다리.
19	**트위스팅 호크** (twisting hock)	체중이 과도해 지탱이 어려워 좌우 비절 관절이 염전된 것.
20	**패스턴**(pastern)	중수골. 손의 관절과 손가락 뼈 사이의 부위. 앞다리의 가운데 뼈. 뒷다리의 가운데 뼈.

21	**포어 암(fore arm)**	전완부.
22	**프런트(front)**	앞다리, 앞가슴, 가슴, 어깨 목 등을 포함한 개 전반부.
23	**피들 프런트(fiddle front)**	팔꿈치가 바깥쪽으로 굽은 프런트. 발가락도 밖으로 향함.
24	**호크(hock)**	비절. 아랫다리와 패스턴 사이의 뒷다리 관절.

게이 테일
(스코티시 테리어)

링 테일
(아프간하운드)

브러시 테일
(시베리안 허스키)

스쿼럴 테일
(파피용)

스크루 테일
(불도그)

스턴
(폭스 테리어)

오터 테일
(래브라도 리트리버)

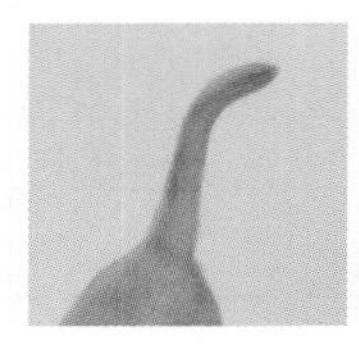

이렉트 테일
(스코티시 테리어)

컬드 테일
(페키니즈)

플래그풀 테일
(비글)

플룸 테일
(잉글리시 세터)

휩 테일
(잉글리시포인터)

꼬리		
1	**게이 테일(gay tail)**	치켜든 꼬리. 예) 스코티시 테리어
2	**독(dock)**	잘린 꼬리. 단미. 보통 생후 4~7일에 실시.
3	**랫 테일(rat tail)**	쥐꼬리 모양. 뿌리 부분이 두텁고 부드러운 털이 있는 반면 끝 쪽에는 털이 없고 가는 꼬리. 예) 아이리시워터 스패니얼
4	**로셋 테일(low set tail)**	낮게 달린 꼬리.
5	**링 테일(ring tail)**	커브진 꼬리. 바퀴 모양으로 꼬리 뿌리가 높게 올려져 원형을 이루는 꼬리. 예) 아프간하운드
6	**밥 테일(bob tail)**	선천적으로 꼬리가 없는 것. 또는 잘린 꼬리.

7	**브러시 테일**(brush tail)	여우처럼 길고 늘어진 둥근 브러시 모양의 꼬리. 폭스 브렛슈라고도 함. 예) 시베리안 허스키
8	**세이버 테일**(saver tail)	바셋하운드처럼 부드럽게 커브를 그리며 올라간 형태와 저먼 셰퍼드처럼 반원형을 이루며 낮게 유지한 두 가지 형태가 있음.
9	**셋온**(set-on)	꼬리와 몸통의 연결점. 꼬리의 뿌리 부분.
10	**스냅 테일**(snap tail)	낫 모양 꼬리. 꼬리 끝이 등에 접촉된 꼬리. 예) 알래스칸 맬러뮤트
11	**스쿼럴 테일**(squirrel tail)	다람쥐 꼬리. 예) 파피용.
12	**스크루 테일**(screw tail)	와인 오프너 같은 모양의 나선형 꼬리. 예) 불도그, 보스턴 테리어
13	**스턴**(stern)	하운드나 테리어종 중 짧은 꼬리의 경우. 예) 폭스 테리어
14	**시클 테일**(sickle tail)	낫 모양 꼬리. 뿌리부터 등 위로 높게 자리 잡고 중간에 반원형을 그리며 낫 모양으로 구부러진 꼬리.
15	**오터 테일**(otter tail)	수달 꼬리 모양. 뿌리 부분이 두껍고 둥글며 끝은 가는 꼬리. 예) 래브라도 리트리버
16	**이렉트 테일**(erect tail)	직립 꼬리. 위를 향해 선 꼬리. 예) 스코티시 테리어, 폭스 테리어
17	**컬드 테일**(curled tail)	심하게 말려 올라가 등 가운데 짊어진 꼬리. 예) 페키니즈
18	**콕트업 테일** (cocked-up tail)	등선에 직각으로 구부러져 올려진 꼬리.
19	**크랭크 테일**(crank tail)	굴곡진 꼬리. 짧고 아래를 향한 꼬리로 말단이 위쪽으로 꼬부라짐. 예) 불도그
20	**크룩 테일**(crook tail)	구부러진 꼬리.
21	**킹크 테일**(kink tail)	비틀린 꼬리. 예) 프렌치불도그
22	**테일**(tail)	꼬리.
23	**테일리스**(tailless)	꼬리가 없는 것. 선천적으로 꼬리가 없는 경우.
24	**판 테일**(fan tail)	풍부한 모량의 장모 꼬리를 등위로 말아 올리고 있거나 부채를 편 것 같은 형태의 꼬리. 예) 포메라니안
25	**플래그 테일**(flag tail)	깃발 형태의 꼬리. 예) 잉글리시 세터
26	**플래그풀 테일** (flagpoles tail)	등선에 대해 직각으로 올라간 꼬리. 예) 비글
27	**플룸 테일**(plume tail)	깃털 모양의 장식 털이 아래로 늘어진 꼬리. 예) 잉글리시 세터

28	**하이셋 테일** (high set tail)	높게 달린 꼬리.
29	**훅 테일**(hook tail)	갈고리 모양 꼬리. 예) 브리아드, 피레니언마운틴도그
30	**휩 테일**(whip tail)	채찍형 꼬리. 곧고 길며 끝이 가늘고 뾰족한 꼬리. 예) 잉글리시포인터

출처

도서

- 자세한 개의 질병 대도감(Ogata, Munetsugu)
- Small animal dermatology a color atlas and therapeutic guide 4th edition

웹사이트

- companion animal hospital(https://companionpetstn.com/blog/all-about-ringworm-in-dogs/)
- 네이버 브랜드 스토어 - 유팡코리아 (https://brand.naver.com/upangkorea/products/10709525973)
- 네이버 브랜드 스토어 - 하이포닉 (https://brand.naver.com/hyponic/products/4039313174)
- 네이버 스마트스토어 - 도기플러스(https://smartstore.naver.com/doggyplus)
- 네이버 스마트스토어 - 리타몰 (https://smartstore.naver.com/ritamor/products/7734154437)
- 네이버 스마트스토어 - mu han(https://smartstore.naver.com/muhan3098/products/9673648421)
- 네이버 스마트스토어 - 보스펫 (https://smartstore.naver.com/bospet/products/6236654261)
- 네이버 스마트스토어 - 웜피플 (https://smartstore.naver.com/warmpeople/products/6367940547)
- 네이버 스마트스토어 - 펫마트 (https://smartstore.naver.com/petmarts/products/4766622470)
- 네이버 이미지 - 강아지 젠틀리더
- 미국 Pet medical center
- 에너비스펫 공식 홈페이지
- 쿠팡 - 반려동물 가슴줄(https://www.coupang.com/vp/products/1490281623)
- 페토몰 공식 홈페이지

저자약력

이 미 림

경기대학교 대체의학대학원 동물매개자연치유 석사
원광대학교 일반대학원 반려동물산업학과 박사과정
현) 부천대학교 반려동물과 겸임교수
　라라반려동물교육센터 본부장
　펫코리아뉴스 대표이사
　한국반려동물학회 이사
　한국반려동물자격능력평가원 이사
전) LS홀딩스 대표
전) 부산 경상대학교 반려동물보건과 외래교수
관심분야: 반려동물 미용학(긍정강화미용), 동물매개심리치료학, 펫아로마테라피, 펫푸드테라피 등
이메일: milim3@naver.com

이 창 현

경기대학교 대체의학대학원 동물매개자연치유 석사
현) 동명대학교 반려동물학과 객원교수
　천안 연암대학교 겸임교수
　카사노바에리 켄넬 대표
　FCI / KKF 국제 전견종 심사위원
　FCI / KKF 국제 전 카테고리 미용심사위원
　KKF 국제 주니어쇼멘쉽 핸들러 심사위원
　KKF 한국애견연맹 마스터그루머, 마스터 핸들러
　FCI / KKF 카테고리 구루밍 책 와이어폭스테리어 공저
관심분야: 반려동물 미용학, 핸들링, 품종학, 반려동물 행동학 등
이메일: toyterrier@hanmail.net

민 자 욱

원광대학교 보건 · 보완의학대학원 동물매개심리치료학전공 동물매개심리치료학 석사
원광대학교 일반대학원 동물응용과학전공 농학 박사
현) 원광대학교 반려동물 산업학과 겸임교수
　숭실사이버대학교 뷰티예술학과 반려동물관리전공 특임교수
　디지털 서울 문화예술대학교 반려동물과 겸임교수
　마스터그루밍클럽 대표
　한국동물매개심리치료학회 상임이사
　해결중심치료학회 이사
　FCI / KKF 전견종심사위원

FCI / KKF 애견미용심사위원
전) 경기대학교 대체의학대학원 겸임교수
관심분야: 반려동물학, 반려동물 미용학, 동물매개심리치료학 등
이메일: ja3343@naver.com

김 현 주
경상국립대학교 수의학과 학사
서울대학교 수의학과 석사, 박사수료
현) 부천대학교 반려동물과 교수
경기도 반려동물테마파크 반려마루 운영위원회 위원(경기도)
고양시 동물복지위원회 위원(고양시)
경기도 창업지원사업 산학연협의체 전문가(경기도)
동물보건사 자격시험위원회 위원(농림축산식품부)
동물보건사 양성기관 인증위원회 위원(한국수의학교육인증원)
동물보건사 양성기관 인증평가위원회 위원(한국수의학교육인증원)
한국동물보건사대학교육협회 이사
전) 서정대학교 반려동물과 교수
관심분야: 수의학, 반려동물 동물보건
이메일: vetju@hanmail.net

김 선 주
경기대학교 대체의학대학원 동물매개자연치유 석사졸업
건국대학교 바이오힐링 동물매개치료학과 박사과정
현) 안동과학대학교 외래교수
개깎쟁이 애견미용실 원장
관심분야: 애견미용, 동물매개치료, 펫아로마테라피, 펫푸드 등
이메일: arlosunju@naver.com

육 근 창
경기대학교 행정복지상담대학원 상담심리학 석사
원광대학교 일반대학원 농학과 박사수료
현) 안동과학대학교 반려동물케어과 교수
KKF 반려견 훈련 심사위원
KKF 반려견 사회화 위원회 부위원장
KKF 국제 훈련기술 연구위원회 위원
전) 위드반려견아카데미 대표
관심분야: 반려견 훈련, 동물매개심리상담, 아동 · 청소년 교육
이메일: yuk690@asc.ac.kr

김 다 미

건국대학교 바이오힐링 동물매개치료학과 박사과정
연세대학교 경영학과 대학원 마케팅 석사
경기대학교 대체의학대학원 동물매개자연치유 석사
연세대학교 응용통계학, 사회학 학사
현) 안동과학대학교 반려동물케어과 외래교수
　주식회사 써니웨이브텍 펫테크 서비스 기획 매니저
전) 롯데쇼핑 e커머스 사업본부 마케팅운영팀, 셀러지원팀 등
관심분야: 펫테크, 동물교감치유, 동물복지, 유기동물, 사료영양학 등
이메일: masterdam@naver.com

장 지 혜

원광대학교 일반대학원 반려동물산업학과 석사과정
현) 라라반려동물아카데미 대표원장
　한국반려동물자격능력평가원 애견미용 심사위원
　한국반려동물자격능력평가원 펫푸드 심사위원
전) 라라반려동물직업전문학원 원장
관심분야: 반려동물미용, 펫푸드, 반려견훈련, 동물매개심리상담
이메일: happy927@daum.net

반려동물미용사

- 애견미용의 실무와 자격증(2,3급)

초판발행 2025년 2월 28일

지은이 이미림 · 이창현 · 민자욱 · 김현주
김선주 · 육근창 · 김다미 · 장지혜

펴낸이 노 현

편 집 조보나
기획/마케팅 김한유
표지디자인 BEN STORY
제 작 고철민 · 김원표

펴낸곳 ㈜ 피와이메이트
서울특별시 금천구 가산디지털2로 53, 210호(가산동, 한라시그마밸리)
등록 2014. 2. 12. 제2018-000080호
전 화 02)733-6771
f a x 02)736-4818
e-mail pys@pybook.co.kr
homepage www.pybook.co.kr
ISBN 979-11-7279-093-6 93490

정 가 35,000원

박영스토리는 박영사와 함께하는 브랜드입니다.